新中国成立初期首都规划建设实录

——郑天翔日志选编

(1952—1958年)

李浩 整理

人民出版社

本项整理和研究获得国家自然科学基金项目（批准号：52178028；51478439；51108427）和北京未来城市设计高精尖创新中心项目（编号：UDC2021010121）的资助

郑天翔简历

郑天翔（1914.11.28—2013.10.10），曾用名“郑庭祥”，内蒙古自治区（原绥远省）凉城县人。

1935 年考入清华大学外国文学系，后转入哲学系，曾参加“一二·九”运动。

1936 年 12 月加入中国共产党，1937 年赴延安，入陕北公学学习。

1938 年起，在晋察冀边区和绥蒙地区工作，曾任晋察冀北岳区党委宣传部干事、科长，中共阜平县委副书记兼宣传部部长，聂荣臻同志秘书，凉城县县长、县委书记，华北局宣传部宣传科科长等。

中华人民共和国成立后，1949—1952 年曾任中共包头市委副书记（主持工作）、市长、市委书记。

1952 年 11 月调京工作，后任中共北京市委委员兼秘书长，1955 年 2 月起兼任北京市都市规划委员会主任，1955 年 6 月任中共北京市委常委、书记处书记，1962 年起负责中共北京市委日常工作。

“文化大革命”期间受到冲击。

1975 年 8 月，任北京市建委副主任。

1977 年 7 月，任中共北京市委书记（当时设有第一书记），同年 11 月兼任北京市革委会副主任。

1978 年 5 月，任第七机械工业部第一副部长、党组第一副书记，同年 12 月任部长、党组书记。

1983 年 6 月起，任最高人民法院院长、党组书记。1988 年离休。

曾任中共七大、八大全国代表大会代表，第五届全国人大代表，在党的十二大和十三大上被选为中央顾问委员会委员。

▲ 刚参加过一二·九运动后，与清华大学同学赵德尊（左，曾任中共黑龙江省委书记、黑龙江省人民政府主席等）和赵俪生（右，中国土地制度史和中国农民战争史专家）在万牲园（今北京动物园）留影（1936 年 4 月 17 日），中间为郑天翔，时年 22 岁。

▲ 回母校清华大学与何东昌（右 2，曾任清华大学党委副书记、副校长，教育部部长等）、汪家璆（右 1，曾任北京大学党委书记、全国人大常委等）和张孝文（左 1，时任清华大学校长）一起为蒋南翔塑像揭幕（1993 年 10 月 6 日），左 2 为郑天翔。

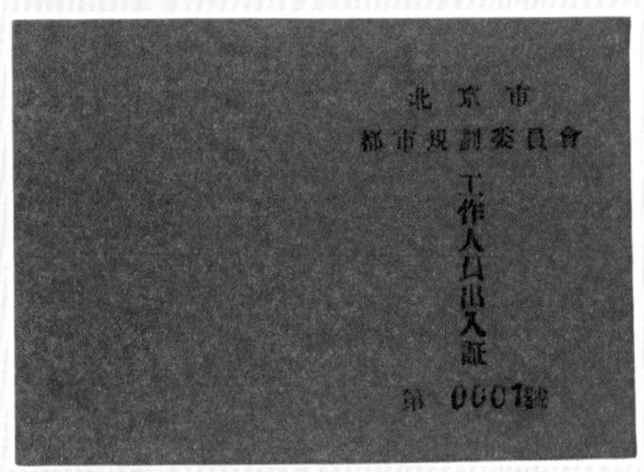

北京市
都市規劃委員會
工作人員出入證
第 0001號

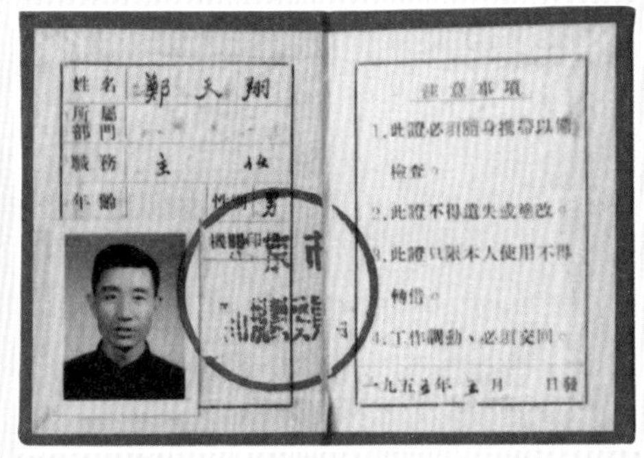

姓名 鄭天翔
所屬部門
職務 主任
年齡
性別 男
機關印

注意事項
1. 此證必須隨身攜帶以備檢查。
2. 此證不得遺失或塗改。
3. 此證只限本人使用不得轉借。
4. 工作調動，必須交回。
一九五三年 五月 日發

▲ 北京市都市规划委员会的“第 0001 号”工作证（左图为封面和封底，右图为内页）。郑天翔于 1952 年底调京工作，自 1953 年起分管首都北京的城市规划，一直到 1958 年城市建设部部长万里调北京市工作并分管城市规划为止，是“一五”时期首都城市规划工作的重要领导者和组织者，亲笔起草了一大批城市规划技术文件和汇报材料，为北京现代城市规划事业的奠基作出了重要贡献。

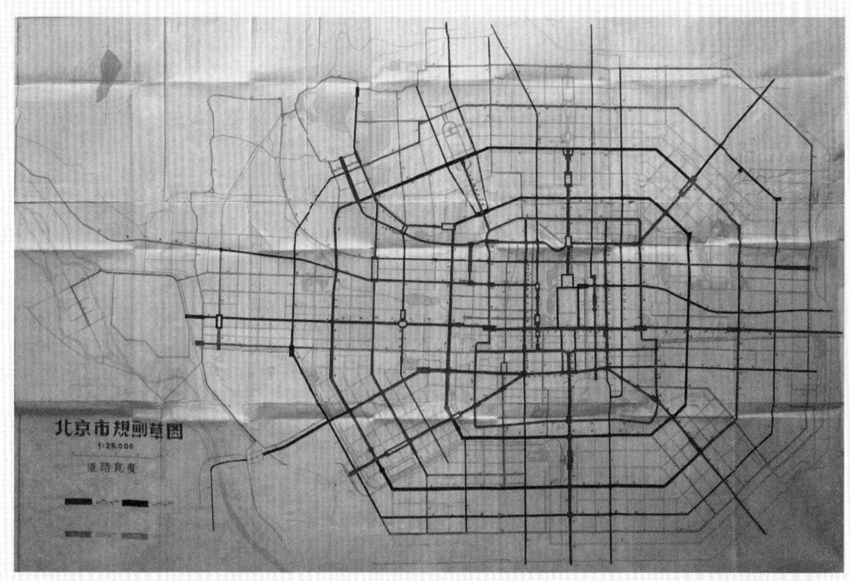

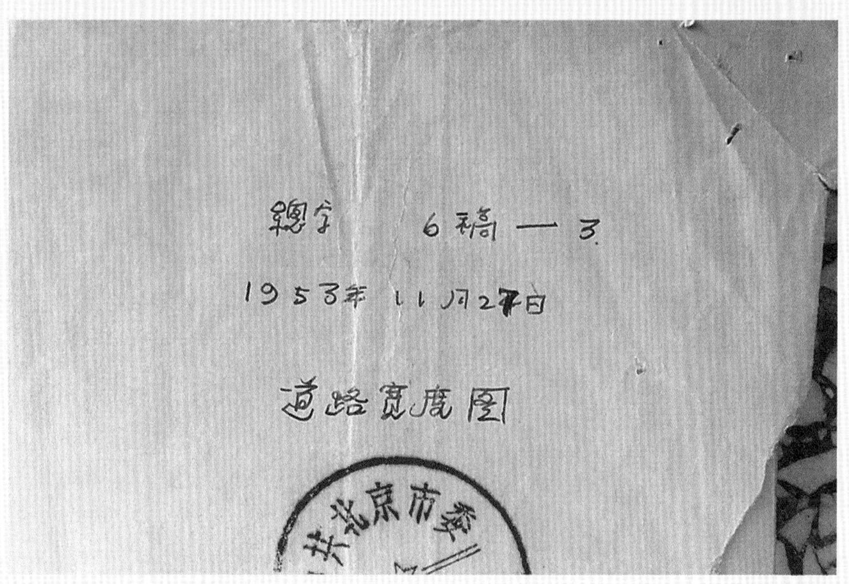

▲ 在郑天翔主持下由中共北京市委畅观楼规划小组于 1953 年 11 月完成的第一版北京城市总体规划（《改建与扩建北京市规划草案》）之“道路宽度”规划图（上图）及图纸背后的局部（下图）。该版城市总体规划在苏联规划专家巴拉金（Д. Д. Барагин，当时受聘于建筑工程部）的技术援助下完成，它所确定的北京城市空间结构、道路网骨架及用地布局模式，为 70 年来首都城市建设与发展勾画了基本的雏形和框架。

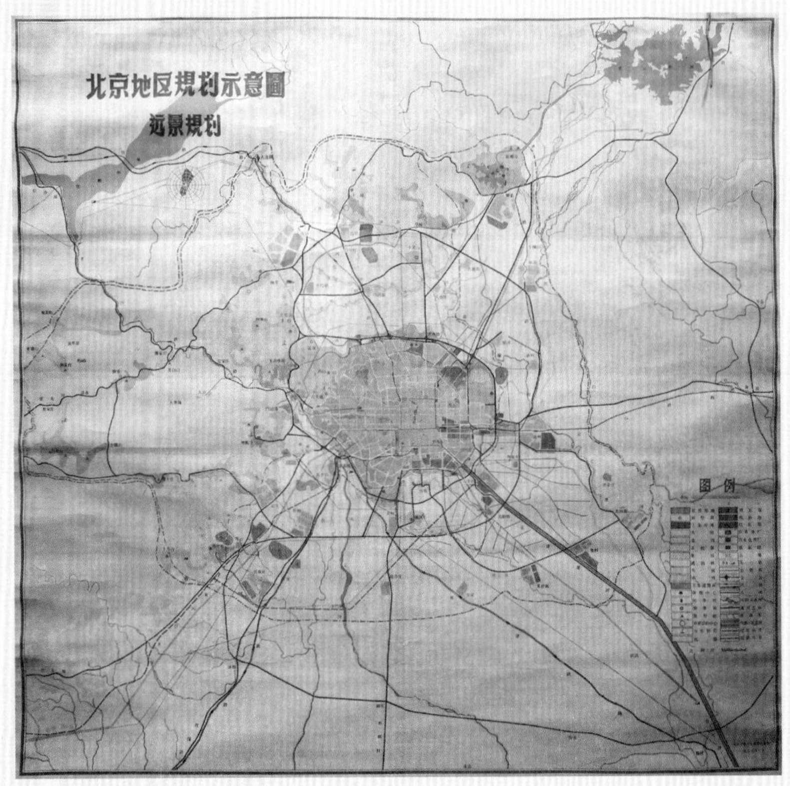

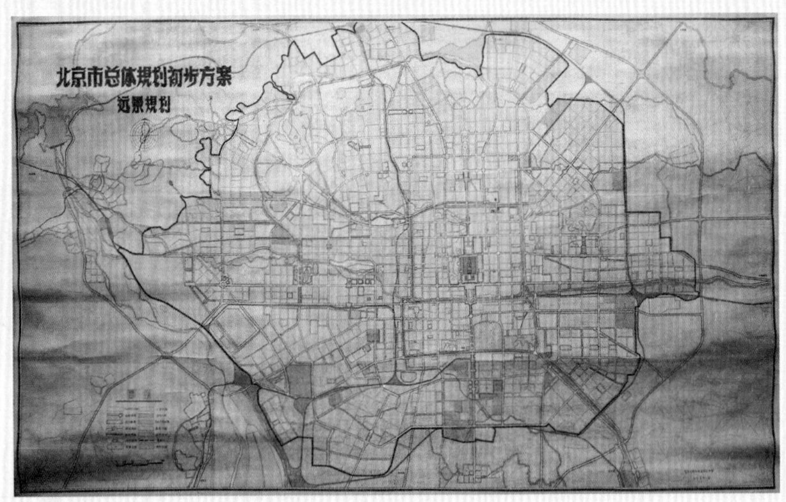

▲ 由郑天翔领导和主持完成的 1957 年版北京城市总体规划的部分规划图纸（上图为市域规划，下图为市区规划）。该版规划具有相当程度的科学性、系统性和可操作性，为首都各项建设活动以及规划管理工作的有序推进提供出了基本的宗旨。

▲ 向周恩来总理汇报北京城市规划方案（1956年6月3日）。

注：周恩来（右1）、吴晗（右2）、郑天翔（右3）、梁思成（右4）。毛泽东、周恩来等一大批中央领导、专家学者及首都各界群众的广泛参与是1957年版北京城市总体规划得以在较短时间内以较高质量完成的一个重要因素。

▲ 陪同毛泽东主席视察密云水库（1959 年 9 月 8 日）。右 2（戴眼镜者）为郑天翔，左 3 为赵凡（时任中共北京市委农村工作部部长），右 4（前排，靠近毛主席者）为王宪（时任密云水库工程总指挥），右 3 为闫振峰（时任密云县委书记）。

▲ 陪同邓小平、贺龙和杨尚昆等参加“五一”游园活动（1965 年 5 月 1 日）。

▲ 和彭真（前排左 3）、刘仁（前排左 2）、万里（前排左 1）、贾庭三（前排右 1）等一起接见首都人民群众代表（1960 年代初），前排左 4 为郑天翔。

▲ 与苏联专家一起研究北京城市总体规划（1957 年春）。左图中，左为苏联规划专家兹米耶夫斯基（В. К. Змиевский），右为郑天翔。右图中，左为郑天翔，中为苏联建筑施工专家施拉姆珂夫（Г. Н. Шрамков），右为苏联经济专家尤尼娜（А. А. Юнина，女）。

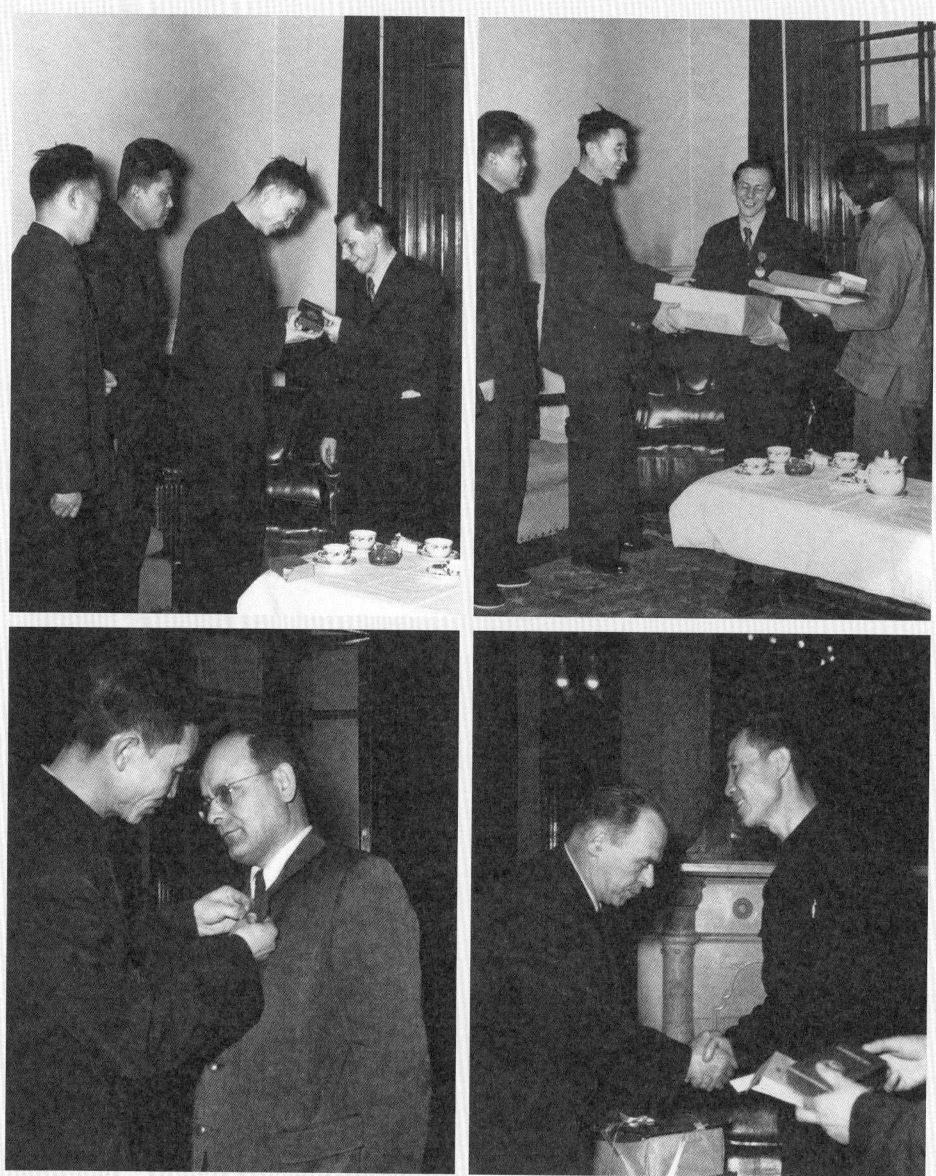

▲ 代表国务院向苏联专家赠送中苏友好纪念章和礼物（1957 年）。上方两图中的苏联专家为 1957 年 3 月因事先行回国的煤气供应专家诺阿洛夫（А.Ф.Ноаров），左图中左起：冯佩之（时任北京市城市规划管理局局长）、佟铮（时任北京市都市规划委员会副主任）、郑天翔、诺阿洛夫。下方两图中的苏联专家分别为 1957 年 10 月回国的规划专家兹米耶夫斯基（В. К. Змиевский）和电气交通专家斯米尔诺夫（Г. М. Смирнов）。

▲ 郑天翔日记（含工作笔记和学习笔记）。郑天翔保存的日记共 350 多本，这是 1952—1978 年间的部分文件，其中一部分已捐赠给北京市城市建设档案馆。1952 年以前在包头市工作期间的日记已捐赠给包头市档案馆。

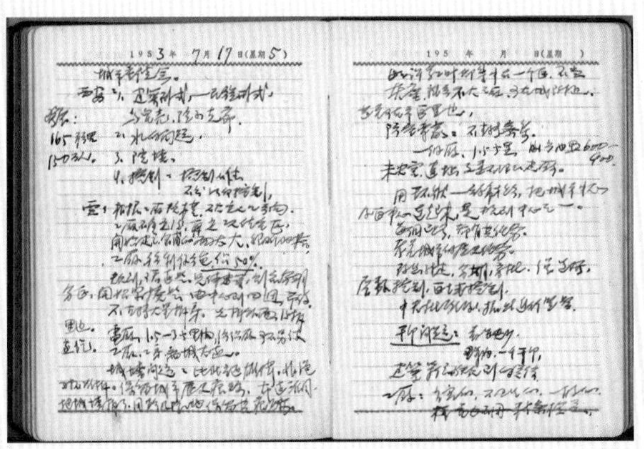

▲ 郑天翔日志一瞥，1953 年 7 月 17 日参加中央城市工作问题座谈会的记录。这次座谈会系周恩来总理批示由彭真牵头于 7 月 4 日至 8 月 7 日召开，会后中央于 9 月 4 日下发的《中共中央关于城市建设中几个问题的指示》对全国城市规划建设工作具有极大的推动作用。

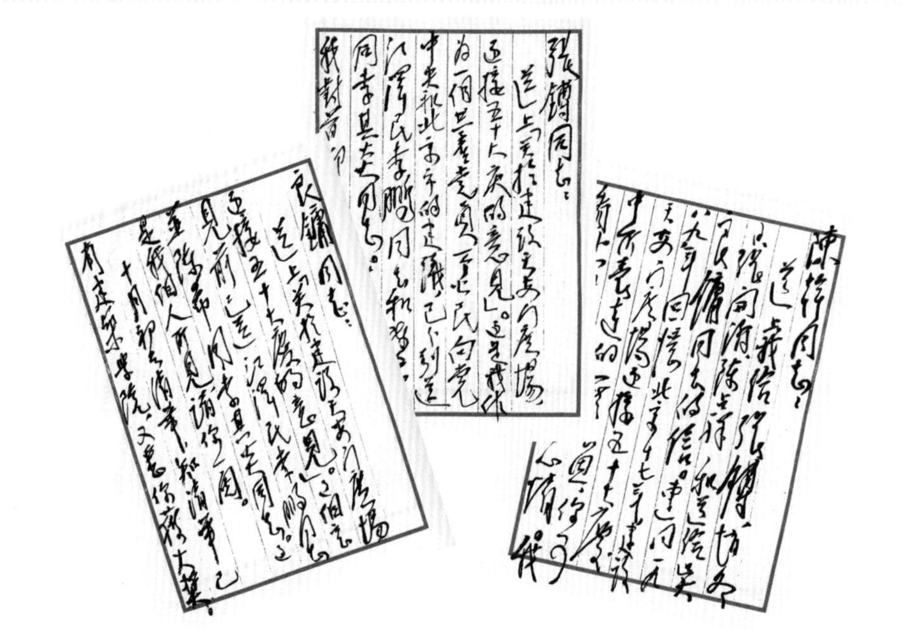

▲ 郑天翔晚年仍关心首都城市规划建设，图为关于国庆 50 周年天安门广场改建规划的意见致吴良镛、张镈和陈干等专家学者的部分书信（首页，1993 年）。

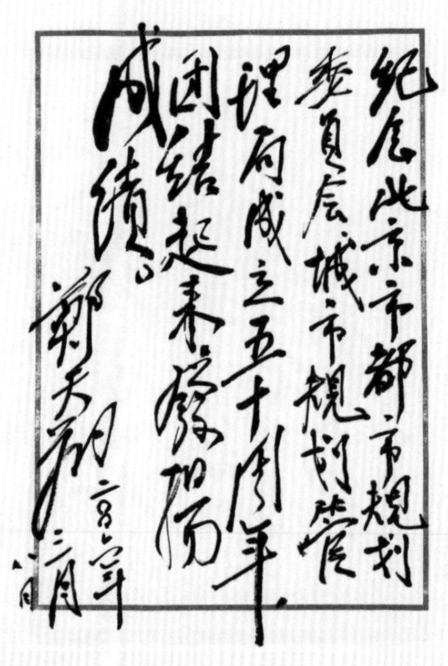

▶ 郑天翔为纪念北京市都市规划委员会和北京市城市规划管理局成立五十周年的题词（2006 年 3 月 8 日）。

史料和新史学

（代 序）

李浩同志长期从事中国城市规划史研究，成绩斐然。仅就我见到的他的研究成果而言，已正式出版的有：《八大重点城市规划——新中国成立初期的城市规划历史研究》① 《张友良日记选编——1956年城市规划工作实录》② 《城·事·人——新中国第一代城市规划工作者访谈录》③，还有许多即将出版的书稿：《北京城市规划（1949—1960年）》④ 《规划北京："梁陈方案"新考》⑤ 等，最近又看到他的书稿《新中国成立初期首都规划建设实录——郑天翔日志选编（1952—1958年）》，这些作品都充分表现了他在史料收集和史学研究上的长期投入、勤于耕耘及不断取得成绩，十分令人敬佩。我对城市规划史并无研究，但看了他的这些成果之后，也愿意讲点自己的体会。

谈起史学，总是给人十分高大上的感觉，因为人们常常把它定义为关

---

① 李浩：《八大重点城市规划——新中国成立初期的城市规划历史研究》，中国建筑工业出版社2019年版。

② 李浩整理：《张友良日记选编——1956年城市规划工作实录》，中国建筑工业出版社2019年版。

③ 该书已出版9辑，前三辑的副标题为"新中国第一代城市规划工作者访谈录"，从第四辑起副标题调整为"城市规划前辈访谈录"，2017—2022年由中国建筑工业出版社出版。

④ 李浩：《北京城市规划（1949—1960年）》，中国建筑工业出版社2022年版。

⑤ 李浩：《规划北京："梁陈方案"新考》，社会科学文献出版社2023年版。

注自然界和人类社会的发展过程其历史记载和阐释，研究其规律性的科学。在中国，史学是一门古老而神圣的学问，除记录历史事实外，还要维系道德价值，还要通过启示为现实服务等等。然而，随着第二次世界大战后新史学的出现，在英国、法国、美国和德国等都出现了不同学派，与传统史学形成了抗衡。过去的传统史学比较强调政治史和精英人物传记，而新史学则强调研究人类文明的整个发展过程和人类社会的各个方面。从追寻“规律”转为追寻“意义”，用解释性取代叙述性。二者在研究领域、研究方向和手段、史学和其他学科的关系以至史料类型和史料处理等方面都有很大不同。同时历史又与每一个人很近很近，因为历史就是过去的事情。对于每个人来说，历史就是记忆，是一种代表人类记忆的基本知识形态，是智慧的重要来源，还是一种思维方式。史学正越来越走向大众。

史学研究离不开史料，所以史料学是历史学中的重要组成部分。中国著名历史学家傅斯年先生提出过一个著名的口号：“史学就是史料学。”他认为：“近代的历史学只是史料学，利用自然科学供给我们的一切工具，整理一切可逢着的史料。”[①] 他所强调的是，史学的任一议题都有自己的史学范畴，现代史学的重要基础就是要收集、整理、分析、审查甚至鉴别这些史料，然后加以扩展或排除。如果说传统史学重视文字史料的考据和校勘，那么新史学则更注重各种新的研究方法和研究技术的运用，尤其是跨学科的研究方法，不单是从其他学科借用资料和方法，而是进一步构建跨学科的研究对象。因此严格说，史料学只是史学的一个分支，是史学研究的前提条件和基础，史料不能直接等同于历史，如何规范和正确使用史料，如何建立严格的使用规则，才是史料学发展的关键。所以也有学者提出了“史料批判研究”，认为对于批判研究而言，“史料真伪并不重要，重要的是史料为什么会呈现现在的样式”[②]。

专门史的研究，包括考古学史、文化史、思想史、经济史、科学史方面

① 傅斯年：《历史语言研究所工作之旨趣》（1928 年），欧阳哲生主编：《傅斯年全集》第 3 卷，湖南教育出版社 2003 年版，第 3 页。

② 孙正军和罗新等人是“史料批判研究”的代表性学者。参见徐悦东：《历史叙述越是单一，被隐藏的东西就越多》，《新京报》2019 年 10 月 10 日。

的研究，也是与史学研究的多元化、多样化发展态势密不可分。在一个多元化的世界中，历史研究也会随之更专业化、多元化，甚至碎片化。这就好像是一幅巨大的历史拼图，而历史学家们都在各自的领域努力工作，使高度专业化的微观研究通过历史的综合而呈现出整体的面貌。且以城市史的研究而言，长期以来对于中外古代城市史的研究还是有一定深度和广度的，如著名学者刘易斯·芒福德在 1938 年出版了《城市文化》[①]，1961 年出版了《城市发展史——起源、演变和前景》[②]（该书到 1989 年才有中文译本），而傅崇兰等人所著《中国城市发展史》到 2009 年才正式出版。[③] 对中国古代城市规划的研究，先后有贺业钜、侯仁之、傅熹年、苏则民等学者的专著问世，而涉及现代中国城市规划史的研究，目前还处于碎片化、分散化的阶段，也可能是修史需要时间的积淀和再现，这也是李浩同志等一批学者目前所做工作的意义所在。

关于现代中国城市规划的史料，目前除了各地的地方志以外，也陆续见到过一些，但是常常在许多重要节点和关键地方语焉不详或欲言又止，这就十分影响研究的深入，看来史料的发掘和整理仍是头等重要的任务。

首先是有关历史档案和文献的筛选与整理，包括方志、档案和年鉴等。由于历史等多方面的原因，这些文献的保存和整理并不理想，如李浩同志在中央档案馆、北京市档案馆和北京市城市建设档案馆等都进行过披沙拣金的工作，这是量大而繁琐的研究过程。他就曾在浩若烟海的档案中找到诸如梁思成、林徽因和陈占祥所写的《对于巴兰尼克夫先生所建议的北京市将来发展计划的几个问题》[④]，过去从未有人提起过，因此文稿发现的学

① 参见［美］刘易斯·芒福德：《城市文化》，宋俊岭、李翔宁、周鸣浩译，中国建筑工业出版社 2009 年版。

② 参见［美］刘易斯·芒福德：《城市发展史——起源、演变和前景》，倪文彦、宋俊岭译，中国建筑工业出版社 1989 年版。

③ 傅崇兰、白晨曦、曹文明等：《中国城市发展史》，社会科学文献出版社 2009 年版。

④ 这篇文章是梁思成和陈占祥合著的向毛泽东主席呈报文件《关于中央人民政府行政中心区位置的建议》（即“梁陈方案”建议）的一个附件。详情参见李浩：《还原“梁陈方案”的历史本色——以梁思成、林徽因和陈占祥合著的一篇评论为中心》，《城市规划学刊》2019 年第 5 期。

术价值是可想而知的。当然在建筑史上也有关于 1958 年天安门广场规划等问题，其中上海 6 位教授曾联名向中央写过一封十分重要的信件，却至今还没有在档案中发现。

其次就是口述史的研究，包括人物访谈录、口述自传、自述和回忆录等。这也是历史学中新兴的一门分支学科，即研究者通过口述访谈的方式，对于历史当事人进行采访，并在沟通过程中整理形成口述史料。这是一种跨学科的公共求知路径，因为每个当事人都是社会和历史的一部分，他们的生平经历和故事都是社会和历史的重要信息资源，他们对于历史过程的思索、回忆以至反省，都是宝贵的精神遗产。所以口述历史的发展与新史学运动的发展是同步的，表现了与传统史学不同的新范式和新潮流。尤其是把历史学视为一门关于人、关于人类过去的科学，主张史学研究应包括人类过去的全部活动，主张对历史进行多层次、多方面的综合考察，以从整体上去把握。我国口述史研究的先行者定宜庄研究员① 认为，口述史工作具有不可替代的特殊价值，它是有专门的严格规范和定义的学科。它的特点，一是立足于“自下而上”的角度，提倡平民化，让普通人也有发出自己声音的机会，使这些人的经历和记忆有进入历史记录的可能，并构成历史的一部分。二是其个人特色的价值，不管人物大小，都可以通过自己的亲历和生活经验，体现从个人角度对历史事件的记忆和认识。另外就是其独特性，仅凭传统的文献和传统的治史方法很难如新史学般对历史进行多层次、多方面的综合考察，口述史能够在揭示历史的深层结构方面作出自己独特的贡献。

中国建筑口述史工作近年来已取得了不少成绩，有相当多的学者为此投入很大精力，并取得了许多可喜的成果。在出版“口述史文库”第一

① 定宜庄，女，满族，中国社会科学院研究员，博士生导师，在清史和满族史研究中较早引入口述历史方法，出版有：《最后的记忆——十六位旗人妇女的口述历史》（中国广播电视出版社 1999 年版）、《辽东移民中的旗人社会——历史文献、人口统计与田野调查》（上海社会科学院出版社 2004 年版）和《老北京人的口述历史》（中国社会科学出版社 2009 年版）等著作。

辑时，我曾题写了“访真存史，索隐钩深”八个字①，其中最关键之处就是要真实。李浩同志在推进北京城市规划史研究的过程中，也访问了一大批北京建筑规划界的老同志，我也是受访对象之一，谈了自己一些粗浅的看法，据说访谈成果也将正式出版。②现在进一步反思，有关口述史的法律与伦理规范、技术和编辑规范、编选和学术自由等方面都还没有成文的条例，因此，口述史料的整理和鉴别就成为口述史工作面临的非常严肃的问题。因为历史当事人虽然是历史记忆的主体，但在口述中，不同的当事人对于同一事件会有不同的记忆，而当事人往往会有或多或少、或有意或无意的记忆失误，有时甚至会有有意的、无意的谎言，这时，鉴定这些史料的真伪就与过去史家对文献的辨伪、校勘是一样的。与访谈相比，这种校勘、鉴定的后期整理是更为专业化的艰苦繁杂的工作。如何通过“二重论据法”保证其相对准确性，也是口述史事业能够健康深入开展下去的内在要求。

这次李浩同志的研究成果是以日志形式出现的，他选编和整理了郑天翔同志1952年至1958年间的工作日记和笔记。过去我们知道郑天翔同志是北京市委的主要领导之一，但却并不了解在新中国成立初期他是北京市规划工作的主要领导。在这段时间里，他以领导者和组织者的身份，参与了北京城市规划早期决策过程中的重大会议、讨论、研究，甚至争论，并在其日记和笔记中做了详细或择要的记录，因此具有不可替代的独特价值。李浩同志在此前已有整理张友良日记的经验，对日记体例和整理方法轻车熟路，加上郑天翔子女的支持，因此这一实录的编选质量和学术价值不言而喻。

这里也插入一点我对郑天翔同志的了解。那已是“文化大革命”后期他复出任北京市建委副主任时。1976年9月9日，毛泽东同志去世，当时全国各地的建筑师还没有到北京来集中研究纪念堂的建筑方案，北京市建筑设计院已经先行一步，做了选址和方案的前期准备工作。9月13

① 陈伯超、刘思铎主编：《抢救记忆中的历史》，同济大学出版社2018年版，文前页。

② 李浩访问、整理：《城·事·人——城市规划前辈访谈录》（第九辑），中国建筑工业出版社2022年版。

日，赵鹏飞、郑天翔和我们一起去玉泉山、香山看地。天翔同志在从香山玉华山庄走向双清别墅的路上，和我们一起聊了许多，除了谈起“停车坐爱枫林晚，霜叶红于二月花”的诗句外，还问我香山的红叶是什么植物，我回答是黄栌。印象中他十分和气，一点不像“文化大革命”中说他如何如何厉害。那时他刚复出，62 岁。还有一次是毛主席纪念堂工程在施工的当中，有一天他到工地来视察，我陪同。那天下着小雨，他就穿一双圆口布鞋，在泥泞的工地很快就湿透了。我有一个同班同学在北京工作时曾任天翔同志秘书，也对他的印象很好。后来我最后一次再见到天翔同志时，已经是他离休之后的 2001 年，在人民大会堂举行《梁思成全集》的首发式，他也参加了，我则利用这次的机会为他拍了一张照片，仍然是十分朴实。

从文献学的角度看，日记越来越受到人们的重视，日记、书信和年谱是史学研究的三大基础，“好记性不如烂笔头”，所以也有“传记不如年谱，年谱不如日记”之说。一部连贯的日记，本身就是一个人的真实历史，尽管日记具有个人的私密性，是一种最纯粹、最隐秘的私人著述，其所见、所闻、所思、所感既可能是私人琐事，也可能是国家大事。无论是清代的曾文正公日记①、李文忠公日记②、越缦堂日记③，到近现代的竺可桢日记④、鲁迅日记⑤、巴金日记⑥、俞平伯日记⑦、吴宓日记⑧、阎锡山日记⑨、蒋中正日记⑩，

---

① 曾国藩撰：《曾文正公集》之贰，《曾文正公日记》，线装书局 2012 年版。

② 关于李鸿章是否有日记存世，学术界尚存争议，参见张富强：《关于李鸿章的日记及英文版节译本的真伪》，《近代史研究》1989 年第 1 期。

③ 李慈铭撰：《越缦堂日记》（18 册），广陵书社 2004 年版。

④ 竺可桢：《竺可桢日记》，上海科技教育出版社 2010 年版。

⑤ 鲁迅：《鲁迅日记》，人民文学出版社 2006 年版。

⑥ 巴金：《巴金日记》，大象出版社 2004 年版。

⑦ 俞平伯：《俞平伯日记选》，上海书店 1993 年版。

⑧ 吴宓：《吴宓日记》（10 册），生活 · 读书 · 新知三联书店 1999 年版；吴宓：《吴宓日记续编》（10 册），生活 · 读书 · 新知三联书店 2006 年版。

⑨ 阎锡山：《阎锡山日记》，九州出版社 2011 年版。

⑩ 张秀章编著：《蒋介石日记揭秘》，团结出版社 2007 年版。

直到杨尚昆日记[①]、汪东兴日记[②]等都是如此，大部分是未曾考虑要公开发表的。当然，就日记的价值而言，除了要看日记主人的名望和地位以外，还要看它是否能反映时代，反映事件的真相。

而笔记和日记相比，又是有所不同的一种体裁，有些属于备忘或随感，有的也不注明特定时间，但由于工作的特点，许多工作笔记也比正式会议记录包含了更多的内容。譬如我收藏有一册原北京市建工局科技处处长胡世德先生在2008年内部出版的《历史回顾》一书[③]，作者从事建筑专业技术工作50余年，从1951年开始记工作笔记，1953年起每天写日记，几十年从不间断，保存完好，积存笔记达140余册。除本人的经历外，从1955年起与苏联专家一起工作，赴苏学习参观，自己所经历的北京市建设大事，如国庆工程（十大建筑）、前三门统建、旅游饭店兴建以及在科技处的各种工作，均有准确而详细的记载，是难得的史料。而郑天翔日记内容的丰富程度，其资料的价值与真实性，从个人心态的表露，到内部研究的实况，都增加了本书的文献价值和可读性，在这里就不一一披露了。

此外，在文献研究中，图像的作用也日益为人们所重视，尤其是城市史、规划史的研究，离不开大量的图纸和照片。李浩从郑天翔同志家属处以及通过其他多种渠道收集了大量珍贵的历史照片，并对其内容和人物进行了细致的考证，成为文本的重要补充，形成了“图文互见证史”，便于人们通过碎片化的图片和内容阐述，获得更加丰富的多元解读。这也是本书的一个重要特色。

郑天翔日记的整理出版，除了对那一段历史的深度回顾外，实际也为人物传记的编撰积累了重要资料。当代史学注重国民集体传记，与社会的大历史一起，承担起重建国家和社会的历史使命。从社会历史活动的主体看，个体、群体和整体是历史的三个主要层次，也是新史学研究的主要对象，个体史学即为传记学，群体史学集中体现为现代民族和国家史

---

① 杨尚昆：《杨尚昆日记》，中央文献出版社2017年版。

② 汪东兴：《汪东兴日记》，当代中国出版社2010年版。

③ 该书系根据个人日记和工作笔记而编撰的自传性质的著作，全书分多个专题，各专题叙事大致以时间为序。胡世德：《历史回顾》（内部资料），2008年编印。

学，而整体史学则是世界史学。当然，这已是和本书关系不大的题外之话了。

希望李浩同志的成果能早日付梓，也敬佩他为这一成果所付出的巨大努力和辛勤劳动。

马国馨*

2021 年 9 月 10 日初稿
2021 年 9 月 17 日定稿

* 马国馨，中国工程院院士，全国工程勘察设计大师，北京市建筑设计研究院有限公司顾问总建筑师。

目　录

整理者的话

一、这是一部共和国成立之初首都规划建设珍贵的原始记录

2019 年初秋，正当笔者关于“苏联规划专家在北京（1949—1960 年）”的研究工作陷入史料不足的困境之际，经北京规划系统老专家赵知敬先生[①]帮助和介绍，结识了郑天翔同志次子郑京生，由此开启了学习、整理和研究郑天翔日记的一段难忘的经历。

当时，笔者规划史研究工作面临的最大困难，就是有关档案资料搜集的不顺利。譬如，北京市于 1953 年底完成并上报中央的《改建与扩建北京市规划草案》被称为首都北京的第一版城市总体规划，极具历史意义，由于它是在苏联专家巴拉金（Д. Д. Барагин）的指导下完成的，笔者非常希望能够对巴拉金技术援助规划工作的有关情况做相对深入的梳理。但遗憾的是，笔者在北京市档案馆、中央档案馆、住房和城乡建设部办公厅档案处与中国城市规划设计研究院档案室等多处查档时，均未查找到相关档案资料，而北京市城市建设档案馆可供查阅的档案资料也十分有限。在档案资料缺乏的情况下，规划史研究简直无法推进。

再譬如，1953 年完成的北京城市总体规划是由中共北京市委领导的畅观楼规划小组完成的，小组的负责人即时任市委秘书长的郑天翔。众所周知，城市规划工作通常是政府的一项职能，在 1953 年时，北京市人民政府下设的都市计划委员会，为城市规划主管部门，那么，当年为什么会在都委

① 赵知敬，1955 年从北京市土木建筑工程学校（今北京建筑大学的前身）毕业后分配到北京市都市规划委员会（中共北京市委专家工作室）工作，曾任首都规划建设委员会办公室主任兼北京市城乡规划委员会主任，1994—2014 年任北京城市规划学会理事长。

会之外另行成立一个畅观楼规划小组并且由中共北京市委来直接领导呢？值得注意的是，这一十分特殊的规划体制，并不仅仅只在 1953 年短期存在，而是一直持续到 1957 年底，即基本上主导了整个“一五”计划时期。[①]这是北京城市规划史上的一个十分重大的问题，而学术界迄今尚缺乏专门研究。之前笔者虽然已经认识到此问题具有重要研究价值，但在档案资料匮乏的情况下，很难奢望予以理清。

正是在这样一种困难的局面下，郑京生交给笔者郑天翔同志日记的那一刻，诚可谓如获至宝——这是一部关于中华人民共和国成立之初首都规划建设情况的真实的、珍贵的原始记录！当时，笔者整理的《张友良日记选编——1956 年城市规划工作实录》已经正式出版，笔者早已充分认识到日记对于城市规划史研究的独特价值，同时也积累了日记整理工作的一些实际经验，遂立即向郑京生表示：请求允许笔者整理和研究郑老的日记，争取早日公开出版！郑京生慨而应允，并予以大力支持。

二、日记整理工作的基本程序

从郑京生处借到郑天翔同志的日记后，笔者做的第一项工作是对日记进行整体扫描，利用扫描件开展后续整理和研究工作，原件则及时归还。此举旨在尽可能减少对原物的损耗乃至破坏，同时也有利于日记的永久保存。

---

① 畅观楼规划小组最紧张的工作时间是 1953 年下半年，但到 1954 年时仍在继续运作，工作重点是制订出《北京市第一期城市建设计划要点》（1954—1957 年），并对 1953 年版《改建与扩建北京市规划草案》进行修订（于 1954 年 10 月底再次呈报中央）。而到 1955 年 2 月，为配合第三批来华的苏联规划专家组的工作，中共北京市委又专门成立了一个专家工作室，原畅观楼规划小组和北京市都委会的部分成员被吸收纳入，同时新成立了北京市城市规划管理局。中共北京市委专家工作室加挂“北京市都市规划委员会”的牌子，并主要以该委员会的名义开展工作，它与原“北京市都市计划委员会”的机构名称只有一字之差，但两者的职能和性质却截然不同，特别是其分别隶属于城市党委和城市人民政府两个不同的系统。这种状况，一直延续到 1957 年 10 月北京规委会开始与北京市城市规划管理局合署办公（1958 年 1 月正式合并）；1958 年 11 月，北京市都市规划委员会的建制被正式撤销。

之后，便开始对日记扫描件的阅读和学习。一开始阅读郑老的日记，笔者便被其中的许多内容深深地吸引了，长久以来困扰笔者的许多问题，譬如苏联专家巴拉金对北京城市规划工作的技术援助，日记中有多次相当详实的记录，而关于北京市规划机构问题的研究和讨论，不少关键信息直接指向畅观楼规划小组。真是太好了！笔者连续多天几乎茶不思，饭不想，手不释卷，昼夜不停，整个身心完全被郑老的日记所牵绕，简直着魔了一般，连睡梦中都是郑老历历在目的往事记录。当时激动、澎湃的心情，实在难以用语言来形容。

连续多日的激动和亢奋之后，笔者开始对日记文字进行识别，录入电脑形成机打稿。这一阶段的工作是相当艰辛且进展缓慢的，因为郑老日记的规模十分可观，而识别工作只能逐字逐句进行。另一方面，郑老的许多日记属于工作现场速记性质，笔迹大多龙飞凤舞，很难辨别。针对这一情况，笔者首先选择 1953 年的一本日记进行初步的尝试，以便尽快了解并熟悉郑老日记的风格和笔迹特点。

在此基础上积累了一定的经验之后，才开始采取分册整理的方式，即针对郑老的每一本日记，形成扫描版原稿和文字识别稿左右对照（两者分别在偶数页和奇数页）、一目了然的整理草稿，凡属疑问处用红色标示，然后分批次呈送给郑京生辨认、审阅。他审阅批改后，再同我当面交流，部分疑难处做进一步的讨论。经过此项程序，形成分册的日记整理初稿（纯文字版）。进而，将各册整理初稿按照日期先后排序，分年度汇编。最后对分年度的汇编稿进行整体的阅读和复核，并适当编排入一些图片和照片等。

三、郑天翔日记选编情况

郑天翔同志自战争年代开始，一直保持着记日记的习惯，且多数日记得以留存至今，共计 350 多本，其中在包头工作期间（1949—1952 年）的日记已经由中共党史出版社正式出版。[①] 笔者主要从事城市规划史研究，经

① 中共包头市委党史办公室编：《郑天翔日志（1949—1952）》，中共党史出版社 2014 年版。

与郑京生研究，决定进行有针对性的编选和整理工作。

编入本书的主要是郑天翔同志在中共北京市委工作并分管城市规划建设期间的一些日记，时间从 1952 年 11 月郑天翔自包头调京工作起，到 1958 年 9 月北京市总体规划获得中央原则批准为止，即以我国第一个五年计划时期为主体。期间，郑天翔曾任中共北京市委委员兼秘书长、北京市都市规划委员会主任、中共北京市委常委和书记处书记等，工作领域及日记内容十分广泛，本书重点对城市规划建设方面的部分日记进行了整理。同时，为使广大读者对当时的时代背景有所了解，也适量编入了工业、经济、文化和宣传等方面的一些日记。

郑天翔同志的日记包括私人日记和工作笔记两种类型，分别为在家中所写和工作时所记，本书书名中“郑天翔日志”是对两者的统称。就私人日记而言，目前只发现了 1952 年和 1953 年的文件得以留存，略有遗憾，书中对该部分的日记内容采用了不同的字体，以示区别。工作笔记是本书的主体内容，其中 1953—1956 年间的工作记录相当丰富，但 1957 年和 1958 年这两个年份的记录不是太多，这主要有三方面原因：一是 1957 年 3 月时，首都城市规划工作者已经制订出较 1953 年版规划更加正式和规范化的《北京市总体规划初步方案》，此后北京城市总体规划制订工作趋于结束，规划部门工作重点转入分区规划及规划实施管理。二是在 1957 年，北京市和全国其他地区一样，都在大力开展整风和“反右”运动，就郑天翔同志本人而言，该年度他还曾多次赴上海等地调研考察（该方面日记因不属于首都规划建设范畴而暂未整理），因而其实际工作中关于北京城市规划建设方面的内容及记录相应减少。三是到 1958 年 2 月，国家城市建设部撤销后，原部长万里调至北京市工作并分管城市规划建设，郑天翔开始分管工业建设，其日记中关于城市规划建设工作的内容也就自然减少（该年度由于万里刚到北京市工作，对北京城市规划建设工作正在熟悉中，因而向中央汇报北京市城市总体规划等部分规划工作仍然由郑天翔承担）。

除了本书内容之外，在 1975—1978 年间，郑天翔同志曾任北京市建委副主任、中共北京市委书记（当时设有第一书记）和北京市革委会副主任等，期间也有不少关于北京城市规划建设的日记，拟另行编选和整理。

四、首都规划建设的时代背景

本书是关于中华人民共和国成立初期首都规划建设情况的记录资料，为了使广大读者更好地阅读和理解书中的有关内容，这里首先对当年的时代背景及规划建设概况作概要的介绍。

1949 年中华人民共和国成立后，经过三年国民经济恢复期，自 1953 年开始施行第一个五年计划（1953—1957 年），推进以苏联帮助援建的“156 项工程”为核心的大规模工业化建设，出于配合工业建设的实际需要而开展了一大批重点新兴工业基地的城市规划工作。这部日记所记录的主要内容，正是这一时代背景下北京现代城市规划起步阶段的一些情况。

作为共和国的首都，北京现代城市规划工作开全国之先河。1949 年 1 月底北平和平解放后不久，便于同年 5 月 22 日成立了都市计划委员会，首都规划建设的研究及设计工作随即展开。但是，也正因为是首都，北京城市规划建设的许多情况要比其他城市更为复杂，问题和矛盾也更为突出，这使得首都城市规划工作也并非一帆风顺。一个代表性事件即“梁陈方案”。1949 年 9 月首批苏联市政专家团来京后，于同年 11 月 14 日由苏联专家巴兰尼克夫（М. Г. Баранников）作关于城市建设方面的报告，对北京城市规划问题提出一系列建议，主张在天安门广场和长安街一带布置中央行政机关，中国专家梁思成和陈占祥在会上提出反对意见，主张在北京西郊规划建设一个专门的中央行政区，后于 1950 年 2 月联名提出《关于中央人民政府行政中心区位置的建议》。由此，北京城市规划建设进入一段规划思想较为多元化乃至较为混乱、纷争不断的特殊时期，受此影响，城市规划工作的进展也一直较为缓慢，特别是作为城市建设总纲领的城市总体规划方案，迟迟不能出台。

进入 1953 年，随着我国“一五”计划的启动，首都北京也迎来一个城市建设的高潮时期，这就对城市规划工作的加快推进提出了紧迫要求。1953 年 5 月 27 日，中央对北京市委一份请示报告的批示中明确指出：“目前北京市的建筑工程，已在很多方面（各区域划分、道路系统、建筑形式、水电供应等）联系到都市规划问题，希望市委能提出一个城市规划的草案交中央讨论，即使是不成熟的，对今后首都建设上、建筑管理上都是很必要的。”①

正是在这样的一种首都规划工作已经滞后和被动的形势下，北京市明确城市规划工作由刚刚调京工作的市委秘书长郑天翔来主抓，可谓临危受命。其实，郑天翔调京工作之初，本来更期望分管工业战线的工作，城市规划工作的领导分工属于被动接受。郑天翔在日记中也曾记载：“不少事是别人办坏的，现在要我收摊，没有什么［怨言］，只能硬着头皮搞下去”（1953年6月2日）；“现在工作中困难实在多，我很可能由于热心而栽跟头，拟找个机会把话说清楚。多少年来，以现在所处的局面为最难，进退不得，积极了不好，消极了不对，负责任吧，容易犯错误，不负责任吧，责任放在头上，实在难处”（1953年7月12日）。

郑天翔实际分管城市规划工作后②，经过与北京市有关领导反复商议，并与当时的国家城市规划主管部门——建筑工程部的有关领导多次沟通，采取了在中共北京市委下成立一个规划小组，集中在北京动物园内的畅观楼相对封闭地工作，以此来快速推进北京城市总体规划制订的特殊方式。据郑天翔日记，在中国共产党内成立一个规划小组的工作方式，最早并非由北京市所提出，而是当时国家城市规划主管部门的有关领导（建工部副部长周荣鑫）的一项建议，它是当时苏联专家穆欣即将回国、北京城市总体规划工作要求十分紧迫的特殊情况下的一种“紧急措施”（1953年2月12日日记）。而建工部领导提出这一建议后，并未获得北京市的立即采纳，这

① 中共北京市委：《市委关于改进北京市今年建筑工程的意见向主席、中央并华北局的请示报告及中央批示》，中共北京市委政策研究室编：《中国共产党北京市委员会重要文件汇编（一九五三年）》，1954年版，第16页。

② 郑天翔1952年12月调京之初，已被口头告知分管城市规划等方面的工作，但在起初的几个月内，其领导分工并不十分明确，一直到1953年6月才正式明确。另据《中国共产党北京市组织史资料》，郑天翔担任中共北京市委秘书长的到职时间按1952年12月计算。参见中共北京市委组织部等编：《中国共产党北京市组织史资料（1921—1987）》，人民出版社1992年版，第250页。

表明当时对于规划机构问题改革的决策还是相当慎重的。对畅观楼小组的成立产生最大影响及推动作用的，当属1953年7—8月召开的中央城市工作问题座谈会的有关会议精神[①]。

畅观楼规划小组成立后，在苏联专家巴拉金的大力指导和帮助下，经过几个月的努力，于1953年11月完成了第一版北京城市总体规划——《改建与扩建北京市规划草案》的成果文件，并于1953年12月9日正式向中央呈报。在1954年度，畅观楼规划小组又完成了《北京市第一期城市建设计划要点》(1954—1957年)并于1954年10月16日向中央呈报。

北京市向中央呈报《改建与扩建北京市规划草案》文件后，中央将之批交国家计委进行审查研究。国家计委审查研究后，于1954年10月16日向中央呈报《对于北京市委〈关于改建与扩建北京市规划草案〉意见的报告》，提出一些不同意见，由此引发了国家计委和北京市关于首都规划问题的争论。1954年12月14日，中共北京市委书记彭真专门谈对国家计委审查意见的看法，以此为基础，中共北京市委于1954年12月18日向中央呈报《北京市委对于国家计划委员会对北京市规划草案的审查报告的几点意见》。

由于国家计委和北京市在首都规划的一些具体问题上持有不同意见，最终导致了专门援助北京制订城市总体规划的第三批苏联专家组的邀请和派遣。专家组于1955年4月初来京后，与北京市规划人员一道，开展了城市总体规划研究与制订的各项工作。期间还有另一个苏联地铁专家组

---

① 这次座谈会的简报中明确指出：“现在，城市党的组织机构和形式，已不能完全适应城市新的情况。对于任务如此繁重的贸易、金融、合作、私人工商业工作和都市规划、城市建设工作，党的组织一般都还没有设立专管的机构。因此，领导上就容易顾此失彼，不能对各方面的工作经常进行系统地研究和检查。”“各大城市应即调集一批干部，设立城市规划和城市建设的统一的领导机构，根据五年经济发展计划初步地确定城市发展的方向，并即开始勘察、测量，收集和研究基本资料，着手拟定改造和扩建城市的二十年或三十年的总计划，并绘制规划草图。”资料来源：中央城市工作问题座谈会秘书处：《关于市委对城市工作的领导问题的意见——城市工作问题座谈会简报之三》（1953年8月2日），建筑工程部档案，中国城市规划设计研究院档案室，档号：2326。

于 1956 年 10 月来京，帮助北京开展了北京地下铁道线路的规划研究及第一期方案设计。经过 1956 年党的八大前后向各方面广泛征求意见和建议，于 1957 年 3 月完成第二版北京城市总体规划成果（《北京市总体规划初步方案》）。

苏联规划专家组和地铁专家组于 1957 年结束工作并陆续返回苏联后，1958 年，首都城市规划工作者对北京城市总体规划方案进行过多次的修改，于 1958 年 6 月 23 日和 9 月 5 日先后两次上报中央。其中，9 月 5 日上报的《北京市总体规划》得到了中央书记处的原则批准，在当时的时代背景下，它更加强调北京具体情况和苏联先进经验相结合，与 1957 年版规划已有显著不同，这就是第三版北京城市总体规划。

简而言之，首都北京的城市规划工作者在郑天翔同志的具体领导下，于 1953 年、1957 年和 1958 年先后完成了前 3 版的北京城市总体规划成果，从而为 70 多年来首都北京的现代城市规划建设与发展奠定了重要的基础和框架。

郑天翔同志的这部日记，所记录的主要内容也正是这 3 版城市总体规划在其研究和制订的各个阶段中的一些工作汇报、交流讨论及进展情况等各方面的原始记录。

五、郑天翔日记的重要史料及学术价值

日记是一种特殊类型的史料，由于系当事人亲身经历的及时记录而具有较高的准确性。就本书而言，由于郑天翔作为中共北京市委秘书长和北京市都市规划委员会主任的关键身份，彰显了日记内容的权威性。再加上郑天翔为人正派、正直的个人品格，增添了这部日记的可信度。而一个行政领导干部，有极为认真地记日记的习惯，本身也是十分罕见的，这凸显出郑天翔日记的稀缺性。

可以说，本书是中华人民共和国成立初期关于首都规划建设的一部极为珍贵的文献记录和不朽进程的记忆，其重要史料价值突出体现在如下三个方面。

第一，它如实记录了北京这座文明古都在大规模建设之初的现状基础情况，城市建设与发展各方面的问题、矛盾，如城市干道和下水道修建问题，工业区、住宅区和文教区建设问题等，百废待举，反映了北京的城市建设与发展历程。

第二，它详实记录了首都城市规划工作者在 1952—1958 年间的各个阶段所开展的城市规划工作的有关情况，记录了以穆欣（А. С. Мухин）、巴拉金、勃得列夫（С. А. Болдырев）、兹米耶夫斯基（В. К. Змиевский）和尤尼娜（А. А. Юнина）为代表的一大批苏联专家对北京城市规划工作进行技术援助的谈话和建议等，反映了首都城市规划工作的历程。

第三，它详实记录了以彭真、刘仁和郑天翔为代表的一批中国共产党的领导干部对首都规划建设一系列问题的认识、思考、研究和决策的有关情况，反映了中国共产党对城市工作的高度重视及领导探索。阅读本书可以认识到，之所以那一代北京市领导深受老百姓的拥戴，是因为他们密切联系群众，深入调查研究，务实求益。在当年的中共北京市委会议上，城市规划问题是经常进行讨论的一个重点内容，而中共北京市委书记彭真的讲话在日记中则占有着相当大的比重。

此外，它还真实地反映了在城市规划建设中的一些重大问题和不同意见的交流、交锋中一大批领导干部实事求是的作风以及“不唯上、不唯书、只唯实”的良好作风。

郑天翔日记极为丰富的历史记录，为北京城市规划史研究工作提供了重要的支撑，发挥了重要的学术价值。就笔者所开展的“苏联规划专家在北京（1949—1960 年）”研究工作而言，不仅上文中所谈到的关于畅观楼规划小组成立缘由及苏联专家巴拉金技术援助北京规划工作情况等疑难问题得以迎刃而解，还有不少问题的研究和讨论，都离不开郑天翔日记的依据和支撑。

譬如，1956 年 2 月，毛泽东主席曾对首都规划问题作出重要指示，此后北京城市总体规划便开始按 1000 万人口进行规划（之前有关方面对首都规划中的 500 万人口规模产生争论），这是首都规划工作中的一个重大事件，但对于这一事件，只是《毛泽东年谱》中有简略记录[①]，在有关档案机构很难查阅到更详细的记录内容。笔者深入研究郑天翔日记后发现，在毛泽东听取国家城建总局汇报的隔日（2月23日），国家城建总局局长万里曾向郑天翔等传达毛泽东的重要指示，郑天翔该日的日记向我们披露了关于毛泽东指示的一个更详细的版本（该日日记中，郑天翔在毛主席讲话前只标注了破折号，若非了解当时的情况，很难注意到这是毛泽东的指示）。不仅如此，在郑天翔的日记中，还记录了他与苏联规划专家勃得列夫和兹米耶夫斯基等共同研究这一问题的有关情况，中国规划人员将北京市各方面的人口数据（如流动人口、城镇人口和农业人口等）进行了全面的分析，提出关于城市人口规模的不同方案，随后苏联专家兹米耶夫斯基和勃得列夫先后发表了意见（1956年4月6日）。正是由于郑天翔日记的详细记录，使我们获得了对这一问题相对丰满的历史认识。

再譬如，1958年中央书记处听取北京城市总体规划汇报并作原则批准，是北京城市规划史上的另一个重大事件，由中央权威人士组织编写、中央文献出版社出版的《彭真传》中记载，北京市于1958年“对一九五七年的规划方案又作了若干修改、补充……同年九月，中央书记处听取了北京市的汇报，原则上批准了这个方案。”[②] 但长期以来，关于该次汇报的一些具体情况，却语焉不详，成为北京规划史研究的一大憾事。笔者查阅《邓小平年谱》时注意到，在1958年9月份，邓小平曾于9月2日、5日和8日主持中央书记处会议（9月10日至29日在东北地区视察工作），其中9月2日和5日的会议内容与北京城市规划建设有关。[③] 进而考察郑天翔日记，可确定中央书记处对北京市规划进行研究和讨论的日期为1958年9月5日，

① 1956年“2月21日下午，听取城市建设总局和第二机械工业部汇报。毛泽东提出，城市要全面规划。万里问：北京远景规划是否摆大工业？人口发展到多少？毛泽东说：现在北京不摆大工业，不是永远不摆，按自然发展规律，按经济发展规律，北京会发展到一千万人，上海也一千万人。将来世界不打仗，和平了，会把天津、保定、北京连起来。北京是个好地方，将来会摆许多工厂的。”资料来源：《毛泽东年谱》第五卷，中央文献出版社2023年版，第535页。

② 《彭真传》第二卷，中央文献出版社2012年版，第815页。

③ 《邓小平年谱》第三卷，中央文献出版社2020年版，第115—123页。

邓小平在这次会议上讲话的重点是1959年国庆工程的建设问题。郑天翔是这次会议的参加者，并作了关于北京城市总体规划工作的汇报，他在这次会议的工作笔记之前所写下的一些文字，即当时规划工作汇报的几个要点。透过郑天翔日记，我们对1958年中央书记处听取北京城市总体规划汇报的情况获得了更进一步的了解。

另外，北京现代城市规划建设过程中的其他不少重大问题，如人民英雄纪念碑的修建，天安门广场和长安街的规划建设，三里河“四部一会”的建设，城墙、城门和城楼的存废之争，建筑形式的讨论及“大屋顶”批判，北京地铁的规划与建设等，在本书中均有相当丰富的记录。篇幅所限，不予赘述。

除了其重要的史料和学术价值之外，郑天翔日记的另一个独特价值在于生动展现了新中国第一代城市规划建设工作者夜以继日努力工作，呕心沥血的奋斗和奉献精神。以郑天翔本人为例，在1953年11月下旬至12月上旬的日记中，记录了他当时为准备《改建与扩建北京市规划草案》文件而极为忙碌甚至疲惫不堪的状况：

> 11月18日：连着几天都是三、四点睡觉，写了报告，但是整个精神须推翻，因为是首都，而不是“尾都”。
>
> 11月20日：我是昨夜三时睡觉的，为了工作，精神还能支持，这几天特别好，可能是打针的效果，现正突击文件。
>
> 11月21日：九时起床，王世光与二专家至，上午谈完，下午学习，晚上到畅观楼开会，开的很晚，刮起冷风。
>
> 11月25日：从九时起来，一直工作至很晚，越紧张越高兴，有些不愉快的事，让它过去吧，主要是做好工作，一切再说。工作好才能学习好，在不断地提高自己中，求得某些问题迎刃而解。不躁，一定不躁。躁就是不坚强的表现，不老练的表现，一连（9［时］至夜晚四时）十九小时的工作，自己还说“不累”。但汀[①]心里有点那个，说瘦了，眼圈已发黑。能持久吗？

---

① 宋汀，郑天翔之妻。

11月26日：晚上六、七小时又起来干，现在已干到夜里四点钟。会散了，又重新干一个事，几时完，不晓得。为了工作，没有话说，在突击中过日子，没明没夜，不眠不休。汀总在担心，愿意我工作得好，不放弃，但又怕我垮下来，说我不会休息，不能持久。

11月27日：我从昨晚六时以后，到今天晚上九时，没睡，工作已突击完。

11月28日：睡了十个小时觉，又重新审核一遍，早上、中午、下午又写了一些东西。

12月7日：这几天身体不好，精神不好。昨天忙一天，图即可送出，下周总会有结果了，急需这周讨论。

12月8日：修改规划，至晨五点始睡。今晚拟整夜不眠，交出文件。看完捷克戏[①]剧表演是十一点，又开始工作，可能干到明天上午十二点。

正是在上述最后一日日记的次日（1953年12月9日），北京市正式将《改建与扩建北京市规划草案》的有关文件呈报中央。

由此可见，这部郑天翔日记，在某种程度上也是广大首都规划建设工作者的一段创业史和奋斗史的记录，它生动再现了首都各界群众、规划建设工作者和各级领导干部努力进取，共同为祖国建设事业无私奉献的一段激情燃烧的岁月。

六、需要说明的一些情况

作为一种特殊史料，日记也有一些特殊的情况，在阅读时需要引起注意。首先，尽管日记具有较高的准确性与可信度，但在有的情况下，因不同的角度而言，某些记录文字也具有一定的随意性，由此影响到日记内容并不十分完整。换言之，这部郑天翔日记只是记录了1952—1958年间首都规划建设的一部分内容，而非全部。

① 原稿为“亲”。

其次，本书内容包括私人日记和工作笔记两种文体，前者为郑天翔个人的记事，逻辑上较为连贯，读者容易理解；后者则更多地属于记录他人的谈话，情况较为复杂，郑天翔同志在做记录时，大多注明了谈话者的姓名、姓氏或身份，但在个别情况下，有些谈话者的身份并不清晰。同时，日记中还有郑天翔同志写下本人的一些工作感想或工作计划等情况。笔者在做整理时，已经尽可能将不同性质的记录加以适当区分，但还可能存在一些模糊或难辨之处。特此说明。

谨以本书献给中国共产党成立103周年！

李　浩

2021年10月12日初稿于北京

2024年6月22日修订

凡　例

本书整理工作基于留存史料的基本指导思想而展开，尽可能原汁原味地加以反映，以向广大读者呈现真实的原始档案。同时，由于日记的写作只是面向作者本人，原稿中存在不少简写、缩写及代称等情况，为了便利于广大读者的阅读，进行适当的编辑加工，主要包括：

1. 凡属日期的写法，按阿拉伯数字予以统一规范，个别欠缺文字直接予以补齐。如原稿中的“一月十一日”“1952 年十月”“56 年”，分别按“1 月 11 日”“1952 年 10 月”和“1956 年”录入。原稿中星期几通常以单个文字表示，按中文字体完整表述，如 1953 年“1 月 19 日 (1)”按“1 月 19 日 (星期一)”录入；部分日期未注明星期几的，予以补全。(本条主要是针对工作笔记而言，对私人日记则维持原貌)

2. 凡属一些错字、别字或异体字，在不影响语义表述的情况下，予以直接修正。如：佔用→占用、工叶→工业、农叶→农业、产叶→产业、公用事叶→公用事业、必需→必须。

3. 凡属多项并列内容、部分信息 (如计量单位) 省略的，直接予以补出。

4. 有关标点符号，因日记原稿中通常并无明确表述，整理时大多根据文意进行标注，有的是为了阅读便利所加。

对于上述四类编辑加工，为免烦琐，书中不逐一作专门的注释或说明。

5. 凡属一些重要信息的修正，增加注释说明。如原稿中“王栋臣”实际应为“王栋岑”，在对“臣”字作修改的同时，增加注释“原稿中为‘臣’”。

6. 凡属存在一些语序问题而影响阅读的，予以修正，并加注释说明原稿文字。如原稿“每家不能有公园”，修正为“不能每家都有公园”，并注释说明。

7. 凡属一些人物或机构的简称，为便于读者理解，补齐其有关内容，并将所增补文字统一加方括号，以示与原稿的区别。譬如“彭 [真]”。

8. 个别日记中的部分文字因过于简略、散乱或难于辨识，为避免产生不必要的误解，对主要标题略有加工（不作逐一注释），内容略有删减或增补（凡属增补文字统一加方括号，以示区别）。

9. 日记中的表格多不规范，表名多为整理者所加。

10. 为了阅读调节等需要，本书编入了郑天翔同志生平的一些照片及北京规划建设的历史照片等，书中凡未注资料来源的，均系由郑天翔家属提供。

11. 本书内容包括日记和工作笔记两种不同性质的记录，由于两者具有较大的关联性，为便于阅读和理解，采取按日期混合编排的方式。为示区别，将日记文字全部使用楷体。凡属当日既有工作笔记、也有日记的，则工作笔记在前，日记列于最后。凡属同日内不同性质的工作笔记之间，以及工作笔记和日记之间，为区分起见，采用整行加“＊＊＊”号的方式予以适当分隔。

1952 年度

11月24日（星期一）下雪

二十一日，陈鹏[①]同志找我谈话，说工作已决定到中央，是彭真同志指名要去，是在党中央新成立之政法部工作。

这样，全国转向工业，我走到工业门上，又回到政法部门了。陈鹏说，关键是彭真同志，如果彭同意，可以到北京市去。

二十二日上午，找刘仁[②]同志，请他对彭真同志说一说。回来写信给彭真同志，说明我愿到北京市工作，做些具体实际工作，交刘仁同志转去。因彭真正住医院，不便去找。二十三日夜，又给刘仁同志一信，务请把我的意见转达彭真同志。这样，来京已二十五天，工作尚未决定。

二十三日下午，到办事处和陈谈了一气，他因犯错误未做结论而调来，工作分配时有些问题，对我谈了许多。

11月27日（星期四）昨日下雨

这个月又完了。来京后工作久延未决，在此听候命令。先决定到北京市，后说要留华北，结果中央非调不可，这样，就不能参加工业建设了。走到工业门上，又退了回来，这该如何是好？

---

① 陈鹏（1908—1983），河北（原直隶）安新人。1930年加入中国共产党。曾任中共保属特委书记、冀中九地委书记、冀中区委宣传部部长、中共晋察冀中央局组织部秘书长。中华人民共和国成立后，历任中共中央华北局组织部副部长、纪委副书记，华北行政委员会人事局局长，中共北京市委书记处书记兼监委书记，北京市第二、三届政协副主席，中共北京市委书记（当时设有第一书记）等。

② 刘仁，时任中共北京市委副书记兼纪律检查委员会书记。

图 1–1　包头市欢迎中央访问团大会（1952 年 9 月 17 日）

注：主席台前举旗者为包头市委书记郑天翔。

图 1–2　包头市委、市政府欢送郑天翔同志调京暨李质同志调来包头合影留念（1952 年 10 月 28 日）

注：第 3 排左 6 为郑天翔。

从 1945 年离开[①]以来，七年了。七年中，二进绥远，二出绥远，两次调中央，两次来华北，曲折甚多，进步甚少。凡曲折之处，必阻碍进步。现在已经是体力日衰了，本想再努一把力，切实学习一点东西，现在这个机会也难得了。这将近一个月的生活，实在无聊。

12 月 8 日（星期一）晴、较冷

十一月二十六日，老陈、锐光来京，是到东北参观打前站的。

二十九日，[刘] 耀宗、李红来。二十九日晚上和老陈找王从吾[②]同志。三十日，和刘仁同志谈了一阵。昨天上午，找刘仁同志。

看来，搞工业的可能是不大了。现在，还最后争取一次。

图 1–3　郑天翔（中）、宋汀（左）和刘耀宗（右）在包头工作时的留影（1951 年）

12 月 15 日（星期一）

昨日，与鲁志浩同志前去东堂子胡同看杨叶澎同志。

---

① 郑天翔于 1945 年党的七大后调绥蒙地区工作，之前在晋察冀边区工作，曾任聂荣臻同志秘书，并增补为党的七大代表。

② 王从吾，时任中共中央华北局第二副书记兼组织部部长。

十二日晚上 [刘] 澜涛[①] 同志找我谈话，让我到北京市工作。并说他向彭真、安子文[②] 同志谈此问题。看来，又有到工业之一线希望。

12 月 16 日（星期三）

看了一点书。

给 [刘] 澜涛同志送去一 [封] 信，问近况如何。

12 月 20 日（星期六）

十九日，给彭 [真] 一 [封] 信。

12 月 26 日（星期五）

二十三日，彭 [真] 找我谈话，结论：暂不作最后决定，但要作精神准备。并让我搬到市委来，给他打点零活。

二十四日上午，给 [刘] 澜涛一信，说明此情况，并请他再与彭 [真]、安 [子文] 商量一下。

二十二日夜，小虎[③] 病。一夜未睡好，[宋] 汀[④] 起来三次。二十四日，小虎病转好。这些日子流行性感冒特别厉害。

二十五日，下午一时有余，搬到市委来。[宋] 汀及刘毅同志回来，说了一阵，又回去了。彭 [真] 说先让搞选举法、劳动就业、都市计划等。晚，到《北京日报》一游。遇范瑾[⑤]。回来，与赵凡[⑥]、张友渔[⑦] 同志谈了一阵，看了点文件，今晨八时半才起来，这又是一段生活了。

上午，和齐鲁同志一同到中央劳动就业委员会谈情况。下午，在家看

---

① 刘澜涛，时任华北行政委员会主席。

② 安子文，时任中央人民政府人事部党组书记、部长，兼中央人民政府直属机关党委第一书记。

③ 郑小虎，郑天翔三子，1951 年 3 月生。

④ 宋汀，女，郑天翔之妻，1952—1953 年任京棉一厂、二厂筹建处主任、党组书记。

⑤ 范瑾，女，时任北京日报社社长。

⑥ 赵凡，时任中共北京市委副秘书长兼市委机关党委书记、农村工作委员会书记。

⑦ 张友渔，时任北京市副市长。

图 1–4　宋汀与郑易生在张家口（1945 年 10 月）

注：郑易生为郑天翔和宋汀的长子。

文件、看电报。晚上，学习二小时。

12 月 29 日（星期一）

邓拓[①] 同志传达毛主席对艺报指示

主席认为：目前经济工作宣传，和尚念经，没路线、没纲领、没方针，不能动员人，首先不能动员我。“畏首畏尾，太不勇敢。”辛亥革命前，《大江报》代表新党员作的社论为《大乱得治，天下之良药也》。《大江报》被封，武汉起义。现在 [的] 报纸还不如此。现在办报，舒服多了，为什么没有生气？

现在：经济宣传 [是] 落后的，对工业建设计划 [是] 不利的。现在讨论的是领导机关办公桌上的东西，不是把问题交给群众，依靠群众共同解决。因此，说来说去，谈不到正题——即动员群众去解决。

所谓纲领，即基本想法，把问题摆到群众面前，要求解决：拥护什么？

① 邓拓，时任人民日报社社长兼总编辑。

图 1–5　与邓拓、赵凡等同志在包头的一张留影（1964 年）
注：邓拓（左 5）、郑天翔（左 7）、赵凡（左 8）。

反对什么？拥护、反对要彻底。目前两者都不彻底。

路线纲领，不能由报馆创造。明确路线从哪里来？要向实际工作部门拿。各部门应经常考虑：我们工作中最头疼的是什么？矛盾在哪里？端在报上，发动群众来解决，各部门要向报馆提出宣传要点。[薄] 一波同志说：[中] 财委遇到许多的问题无法解决，必须动员群众去解决。如供给制思想须克服，建筑工程中资产阶级建筑思想，“多工多料”浪费资财。照顾部门情绪，“情绪投资”，违背计划方针。

反对假宣传。很多宣传 [是] 马后炮，打“死老虎”。总结经验，“三年来……”，案件已解决才登。真宣传是：问题未解决时，通过群众来解决。“某些人……某些事……有关机关……”，最大错误，不敢指名唤姓。在重要问题批评上，用事实批评，不是要搞马后炮。

关键是开展批评和自我批评，特别 [是] 自下而上批评。共产党对群众 [的] 批评，首先是支持。支持具体的、有名有姓的批评。不是要报馆首先拍照，而是要发现问题，加以批评。

怎样领导工作？要依靠群众。群众监督效力大。“不刺不来，一刺就来。”各部负责同志写文章，三天一篇评论。四项办法写文章：亲自动手写（写文章是共同任务）；秘书起草，自己看改；请报馆来人合作，自己审查；临时发生问题，马上去报馆写。各部设[①]宣传秘书，工、矿、建筑现场指定特约通讯员。

文章太长，“报纸登总结，注定倒霉”，没人看。要短，谈新鲜事。

* * *

二十七日下午，参加市委的学习讨论。随即到［宋］汀处，小虎、小胖[②]病已好，小虎对我很亲热。［郑］庭烈[③]给［宋］汀来信，寄来绥生[④]一相片，

图 1–6　1953 年的全家福
前排左起：郑洪（小胖）、郑京生、郑小虎。
后排左起：宋汀、郑易生、郑天翔、警卫员。

① 原稿为“建”。

② 郑洪，郑天翔之女，1952 年 8 月生。

③ 郑庭烈，郑天翔四弟。

④ 郑绥生，郑天翔亲属。

和小虎的样子有点相似。给李质、效先、江凤去信告以地点。

二十八日，和［宋］汀接出易生，到北海滑冰，十一时半回来，小杨于二时送易生走，我和［宋］汀各睡一觉。晚上，到市委听都市计划委员会谈了一阵，十一时半才回来。夜里睡得还好，只是梦多。昨天看易生滑冰，有点冷。回来像感冒的样子，睡一觉后好了。

12月30日（星期二）

开始看有关选举法的材料，头疼之至，这些东西过去没研究过，也没有留心过，看起来很吃力。

昨天下午二时，到华北局找素菲同志，他在午间问了［刘］澜涛同志，说再和中组部商量。无结果而返。回来后听邓拓同志传达毛主席对党报工作之指示。［宋］汀来，看老舍编的“五反”剧《丁经理》，十二［点］多才回来。今日上午头昏，夜里梦多。

今日又从华北局领来供给。交饭费30万元①。

① 当时为旧币。

1953 年度

1月2日（星期五）

一九五三年来到了。这一年将要怎样呢？

一日，和[宋]汀及易生、小虎一块过的。买了些炮，易生放炮。晚上，原说开会研究选举法问题，和[宋]汀一同回来，结果未研究，看了阵报纸。

前天，31日，把大陈①找来，谈了一个多小时，关于我在工作上的一些问题，结果还[是]不动。

这一年必须下决心学习。过去这三年在这方面决心不够。去年下半年注意了，时间已晚。

1月3日（星期六）

快十一点钟了才起来。昨夜座谈选举问题，一点始完。回来[宋]汀在，二时始睡。

1月7日（星期三）

公安局人口统计（1952年10月）

人口：256万（[含]部队，警察、公安机关，军委机关）。其中，东单20万，西单24万，东四28万，西四25万，前门19万，崇文20万，宣武24万，东郊21万，南苑11万，海淀②23万，石景山52万，京西矿20万，丰台13万。

① 陈守中，郑天翔在晋察冀时期的老战友。

② 原稿为“甸”。

农业人口37万。18岁以下94.7万,37%。

选民:161.2万。估计[最终]165万。无选举权:地主9000人,在押犯人14000人,管制3100人,剥夺政治权利42人,伪军队警察13000人(局[机关]以上,8000人;各区以上,2200人),反动党团匪12000人,逃亡地主。共44000+22000=64000(人),占[总]人口[的]2.5%,占选民[的]4%。

1月9日(星期五)

这几天没做什么多的事情,只是看了一些有关普选问题的书及材料。昨天晚上,就普选问题提出讨论,一点多才完。今天九时起来,上午看了下电报,下午再看些选举的法令。

昨天,彭真同志找我去谈工作问题,他已和安[子文]、刘[仁]谈过,大体上决定在市里,但目前尚不能作最后决定。这次调动工作,两个多月了,工作未决定,是一件苦恼的事情。当初接到调动命令之时,未曾想[得]周到,来了之后,已不好办。使我不断地回念起在包头紧张的工作和生活情

图2-1 郑天翔和宋汀在包头市委的留影(1950年3月)

形来。前日接老尹[①]一信。

这几天也没学习好。星期三下午听安子文同志关于党的问题的报告。遇赵洪。远处看见了高铭卿同志[②]，未及招呼，他可能调来，但不知在何处工作。头疼已一周。

1 月 10 日（星期六）

昨夜［宋］汀来，带感冒而来。今日正式感冒。下午七时，才取来药吃。粗心大意所致。

小虎昨天把洋腊放到水壶内，三个保姆蒸面吃，结果拉肚子，真是该打屁股。

我早晨有点头疼，上午睡了一阵，好些了。现在，有旧病再发之势，后半个脑子发木，有时发疼。

下午学习。

1 月 13 日（星期二）

昨天早晨彭真同志电话通知我，工作已经最后决定，在北京市搞都市建设，同时给彭真同志办些事。

下午听周总理的报告。回来时手被汽车门扎伤，出血甚多，整夜未停止疼。

［宋］汀已好，唯咳嗽尚未完全好，继续吃药。

1 月 15 日（星期四）

都市建设

彭［真］：

楼房：实用、结实、经济（节省）。不能每家都有公园，[③]大运动场［要搞］

① 尹林生，郑天翔在包头工作时期的老战友。

② 高铭卿，郑天翔在绥南工作时期的老战友。

③ 原稿中为“每家不能有公园”。

公共的，不搞私园。将来每［一个］区设一个公园，美观。

都市计划，第一是工业。苏联，1936年才搞都市建设，计划不能早搞，因工业计划未定。［我国］现在［要］搞，因［第一个］五年计划已开始。

美观，要决定形式。楼房，可有平的，可有尖的。琉璃瓦、瓜皮帽不要。四层，五层。不得已才拆房子。式样：各［种］式［样］都可有，留些余地，上边加东西，可设计基本的几种式样。① 宫殿式：少数。看过图形式，配合，但基本不用。

*　　　　*　　　　*

农民迁移问题，研究办法。迁坟［问题］。［研究］东西长安街、邮局［的］拆法。

天安门广场，红墙拆掉？现不能定。东西长安街，王府井口上，合作总社盖不盖？

图 2–2　千步廊尚未拆除时的天安门广场（1950 年）
资料来源：北京市城市规划设计研究院：《北京旧城》，北京燕山出版社 2003 年版，第 9 页。

---

① 原稿为“式样，可设计基本的几种”。

*　　　　*　　　　*

昨夜睡得迟，今早九时起来，九点四十分钟同刘仁同志到北京市，彭真同志和一些有关同志谈本年都市建设。下午一时完，二时回来，[宋] 汀已走了。病已好了，但还不巩固。

这几日大便不通。

1 月 16 日（星期五）

上午，看电报。下午，和齐鲁同志等到北京图书馆收集有关城市建设之书，没有找到。晚上起草一个电报稿子。

今日天气冷，据说达零下 25℃。

今日报载苏联破获一个医生的反革命集团，他们接受英美指示，谋害苏联领袖，已将日丹诺夫害死。《真理报》发表社论，批评公安部门及卫生部没有及早破获此事，号召提高警觉性，反对马马虎虎的作风。“哪里有马马虎虎的作风，哪里就有反革命的破坏。”

这个问题特别应引起我们中国党的注意。自镇 [压] 反 [革命] 以来，大家是有点骄傲自满、马马虎虎。胜利，的确有其阴暗的一面。

这几天大便特别干燥，痔疮不好。

1 月 19 日（星期一）

在彭真同志处谈（陈正人）

陈正人[①] 说：

中 [央] 直 [属机关]、华北、[北京] 市 17 [个] 单位合并，[成立] 3 个大单位公司。材料、用地、劳动力、群众工作，[北京] 市管。中央 [有]400[多个行政] 干部，1000 [多个] 技术干部，全部 [分配]。[设立] 附属工厂。

除一个铁工厂，准备全管。结构，副厂长兼工程师 [管]。市设计院 [实

① 陈正人，时任建筑工程部部长。

行] 双重领导，[以] 市 [为] 主。北京搞设计分院。

彭 [真]：

[苏联] 专家 [建议]，[搞] 现代设备 (工厂化)。现市里有 16 个单位。中央，华北 [局]，市，合并。

1 月 20 日（星期二）

昨夜十二点半睡觉，今早八时起来，没睡醒。九时到一时，参加苏联专家对三个学校建筑的检查，聂一韦亦同行。

昨天彭真同志处，陈正人谈了 [一] 气建筑公司统一问题。彭 [真] 让整理一些政法材料，并谈了一气工作问题：都市计划、他的办公室、市里，三个部分，我当 [即] 表示以市为主。他让住在那里，我说不必，随叫随去好了。晚上把材料初步整理一下。

星期六看了看小虎、小胖，和小虎玩了两个多小时。星期日和 [宋] 汀步行看易生，来回走了十里左右。痔疮不时出来，真讨厌。

手还没好，上周末换药，星期日才在纱厂医务所换了一下。下午写成一个东西，晚上修改，看书。

1 月 22 日（星期四）

谈工业问题

76 个单位统计增产节约情况：号召 8000 亿；厂计划 10100 亿，[比例] 115%；完成 11729 亿，[比例] 146%。增产 4235 亿，降低成本 3163 亿，节约流动资金 3508 亿，基建节约 821 亿。

5 个单位新制产品完不成，或紧张。没准备即制造，造不出来：

1. 机器设备不平衡。农业机床厂，铸工能力大于加工能力一倍，精密车床少，一般车床多。原因 [是] 小厂拼起来的，高级商品任务不一致。

2. 质量不好。报废率大，最大问题是翻砂。汽车修配厂铸工废品：20%—46%，主要是铸钢问题多。新制产品图纸不全即干，总图不断修改。

图 2–3　北京第一汽车附件厂厂区（20 世纪 50 年代）
资料来源：北京市城市规划管理局编：《北京在建设中》，北京出版社 1958 年版，第 31 页。

专用工具事先没搞好。

3. 不能有节奏进行，不平衡。受试制产品影响。劳动组织不合理，实行流水作业效率高[①]。

4. 材料。主要的 [材料] 有时买不到。

5. 工人 [的] 技术，做新产品跟不上。需调配及训练。

6. 工资。高级工做低级活，工人不能升级，由多种生产转而单一化。

产品单一化，修理就 [管] 修理。机器设备，劳动组织，随之而变。有的闲 [置] 机器，向外调拨。决定各厂任务，固定下来。

*　　　*　　　*

建筑工程部周荣鑫[②] 同志谈

建筑问题：1. 民族形式问题，各种形式的，都整理出来。民族形式具体

① 原稿为“效率大”。

② 周荣鑫，时任建筑工程部副部长。

化。搞个小型展览会。[成立] 建筑科学研究所。2. 测量，测绘图，需加紧。3. [注意] 对 [苏联] 专家 [的] 态度。

*　　　　*　　　　*

建筑工人事件①

彭真同志谈处理建筑工人请愿事件：

工资：[如果] 高了，压下去。理由：①不分技术高低、工作好坏，一律增加，是鼓励落后！②什么人自己增加工资？这是全国问题。

工资分配：从改货币工资动起，一律按工资分档数，多退少补。做法：中央、华北、市，调干部下去做工作。明年要有 15 万人。不做工作，会基本搞乱。做群众工作，了解情况。不可解决的，一定不能解决。每天汇报两次，全市统一解释。

公安局派干部去，另布置工作。行政 [部门] 也去，不怕他扣 [人]。公开讲，让他闹，理直气壮。被打的人，告状。坏分子，有多少捉多少。问题没弄清前，不要冒失。开小会，不开大会。流氓，扣起劳改。定了以后，清理中层。

*　　　　*　　　　*

上午九时，听工业汇报。

下午到建筑工程部，找周荣鑫同志谈了一阵城市建设的问题，又找孙敬文、贾震同志谈了一阵。返回来到中苏友协，找到一些城市的照片。

这几天建筑工人请愿，闹得很凶。过去没好好做这部分工作，官僚主义受到报应。

---

① 1953 年 1 月，北京市建筑公司、第二机械工业部工程处等在京建筑单位的部分工人，由于工资、福利和奖励等问题而发生向全国总工会和北京市劳动局的请愿活动，并连续发生工人打人事件，这是该方面一些长期积累问题的局部爆发。中共北京市委于 1953 年 1 月 19 日向中共中央、全国总工会党组和华北局呈交《关于各建筑工程单位的混乱情况和处理意见向中央、全总党组、华北局的请示报告》。中共中央于 1953 年 3 月 1 日转发这份请示报告以及中共北京市委《关于整顿建筑单位情况和下一步做法向中央、华北局的报告》和《中央劳动部解决北京市各建筑单位乱拉工人现象的意见向中财委党组、政务院党组、中央的报告》。

1 月 23 日（星期五）

昨夜睡时，已三点有余。今早起来，已有［九］[①] 点有余。看了看报纸，下去参加了一阵讨论建筑工人请愿的问题，一时半完。我还不习惯于夜里少睡，多年来夜里睡不好头就疼，现在就是这样。

上午，给素非同志[②] 打电话，工作决定了，组织手续尚未办妥，这实在不像话。

下午，二时四十分，先后得素非及郝一民同志来电话，说中央组织部已正式回信华北局：我留北京市工作，华北另外给中央一人。我的组织关系，华北局组织部已正式转来北京。但老范没对我说。

1 月 24 日（星期六）

现在我正在协助搞建筑工人请愿的问题，看稿子、审查社论等。下午替别人写检讨，未参加学习。

［宋］汀在我屋里学习三小时，五点多一同到纱厂筹备处卫生所换药，就便与小虎玩廿分钟。

晚上听汇报，听彭真同志谈话。

1 月 25 日（星期日）

早五点十分睡下，十点多醒来，躺在床上剪指甲，掏耳沙，十一时起床。午饭后又看社论等，有些改得很多。

下午四时［宋］汀回屋写笔记，已写完第一部分。

晚上十二时多，彭真同志在各建筑工程单位负责人的会议上讲工作方针问题。完了以后散会，有人还汇报情况，有人在闲谈，我就回来了，十二时四十分。

---

① 此处疑为同音笔误。

② 刘素非，刘澜涛同志夫人，郑天翔在晋察冀工作时期的老战友。

1月26日（星期一）

建筑工人事件

彭真同志对工作指示：

开始由被动转向主动。还有陷于被动的可能，一搞枝节问题即会被动。我们“以不变应万变”。读报，不要忙于联系实际，而主要是理清思想，划清界限。武器掌握在我们手里。一联系实际就会被动，不要被引到“盘舵路”。卖狗皮膏药是最坏的作风。过去坏就坏在这里。找几个老工人谈，他就会回去宣传。你死咬着这一条。

经济是基础。前几天，经济被抓到坏人手里，使我们转不过去。现在，开始抓到我［们］的手里，他搞官僚主义，我搞技术标准，抓住整个环节，武器即在我［们］手里。因多数工人关心，这样就争取多数，使坏分子陷于被动。

社论，拿出纲领，所有工人都照顾到了，只孤立极少数坏人。抓住关键，不要受空气影响，要学树，［有根基］，不要学风筝，随风摆。有几件事，一定不能答应。如“全年停工资，从1月份起”，不能答应。

放假，一定得下去。不能答应所有人放一个月。这是落后制度，现在按合同办。在错误面前不能坚持原则是不对的。钱［可以］发，但制度不对。明年小礼拜（东北、西北三四天，政务院规定三天）。今年因大礼拜制，只能执行合同，但理论上不承认其对。原则性与灵活性［相结合］。市政府不能正常全订为制度。这叫落后观点，不叫群众观点。我们不能比斯大林还进步，这是封建时代农业生产，季节性、迷信、留下来的。

不要停在枝节问题上。枝节多了，要砍。我就是三条，具体问题调查上来，不忙解决。8%退不退？现在不答应。“这是个小问题”，这是陷阱，要躲开。诸如此类问题，不要提什么答什么。

当前，总方针是：争取多数，孤立坏蛋。孤立而后打之。现在不能打，因他是“总司令”。现在中心环节是贯彻社论方针，搞技术标准。现在不捕人，不传人，等他孤立了再说。现在不要说谁是坏蛋。“你们说谁是？”

组织上：这样学上海工人，没有上海干部。现在要了解工人中究竟有什么问题。到工人中找老技术工人，好的，提升他当干部。我们不是帮，为什么不提拔工人干部？放假前宣布一批，提十个人。准备有三个坏蛋，不怕。提一批作领袖。[否则] 没有根，三年了，工作不好。提起来，报高的技术工人待遇。组织上不解决，争取了多数，也不能巩固多数。评定工资中的具体意见，归纳起来。

明天，研究社论，研究技术标准。先找少数人，再找多数人，再开大会。今年全国都要评，跳槽不行，但不可说日期。顶迟到这星期六，即可主动。现在还有陷入被动危险，不要走错。

经验：任何时候，对歪风必须抗拒。没坚定决心，革命胜利不了。

1 月 27 日（星期二）

建筑工人事件

彭 [真] 指示：

情况开始好转，但不可估计过高。正气开始抬头，坏分子有组织退却，[但] 问题没有解决，只有多了党团员骨干时，问题才能解决。一篇社论不会解决问题，各单位不可松动，现在只是空气转变了。

现在离放假只有一周，不可能整顿队伍。坏人捕不捕？过些天再说。只对个别继续闹的才搞，对其他 [人] 不搞。[维持] 骨干、多数，清除坏人——这才叫解决，现在还没有解决。

做什么？搞工资。范围扩大些，把评定技术标准的意见尽量收起来，这是个复杂问题。找一些老工人，在假期内留下，和他们商议评 [定] 工资问题，对其中好的提作干部，留下评薪，发双薪。

三年没提拔上海干部，是很大缺点。[提拔] 干部 [的] 条件，政治加技术。上海工人技术高，在那里也大胆提一批干部。在三天内一定把名单提出来。工作照来，有本事、不闹的。即使有些坏分子，也不怕。提到六七百干部，问题就解决了。

官僚主义要不要检讨？如条件差不多了，可以召集检讨，要有错认错，实事求是，不可否定一切。没把握者，不开大会。[①] 零[②] 碎问题，昨天提出不要陷进去，但要登记起来，分别整理，将来能解决的解决，不能解决的先放。

带头闹的三种人：反革命，也不是主要的；有正义感的 [人] ；被蒙蔽的人。要加以分析，否则会扩大化。但现在不要对他们松了紧箍咒。[③] 个别放松。讨论技术标准时，把好人找来，现在不一般宣布。公安局抓紧搞材料，最后处理 [时要] 防止扩大化。

*　　　　*　　　　*

昨夜，十时听汇报，一时彭真同志来，听取了主要的情况，做了详尽而深刻的指示，到三时回来睡觉。这几天我没有做多少工作，陪着大家忙而已。

今天，十一时才起来，看报。下午，又睡了一觉，因我根本不习惯夜里工作的。睡迟了也睡不结实，第二天头昏。看《苏联建筑史》，但是，这篇文章除叙述一些过程外，无其他内容，论文很坏，许多地方看不明白。

华北局和中央已正式决定我留在北京市工作了。我应当怎样着手工作呢？到底主要是搞什么工作呢？这都没有决定。因而，插不上手来。这三个月，可以说是很没成绩，休息也不是休息，学习也没什么结果，是空过去了。

1 月 28 日（星期三）

建筑工人事件

彭真同志对建筑工人工作指示：

辛苦，好转了。被动，没骨干，不可依靠，[这是] 严重警告：建设工人阶级队伍。但问题没有解决：①没有骨干。这个骨干，不管有什么情况，他都跟着我 [们] 走。②坏分子没有清除出去。有些把握，都清除出去了吗？

---

① 原稿为“开大会没把握者，不开”。

② 原稿为“灵”。

③ 原稿中为“紧箍股”。

没有。调皮的不一定都是坏人（有坏人操作，但他们分不清）。对这一些估计不足的人，还会乱。现在能不能搞？不能。因 [为] 快过年了，来不及，故不办。③经济问题也没有解决。闹的结果取消了 8%，但工资不合理 [的问题] 没有解决，只做些准备。④从领导上讲，有的公司好些。干部与群众联系了没有？有的单位则没有。掌握技术 [的问题] 解决了没有？多数没有。情况开始好转，邪气下降，正气上升。比前几天好些，但上述问题没解决。最近几天有点行动，故须这样讲。

现在，这几天做什么？

1. 提一批工人干部。我们的干部杂，不如苏联十月革命后对这 [个问题] 注意。这个工作，三年来做得不好，补上此课。根据平时了解，只要不是特务，技术好的，基本工作积极、没有反动言论者，作风正派的提拔一批，一级一级提。提起来的，比平常的技术工人多赚点，才公道。提起技术工人，才可以联系群众，学习技术。假期中仍在此的，发双薪。

2. 把各种意见都收集起来。关于技术标准的、工作建议的、生活要求的，

图 2–4　北京市建筑工人在施工中（20 世纪 50 年代）

资料来源：北京市城市规划管理局编：《北京城市建设新面貌（英文版）》，北京出版社 1963 年版，第 77 页。

“了解情况，收集意见”。准备过年后提出解决方案。不要把意见在小组表决。

3. 有准备的做若干检讨。不是正式开会检讨，而是在谈话中进行些自我批评。不要否定一切，不要把对的也说成错的，也不要引导工人讨论。过年后，全国要适当调整工资，可以向工人说。

4. 工人有些困难，不牵连制度、不影响到单位者，可以研究一下（不要征求），予以解决。

有几件事情，[要] 避免说：①评定是否从 1 月补起？②有工人说明年不来，不要磕头（中财委发通知）。③放假 1 个月，[给] 来回路费。

* * *

昨晚又睡得很晚。学习时间头疼。与赵凡同志到工地，六时多回来。后学习《苏联社会主义经济问题参考资料》第一、二辑。

[宋] 汀上午开妇委会，下午在此学习。

1 月 29 日（星期四）

起来后看书报。饭后与刘仁同志谈。晚上彭真同志叫去谈工作，拟明天讨论都市建设的某些问题。

去看了一下洛陈，又调内蒙纸厂。见李红、[刘] 耀宗①，在此坐了几个钟头，吃了晚饭走的。

工作，急于主动地抓一门。每天跟着中心工作转，很难钻进都市建设的门。起码分出主要和次要。

1 月 30 日（星期五）

十时半起床，不愿 [宋] 汀就搬走，结果她还是报了到后走了，但摔着了腿和手，当时未说。下午出城，看地形、方向等。晚上，与有关方面谈都市建设方面的问题，彭 [真] 也参加，我讲二小时多，晚一时半散会。

易生回来，放假 23 天，下月 23 日回校。易生的成绩，主课皆在 95 分以上，说话、唱歌差一些。学校对他的鉴定：“易生聪明，爱学习，作业仔细，

① 两位均为郑天翔在包头工作时期的老同事。

而且他的理解力强，所以造句子时辞句通顺、内容完整，并能联系生活故事等，喜欢美工，尤其画画，仔细而整洁，想象力丰富，对这些方面应多加培养。平时守纪律，爱同学。但胆小，做起事来不够大胆，不够主动。望家长配合教育，培养他勇敢活泼的一面。”这个鉴定很恰当，今后我们应该这样努力教育、培养。

1 月 31 日（星期六）

夜里没睡好。这几天就是睡不好，因脑子很乱，睡中梦多。又因不习惯打夜作，白天脑筋不清醒。

十二时半，到市 [政] 府与薛子正等同志研究北京机器厂的建厂地址问题。昨夜谈，没谈出个名堂来，刘 [仁]、薛 [子正] 争执了一气。今天对此 [情] 况也无结果。

二时半回来学习，昏昏欲睡。也没学到什么。现在，学习上的思想领导

图 2–5　在北京市人民政府的一张留影（20 世纪 50 年代初）
注：坐姿者右 1 为郑天翔。

可以说没有。这个期间，虽已组织起来，但仍然白流。因而，学习上的收获不大。

2月2日（星期一）

谈都市建设报告

一、四年来的情况

方针，局部计划。不可能：大局未定，计划未定。

二、现在的情况

两个矛盾，过去不可能，现在要求可能。远景。

准备工作，都委机构。

三、当前要解决之问题

区划；干线；形式，层次；机构，干部；国防。

下水道：东郊，北郊，复兴门外。

五条干路：东直西直；文津街；北海后万和路，空军医院；御河，明沟改下水道；东西长安街，府右街拉直。

* * *

图 2–6 正在改造中的御河（20 世纪 50 年代）

资料来源：北京市城市规划管理局编：《北京在建设中》，北京出版社 1958 年版，第 119 页。

城市建设

[建筑工程部] 城市建设局谈：

1. 苏联专家对各城市的意见[①]（贾 [震][②]）。

2. 发言提纲（贾 [震]）（听）。

3. 定额，设计小组，共同研究。

4. 设计批判，报告（记录）。

5. 读书，订杂志。

委员会：规划设计；建筑监督；体制科；建筑艺术会议。经济发展；测量；规划；民用住宅设计；建筑艺术设计管理；秘书室。

[苏联] 专家 [建议]：地下铁道，煤气，电缆。

* * *

昨天和今天都下雪。

易生滑冰去了。这里地方不大，玩具不多，他生活上很拘束。他满意的只有吃得较好这一条。[宋] 汀今早八时到华北党校上学去了。

上午，到市政府，和薛子正同志等讨论给中央写报告的大纲。没谈出个名堂来，许多情况未加研究，许多问题尚是初步考虑。

下午，找孙敬文、贾震同志交换意见，时间匆促，也没什么结果。

我的工作很苦恼，上、下、左、右，都不着边际。我像是一个帮忙的，但要求还不低，缺乏依靠，难以组织工作之进行。1952 年冬调动工作，曲折太多，结果很糟，从此后能否把工作做好，实成问题了。脑子随之而痛，精力无法集中，这将成为一个大包袱。这种情况又如何能改变呢？……

2 月 3 日（星期二）

昨夜十二时睡，今晨八时半起来，还是没睡好。

① 原稿中为“各市专家意见”。

② 贾震，时为建筑工程部城市建设局（正在筹建中）负责人之一，该局于 1953 年 3 月初正式成立后任副局长。

图 2-7 薛子正与苏联专家干杯（1956年元旦）

注：左为薛子正，时任北京市副市长，右为 1955 年 4 月来华的苏联规划专家组组长勃得列夫。

昨天上午到市［政］府谈都市计划报告提纲，没什么结果。下午到建筑工程部[①]找孙敬文和贾震同志，也因他们要开会，没什么多谈而返。

今日九时又到市［政］府再谈，比昨天有点进步，还是没什么结果。下午看了点材料，材料也是不多，这光景真是难过。

昨晚，和［刘］耀宗谈了一气。

2 月 4 日（星期三）

昨夜睡得不好，做梦。

今天还是下雪，这很好。

上午和齐鲁同志研究一下城市建设报告的方法。下午学习，头昏欲睡，没学好。

夜里写这个报告，糊里糊涂[②]写了三千字。十二时半了。明天再修改

① 原稿为“建筑工业部”。

② 原稿为“胡里胡途”。

充实。但我并未掌握其中关键问题，写也是白写。

易生及小杨今天看小虎，去了一下午。

2 月 5 日（星期四）

大雪。一连四次大雪①，对春耕和防疫都有绝大好处。景色清新，空气新鲜。

上午，和刘仁同志到人民印刷厂，看了一些制钞票的新式机器。有万能雕刻机，自动地刻出各色的花纹；有德国来的自动化印刷机，一次能印三色。午饭在那吃。

回来，把稿子修理一下。下午，休息一阵，看了点书报。易生及小杨到文化宫玩去了，四时才回来。易生很懂道理，很听话。得 [知] 小胖之 [保姆] 老黄因 [丈] 夫病回家，把小孩丢下不管了，党茂林来了电话，小杨及易生去看看是怎么回事。

2 月 6 日（星期五）

昨夜多梦，二时睡，今日九时半起。

上午，把起草的报告修改了一下，看报纸。

下午，到清华大学找建筑系的吴良镛先生谈了一些城市建设的事情，要来他们起草的讲义，订洗了一份中国建筑的图片（250 幅）。返回到北京图书馆，无所获。又到书店，买来六、七本有关卫生、设计的书。这天，收集的材料总算不少，并看了清华一圈。②

晚上，把清华讲义一股气溜了一遍，共 52 页，一气看了 4 个多小时。涉及政治原则问题，他们讲得不好，只会抄书，不会总结；平面布置，没有灵魂。属于技术方面的，则讲得对我颇有参考之处。明日，当摘要之。

小杨及易生今日又去看小虎。

昨夜，看了 [李] 立三在工会工作中错误的检讨，基本上是主观主义，不从中国实际情况出发。主观主义是知识分子干部最危险的东西。

---

① 原稿中为“大会”。

② 原稿中为“一周”。

2 月 7 日(星期六)

苏联专家穆欣[①] 谈城市建设

城市建设局听 [苏联] 专家 [穆欣] 讲:

计划和规划:都产生计划,是其共同之点。计划是国家经济计划,计划包括各部门,其中有的与城市有关系。计划工作结果产生计划,表现为一

图 2–8 苏联专家穆欣与中国专家的合影(1958 年 7 月)
注:中国代表团赴苏联访问期间摄于莫斯科,照片系穆欣赠送给王文克。
左起:梁思成、汪季琦、穆欣、王文克。
资料来源:王大矞提供。

① 苏联建筑与城市规划专家穆欣(中文译名包括莫欣和莫辛等,1900—1982 年),1952 年 3 月底来华,1953 年 9 月底返回苏联,在华工作时间共一年半,其中前 9 个月主要受聘在中财委(中央人民政府政务院财政经济委员会),1952 年 12 月转聘至建筑工程部(以下简称建工部),是 50 年代对中国城市规划工作影响最大的苏联专家之一。

系列表格，表格中表示各种指标和数字。政府各部［门］都有计划，国家计划委员会做综合计划。

计划是第一阶段工作，规划是第二阶段工作。规划是将计划已确定之东西布置在城市中。布置，不是偶然的，而是要满足各种要求：适用、方便、经济、美观，这是规划所要解决的。计划，由市财委领导。规划，由城市建设委员会领导。

经济计划确定了，对城市规划有许多方便。但计划没完全确定前，必须规划，不能等待。这样有些地方是局限的。尽可能在已了解材料的基础上，看得长远些。依靠计划部门。

计划决定规划。如工业规模。另外，有些东西如公用事业，则规划决定计划。等计划完全明确才再搞规划，在苏联也并非如此。计划，一般在一定时期，包括时[①]间短些。规划则包括时间较长，建设起来，是长期东西。故现在规划，不能防碍将来国民经济发展。

工业区摆在哪里，[②]对城市结构关系甚大。工业区本身布置，不仅取决于自然条件、风向、河流、地质、地下水位等，另外，还有其他因素，工业区必须和运输同时解决。很多问题互相发生关系，不可孤立地去解决。布置与干路联系很密切。仓库、干路，等于一个问题的两方面。

布置干路，比布置工业、住宅区，更要注意美观。干路系统，要适用、方便，就要联系城市重要点。城市中重要点，即人民工作、居住，进行社会活动、休息的地点，不仅有干路，而且有广场。干路系统，一定要把中心表现出来，而且要把它将来是个什么样子也想像出来。

制订草图时，须有建筑师参加。不仅是工程问题，而且要有思想内容，即要表现什么内容。在第一阶段上，还不可能把要表现的内容都具体［化］，但大体上应考虑进去。

城市规划，要满足三条要求，历史上均是如此。但在阶级社会中，这种要求是有局限性的，只为统治阶级［服务］的。每个城市，都有其社会中心。

---

① 原稿为“期”。

② 原稿中为“那里”。

从奴隶社会起，即要求一个中心——富于吸引力的中心。天安门——“社会”活动中心。

苏维埃城市建设，对广场概念 [的理解] 不同，广场是为人民服务的，其性质、规模、数量均不同。社会生活比过去丰富几千倍，对进行社会活动的广场的需要、要求大了，应满足此要求。封建时代，广场是帝王检阅军队 [的地方]。苏、中有检阅，也有千百万群众游行，但性质变化了。

对社会活动中心的了解应更系统些，人民最主要 [的] 活动是劳动，劳动场所，应更注意，工厂大门，进大门 [的] 广场，很重要，大工厂前须有广场。广场周围须建俱乐部、食堂、百货公司、门诊所。过去不曾有，这只有社会主义国家才有的。休息地点：过去也有公园，现在公园规模与过去不同。青年喜欢集体休息，文化休息公园，星期日两万五千余人，对此不可忽视。

新中国的城市结构。工业区、居住区，在资本主义 [国家] 也是联系的，到此为止。我们不仅联系起来而已，还有其他要求。

三个条件不可分开。认为现在只修工厂住宅，将来美观 [问题] 如何办？修起来 [后]，第二阶段如何美化？天津建筑艺术，没有遗产，它不同 [于] 北京。把美观和经济对立起来看，是不正确的。第一阶段，指干路系统，不可忘记社会中心。自然不是要现在就十分精确。

工厂没有 [工人活动] 中心，大公园、体育馆 [也] 没有 [中心]①。车站，没组织的空地不是广场。车站没有包括在干路系统中。

区域中心没有内容，所谓中心是四周为好的建筑物所围起来的广场。建筑艺术规划不够：①建筑区，[用] 表格 [分析]，占多大？②根据风的材料，对现有工厂进行分析。③制定地区工程准备草图。④做出工厂、仓库所需地段具体数字。至少发展工业种类应明确。⑤② 把初步规划图进一步精确化。⑥分配土地注意风，尤其是季风。⑦铁路如何为工业服务。⑧把中心确定，根据中心把干路系统确定。⑨规划图应有限界。⑩ [规] 划一个1953 年各种建设 [的] 草图。

---

① 原稿为“工厂中心没有，大公园、体育馆没有”。

② 原稿中遗漏了编号“⑤”，此处及以后的编号进行了调整。

更注重建筑艺术，加强建筑师的工作，与其他部门密切配合。

*　　　　*　　　　*

九时半起来。昨夜刚睡下，看建设 [资料]，刘仁同志找，其实也没什么大事，到二时回来，夜里没睡好。

上午，把都委会整理的材料溜了一下，完全抄书，令人难懂。

下午，到 [建筑工程部] 城市建设局，听穆欣同志谈对天津都市规划之意见，五时半回来。

2 月 8 日（星期日）

昨天下午没 [参加] 学习理论，这是第一次缺勤，今后绝对不能如此。

晚上 [宋] 汀因等车，九时余才回来。先到石驸马，易生看电影，机关里的，演了两个，他看了两个。怀仁堂有朝鲜铁道艺术团表演，有票了，因 [宋] 汀未来，没有去看。

夜里睡得很好。

今早十时半起来，真正过了个星期日。[章] 叶颖[①] 来，同去石驸马，小虎不活泼了，不知何故。三时左右到中央医院看吴老老[②]，正睡着了，没惊动他。到华北党校，谁也不在，在杨士杰[③] 处坐了一阵，赶六时回来，和易生一同吃饭。

从九时起到十三时，整理城市建设计划的参考资料[④]，[完成] 十七页。明天再搞一天，即可搞完。

2 月 9 日（星期一）

工 业 问 题

研究工业问题。

---

① 章叶颖，郑天翔从事抗日爱国学生运动时期的老战友。

② 吴士杰，郑天翔在战争年代的老战友。

③ 杨士杰，原中组部副部长，郑天翔在晋察冀工作时期的老战友。

④ 指由中共北京市委组织翻译和编印的《城市建设参考资料》。

程［宏毅］[①]**：**

查、定责任制，质量——中财委提。华北因已查定，加财务。质量应是成本，不可分开。某些厂子能否突出提出关键。计划，首先是产量、质量、材料供应计划搞好。计划摆在前边。其次技术。

责任制，东北还要搞，我们也搞一下。特别在基本建设部门。

领导问题：反官僚主义，党政工团（总结三厂经验）。

刘［仁］：

各种各样，不是一个类型。情况不同，一个方子治不了。生产中主要问题？前松后紧，根本是计划管理，由此也可看出生产潜力很大。要求各主管部门切实研究各厂生产任务（大计划）。

民主改革后，工厂管理、设备改革还没做。首先确定工厂干什么（确定任务，调整机关及技术）。服务市场搞生产，不好。［应该是］工业的改组。［如果］不如此，生产不能均衡。订谁的，就是规定其订谁。

质量低，废品多，浪费大。质量低是基本的原因。事故：［主要是］技术事故。二种［原因］：该修不修；不会用机器。资金积压，是由于没计划。

1953 年主要搞什么？区别市里负责的和中央负责的范围，首先是计划（任务）讨论。质量不好，带普遍性。搞质量检查。安全检查，首先找出不安全［因素］来。已有责任制度者，先检查其是否适用，然后建立责任制度。

操作规划，技术，学习苏联。操作规则，是建立紧要者。要办训练班，领导干部学技术。如何组织技术学习，技术工人的培养？［办］技术学校。工厂分类，查、定，能定者定，不忙计件。财务管理稍后点。培养干部，准备条件，财务不可过分落后。责任制，管好管坏，厂长负责。党统一思想，党管什么？思想统一；政治经济相结合；群众路线（批评、自我批评）。

有些技术问题，请专家指导。专家意见的执行情况，检查一下。基本建设问题，另讨论。

任务大，质量［要求］高，工人多。工人没清理，工人觉悟低，技术水平低，先进质量推广差，质量差。其他厂子，去年发展大的，清理一下。自己

① 程宏毅，时任北京市财政经济委员会副主任。

有没解决好的，加以解决。对坏分子，工会应与之斗争。[重视]工会，把产业工会建立起来。

*　　*　　*

九时起来，夜里睡得还好。上午，整理都市建设的参考材料。下午，讨论工业问题。晚上，再整理都市计划材料，初步告一段落。昨天和今天用脑子过多，有点头昏。

易生，上午去看小虎，下午看京生[①]，回来说，京生胖了点，眼大了点，白了点。小虎对他们还好。

2月10日（星期二）

市委会议

一、中直、市，建筑公司合并问题

合起来，11个处，固定工人3万。开工后，11—12万人，干部7000[人]。拟将11个处改为7个建筑公司，另设水暖、电器安装、器材等公司。

组织建筑工程局，局长宋裕和[②]、范离[③]、李公侠[④]、张鸿舜[⑤]、彭则放[⑥]。张、彭兼公司[领导]，还须加两个人才行[⑦]。北京市组[建]设计分院，院长

---

① 郑京生，郑天翔次子，1949年8月生。

② 宋裕和，时任中央人民政府建筑工程部副部长，1953年3月至1955年2月兼任北京市建筑工程局局长。

③ 原稿中为"范里"。范离，1953年3月至1955年2月任北京市建筑工程局副局长。

④ 李公侠，1949年12月至1957年8月任北京市人民政府副秘书长，1953年3月至1954年2月兼任北京市建筑工程局副局长。

⑤ 张鸿舜，1953年3月至1960年3月任北京市建筑工程局副局长，1960年3月至1966年5月任北京市建筑工程局局长。

⑥ 原稿中为"彭则范"。彭则放，1953年3月至1955年2月任北京市建筑工程局副局长。

⑦ 1953年3月1日，经中央人民政府政务院批准，建筑工程部和北京市人民政府决定，将建筑工程部直属工程公司、北京市建筑公司和中国人民大学修建处等单位合并组成北京市建筑工程局，由宋裕和兼任局长，范离、李公侠、彭则放、张鸿舜、董文兴任副局长。

[暂时] 无 [人选]，副院长沈勃。

局、公司、工地，局事业开支，250—300 人。每公司 25—30 万平方米，编制管理人员 150—175 人。加强工地。建筑工程局设政治部，公司设政治处。

二、城市建设计划问题

现在建筑的审核问题。

李 [公侠]：

首都怎样发展？工业，教育，难以详细预计。修运河、火车站起什么作用？这个计划需多少年？计划实行步骤，有些须早定下来，下水道、道路须先修。[最近] 一、二年做什么？组织和准备工作，早做准备。干部，[做] 长期打算。

贾 [庭三]①：

讨论迟了些，矛盾长期未解决。当前急需组织机构。莫斯科，1924 年开始研究，1931 年提出 [设想]，1935 年确定 [规划]。北京，没三、五年不行。用钱 1000—1200 万卢布勘察设计。这几年，建设浪费很大。

彭 [真]：

请中央早日决定工业计划，两个五年计划 [期间的工业项目安排]。请苏联专家 [技术援助]。目前急需解决三个问题：成立钻探队；补充十几个懂建筑的人，建筑师组织起来；采取什么形式？

刘 [仁]：

总方针 [是] 明确的。

[彭真]②：

[1949 年] 阿布拉莫夫 [П.В.Абрамов]③ 来 [援助]，[把] 几个主要 [功能] 区确定了④。今天也只能确定这几条。工业计划，市委不能决定。今年

---

① 贾庭三，时任北京市公用局局长。

② 据笔记内容及有关史料判断，以下记录文字应为彭真所讲，刘仁同志所谈“总方针明确的”只是简短的插话。

③ 阿布拉莫夫，即 1949 年 9 月至 11 月来华援助北京市政建设的苏联市政专家团团长。

④ 1949 年援京的首批苏联市政专家提出了对北京市区的土地进行用途划分，设置工业区、住宅区、学校区（文教区）、休养区等不同类型用地主导的功能区，并围绕天安门广场地区进行城市中心区建设的建议。

图 2–9　与贾庭三同志（左 1，时任北京市委第三书记）一起审查八宝山革命公墓规划方案（1979 年 9 月）

注：左 2 为郑天翔。

要求定下来，尚难。现在，首先请示中央：中央各部建在哪里？①

今天主要多花功夫调查研究，准备材料。今天 [的] 迫切问题 [是]：修房子。中央办公 [的] 地方，文教区，中央修宿舍计划。

工厂和住宅区问题，工人家属 [需要] 就业，[可以] 在工人区域中搞点轻工业。工业是否完全放在城外？

建筑形式，[由] 各建筑单位自行决定 [为] 好，应由那里决定。

运河，主要为城市美化。运什么？需研究。

以上问题，提给中央。

修路，拆房。拟修点房子，不必要的不拆。[加强] 机构，准备点干部。土木工程学校 [要] 办好，[毕业生] 要求中央留京用。

请什么 [方面的苏联] 专家？请中央由今年毕业生中分配若干 [到北

① 原稿中为“那里”。

京市工作]。

三、反官僚主义问题

刘[仁]:

牵连问题由政府党组切实、很快处理。这种问题是由领导上的官僚主义发展起来的。一方[面]检讨。一方[面]必须执行主席指示，后去检查工作。主席指示，除年老力衰者外，少壮派都下去。

党内应处分时处分，姑息不行。自我批评，思想工作，检查工作。

2月11日(星期三)

昨天上午九时(实际十时)开市委会议，直到下午六时，讨论市政建设计划及反官僚主义问题。这种议题也是临时开出来的，大家没充分准备，因而，发言者不多。反官僚主义，大家看样子有话要说，时间不够了，草草结束，下次再讨论。在会中及会后，我把写好的报告又修改了两次。[晚]七时，到北京制片厂看《龙须沟》，是一个好电影片子，惟拍摄洗印技术不大好，对杀恶霸也没明白交待，减低了政治翻身对人的鼓舞。

这两天睡得还好。只是忙乱而无结果，报也没好好看，理论学习还不如在包头时(后期)。这种局面不是长久之计。

上午，修改报告，看报。下午，学习。晚上看文件，这一天总算有个头绪。

2月12日(星期四)

北京市政工程

在建筑工程部谈，主要建筑位置，建筑外形。

蓝田[①]同志谈对公用事业计划意见:

北京公用事业1953年计划投资额6016亿，今年[比1952年]多582

① 原稿为“兰田”。蓝田，中华人民共和国成立初期在中财委计划局基建处工作，是城市规划建设领域最早的行政干部之一。

图 2–10　蓝田等与苏联专家巴拉金在一起的留影（1956 年 5 月 31 日）
注：欢送苏联专家巴拉金回国时所摄，地点在巴拉金住处前。
左起：蓝田（时任国家建委城市建设局副局长）、巴拉金夫人（女）、巴拉金（苏联规划专家）、郭彤（女，王文克夫人）、舒尔申（苏联公共事业专家）、王文克（时任城市建设部城市规划局副局长）、高峰（时任城市建设部城市规划局副局长）、曹言行（时任国家建委委员、城市建设局局长）。
资料来源：王大矞提供。

个亿。控制数字超过 5000 亿：首先，下水道、河湖，共 2034 亿。其次，道路 1440 亿，自来水 1038 亿，汽车 1035 亿。其他，园林、桥涵。

对工程，感觉缺乏总体布置，许多定位 [是从] 目前需要出发的，给将来发展考虑 [的] 少，[如] 道路、下水道等。有些思想不明确，方向？下水道分流、合流？① 且有些工程照顾全面不够。

对今年新建房屋配合不够，钱花不少。可能新建的部，没上水、没下水

① 分流是指雨水、污水排放分别使用不同的管道，合流是指两者使用同一管道。

道。四海干线,233 亿,分流、合流?合流浪费,专家认为这样不经济。解决办法,不修从北海、天安门前河走 [的管道],一部 [分污水] 从御河出去。御河暗管小,雨水排泄可不经此,污水通到御河,可设管通出去。北海容量多大?四海干线想不修。

东郊,从朝阳门流过之下水道,对象不明确。为工业,将来排水性质不明,不修。滦水河 206 亿,排雨水及污水。去年修莲花河时未考虑水从何去,今年修一段,下一段得想办法考虑,莲花河水出去会淹 [一些] 地区。文教区 900 余亿,从清河街排,[与] 文教区布局有关。

道路问题:西直门到万寿山路,修,但路如何走?干线太曲 [折],欠研究,交通如何解决?修长河滨河路,或 [从] 西直门修到河边。北城,安定门外到立水桥,为运行,只顾现在,到仪器厂路如何走?须考虑。复兴门外道路,乱,连不起来。东郊、南郊,路分别为许多小块。龙潭,路弯曲,陶然亭西路,都缺乏统一布局。

自来水,今年是 11 个井加管道,只解决目前 [问题],长期如何办?往文教区送水,由东往西不经济(由下往上)。现在清华 [大学]、燕京 [大学] 井水有富余,每天 800 吨,供 8 万人用,可供现在文教区各校之用,[应] 统一管理。今年少挖井,将来 [在] 玉泉山搞水厂,玉泉山有 2 个 [立方米 / 秒] 的流量。复兴门外水管与道路如何配合?南城沿人少,管子大,用处何在?费钱。地安门东西线,道岔现定 8 [个],可否修双线?将来搞无轨。

今年工程与北京将来计划结合,可办可不办的、没把握的不办,则超不过 5000 亿。植树,可以多些。

以上意见,不是为钱多钱少,而是为用之合理。

贾 [震]:

[苏联] 专家 [穆欣的] 意见:12 月从东北回来,对北京很关心。认为应以北京为重点。认为北京问题很难解决,如住宅、中国建筑、文教三个问题,讨论一下,开一个建筑工程会议,解决 1953 年建筑问题。乱,没领导,没什么进步,须中财委 [帮助] 解决。

几件事情:①4 个 [规划方案] 布置,提了 3 次,未改,没采纳专家意见 [进行] 修改。②文教区布置图,专家提的意见没修改。③中南海不搞高层建筑。

专家要求应在方针政策上，批评利［用］空［地］是［缺乏］整体观念，［对］长期［的］打算不够，临时到什么时候？对劳动人民关怀不够。设计布局上，显然是资产阶级观点，兵营式。经济上，他照顾经济条件，提意见先问造价，［要求］适用、经济、美观。拆房子，不主张立刻拆大批房子，有计划的边建边改。新建房子考虑周密，避免将来浪费。对我国建设，很兴奋，又很担心，怕搞乱了：施工很好，设计很坏。

“专家妨碍施工”① ［的观点］不对，［要］打通［苏联］专家思想。遭到一些抵抗，特别在旧技术人员中，老干部也有。

［苏联］专家认为：都委会工作很坏，各为自己计划。［应该］先听规划做

图 2–11　城市建设部领导万里和贾震等与苏联专家巴拉金的留影（1956 年 5 月 30 日）
注：万里（左 4，时任城市建设部部长）、孙敬文（左 6，时任城市建设部部长助理）、贾震（左 2，时任城市建设部部长助理）、王文克（左 1，时任城市建设部城市规划局副局长）、巴拉金（左 3，苏联专家）。摄于巴拉金即将回国时。
资料来源：王大斋提供。

① 原稿为“防害”。

的报告，再听设计作的报告，再讨论钱的花法。花这么多钱，政府太仁慈了。

周［荣鑫］：

［苏联］专家［穆欣］3月份走[①]，依靠［北京］都委会，力量不足。党内搞个组织，请［苏联］专家［搞］设计，［建筑工程部］城市建设局参加，帮助搞。不要太迟。在他们领导下搞个小组。紧急措施。

对［苏联］专家意见：传说专家要求很高，不合中国经济情况，旧人员拿专家意见打［压］我们。［苏联］专家对城市建设很有经验，同时也照顾到中国很多情况。我们没经验。［苏联］专家对技术人员批评，［是为了］刺激他们，我们没研究，［但］也觉得花钱多，影响到好像苏联专家当了政，旧技术人员［的］看法中含有恶意。我们没有系统地研究专家意见，我们办不到的得和专家展开讨论。结果，拿不到专家的武器。

今天北京市政建设主要问题：

甲：整体规划，总方向已有。

乙：合并建筑［机构］。［建筑］风格，不易决定。现在如何办？［尽快研究确定］中央组织部［的建筑］地点，计委、“四部”[②]［的］建筑地点，［干部住房］暂在宿舍区，将来搞的宿舍另建。

丙：向［苏联］专家学，还有一套东西须研究，联系美、用途、性质，牵涉到形式，各种建筑之基本要求。

* * *

［北京市关于2月12日会议的内部讨论意见］

1. 对市政工程之意见，不是领导批准了的，先在党内说一下。自己这样急，送上去也批不准。“主要送市里决定？”市决定不好，也不合适。市委召集一个会议，找有关人员研究一下。要快。

2. 都市计划小组，如何组织？党内搞，［要］有些懂行的人在内才行。人员，领导，计划（目的），地点。

---

① 指返回苏联。苏联专家穆欣于1952年3月底来到中国，4月起开始工作，聘期1年，原计划1953年3月底结束技术援助协议。

② “计委”指国家计划委员会，“四部”指第一机械工业部、第二机械工业部、重工业部和财政部。即常说的“四部一会”。

3. 组织部、“四部”，建设地点及形式问题。

2 月 13 日（星期五）

昨天上午到建筑［工程］部，周荣鑫、孙敬文等召集对北京市区建设的若干问题，交换了些意见。穆欣专家快走了，须要把北京市总体规划的若干重要问题做一研究。下午，看电报。晚上，在刘仁同志处向有关负责同志[①] 汇报建筑［工程］部谈的问题，拉拉扯扯，到一时半结束，但并无什么［对］如何解决这个问题的明确决定。

我现在还处于打杂的地位，做这种市政建设工作是大势所趋，不得不［赶］鸭子上架，对于能否做好这个工作完全没有信心。因为这个工作，牵涉面最宽，影响最为长远，又要定个方针，又不能定出方针，各方意见分歧，争持不下。旧人员，则不办好事，要求迫切，情况复杂，难以下手。

2 月 18 日（星期三）

从十四日到十七日放假，真正休息了四天。看了小虎、京生、吴老老，想家。老林和陈若夫，亦来玩了半天。［宋］汀星期五晚上回来，今早晨回校。这几天天气很冷，什么地方也没有去。

工作还不能正式上手，需要和彭［真］、刘［仁］谈一谈。争取参加市政建设和工业建设的工作就算了，避免秘书之类的工作。这样可以活动一点，身体可以支持下来，也可以学一点实际。

2 月 19 日（星期四）

昨日学习后，到彭［真］处，修改关于婚姻法运动补充指示，九时多才回来。在刘仁同志处研究同仁、儿童医院的设计问题，一时半回来。吃安眠药后睡了一觉。

今，九时多到北京机器厂，看到许多新来之机器。下午，看了一些照片，到彭［真］处看了个材料，而返。

---

① 原稿中为“向有关负责同志在刘仁同志处”。

易生一天不在家。今天又买了5000元的书。小虎初步检查体格，说是贫血。小胖感冒，据说也好了，但不能确否。

2月20日（星期五）

穆欣同志谈西安市建设计划

准备不够，解决问题的办法不具体。必须具备三样准备［材料］：①社会经济发展远景，不一定详细，但要明确。②现状图。③以现状图为基础的市区分配图。现在经济发展远景还没与计划部门取得一致，总平面图草图不合需要。

社会经济发展方向，即城市内容，特征，基本的东西。如工厂、学校、人口、土地。最主要之点是关系工业的，这些还不知道。须经过一定手续要来（孙［敬文］说这些材料尚未定，未下达）。百分之百明确不可能。但现有材料，至少工业种类、大致规模等，可以搞来。这材料不让所有人知道，但设计人须知道。须城市建设局帮助之。苏联，市设计部门及计划部门共同搞，经计划委员会批准即定。去年交来中财委印制过几种表格，西安利用了，但许多是主观想出来的。［要掌握］自然情况之材料，风向，风速，注意5月、6月、7月、8月、9月。

现状图，有许多缺点。什么叫现状图？要全面、明确地反映城市现状。不可完全客观地反映现状，而要反映我们对现状之态度。但也不是随心所欲地画①。同一范畴的东西，还可以有所区别，［如果］用一种颜色表示，给人观念不清。工厂和仓库，应用两种颜色。工厂本身要分类，有害周围环境的工厂，应根据风向把影响范围画出来，计算方法可根据苏联标准。还要表现，污水如何排泄，因其对周围有影响。从前有、现在没有的，不要画上来。图上不必表现隶属关系，像资本主义私有的情况。铁路［部门］要地，但对铁路现有占地地段也没表示出来。铁路工厂，用工厂表示出来。

① 原稿为“划”。

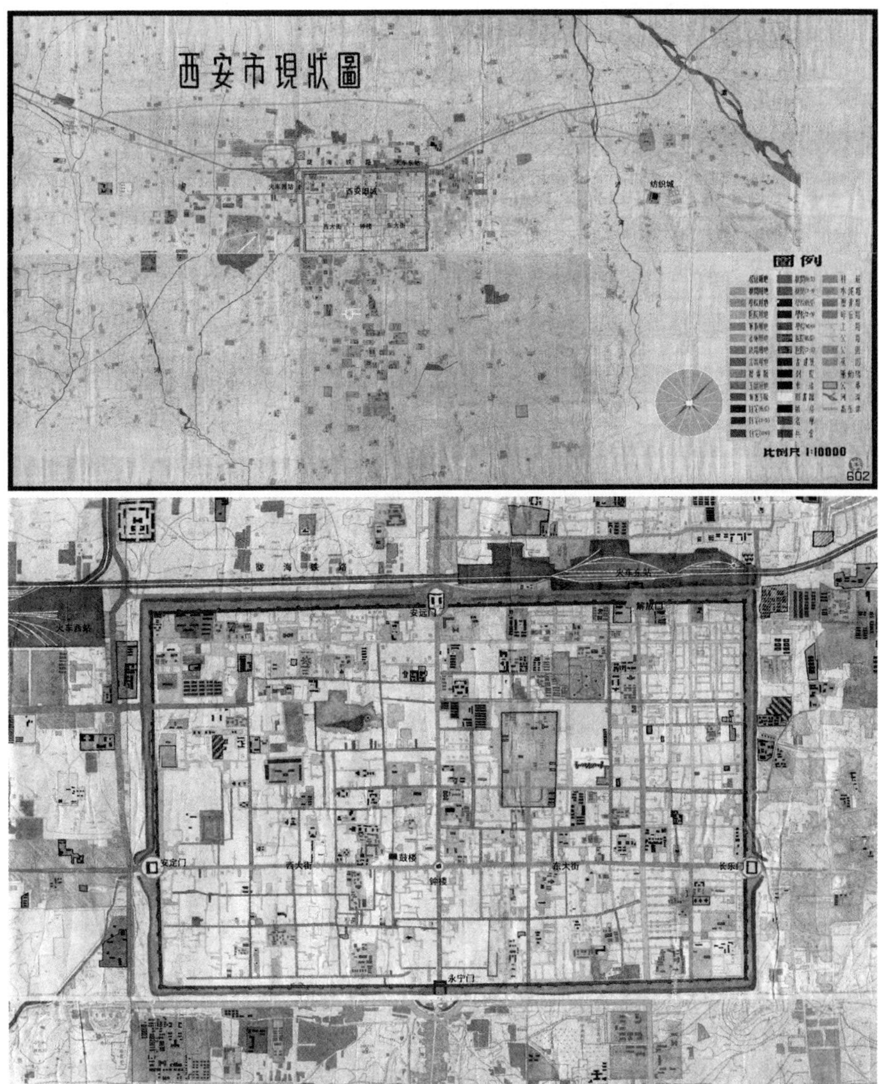

图 2–12　西安市现状图（上）及局部放大（下）（1953 年）

注：图中文字主要为整理者所加。

资料来源：西安市人民政府城市建设委员会：《西安市现状图》，中国城市规划设计研究院档案室，案卷号：0977、0978。

西安是［以］名胜古迹著称之城市，须把这些名胜古迹表示出来。大雁塔，机关占了，图上［画了］机关颜色，不对。这是对古迹的态度问题。果树园和林木分开。高压线，如电压很大，图上应表示出来。上、下水道管道，

用另 [外的] 图画出来。柏油路和土路分别画。

现状图也是随着建设一年年补充的。自然条件，要在另一个图上画出来，等高线隔 10 米画出来，[画清楚] 被洪水可能淹的地的界限。

*　　　*　　　*

市政工程

准备讨论的市政建设问题：

1. 市政工程计划，经费。下水道，自来水，道路。植树。

2. 市内交通问题。

3. 向专家学习的小组成立问题。学什么？解决什么问题？地点？

4. 向中央的报告之修改：平面布置；建筑形式；培养干部；水、路、地下 [铁道] 等事。附图如何修改。

5. 办公地点。中央组织部地点，计委、“四部” 地点，正式宿舍。

6. 同仁医院、儿童医院，审查设计。

2 月 21 日（星期六）

昨日上午，到建筑 [工程] 部听专家讲西安都市规划的问题。下午开会研究市政工程。晚上到彭 [真] 处，修改说明选举法的文章。回来，和齐鲁同志谈了一阵，看了点材料，一时睡。

今早，刘仁同志打 [来] 电话，醒得早。

2 月 22 日（星期日）

市政建设

讨论城市建设的会议。

彭 [真]：

[把] 中央 [各] 部 [的计划] 不能 [确] 定 [的问题]，加入 [给中央的]

图 2–13　建筑工程部办公楼（1959 年前后）

资料来源：建筑工程部建筑科学研究院：《建筑十年——中华人民共和国建国十周年纪念（1949—1959）》，1959 年编印，图片编号 55。

报告中：工业计划未定；学校未定，大学 [的建设计划] 未定。每区 [搞] 一个公园。

问题：中南海周围之房，不要向中南海 [挤占]。中央组织部、“四部”计委、机要局、军委俱乐部 [的建设地点]。地安门拆不拆？[还有] 四牌楼。电讯局盖房 [的问题]。

周 [荣鑫]：

[采取] 什么 [建筑] 形式？玻璃盒子，可以不要。“四部”、计委，大屋顶要不要？军委俱乐部是否放在景山？苏联专家有意见。

中央组织部 [的建筑] 地点，“四部”、计委 [的建设]，[涉及北京城市] 总计划：形式、布置，搞永久的还是临时的？北京饭店旁边，剧场（曹禺），首都饭店。

投资问题：[全国总] 计划中北京 [占] 21.21%，不包括地下工程，[主要是] 自来水、下水道、马路、车辆。一部 [分是] 防空费、绿化费、拆房费。今年 [约] 5000 亿。

苏联专家：

对大屋顶感兴趣，不仅代表民族，而且代表地方。技术上有问题，如斗、栱，[应该] 大量制造。专家建议搞建筑艺术管理局，搞艺术工业（找几个图，给中央看）。

图 2–14　从景山向北望鼓楼（20 世纪 50 年代）
资料来源：北京市城市规划管理局编：《北京在建设中》，北京出版社 1958 年版，第 4 页。

平面布置，他主张 U 字形。防空专家则是另一见解。批评长条子，厕所放在当中。

[注意] 建筑用途及其与周围 [的] 联系，如小学 [教室的] 光线应从左 [侧进] 来，教员往返教室 [的问题]（东郊被服厂不好，汇文，女五中）。

朱启钤①，营造学社。

---

① 原稿中为“朱其贤”。

贾［震］：

［苏联］专家赞成故宫［的］平面布置，各个建筑应有建筑风格，但不同意完全按故宫［的形式进行］布置。中国风格，朴素、丰富，他反对教条式加屋脊。中国建筑是横向[①]发展，反对故意搞些弯曲东西，不合古代建筑艺术。西洋式是往上冲，最后集中于一个尖上。反对中西合壁。"原始材料，现代技术，造成封建结果。""施工很好，设计很坏。"中国建筑师，要有爱国主义精神，不要忘了是在中国土地上盖房子。

他很照顾经济条件，检查建筑先问造价。临时性房子，苏联也盖过。经验证明，当时盖的好点，是经济的。亚麻厂工人宿舍 140 万，设备齐全，工人经济负担重。对几个城市的道路，先修道路，起什么作用？

贾庭三：

水。［北京市全年计划投资额］5000 亿中有 1600 亿是［用于］电车、汽车。自来水，曾有盈[②]利，折旧［币］540 亿，现上交。自来水每天 41 井，出 9 万吨水，需 8 万多吨水每天，最多 8.5 万吨。1 月份已超过 15%。今年上半年可完成 5 个井，可出 1 万吨水。明年需 12 万吨水（根据人口），1953 年供水计划 167 万人，明年到 180 万人，最高用水量 11.3 万吨。增加 3 万吨水需 1038 亿。

交通：电车要投资 390 亿，汽车 100 整亿。4 年车辆增 1 倍，乘客人数增 7 倍。星期日：汽车 20 万，电车 30 万。公共汽车，连跨年度工程，1006 亿。还须增加 50 辆车。

建设局：

私人营造厂是否管起来？共有八九十家，现在登记下来的工程已达 1400 亿。管有困难，不管乱。

薛［子正］：

"四部"一委[③]，修干线。农民迁居，新区域也要规划。今年两千到三千户农民因建筑搬家（对此，拿东四［向中央］报告）。市政建设拆房，最少 1000 间。

---

① 原稿为"向横"。

② 原稿为"赢"。

③ 即"四部一会"。

赵鹏飞[①]**：**

今年 250 万平方米，合十六万六七千间房子，占北京原有房子 12%左右。可否在总方向下做部分小规划，以解决长期与目前之矛盾。现在建筑很分散，道路、下水道、自来水等都得遍地开花，可否集中些，而不过于分散。

孙敬文[②]**：**

今年要有 2 万人要在 4 月份窝工，都市建设任务紧急，力量过少。城市建设局与北京市分工。

有些中国专家可能觉得规划不了，地拨不出去，[这] 是建筑 [工程] 部搞的。有人拿彭 [真] 或 [苏联] 专家 [的] 话钻空子？影响专家的情绪。[苏联] 专家对民族形式 [的] 看法。改良的办法？如“四部”大楼不盖，先盖宿舍。这不是原则 [问题]，不得已时可以用。分流、合流是原则问题，宁愿 [实现] 晚些。

彭 [真]：

各方对我们有什么要求？现有基础，现有力量，多方要求。在此条件下，解决今年问题。在这个基础上，分别轻重缓急。三四年来，着重解决群众问题，这些临时东西解决的差不多。今年，中央各机关有什么要求？（市 [政] 府找党员去问各机关秘书长）。

暂时照顾永久，局部照顾整体。今年还谈不到根本建设[③]。从这里边解决今年、明年问题，先把当前非解决不可的问题加解决，根据我们的经验去办。不揽不推，该市 [政] 府负责的 [由市政府批准]，该政务院批准的 [上报政务院]。

问题：

1. 地皮。组织个小组，把所有要地皮的专门讨论、解决一次。大建筑突出的地方都暂时留下，不摆在最主要地方。今年不企图盖七层、八层，搞

---

① 赵鹏飞，1949 年 4 月起任北平（京）建设局代局长、副局长，1950 年 4 月任北京市公营企业公司经理，1953 年 3 月任北京市财经委员会副主任。

② 孙敬文，当时刚从察哈尔省（我国旧行政区建制，1953 年 2 月撤消）调京工作，即将（1953 年 3 月）担任建筑工程部城市建设局局长。

③ 原稿为“根本建设还谈不到”。

很多大建筑。先盖一些，摸点经验。

2. 形式，归哪里[①] 决定？ [北京] 市没能力，可以提意见，但要由 [各建设单位] 各自首长决定。市中心以外的大家可以商量一下。勿轻易滥用职权。一般老百姓房，市里管一下。都委会 [的决定]，[如果] 没薛子正签字，一概不算，我们与梁思成等有根本分歧。

3. 今年市政建设：新建筑集中地方，如"四部"、工业区、学校集中区，尽量集中点，在那里搞下水道、自来水，搞重点，[局部] 利益牺牲点。其他地方，缓修也好。高级干部居住区道路，修点。群众居住区积水 [尽快解决]。房子尽量少拆，先拆哪[②] 一段，研究一下，这是今年为谁服务 [的] 问题。区域布置，明天搞。农民迁居 [问题]，专题报告。

4. 城墙拆不拆？朝阳门先拆，向中央报告。

5. 建筑问题，250 万 [平方米]，力量如何？组织小组讨论一下，先把料往附近运。要多少临时工？和华北 [局] 联系好，以免乱来。

6. 道路总图 [先] 定下来，不一定 [马上] 拆房，以后拆。今天修路，服从此计划。小区，下水道，与此配合。凡未定者，先修土路。先定路，后定水系：河、海、雨水、污水。哪[③] 几条路，再研究一下。绿化（今年 40 亿，绿化一事，培养苗子一半）。

2 月 24 日（星期二）

今天开市委会议，从上午九时开到晚十时，讨论贯彻婚姻法运动的计划，工业工作报告及反官僚主义、反命令主义、反违法乱纪的斗争，彭真同志讲了许多话。

昨夜，谈北京机器厂的工作。[昨天] 上午看电报，下午到朝阳门、德胜门、阜成门看了一下。

星期日 [2 月 22 日] 下午三时到夜一时半，开会讨论都市建设中若干问题。问题很多，还需继续讨论。这几天工作是逐渐地忙了起来了。

---

① 原稿中为"那里"。

② 原稿中为"那"

③ 原稿中为"那"。

易生于星期日下午上学走了。[宋] 汀当日未走，次日早晨才走，因晚上有事。

身体还可以支持，睡不着，吃了两次安眠药片也没什么作用，因量少。大便用药，不用即太干，这还是老毛病。

2月26日（星期四）

今天早九时起来，和刘仁同志到人民大学吴老 [吴玉章] 处，并找了老胡 [胡锡奎]，谈了一些如何研究工业的事情。

下午，召集会议，再研究市政建设工程。到六时余。明天还需到中财委去商谈。

昨天上午，和齐鲁同志到建设局，邀许京骐[①] 同志同去阜成门，研究打开城门的交通问题，召集了个小座谈会。群众对“古迹”的习惯很深，当前拆城门楼还有阻力。下午学习。晚上研究疗养院违法乱纪的问题，直到一

图 2–15　薛子正（左 1）和许京骐（左 2）正在讨论天安门广场改造规划（20 世纪 50 年代初）

资料来源：北京建筑大学：《深切缅怀老校长许京骐》，北京建筑大学新闻网，2018 年 7 月 20 日。

① 原稿为“景祺”。许京骐（1919—2018），浙江瑞安人，1942 年毕业于西南联大工学院土木系，1946—1949 年在清华大学任教（期间于 1946 年加入中国共产党），1950—1952 年任北京市建设局党组书记、副局长，后历任北京市市政工程设计研究院副院长、总工程师，北京市道路工程局副局长，北京建筑工程学院（今北京建筑大学的前身）校长等。

点半回来睡觉。

这几天有点累，压下一些事情了。连小虎都顾不上一看。接 [刘] 耀宗来信。接李红同志来信。第四次修改报告。

2 月 27 日（星期五）

在中财委谈市政工程计划

四海下水道干线。朝阳门外 [道路]。滦水河 [问题]。南郊到飞机场路不直。西直门外道路 [修建问题]。

朝阳门，拆城门，[城门] 内外修 15 米 [道路]，[城门] 外 [需要] 拆房 80 间左右。

永定门外到南苑 [的道路]，再研究。引立水桥路，20 亿，每天 100—200 辆大车，修。东郊工业区先不修 [柏] 油路，主要干线上整修，石路。西黄城根，[修] 沟路。东四十条出口，护城河、通惠河水位如何？能否出去？

3 月 1 日（星期日）

下“雨”，还带雪。

昨天，学习完后，易生回来。饭后看小虎，半月不见，壮实了一点。十时回来。今天，午后又去看小虎，把易生送走，和 [宋] 汀出城，时间不早了，谁也没看就回来。

晚上看了些报纸。

[2 月] 廿七日，九时到中财委基本建设计划处，研究 1953 年市政工程计划。廿八日，上午八时余，蓝[①] 田同志打来电话，叫写个电报请示，以解决迅速开工问题。写了一个草稿，找刘仁同志等研究后，交市财委发出。并把修改好的工作报告再交刘仁同志。

这几天工作忙乱而无实际内容。学习也只靠两个下午，头昏昏的，看

① 原稿为“兰”。

图 2–16　朝阳门（1957 年）
资料来源：北京市城市规划设计研究院：《北京旧城》，北京燕山出版社2003年版，第37页。

书就想打盹，讨论不起来，缺乏理论空气，缺乏领导，学得不好。

（昨天）接[1]［王］达仁、［郑］校先[2]信。拟一并回信。

3 月 3 日（星期二）

市委会议

一、合作社问题

① 原稿为"接（昨天）"。
② 王达仁、郑校先，郑天翔在包头工作时期的老同事。

王纯[①]**：**

合作社方针：巩固提高，资金目标提高 20%，商品流转费降 10%，[共] 三项工作 [要求]。每天接触多至 40 万人，脱离群众 [的问题]，[表现在] 态度、数量、质量三方面：开门不按时，关门按时；销售额下降，1 月 751 亿，比 10 月降低 34%，2 月 1095 亿；商品种类少，牌号死。调整商业后，干部消极情绪。价格有 4 种比私商高，私商斗争。

选举问题。生产合作社建立单独单位，8763 余社员，1 年 1100 亿产值，资金 60 余亿。农村合作社是否分开？资金 700 余亿，9440 余人，829 个摊子。社员 76 万，股金 75 亿，货款 350 亿。

干部思想：大楼、托儿所、公费医疗。“五反”后来的店员难闹，转业人员难闹。工薪平均 168 分。整理股金（城市社员股金不足 1 万）。

彭 [真]：

合作社，开始是零售店，今天还带有历史原因，负担国家经济任务很强，但群众性不大。第二个转变是去年有优待，现在物价稳定，此作用不是主要的了，优待还有点，[但] 不如去年了，会员会起变化，76 万社员，还可能减少。找几个典型，说清楚权利、义务，愿退者退股，加以整理。在工人、学校、机关中搞为主，搞 3 个单位看看。76 万社员，剩下些，有了骨干就好办了。没骨干而发展过大者，搞不好。合作社主要是社员给社员自己服务，不是靠国库。

波浪式的发展，不要怕社员少了。必要时，把一些社改为零售店。合作社生产反对平均主义，平均主义很反动。工匠混不来，徒弟挂帅，9400[个] 工作人员也要整一下，好的留下，不好的降 [级] 或淘汰，按德按才[②]。平均主义、供给思想、资格论，这三个东西必须去掉。

选举，先搞下层的，先做典型试验。

二、市政工程问题

[各类] 道路 [的比例]：为生产 31%，为学校 28%，劳动群众 10%，交

---

① 王纯，时任北京市供销合作社主任。

② 原稿中为“材”。

通 9%，中央机关 22%。

拆建国门附近之房 3700 间。朝阳门外之桥，3.5 米，窄。西直门外马路，515 间。

图 2–17　建国门豁口处旧貌（1957 年，从建国门内向东摄）
资料来源：北京市城市规划设计研究院：《北京旧城》，北京燕山出版社 2003 年版，第 98 页。

自来水：去年跨年度及今年工程共 21 井。现每天可出水 11 万吨。平均最高用水 8 万吨，今年用水量增加很大，市内超过计划 12%，2 月超过 10%，西郊超过更多。明年可能更加不足。水管供水能力大于配水能力，配水能力大于水流能力。

彭 [真]：

自来水装管子 [的事]，先召集开会，订合同，以免装后不用。清华 [大学]、北 [京] 大 [学] 的水，能管即管，不能管则可不管。根据“三有”路 [标准]，计算成本，估计力量，依此原则，敷设水管。

关系问题：先修路，再修下水道。现在做不得了。凡会要修路之处，自来水、下水道，居 [民] 业 [主] 签字，不能挖。应考虑到的没考虑到者，将来扣。由薛 [子正] 召开会议，一条一条路加以考虑。任何事情不是孤立的，切实审核，然后开工。以后出此类事，首先薛子正同志负责，其次各局负责。

图 2–18　德胜门下水道修复和施工现场（20 世纪 50 年代初）
资料来源：北京市城市规划管理局编：《北京在建设中》，北京出版社 1958 年版，第 119 页。

图 2–19　西长安街下水道修复和施工现场（20 世纪 50 年代初）
资料来源：北京市城市规划管理局编：《北京在建设中》，北京出版社 1958 年版，第 116 页。

如修路而下水道、电缆不能修者，提到市委，由市委负责。

凡拆了改［建］的地方，即应［充分］考虑。新建东西［要］按我［们］

理想［的标准］。拆东西，害大者搞掉，非十分有害者等一等。但既要改良，则须考虑好，不可改成四不像。城墙、城门、牌楼，将来是要拆掉的。比如城墙，只拆不修，需时光［间］。有些古物，不要改，如“真理战胜碑”，写“和平万岁”，大可不必①。没总的计划，不轻易修改（不包括小胡同口）。

道路问题，修石子路，准备铺水泥或油，土路作为石子路路基。不是现在修、将来再拆，而是现在工程作为将来基础。凡须先修下水道的，先修下水道（包括电缆）。凡现在修不起的，留下修下水道之余地。

这几年，为生产、为劳动人民、为中央机关服务，为全国服务。首先把中央机关［的建筑工程］搞好，再布置路及水道。为生产服务，［只有］大工厂定了，道路、水道才能定，［否则］划下豆腐块不适用。现代化工厂，暖、气，现在中国专家设计不了，不能让工厂服从棋“盘”。过去说为生产服务，还不具体。有些很主要干线，可以服从，有些则不一定。在工业区，须先和他们商量。为中央机关服务，今年他们说的［建筑工程］准备修，原定计划有些变动。

现在［的］许多计划［要］照顾将来，有些问题定了，有些则现在尚难定，［如］中央机关问题，城内不放工业问题。首都就是缺工业，缺工人阶级

① 这里的“真理战胜碑”指中山公园内“公理战胜”的牌坊。1901 年 1 月，清政府与西方列强签订了《辛丑条约》。《辛丑条约》共 12 款，第一款规定清朝要派遣亲王赴德国就克林德被杀一事道歉，还要求在克林德被杀地点建一座纪念碑。1901 年 6 月 25 日，克林德纪念碑开工建造，1903 年 1 月 8 日竣工。这座按德国人要求建造的纪念碑，实际上是一座中国式的白色石头牌坊，横跨在东单北大街上，位于西总布胡同西口的克林德毙命之处，形制是四柱三间七楼，牌坊上挂有一额，上书“克林德碑”。1918 年 11 月 11 日，第一次世界大战结束，德国沦为战败国。北洋政府因曾于 1917 年参加英、法方面的“协约国”，对德宣战，也成为“战胜国”，战胜消息传来，北京人民于 1918 年 11 月 13 日拆毁了克林德纪念碑。1919 年，驻北京的法国外交代表会同中国方面，命令德国人将堆放在东单北大街的克林德纪念碑散件运至中央公园（1928 年改称中山公园），重新组装竖立，并将原有文字全部除掉，另外镌刻了“公理战胜”四字，以作为第一次世界大战胜利的纪念。1952 年 10 月，亚洲太平洋地区和平会议在北京召开，为了表示与会国家保卫世界和平的愿望，大会决定将中山公园内的“公理战胜牌坊”改名为“保卫和平牌坊”。

基础，故不能把工业都赶出去。现在不要做这个讨论，将来统一研究，哪些[①]工业在城内，哪些[②]在城外。说要搞地下的［铁道］，为交通，为防空，将来研究。其他东西要按区布置。今年凡搞公园之处，先植树，每区一个公园，“私园”则要少。

都市计划，［应］推广先进经验，须典型试验，成熟后再推广。各方［面］到市［政］府办［公室］交涉，跑好多地方，现在集中在薛［子正］秘书长处，“磕一个头”即解决了。不要叫人到处跑，一星期办几次公来解决。

劳动力统一调配。

三、具体工程项目

1. 电讯局：动力房，中央板房，［建筑面积］10800 平方米。西单口袋胡同，须买 130 余间拆掉，能否批准？是否偏僻？如［果］今年能建，1955 年可安装，现未确定地点。去年在邮电部［讨论时］，地方已确定，后又变了，现尚未解决。托儿所，职工宿舍，拟在丰亩桥建，没人建，没地点，没材料。以上共 3000 平方米。要买的房子有铺面，约有三、四户头。

2. 邮政局：想在南河沿、北河沿、王府井大街一带，7000 平方米，要 9400 平方米土地，十余辆汽车开。西直门、复兴门外、九龙山、南厂店、新街口、北新桥、德胜门与安定门之间、长辛店，支局，每处 500—800 平方米建筑面积，最困难的是北新桥，新街口，复兴门外，西直门关厢。宿舍 5400 平方米建筑面积，可在城外。

3. 全国总工会：全［国］总［工会］，3000 平方米，今年［开工］；30 个产业工会，每个 200 平方米。没有地点，哪[③]里行？不连全总 500 亩[④]，连全总 700 亩。现在复兴门外拨给 300 余亩地，如何规划？［建筑］形式也不行。

4. 计委、“四部”：36.4 万平方米。拨地 7.8 万平方米，［需要］15 万平方米，

① 原稿中为“那些”。

② 原稿中为“那些”。

③ 原稿中为“那”。

④ 原稿中为“么”。本日日记下同。

还差7.8万平方米。再由附近拨150亩，900亩包干（“四部”、一委）。现在空一些，将来机构可能搞大。[建筑]形式、层数由业主自定。妨[①]害整个市容时，市里提出意见。至少3层。

5. 亚澳联络局：3500平方米。去年6月批准的，在东长安街，现在还没着落。东西长安街拨地，给形式，再研究。和公安部联系。

6. 中央板房：口袋胡同对面，130间房子，四家铺子。研究是些什么人。三官庙拆房子盖可以解决，须向外交部商量。由齐燕铭[②]同志谈。

彭[真]：

回民之坟，能不迁即不迁，特别是坟集中之处。如都委会收买了地，经费由中央报。建筑形式，基本上由业[③]主选择，重大的[问题]向中央报告。[等]建筑[设计方案]拿来，有意见提，没意见不提。

3月4日（星期三）

建筑工程问题

提方案，原则：

1. 各部自行安排。高层建筑，今年完不成，明年上半年也完不成。今年准备好，明年3月动工，争取时间搞模型，做准备。

2. 已拨地、已备料、图已出来、又无大妨[④]害、可以完工者，保（面应少）。3层以下的。

3. 零星工程、用方需要、对都市规划关系大[的]，停下来。再做5000间（地坛河边）[周转房]。“八一”[8月1日]开工，今年完。面不算完。

4. 主要建筑，百万庄[小区]、[各大]学院，必须建的，组织力量完成。

① 原稿为“防”。

② 齐燕铭，当时任中央人民政府办公厅主任、政务院副秘书长。

③ 原稿中为“叶”。

④ 原稿为“防”。

财务制度保证。

原则、分类、方法：提高质量，照顾情况，集中力量，减少跨年度。四条原则，一个方法[①]。

*　　　　*　　　　*

建筑工程排队

1. 北京饭店，9[层]，21000 平方米。设计 3 个月，图已出来。技术审查，签字。开［工］、跨［年度］。多跨不如少跨。

2. 国际［饭店］，8[层]。条件：①中建部审计［术］设［计］，审校，批准。②派员检查质量。开［工］、跨［年度］。

3. 军委办公厅，9[层]，22300 平方米。地基不明，做出模型。民族形式，详加研究，关系重大。设计未出。缓。

4. 商业部，3 ［层］，11500 平方米，六大公司，西直门外。工力不足，下水道没有。缓。

5. 新侨饭店，7 ［层］，22400 平方米。跨［年度］。

6. "四部一会" 办公楼，15 栋，184000 平方米。［加上］钢铁局，［共］20000 平方米。工力不足，集中力量于宿舍，做好模型，明年开工。缓。

7. 专家招待所，西直门外，2284 平方米，［中国］人［民］大［学］南边。为了市政、航空、地质，不能兼顾，［建筑］公司本来就跨。

8. 高教部办公楼，4 层，调剂[②]。缓。

9. 同仁医院，21000 平方米。跨。

10. 中组部，14000 平方米。调剂[③]，明年开工，规划未定。缓。

11. 外贸部进口公司，6[层]，1194 平方米，工力不足，地情不明，设计未定。

12. 交通部，办公楼，6 层。跨。

13. 空军后勤医院，钓鱼台。跨。

---

① 指建筑工程排队。

② 原稿为"济"。

③ 原稿为"济"。

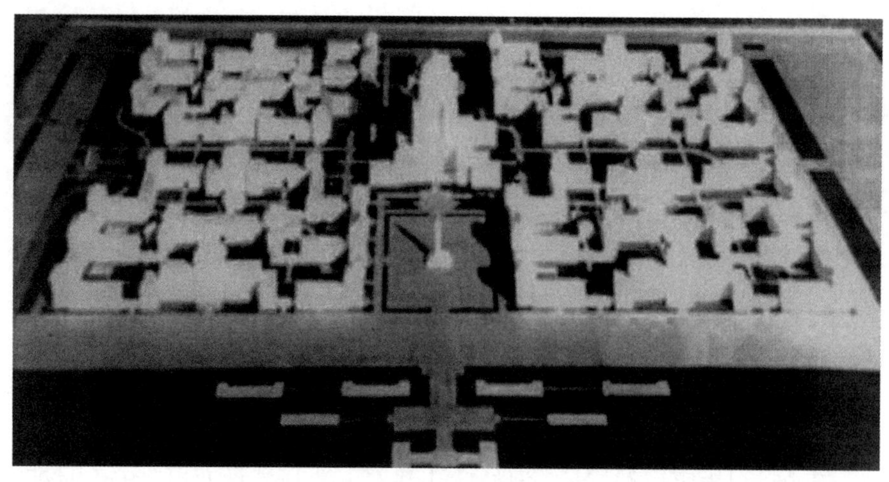

图 2-20　三里河地区“四部一会”建筑群规划模型

注：照片中最左侧道路为三里河路，最上方道路为月坛南街，最下方道路为复兴大路。模型中间部分系国家计委主楼。该规划未能全部实现，左上角（西北侧）的一组建筑为第一期（今国家发展改革委所在地）。清华大学刘亦师搜集。

资料来源：赵知敬提供。

14. 公安部办公楼。跨。

15. 军委宿舍,4000 平方米,做模型,报中央。

16. 中央发报台,12900 平方米,要模型。跨。

17. 机要局,3 层,6675 平方米,缓。中南海已乱,需整体规划。

18. 石景山钢铁学院,8946 平方米。

19. 水利部设计大楼,3 层,10000 平方米。缓。

20. 煤矿管理局设计,德外,8500 平方米。开 [工] ,可完。

21. 石油学院。保。

22. 矿业学院。保。

23. 电业局办公楼,月台,15000 平方米。保。

24. 煤矿局,德外。保。

25. 六公司,西直门里。

26. 铁道部,复外,局长宿舍 16200 平方米,能完。

27. 装甲兵司令部,12000 平方米。跨。

28. 空军后勤部,台基厂,尚未设计。缓。

29. 外宾招待所，复外。完。

30. 俄专。

31. 文化部办公楼，王府大街。

32. 人事部。

33. 政治大学，八宝山东。

*　　　*　　　*

今日上午八时多，小虎入了托儿所。

昨天市委会，从上午九时开到夜二时回来睡觉，主要是讨论市政工程问题，对多数工程已经决定，只有三、四项需再研究。夜十时起，又讨论给一些有争执的单位拨地[问题]。

今天九时起来，接蓝①田同志电话，说中财委对北京市政工程开工的请示已经批回来。又和孙敬文同志联系，定期研究四海下水道干线问题，给许京骐②、陈明绍③[等]同志们打电话，联系工作问题。

十时到王府井，买了四本书，理发。

下午学习。

最近需要写几个报告，拟在这一周内完成它。这几天精神还好，可以支持下来。

已经是初春的气候了。

3月5日（星期四）

斯大林同志病了。他是在三月一日夜晚病了的，到四日二时还在严重的情况之中。这是全人类不幸的消息。希望他能够早日恢复健康。

上午，到宣武区委会，和许京骐④同志一同在宣武区范围内实际考察道路，到一点才完。下午，到孙敬文处，谈四海下水道问题，无结果，因专家忙搞兰州计划。

① 原稿为“兰”。

② 原稿为“景祺”。

③ 原稿为“韶”。陈明绍，时任北京市卫生工程局副局长（1950年1月至1953年11月）。

④ 原稿为“景祺”。

晚上补理论学习。给［刘］耀宗、［王］达仁、［郑］校先写信。

到晚上还没有得到斯大林同志病况好转的消息。

3月6日（星期五）

传来了最不幸的消息：斯大林同志逝去了。我一早起来即与许京骐[①]同志到崇文区观看道路情形，十二点回来，进门后，这个不幸的沉重的消息便告［知］我了。

为了筹备斯大林同志的追悼大会，一直开会到夜三点半左右。写了两份电报，到苏联大使馆吊唁。

3月7日（星期六）

杨惠源谈纺织厂地址

两个厂子合在一起。管理费用可以降低。10万锭，3000余布机，每天6000匹布（色布）。

一厂东边是砖窑，1公里多长度被挖坑。西边建，铁路局同仁修道岔。问题是，一厂西边要修公路，要移公路，往东移400米，或往东移500米。

*　　*　　*

为了筹备追悼斯大林同志，写了些东西。

周总理率领我国代表团前往莫斯科吊唁。

六日，苏联共产党中央委员会、苏联部长会议、苏联最高苏维埃主席团联席全体会议决议了许多重要问题，人事上有一些新的配备，马林

---

① 原稿为“景祺”。

图 2-21　北京棉纺织联合厂工人住宅区（20 世纪 50 年代）
资料来源：北京市城市规划管理局编：《北京在建设中》，北京出版社 1958 年版，第 61 页。

科夫[①] 同志为部长会议主席。

易生下午回来，不高兴，不说话。他小心眼并为了斯大林同志的逝世悲痛，反复地问了斯大林同志的生平事迹。

[宋] 汀晚上回来，沉默着，面色很不好。我们三口人坐下听广播，听着关于我们挚爱和尊崇的斯大林同志的事迹。我们都低下头，没有往日欢聚似的心情，谈话内容左右出不了斯大林同志 [逝世] 这一悲痛事实的范围。

夜二时前开会，写东西。

① 原稿为“马林可夫”。指马林科夫（G. M. Marinkov），生于 1902 年 1 月 8 日。1920 年代初在莫斯科高等技术学校学习，1925—1939 年在联共（布）中央机关工作，曾任斯大林秘书和中央组织部部长。1939 年任苏联人民委员会副主席。卫国战争时期任国防委员会委员，1943—1945 年任苏联人民委员会从德国占领下解放的地区经济恢复委员会主席。1952 年在联共（布）十九大上代表中央作政治报告。斯大林逝世后，于 1953 年 3 月 6 日被任命为苏联部长会议主席。1988 年 1 月病逝。

3月8日(星期日)

九时开始写开会议程与开会之事，下午始结束，又改了一次。

晚上开会，十一时始完。[宋]汀与罗文① 在屋，易生四点钟与阿旋② 一同至学校。

我们仍然是想念着斯大林同志，回忆着他的一切。他将一生贡献给人类，从15岁至74岁，正如毛主席发表的悼词说的，真是永垂不朽啊！

[宋]汀腿痛，下午躺二小时，与精神有关系。

小胖又咳嗽，小虎到托儿所后，未闹，很爱玩，想不久即会胖起来的。我们已通知党茂林接回他的孩子，以免以后带得不好。

3月9日(星期一)

追悼斯大林同志的大会在下午五时开始，我们站在中间，正对着天安门，看见了我们亲爱的毛主席。

几十万人在静默时严如深更半夜，毫无声息，心的深处在怀念着斯大林同志。

[宋]汀今日未走，明早七时走。

3月10日(星期二)

上午，没干什么事。

下午，和刘仁同志到儿童医院工地及设计公司，看了一下，谈了一些情况。六时半回来。

晚上，看报纸，写一个关于拆朝阳门、阜成门、地安门③ 向中央的

① 郑天翔在晋察冀工作时期的老战友。

② 阿旋，罗文的长子。

③ 地安门，俗称后门，是北京中轴线上的标志性建筑之一，明清皇城北门，位于皇城北垣正中，景山以北，鼓楼以南。1954年拆除。

请示。①

3 月 11 日（星期三）

关于理论学习，必须认真抓紧，坚持到底。毛主席说今天面前的一座大山是落后，为什么落后？怎么才能不落后呢？没有理论，工作是落后的、半分的，但学习理论非下苦工不成，马克思之博学才有后来的成就，他 [的] 著作《资本论》就围绕着中心，搜集大量的准备材料——摘录、提纲、数表，以及一切可能的数字、原始材料、目录等，加以整理，再做成有系统的内容提纲，以便随时选用。他经过十五年对于经济学文选、文献的研究和批判的整理后，才认为到了适当的时机，发表了他的《政治经济学批判》。他为了写《资本论》，曾钻研过一千五百种书，且作出提要。

3 月 12 日（星期四）

数字对于分析问题——是不可轻视的工具和根据。人 [们] 如要知道俄国最高时的阶级情况，加以分析，首先须经数字入手。看“联共党史”第十一章，由限制富农政策转为消灭富农政策，其中有一句“富农是剥削阶级里人数最多的一个阶级”，如无数字证实，即不能豁然开朗。我查来查去，查着了。在 1928 年，俄国资 [产阶] 级 560 万，富农则有 680 万，如此即不难了解这个问题。另外，关于中农，再三强调自愿的原则，人数多，多多少？不晓得，这似乎自己没有抓到根，后来找到了根（1927 年中农 70%，贫农

① 1953 年 5 月 4 日，中共北京市委正式向中央提交关于改善阜成门和朝阳门交通办法的请示报告，报告在对以往西直门和崇文门保留城楼而在两侧开辟豁口以改善交通的实施情况进行总结的基础上，提出了两个方案：“第一种方案是照西直门的办法，保留城楼，两侧开豁口，拆瓮城两翼，交通取弯道通过。第二种方案是把朝阳门、阜成门城楼及瓮城统统拆掉，交通取直线通过。”中央于 1953 年 5 月 9 日批示如下：“五月四日电悉。关于改善北京市阜成门和朝阳门交通办法，同意你们所提之第二方案，即把朝阳门和阜成门的城楼及瓮城均予拆掉，交通取直线通过。在改善上述两地交通的同时，可将东四、西四及帝王庙之牌楼一并拆除。进行此项改善工程时，必须进行一些必要的解释，取得人民的拥护，以克服某些阻力。”资料来源：中共北京市委：《市委关于改善阜成门、朝阳门交通办法向中央的请示报告》，载中共北京市委政策研究室编：《中国共产党北京市委员会重要文件汇编（一九五三年）》，1954 年版，第 43—45 页。

图 2–22　地安门旧貌（1955 年）
资料来源：北京市城市规划设计研究院：《北京旧城》，北京燕山出版社 2003 年版，第 15 页。

25%，富农 4.5%），固定了自己的认识。

3 月 13 日（星期五）

很忙，报纸都没仔细看。写政法方面的东西，是关于滥捕滥抄的问题，情况极为严重。

这样下去不成，报纸上的重要文章，尽量争取精心阅读。不然会落后，落后就是自杀。我们已买了些书，但看得不多，渐渐要看起来，多看，细看，系统地看，变成自己的知识。光放在书架上，不算决心学习，表示不出真正的学习决心。不应该轻视自己过去的"家底"，但也不能一时一刻放松自己，满足现有水平，滞止不前。

这几天吸烟太多了，[宋] 汀一定很不高兴。自己该注意些才好。

3 月 14 日（星期六）

还是忙那个文件，昨天五点钟睡的，今天还没忙完[①]。易生回来，小杨带

① 原稿为"晚"。

去看电影，[宋] 汀经石驸马大街来，已十时。到十一时，她也帮我抄，三点钟才算完成。我们忙的，连一礼拜回来一次的儿子也没有说几句话。易生自己吃了些糖、水果，就上床休息了。

[宋] 汀有两个意见：①不该吸过多的烟。②瘦了，又瘦了。是自己不会调剂，不会休息吧？工作忙是平常，但何时能不忙？难道就任身体向坏的方向发展吗？这是消极的、自私的看法。应当积极就现实情况设法休息。休息不等于偷懒。

3月15日（星期三）

[宋] 汀、易生八时多起床。

刘仁同志找 [宋] 汀谈纱厂事，说“你也要照顾照顾你的厂子”，显然是要她回来，谈的结果就是这个意思。为此，[宋] 汀今天请假，明日到中纺部正式谈谈今后工厂的一切筹划，极大可能是不能继续 [在党校] 学习。

下午与 [宋] 汀、易生到国际书店、新华书店、儿童书店买书，又到百货公司做一套100万的衣服，这还是空前的。

捷克斯洛伐克人民领袖、总统哥特瓦尔德 [K. Gottwald] 同志患病逝世（急性肺炎），这又是对于和平民主阵营无可弥补的损失。所有党政工团发出团体的祭文者，由我负责审查。这一天又很紧张。

3月16日（星期一）

又写东西，几乎是通夜，就是通夜。仍在想这个问题：如何将能发挥自己，发挥得更多一些？这也需要在工作环境中适时地争取。现在这样无固定中心地突击——像个突击员。不仅是个人工作问题，是连个出色的突击员也持久不下去，结果就变成“打杂”，就不能“钻”，也不能“专”。

电车、汽车皆通行了，天色已大亮，我还在班上。[宋] 汀躺在床上瞪着眼在想……。说什么好呢？谁都是出乎好意。

3月17日（星期二）

市委会议

李泉谈：地质问题，拨地分散。都委会没党的领导，总的没进展。

建筑面积：批准的233万平方米（不分社，本年度），[其中] 中央级189万，华北19万，市25万。跨年度，中央、市 [共] 47万（[其中] 市17万），华北10万，共57万。合计290万。去年完成的不到100万，现在还有要求建的 [为] 38万。

标准：今年较高。钢筋、混合占70%左右，土木 [占] 30%。有部分5层或以上。成片成区的工程多、集中，设计中要考虑都市规划、市政配合，比较复杂。

计划确定晚，地皮、设计赶不上。新建工程，批准的占2.6%，已申请还没批准下的占32%，大部 [分] 是因没送来总布置图。没申请用地比 [例为] 42%（没批准面积）。购买土地、迁坟、搬家，很费时间，一般要两个月。

过去，谁买房谁买地，现在集中由市 [政] 府办。抽了些干部是管理员、通讯员，办不成事。设计，担负140万平方米（市73万平方米），已完成1.8%。3月可完成17%，4月15%，其余在5月份后才能设计。必须在8月份前设计出来才能开工。约20%—30%完成不了。

窝工，前窝后抢。3—5月共3个月，[窝工] 3万平方米左右，损失500亿。跨[①]年度工程，5月份大部 [分] 完。如设计赶不上，6月还要窝工。运输力，现在闲置。砖运不走，砖窑不能开工。建筑计划，30%—40%估计不能开工，跨[②]年度要多。房荒严重，不能解决。增加建筑成本，突破预算。

意见：①力量集中一下，解决问题快些，现在不统一，牵扯多，[应] 加

① 原稿中为“垮”。

② 原稿中为“垮”。

快收地，加强设计力量。②工矿 30 万平方米，15 万平方米给新厂矿，另 15 万平方米给旧厂矿分配（要求的 20 多万平方米）。③中央各部，还有 20 余万，由各部自己负责，不影响总计划的条件下可以修。④提议建些普通房子，10000—20000 间，解决窝工及房荒。⑤简化审核手续。⑥不要业主出来不行，现由各部负责。

机构：提议加强中央政务院办公室。建筑部门党、团、工会，工作加强团结。购买土地，要求中央拨款，修机动房子。

刘 [仁]：

设计完不成。必须完成的，学校 [等]，找现有图案，先修。排次序。利用现有设计，修宿舍，[在] 城外。中央修房子，市里不要管，能提 [意见] 即提，不能提即不提。

* * *

昨天，[宋] 汀到中纺部，谈三个问题：①并厂问题；②干部问题；③不能继续学习的问题。中纺部给市委正式公函，要市委作最后决定。

下午，与 [宋] 汀到文化宫散步。晚上，[宋] 汀仍在想着她的工作，对自己的工作是不满意的，今后如何作，要下个决心。

我看文件，整理文件，准备明天开市委会，彭 [真] 晚上又召开会，讨论政法工作，问我去不去，既是征求意见，我即表示“不去”。这样对于时间比较集中，工作始能逐渐主动起来。

十二时休息。

* * *

今天市委会，一直开至晚七点。

下午，孙敬文约去听苏联专家谈问题。

晚上，看书报，与 [宋] 汀谈一些工作问题。她已与刘 [仁]、范 [儒生] 提出四个问题，大体上获得同意：1. 调干。2. 核心组织。3. 自己工作意见（不做行政工作）。4. 学习问题与领导问题（无干部配备）。

3 月 18 日（星期三）

[宋] 汀八时至中纺部，又转华北局，中午到筹备处与刘拓谈，下午到党

校办退学手续。

上午，到玉渊潭、钓鱼台、紫竹院一带，看了看地形及道路的情形。下午，听老邓［邓拓］讲学习斯大林同志追悼文件中的几个问题。

昨天，老陈［陈守中］、［刘］耀宗来，谈了一阵。

图 2–23　紫竹院地区旧貌

资料来源：北京市城市规划管理局编：《北京在建设中》，北京出版社 1958 年版，第 126 页。

图 2–24　1953 年开辟的面积为 12 公顷的紫竹院公园

资料来源：北京市城市规划管理局编：《北京在建设中》，北京出版社 1958 年版，第 126 页。

3 月 19 日（星期四）

目前要办之事

和王栋岑[①]谈：①“四部”住宅区，北蜂窝部分调拨地基尚未拨下，希都委会尽早拨下。②红十字会医院职工宿舍，3 月 5 日送都委会，尚未批回来，催[②]一下。③三里河地区如何解决了？④全 [国] 总 [工会] 地点，定在何处？

和张旭研究公园问题。

和陈明绍研究四海下水道、沙河路下水道。

和许京骐研究 [中国] 科学院道路，代表提的道路。

* * *

上午，看了一段城市建设的书。

下午，[刘] 耀宗来。郭修真同志来谈建筑占地问题。

晚上，看电报。

[宋] 汀忙一整天，异常紧张，发现厂里的情况比想象中更坏：①乱，无制度、无原则的现象很多。②自由主义空气浓厚，个人主义公开斗争。③用了一批不清底细的人，其中已发现政治不清者数人。④少数人有事，多数人闲着 (工程组)。

[宋] 汀十时十分归来，后即至彭真同志处。十一时，[宋] 汀与刘仁同志谈三件事：①讨论中纺部所提的问题。②用人 (62 人) 的问题。③旧技术人员问题。[刘仁] 听后很生气。

① 原稿为“臣”。王栋岑，时任北京市都市计划委员会办公室主任。

② 原稿为“摧”。

3 月 20 日（星期五）

在都委会谈

表 2-1　儿童医院和同仁医院预算支出情况（单位：亿）

	预算	去年支付	尚缺	今年批准
儿童医院	600	129	371	100
同仁医院	420	21	220	179

共缺 591 亿元。

3 月 21 日（星期六）

20 日上午，我上都委会，约人到铁路局，给他们看建筑用地。下午，到颐和园。晚上，到都委会和王栋岑① 同志谈了一些问题，并有殷汝棠在坐：

1. 要准备几样地图。

2. 检查拨地情况。

3. 谈审查建筑设计问题。

他们还不觉悟。当时又找房管局佟［铮］局长，谈建筑用地收购中的问题。十时半回来。

今天上午，和陈明绍② 现场看四海下水道地形、御河，调查去年水灾情况，又修［改］了一次关于加强司法工作的电报。下午，学习，看斯大林传略，80 余页。晚上看报，两天没看了。这几天忙一点。

［宋］汀开处务会，许多协议书停止在纸上行文，工作进展不大。晚上她去看《曙光照耀着莫斯科》，十二时回来，易生已睡熟。

---

① 原稿为“东臣”。

② 原稿为“韶”。

3月22日（星期日）

昨晚看文件、报纸，十二时洗澡。

十时，至石驸马看小胖子，很好，长大了。十一时到老霍［霍长春］[①] 处，［刘］耀宗已先到。后到绥远办事处，与洛陈等聊天三小时。六时吃牛肉（烤）。后与［宋］汀步行回来。这一天总算是休息了。

七时开始，写一个继续修建同仁、儿童医院的请示，八点半彭［真］又找去。

3月23日（星期一）

城内拆房修，城外占地修，哪[②] 个合算？城外平均每亩[③]500万元，城内平均每间房子600万元。

王栋岑[④] 同志谈：

燃料工业部，在通县建学校。重工业部，买1000亩[⑤] 地，准备再买2000亩[⑥]。建筑工程局，技工学校，实习厂。第二机械［工业部］，买180亩[⑦]，用途不明。第一［机械工业部］，准备［建设］，北京机械化实习工厂，专署介绍的，在［北］京、通［州］交界处。

3月24日（星期二）

市委会议

一、市政建设

许［京骐］：

---

① 郑天翔在包头工作时期的老同事。

② 原稿中为“那”。

③ 原稿中为“么”。

④ 原稿中为“东臣”。

⑤ 原稿中为“么”。

⑥ 原稿中为“么”。

⑦ 原稿中为“么”。

现在1300亿，原来1450亿。[其中]，西北部245亿。德胜门到清河45亿（交通部出），安定门到立水桥38.5亿，研究。朝阳门内外87亿，拆房90间，不能展宽15米，可展宽13米，3米便道，迁移朝阳门摊贩10亿，东郊其余路49亿，西大望路，运输建筑器材，修不修？阜成门53亿，西门外。南苑大道粮食公司仓库，铁路障碍，过了四季村拉直，填土8万立方米，62.6亿（原来38亿）。易燃性工业区路，大大削减。运动厂附近32亿。崇文区19亿。[东城区]菩林楼大街29亿。

南顺城街，削掉。西黄城根，削掉。长辛店路段，修[林]荫大路。胡同土路110条，研究去年经验，修。

园林50亿，修建350亿，修路850亿，共1300亿。修建部分[需要]审查。

陈明绍：

四海[工程]。汽车45部，90亿；车棚，10亿。

二、购地

屠宰场处理问题须解决。

佟[铮][①]：

建房办公室，统一购地部分10356亩[②]，此外还有分散购地部分不好计算。去年郊区用地2万亩[③]，假定今年与去年同，也是2万亩[④]。

拆房5000［间]，坟12万[座]，[安置]人口13000—15000［人]。郊区平均每人1.5亩[⑤]，近郊人稠。最顺利情况下，[需要]一个半月到两个月。拆迁房屋无拆房力量，没有专门组织，或谁用谁拆、建。

机构，干部：中央调35个，通讯员、办事员、司机，专门成立机构。用地者派工作组来，[工作能力]强，[办事]速[度快的]。用地多的区列为重要工作[对象]。

---

① 佟铮，新中国成立初期任北京市公逆产清管局副局长（1949年10月至1952年4月），后任北京市房地产管理局副局长，1953年10月至1955年2月任北京市市政建设委员会副主任。

② 原稿中为“么”。

③ 原稿中为“么”。

④ 原稿中为“么”。

⑤ 原稿中为“么”。

图 2–25　佟铮正在与苏联专家交谈中（1956 年）
注：左为苏联专家勃得列夫，右为佟铮。

农民转业：去年处理不好，尚有 400 人无业。今年一个也没转。用地单位必须吸收，机关团体也要吸收。专门成立机构。有一部分需要协作的。多修少占，农场分给农民。和政务院决定抵触。特殊的政务院批。一般的市里批。

刘 [仁]：

大院房少，拆平 [房] 建 [多层] 楼。拆房建房由建筑单位自办，转业问题由各单位安置，[如果] 安置不了他们想办法。

三、建筑工人工资问题

赵鹏飞：

建筑工人工资标准。21 个工种，均是七级工资。工作时间与休息时间工资标准不同。冬季学习 [时发] 80%。因雨停工 [发] 75%。因计划不周而停工，长工 [发]75%，临时工 [发]50%。阴历年前 12 天公休假日。冬天，小礼拜制；平时，大礼拜制。[发放] 货币工资，其余福利等一律取消。回家路费，15 天“事假工资”。工具津贴，有。洗澡理发，有。

按施工期间测算，未按全年测算，算的结果，中 [央] 直 [属建筑公司]、北 [京市] 建 [筑公司]，全年实际工资总额增加 0.23%，按方案说是增加 15.25%。中直算，减少。北建 [算]，增加 3.23%。瓦木匠，瓦增 0.2%，木减 1.95%。水电……壮工加 7.51%，混凝土工加 7%。

[工资] 减低的面。降低面 40%—47.4%。中直降低面 52.3%—58.7%，北建降低面 27.66%—34.06%。一级工降低面 65%，三级工降低面 41.74%，四级工降低面 79.81%，五级工降低面 66.46%，六级工降低面 9.45%，七级工降低面 9.45%。瓦工降低面 38.4%，木工降低面 43.85，油工降低面 50%，石工降低面 23.1%，电工降低面 75.5%。等级少，段差大 (21 级—7 级)。

工资核算，按他算 3.48 万元，实际 3.0282 万元。现行最高 2.67 万 [元]，加其他 2.9 万 [元]，差 4.05%。机器业调整后 3.152 万。

临时工和长期工。临时工和长期工日工资相等，现在是大体高于长期工 8%，表面上看临时工降了，实际上长期工冬天折扣了。临时工还是高，临时工实际涨了，[但] 临时工假日无工资。

技术人员。技术人员比人事部规定降低了，政府的技术人员比企业里边的高。定了些新制度，引起连带产业的影响。公休制度，职员也公休。

刘 [仁]：

有几个问题：不管几级，准备降低工资否？如按标准一律不减。或，多数减，少数涨，涨得也不多，难做。本钱太少，难以科学。拿 10%—15%，不可能搞七级。

四、物价问题

市场上出售，70% 细粮，30% 粗粮。大米出售，小麦每月加工用 6320 万斤，面粉 1 月销 88 万袋，2 月销 105 万袋，3 月估计 85 万袋。棉花与工业品 [价格] 高了，故降低。棉花高，布价亦贵，不利。种棉花多，缺粮，麻、桐油亦如此。粮食减少，危险，故降低棉麻。

粮价比工业 [价格] 高，剪刀差大，工业品价格高，不利农民。工业企业不降低成本，把农产品调高，工业品降低。粮价，连涨三次。全国城市人口[①]八九千万。公费生、工人、三轮车夫受影响。斯大林死，群众精神受打击，涨价可以缓点。工业品降低，小企业受不住，上海有一部分 [小企业] 支持不住，垮了，[小企业] 养活的人多，问题复杂。

四海下水道，先写报告，检讨。凡改造旧的不要轻易动手，一定 [事先] 报告。[如果] 没把握，不要轻易搞。脏水不进四海，可以肯定。不盖平房，至少4、5层，须要盖楼房。对窝工工人找事情做，由赵鹏飞负责。

五、北京机器厂问题

3年来生产任务及问题没有解决，因而机器浪费，劳动力浪费：①根本没固定任务（1952年8月前），无法管理。② 1952年 [8月以后有] 固定任务，但没有解决问题，工具、绘图纸没给样品，图纸中200余处问题，没专家，故给40部万能铣 [是] 主观主义，零件最多的40部，最少的一、二部，不平衡。③今年 [要求] 生产60部，[由于] 机器、图纸、样品、专家 [等问题] 未解决，不可能完成任务。因此，现在继续制万能铣。要解决问题：准备机器，重新组织劳动力，管理扩建厂房。另一方案：一面试制，一面给其他任务。

彭 [真]：

[最近]3年，市委会 [的讨论次数]：工作方针，20次。国营，39次。私企，12次。工资奖励，17次。税收公债，16次。财收，23次。贸易物价，28次。卫生，8次。市政，17次。宣传支教，27次。房屋，18次。社会救济，14次。工会，13次。青年妇女，12次。统战，10次。党，21次。政法，63次。公安，48次。宗教，30次。“三 [反]”“五反”，40次。许多关于运动的。

以后，组织、宣传、工、青、妇、建设、卫生工程、教育、卫生，分别讨论，不讨论日常行政问题。都委会、市政建设工作另研究。一个部门一个部门讨论。不要把技术问题 [拿来] 讨论，主要讨论方针、任务。否则，很被动。讨论方法，先提出事件，先有报告，第一要有根据（情况），不必要 [的] 事情不要搞，尤其区里。报告没审查以前，不准召集会议（各单位）。

报道崔 ×× 问题，报道不对（人民），陷于被动。批评同志，凡可不办

① 原稿为“城市人口全国”。

的一定不办，因财力能办者、不能办［者］，只要工人［有］福利就搞，这和在国民党统治区情况不同。人力物力不能做的，不能搞，有好多事情苏联还没做到。命令主义，工厂搞不搞？军队主要是官僚主义，不是命令主义。反官僚主义不可过急，不是当做轰轰烈烈运动，工厂中不是搞命令主义，［应］结合［实际］工作。

人民来信，各局、各处，突出典型事例，可登。批评，必须有建设性。我们的批评，叫揭露。一面批评，一面表扬。纪律检查委员会，不能让记者随便参加。报社青年未经过锻炼，党性、政策观点不强，哗众取宠。名目昭暲，既为典型，问题要清，有头有尾。稳，即能准，才能狠。

［反对］官僚主义，［要］结合工作。［注意］《联共党史》结束语，第四条、第五条。各单位要主动给报社交稿。

* * *

昨天上午，到铁狮子胡同、建设局、机械厂看了一下。下午把儿童、同仁医院的报告写出来。晚上研究这个报告，夜里到新华门对面回民区看了一下那个地方，因包[①] 尔汉等要在那里盖新疆办事处。

市委会议，从上午十时至夜二时。市政工程，物价，建筑工人工资标准，北京机器厂，市委会议改进问题。

3 月 26 日（星期四）

和王栋岑[②] 谈（晚上）

一、要地

任务提前。划拨土地标准。

二、规划质量

1. 地安门军委建筑，戴帽子，萧向荣[③] 签字。又在旃坛寺盖，萧签字。

---

① 原稿为“鲍”。

② 原稿中为“臣”。

③ 萧向荣，时任中央军委办公厅主任。

2. 通县问题。

3. 盖平房、工棚问题。

4. 军委系统，海［军］司［令部］17000［平方米］，要盖47000［平方米］。

5. 都委会、设计院没联系，设计部门、施工部门联系不起来。

6. 拨地，邮局、电讯大局、亚澳。

7. 卫生局门诊部在燕［京］大［学］对面，花园。

8. 朝阳门外盖一层房子。

三、需要研究或处理的问题

1. 铁路问题，铁道部铁路局派专家研究。钢铁厂铁路问题。

2. 沙滩到北清河下水道，西什库后库的明沟改为暗沟。

3. 七个学院总平面布置。

4. 永定门外劳动人民旅馆［压］在计划［的道路］线上，什么人批［准］的？

5. 地图，先画样子。

6. 宣武区留公园问题。

7. 建筑管理监督、拨地、购地，统一机构或联合办公，免得乱跑。

8. 重点规划、建设，重点试验，取得经验。

9. 重点区段规划力量［保障］。

10. 规划、计划和施工方面，设造林局，准备明年大规模造。

11. 今年计划明年大规模拆迁。

12. ［在］报上宣传平房不好，宣传牌楼、城门障碍交通。

13. 北京造纸厂，用稻草做原料，在农业机械厂附近，地点不合适。

14. 自来水，1952年东郊安[①]水管，数百亿元，没有用户。各单位自有水源，停工待料没有通水。海淀[②]区没自来水。阜成门外，海军医院、军委办公楼、华北后勤医院、空军医院。华北自来水公司营业科孔突卫来信。

15. 阜成门外道路，三里河路。

---

① 原稿为“按”。

② 原稿为“甸”。

图 2–26 正阳门五牌楼
资料来源：北京市城市规划设计研究院：《北京旧城》，北京燕山出版社 2003 年版，第 8 页。

图 2–27 刚建成的三里河路（20 世纪 50 年代）
注：新落成的建筑工程部办公大楼。
资料来源：北京市城市规划管理局编：《北京在建设中》，北京出版社 1958 年版，第 111 页。

16. 合作总社等，在白堆子建设，道路难走。

17. 都市计划。都市建设联合办公处：调查研究；设计建筑工程；水电（自来水，电讯局，卫生工程局）；交通运输股；工程服务——合作社、百货公司、邮局、银行。

* * *

昨日，上午，□□[①]。下午，学习，听报告。报告不好，逃学，到西郊公园看老虎。

晚上谈同仁医院设计，修改同仁医院报告。看电报。

今日，上午，写用地报告，未完。写四海电报。

下午，和老肖［肖明］[②] 看工人剧院地点，看薛子正，病。

晚上，和王栋[③] 岑谈些问题。

关于四海下水道问题，市委会上［程］宏毅未提意见。今天有意见来，不同意修，又无把握，和刘［仁］谈，未得要领。明天拟找人研究。

3月28日（星期六）

昨天，上午，办公，关于拨地等问题。

下午，我、赵鹏飞及［程］宏毅同志，叫着他们讨论四海下水道问题，到夜十二时多，这个问题算解决。向中财委之请示，决定发出。

晚上，写成建设用地的报告初稿。

3月29日（星期日）

今日有风，上午九时看小虎和京生。小虎住托儿所已四周，我们去时半天话也不说，好像很受委屈的样子。对我很有感情，老是看。后来就好了，玩开了，笑开了，还和在家里的情况差不多。抢人的东西，来硬的，不哭，这是小虎特性，应好好保持和发扬。京生则除了吃面外，也不说笑，也不玩，但已懂得斯大林同志不在了，并且哭了。我们看到吃午饭时离开。

下午，给易生买了一本苏联画报，一张斯大林像的照片，装上框子，又买些糖。快六时了，回来。

---

① 此处原稿无内容。

② 时任北京市总工会主席。

③ 原稿为“东”。

晚上，把两个电报稿子修改了数次。[宋]汀又头疼，吃了药，现在还不止疼。

3月30日(星期一)

房地产管理局谈建筑用地问题

城内：

农地4220亩，空地2220亩，坟地420亩，可盖200万平方米。小块空地(十亩以下)40亩。破大院520亩(不完全[统计])，1716间。成片破房350亩，3835间。两项共5551间房，[平均]一亩六间房(一亩地可盖30间三层楼。破房一间200万元)。

城内5500亩地建房，[共计]可[建]200万平方米。

费用比较：

1. 三里河20万平方米，总造价2318亿。

2. 城里破大院拆建，总造价2516亿。增加35000[间]新房。(拆房占建筑面积1/10。每亩地600万元，每间200万元)

3. 在空地上修建。[方案一：总造价]2060亿；[方案二：总造价]2245亿。

朝阳门关厢：

2275[个]产权人，20564[间]房屋(609间楼房，944间瓦房，5349间□□，7907间灰房，土房1190间，棚子530间)。

二成新以下2279间，[占]11.1%；二成半到五成新15290间，[占]74.4%；五成半新以上2994间，[占]14.5%。

基地面积719452平方米。建筑面积272888平方米。院落面积446563平方米。

阜成门关厢：

912[个]产权人，房子8053间(楼房719间，瓦房2114间，灰房2520间，灰瓦房2204间，其他985间)

二成[新以]下1570间；二成半到五成新4250间；五成半到十成新

图 2–28　朝阳门外大街旧貌（1975 年）
资料来源：北京市城市规划设计研究院：《北京旧城》，北京燕山出版社2003年版，第39页。

1561 间。

基地面积 435092 平方米。建筑面积 108610 平方米。宅基地（院内）326481 平方米。

西直门关厢：

486 户（产权人），房屋 5451 间（自然间）（楼房 58 间，瓦房 1049 间，灰瓦房 1425 间，灰房 2630 间、占 48.3%，其他 287 间）。

二成新下 998 间；二成半到五成新 3973 间；五成半到十成新 480 间。

基地面积 232585 平方米。建筑面积 75522 平方米。院落面积 15702 平方米。

3 月 31 日（星期二）

昨天，上午，到房地产管理局开会，讨论城市建房问题。十二时半回来。

下午，和许京骐[①]同志到城外（阜成门外）看道路，那条道路，地形复杂，修不好。晚上又和许京骐[②]同志谈东单区公园问题，阜成门、朝阳门内栽树，石景山工业区和行政区中间种林带问题。

今天，上午、下午，开市委会议：讨论市政府领导方式，无结果；新"三反"斗争，无结果；传达华北工业会议。晚上［郭］倩宗、［刘］耀宗来，说了一阵。

昨天，王林通知中南海内机要局盖房，彭［真］已同意。

4月2日（星期四）

这两天仍很忙。这样的做法也杂乱，得出这样的结果。

有时出去看看，有好处，但得跟上。工会的，到西直门外那样的看法，意思不大。

不论如何，求质不求量，精细中找经验，同时抓紧提高理论，这样什么时候也有用，做什么也有用。

近来吸烟太多，也不如前些日子胖，［宋］汀不悦。

4月3日（星期五）

市委办公会

公用事业：

拆旧上缴（430亿，还未列入，现在上缴）2140亿，跨年度300亿，共2400余亿。电车90亿，自来水78亿，汽车540亿，合计708亿。

* * *

工作情况：

总体规划，铁路、河湖问题。争取6月份拿出来。华揽洪、陈干、陈占[③]祥。

---

① 原稿为"景祺"。

② 原稿为"景祺"。

③ 原稿为"干"。

简单草图——拿样子来看。

建筑审查：技术干部都想审查。[要求] 民族形式——“你的建筑，希望你考虑民族形式”，拨地时如此批。

沈永铭[1]：薛 [子正] 走后，没有再提；薛 [子正] 未病前，有。

拨地情况：卫工局在长河沿岸搭工棚，质量很好，40 万 [平方米]。全 [国] 总 [工会] 临时性房子。钓鱼台，水利部盖房砍树。树、菜地。农民迁居区面积。

* * *

四月二日，上午看一些材料。下午，和老范到华北行政委员会，[刘] 秀峰、[韩] 纯德、[杨] 士杰[2] 等同志均不在。到华北局，在陈鹏处 [华北局组织部] 谈了一阵。找老陈谈了华北局和军区修马路之事，及有些单位在通州大兴建筑之事。晚上，和 [宋] 汀出去买东西，回来看报看书。

四月一日，上午，和许京骐[3]、赵鹏飞同志审查道路计算及预算。下午，学习，看了几页再生产的原理。晚上听关于购地问题的汇报，问题极多。

今日上午，市委办公。谈市政工程控制数字，及批准道路计划。昨日为凉水河问题，请了建 [设] 局同志来谈了一阵。

4 月 4 日（星期六）

今日有雨。

上午，到华北行政委员会，找韩纯德及杨士杰[4] 同志，谈通县建筑混乱及凉水河工程华北出面领导问题，十二时半回来。下午，学习。晚上，讨论新侨饭店的问题。

[宋] 汀十时多始来，易生已睡着，我与王栋[5] 岑同志谈工作。[宋] 汀很不安，有些沉重，下雨仓库漏水，已流到机箱上。这是去年冬天施工的，

① 原稿为“明”。
② 原稿为“世杰”。
③ 原稿为“景祺”。
④ 原稿为“杨世杰”。
⑤ 原稿为“东”。

没有认真检查与监督。

4月5日(星期日)

礼拜日,我们全家像节日似的早早起来,床上、桌上、地上……各处都清扫了一番,一切皆整顿有序了,等着迎接小胖、小虎、京生。易生说“等得特别着急”。小虎来以后,都到了,玩,吃东西,紧张地过去了一天。由小杨、杨玉芳将他们四人分别送走。

下午,到东单测量地,找许[京骐]、沈[勃]谈问题,找不到。晚上八点又谈。

图 2–29 东单路口(1961 年)

资料来源:北京市城市规划设计研究院:《北京旧城》,北京燕山出版社 2003 年版,第 101 页。

4月6日（星期一）

上午，看了些电报。下午，重写关于占地问题的电报。十时以后，和许京骐[1]等谈准备和林垦部谈话的材料。

4月8日（星期三）

谈造林问题

林带防风，树高之25倍。针叶树、乔木、灌木。近郊，每人平均5分地。苏联，株行距离均1米。森林，林带，林网。

*　　　*　　　*

昨天，开市委会议，讨论选举细则，无结果，而费时甚多。根本就不需要这样只抄选举法，不解决具体问题的文牍，也不应该把大好时光浪费在这种无谓的字句上面。会议结束时，彭真同志对目前形势及新“三反”做了一个报告，准备仓促，问题提得一般化。实际上还没有打中要害，缺少[2]贯彻这个报告的精神，也缺乏组织措施，因此，新“三反”仍然在瘫痪之中。

昨晚，又修改占地报告，看文件。今日上午，找林业部一位司长谈，专家未来，浪费了时间。下午，学习。看尤金[3]之文。晚上看些文件。

这光景实在无聊，工作无着落，无生气，无法下手。快四个月了，所得甚少，对工作的贡献太小了，实在惶恐之至。

4月9日（星期四）

我们七时半起床，浏览报纸，二田、慧洁等来，她们讨论工作，我去看

① 原稿为“景祺”。

② 原稿为“或何”。

③ 尤金（П. Ф. Юдин，1899—1968年），苏联哲学家和外交官，苏联共产党中央委员会委员（1952—1961年）。1953—1959年任苏联驻中华人民共和国大使。

电报。中午，与［宋］汀至东安市场做衣服，卅五万一身，可能上当。下午，修改出《城[①]市建设参考资料》第二辑[②]，又处理一些其他事。晚上，本拟再继续看东西，头痛起来，与［宋］汀在院中散步，回来仍痛，看小说。

易生放春假回来，季初考国语5分，数学99［分］。

我俩皆头痛，这事应注意，如果发展成慢性的就麻烦了，特别是“烦”，［宋］汀的经验是越“燥”越痛。

4月10日（星期五）

座谈市政建设机构

许［京骐］：

［应该成立］首都规划委员会。［或者成立］城市建设委员会，［内设机构如下］：①设计规划处。②建筑管理处（内外科会诊），集合一切建房权利，买地不在内，［避免］到处磕头，［包括］建筑管理科；园林［科］。③市政建设管理处，水、道［路］、电统一计划，计划各单位各方要求，避免各自为政，基本建设计划，审查设计、花钱，审查年度、五年计划。④调查测量处，房管局力量集中或分散。⑤造林，建设局、农林局单成立一局或处。各局事业单位、工程单位，订合同，企业化［管理］。

吴［思行］[③]：

建设、房管、卫工、都委，统一起来。总体规划，交任务书。统一管理房屋建筑（不管施工）。道路、下水道管理机构（不管施工）：建设局、园林所，建管科，上下［水道］；园林局，农业水利局；公园管理委员会。［或设立］环境卫生局、下水道河湖工程局、道路桥涵工程局。房、地分设（房管公司）。

佟［铮］：

大搞，条件不成熟，小搞为宜，通过一个委员会把市政各局、城市规划

---

① 原稿为“都”。

② 原稿为“集”。

③ 吴思行，时任北京市建设局副局长。

联［系］起来。都委会委员作用不大，教授、工程师挂名，重新考虑，包括：市政系统［各］局长、中央各有关部计划部门负责人。

城市建设委员会统一办公，给市政各局计划任务书，有力量指挥各局，统一管理，勿政出多门。管哪些局？局如何存在？行政机构、事业机构分开。

搞市政工程局，用企业方法经营河湖、水道、粪便、污水，［也可以叫］环境卫生管理局。市政管理局，批准，审查，验收，监督，检查。公用局、建筑工程局，不行。园林局，管理、建设分开。房地产管理局，事业和行政机构分开，公产管理属财委，民产管理属政法。各局业务，根据可能与必需调整。

王［林］①：

营造厂，不管。［组织］建筑审查委员会。规划委员会，是否要？

贺［翼张］②：

工作任务重，分细些。环境、卫生分开。

程［宏毅］：

［应该成立］首都建设委员会，不要都委会，但今天困难，因需中央各部参加，需有专家。长远规划工作，目前条件不具备。在此以前，搞城市建设委员会或市政委员会，先把市政管起来，比较简单。

规划机构，将来分开，现在用人的关系套起来，日常执行机构和计划机构套起来。和财委关系：财务、劳动工薪、经营管理、材料；市政委员会领导市政部门，有些工作则财委管；［市政委员会］决定计划，财委不决定；用干部套起来。市政委员会，需有机构和财委发生关系，对上有些［文件］以财委名义报，如计划、综合等，对下用市政部门［名义］。这在目前易行通。

公用局，放在建筑工程局，［再］考虑。房地产、园林，［再］研究。

建筑管理机构：委员会，局，处。干部，基本上抽［调］。

---

① 王林，时任北京市房地产管理局副局长。

② 贺翼张，时任北京市卫生工程局副局长。

4月13日(星期一)

今日上午，把积下的文件处理了一下。下午，到红十字会医院、儿童医院工地看了一下。

昨天，接回小虎和京生。京生还是不活泼。小虎较好，但闹着要走。十二点后即送走了。晚上好好看了些书报。

星期五下午，找一些同志谈了一阵市政建设的组织问题。晚上到财委研究建设局的预算。[刘] 耀宗和老霍 [霍长春] 来谈到十一点多。星期六 [刘] 耀宗回去了。星期六上午，看了点文件。

这一些时候，工作还是抓不住。有点吃闲饭的样子。主要是机构和方针未定。

4月15日(星期三)

这几天气候转凉。今日转好。

旱。

昨天下午开市委会议，彭真同志参加，讨论私营工业、手工业问题。对于私营工业、手工业，尤其手工业的政策问题，我们党内长时期内没有正式解决，一般是把小资产阶级和资产阶级混同起来，一个政策办事。对于工人、学徒中经济主义思想和某些干部“左”的行为，没人敢于提出批评和纠正。包头市委两年来没很好解决这个问题。1951 年、1952 年两次党代会，提的方针和批判的毛病，现在看来，符合中央方针，只是，贯彻不够，缺乏政治上的勇气。昨日上午，到城外看马路。据说[①]《我的儿子》一书是《青年近卫军》[②] 英雄奥列格[③] 母亲写的。

今日上午，看了一大堆电报。

---

① 原稿为“说是”。

② 《青年近卫军》是苏联作家法捷耶夫（A. A. Fadeyev）创作的长篇小说，首次出版于 1945 年。

③ 指科舍沃伊（О. В. Кошевой），《青年近卫军》中人物的真实形象。

4 月 20 日（星期一）

夜间：各大学基本建设问题

清华 [大学]：

莫斯科大学 5700 亩，清华 [大学] 现在 1000 余亩。铁路以东发展，矿业学院往西发展，将来发展可能冲突。

北 [京] 大 [学]：

都委会划定 2000 余亩，没运动场。将来 1 万人，文教区用地够不够？[原计划] 在燕京园内盖温室，[被] 批回，放到宿舍区，生物系 [在] 植物园。手续繁杂，费时甚多。就原有图样修改，草率。计划任务，[1952 年] 12 月 15 日 [提出]；中央各部分 [别] 审批①，1 个月又 5 天。[1952 年] 12 月 22 日提出，[1953 年] 3 月 1 日确定。第一批图样尚未出来。

建设、设计、施工，配合不好——图好后才订协议，未动手准备材料。第一批建筑用旧图修改，第二批设计分院设计未批下来。第六工程公司，工区干部派不出来。学校没工种干部，管不好。

中央财经学院：

1951 年 7 月购地，1952 年批下预算，自己成立工程队，11 月开工，1953 年 [建设计划] 没批准。今年批准计划，缺料，设计人员不足。

[中国] 农 [业] 大 [学]：

3000 平方米。购地还未开始，跨年度工程。经费没解决。

地质学院：

造价 650 亿。设计公司不管合同，要跨年度。移民问题。估料。

机械化农学院：

道路，去清华及新修马路。自来水，11 月能否过去还不一定。电力问题。批地时间长，去年 11 月呈请。工人，自己施工，通过中央劳动部到安阳，按

---

① 原稿为“批审”。

图 2–30　北京地质勘探学院旧貌（20 世纪 50 年代）
注：今中国地质大学（北京）。
资料来源：北京市城市规划管理局编：《北京在建设中》，北京出版社 1958 年版，第 39 页。

件计工资，劳动局不同意，应经过劳动局订合理标准，所给非所需。拨料，[缺] 地方材料，因未站队。

手续太麻烦，[审批时间] 长。草图 2 月 18 日送，4 月初审核提出意见。

[北京] 师 [范] 大 [学]：

新建 10000 平方米，去年给 2100 亩，今年减 1300 亩。

北大医学院：

购地，设计。施工协议不能订，工程公司无力。电，高压线经费。

矿业学院：

统一会审，标准图样。施工 [由] 华电土建公司 [负责]，[但] 没工人。购地，迁坟，盖房。下水道，水患。道岔。

北京政法学院：

施工，华北做。修路，开豁口（土城）。

航空学院：

施工，水，交通，迁房，下水道，医院。

体育学院：

校址，因回民坟不能迁。运动场，河水游泳，路。

*　　　　*　　　　*

图 2–31　北京航空学院旧貌（20 世纪 50 年代）
资料来源：北京市城市规划管理局编：《北京在建设中》，北京出版社 1958 年版，第 41 页。

前天，小虎发高烧，和［宋］汀去看[①]，不叫回来，一直看到夜十二时。昨天上午，小杨去看。下午，我去看，已经好了，又活泼起来。

前天上午找赵汉同志[②]，谈了一上午。

上礼拜薛风英[③]来玩，身体甚弱，已十五年未见。

昨天我经北海回来，［宋］汀已早到，易生高兴地在听着妈妈［讲］下午看见毛主席的情况。晚上皆困得厉害，早早睡下。

开了两次讨论会，我也作了笔记，但仍需再看。［宋］汀看得更少，需更多地看几遍。

礼拜四彭真同志谈工作，谈了半截，有事停下，尚未最后谈定。

［宋］汀请假到工地，主要与专家检查基础。

*　　　*　　　*

这是晚上十二时，［宋］汀刚经怀仁堂看小白玉霜的《小女婿》回来，我亦刚散会，我们又谈了一天的工作，特别谈到苏联专家会后到筹备处工地检查工作时，我今天未去实在遗憾！

下午开会，上午办公，这一天又是紧张的。

① 原稿为“看去”。
② 赵汉，时任中组部办公室主任。
③ 郑天翔参加抗日救亡运动时期的老战友，同乡人。

下午刘仁同志到处找 [宋] 汀汇报工作，结果她到会场去了。

我近日精神很好。

4 月 22 日（星期三）

昨日，市委会议，讨论教育局工作计划、卫生运动计划，及劝止农民盲目流入城市等问题，由下午二时到晚上九时半。会后，看了法国的电影《群神会》。昨日上午，看文件，修改了一个关于蔬菜供应的报告。

包头畜产公司谭桂旺同志来看病。昨天找小杨去看他，并和办事处刘德顺同志联系，设法到红十字会医院挂号。

[宋] 汀工地发生打架问题，基本反映了工人的情绪与干部思想问题，那里仍很混乱，如不迅速整理，会出大问题。

仁续来信要胃病药，什么胃病？如何寄药？但不管也不大好。

下午我们去听王学文同志谈新民主主义经济法则。

4 月 23 日（星期四）

谈电业局问题

建筑地区不清楚，来找者 110 万平方米，其余不知道地点。建筑工程局接收 210 万平方米，其余不了解在何处。

开工前不早来联系，一开工就用，量很大。用电容量提不出来，永外大红门地质仓库、车道沟第五工区工地、安外二机部第四局提不出来。体育学院，昨天确定地点，今天即来用电。用电数变化太大，航空学院 [从] 2881 千伏，[到] 1557 千伏、830 千伏，[再到] 700 千伏，共 4 次；钢铁学院 [从] 771 千伏 [到] 469 千伏，[再到] 850 千伏（4 月 21 日）。矿冶学院 [从] 729 千伏，[到] 906 千伏、850 千伏，[再到] 525 千伏（4 月 17 日）。

西北郊 6 个学院，事先只知道 2 个，后才知有 6 个，设计好后，地皮又变，又返工。三里河，开始 [时要] 电 7000 千伏，说不出准确数字，建筑时用地要用 1700 马力，降到 400 马力，又改为 800 马力。大了，设备浪费；小了，又改。广播事业局十二号工地，去了4次才接上火。

马路路基不确定，电杆设计不好进行，地基挖到杆子底下才去找。内部电气装设，设计公司只管屋内，不管院子里设备、配电室，“四部一会”即是如此。器材，提得晚，到时要没有，如变压器、配电盘。设计问题，没人力，没施工力量。

* * *

晚上，讨论用地问题

情况：1953年已有21330亩地。统一收5610余亩，30处，[其中即]将结束8处，正办者16处，开始4处，尚未开始2处。分散的，15000余亩，312件，办完104件，正[在]进行208件。

农民态度：南蜂窝村，去年仓库公司两间房子[被]大风吹倒。水井、厕所，碾磨，猪圈，牛棚，兵营式。侵犯群众利益：大车压地，路上挖坑（东营房）。六道口宫福才被压坏一亩，耕好又压，队地。转业顾虑。

不良行为：不经批准，私自占地。公安后勤营管处，8里长，30亩。海司，马道庙地150亩。[类]似此[种情况]尚多。超过批准范围，京西矿局15亩，占52亩。机械化农业学院把保留地圈起来，都委会又批了。侵犯群众利益：压地，压青苗、坟，不经批准，测量钻探。

准备不足，落于实际工作之后，被动。单纯任务观点，没列入建筑计划。有的处理得好，有的则不好，通报不理。

几个问题：

1. 派出干部，组成工作组，服从当地政府领导。[派]较强的干部、工作组，和区政府分工，政策性的[问题由]政府决定。

2. 拆迁房屋，用地单位负责，“2年不漏，3年不倒”，签订合同。

3. 居民区，划定得晚。公墓不够，一亩地100个坟。尚需一千亩。

4. 转业：①用地单位吸收，订合同。②劳动局想法介绍，尽先安置。③没劳动力的，救济。

5. 居民房子，先盖房子。

6. 克服违法乱纪办法，区政府召集各村干部会议，讲法［律］、政策。没区政府介绍信［的］一律不准钻探、购地。

过去违法事件迅速处理，对施工、运输人员进行教育。轧地，［分］两种情况：用地单位与区政府计划，临时性道路。施工单位派人在路上维持秩序。如再违犯，扣车，登报。

马：

农民生活：救济，没预算。转业建设军人。较大公墓：远了不行。回民坟迁西北旺。今年最少 1500 亩。

海淀[①] 区：

钻探好再买，规定地上物价格。先盖房子造成浪费，先盖好一批，倒着用（农民不一定愿意）。［制订］办法，发各建筑单位。对农民失地痛苦了解不深，手续难办。国有地如何办？不了解章程。“2 年不漏”——把规定保田费交给农民。

拆建民房，平均 200 万一间，300 万不赚钱，建筑公司赔钱。土房，旧灰顶房，初建时一定漏。设计图和买的地不一致，地小房大，搭不上架子。耶稣教的地不叫租，赔偿，后退 2 米。

运输公司，车辆组织。建筑工人的群众关系问题，运输工人［违反］纪律，把砖压在半路，轧地。建立办公室，市、区，大工地建立纪律检查组，用地单位派人。

4 月 24 日（星期五）

基本建设情况

运输公司：

大车 14500 多辆[②]，出车 11000 辆，最高 12000 辆。百货花纱等公司

① 原稿为“甸”。

② 原稿为“量”。

4500—5000 [辆]，用在基建方面 6000—7000 [辆]。

京津公路局：

公车 150 [辆]，出一半；[还有一些] 私车。最高 400 [辆]，[主要用于] 基建。部长自行决定之工程，只帮助之。还需 300—500 辆汽车。交通部说，调私车，200 万调车费，预先提出计划。给津、京增加 150 辆车。“四部一会”，道小，车进不去，交通指挥 [问题]。

建筑局：

拿到图 [的] 不到 30 万平方米，22 万 6000 平方米的图已设计出来。[从] 3 月到 7 月底共出 [图] 70 万平方米。跨年度有图的 20 万平方米。共 150 万平方米，可完成 100 万平方米。

设计困难：多变。红十字医院，现在还变。三里河——科学院大路中心，都委会和建设局放线不一致，差了 9 米。[保证设计任务顺利完成的] 七个条件：①资料及时送到，大部 [分] 没送到。②中途不变。③钻探情况正常。④初步设计及时鉴定。⑤施工单位估算。⑥中途不 [再] 有特殊任务。⑦设计人员出勤率正常。

施工问题：图潦[①] 草，图上有错。平土，业主不负责。三里河居民区没有搬家。早备料没钱，给了钱，买不到砖。砖，整个不够。204 亿万砖，80 万平方米，10 万平 [方] 米工棚。第二季度生产 1.5 亿（不算私人），可以供应。三里河没业主负责。（黑）大管子，时间、数量都不保证。空心砖，工人技术不好。电梯，63 台，可能 [每]7 台有把握 [的只有]1 台。钢窗，水龙头，没铜。衬管子，没有。

三里河，7 层 15 栋，3 层 20–30 栋。36 万平方米，2 吨 / 平方米，一辆大车一天 2 吨。订协议拨 25%，订合同 8 月才订，迟了，运不上料。干部不足，工人用不了。三里河 11 万平方米的地基没有购地。

问题：

1. 联系配合不够。[据] 报社材料，自来水公司现只知 140 万平方米，电业局只知 110 万平方米，不知何处建筑。

---

① 原稿为“了”。

图 2–32　苏联建筑专家阿谢也夫（Г.А. Асеев）在三里河建筑工地考察并指导工作（1956 年）

图 2–33　苏联专家阿谢也夫在三里河建筑工地考察并指导工作（1956 年）

2. 要求过急，不早提。空军医院，3 月底提出，要求 4 月 5 日供电。地台工地，3 月 16 日 [提出]，要求 4 月 1 日供电。

3. 提不出容量。三里河工地，1700 马力，四度协商 [确定为] 600 马力。6 个学院，减少一半。航空学院，[从]2881 马力，[调整到]1587 马力，[再到]830 马力，[最后确定为] 700 马力。

4. 工地有高压线杆，不早通知移。

5. 力量不足。电业局设计人员只有 5 个，变电站谁设计？

6. 器材供应。自来水管，原计划需水管 72000 米，是根据 360 户建筑单位，每户 200 米。

7. 水、电能力。电，发电能力 50000 千伏。全市白天用电 27000 千伏，夜间 17—23 时最高 43000—46000 千伏。每平方米按用电 4 瓦计，今年 360 万平方米，增加用电 14000 千伏。“四部一会”要 7000 千伏，石景山钢铁厂要 9000 千伏，北京机器厂要 300 千伏。

8. 自来水：第一季度售水量超过计划 18%。每月最多出水 170 万吨。7、8、9 三个月，估计可达 210 万吨（需要），追加预算，没批下，打井力量不足，10 多个人，中央建筑工程部原协议帮助，现 [帮] 不了。蓄水池容量小，东直门外水厂 8000 吨，安定门外 6000 吨。

4 月 27 日（星期一）

谈凉水河问题

1949 年、1950 年大雨，丰台区洼地 5000 亩，1950 年提出疏浚。凉水河，入凤河，进入北运河。武清有积水，新市区、军委地方积水。挖新开渠，水没出路。丰台区、南苑区积水问题。

市、省，五人小组，提方案。3 月 11 日，水利部来函同意。补助北京市 60 亿（另，河北 80 亿），准先行开工，同意第一方案（工程大）。经研究，第一方案问题多，运河水位高。北京先开工，对武清的影响与原来一样。水利部同意北京先开工。水利部开会，河北同意，通州不同意。

协议结果：今年挖大红门以北[①] 城市排水 [沟]。明年雨季前一定解决。今年组织测量。

* * *

基本建设情况

市财委谈基建 [问题]。

范离[②]：

可做200万 [平方米施工图]。[如果设计] 图跟[③] 上，每天可做9000幅。这样，3月15前即须拿到100万 [平方] 米的图。1万平方米 [的施工图]，[可供] 每天7万工人 [施工]。现在情况恶劣：拿到图不足40万平方米，只能容3万余工人 [施工]，每天完成3000平方米。

到9月底，能设 [计] 出166万平方米，包括跨年度20万平方米。这样，只能完成120—130万平方米（顶多）。[如果] 材料、水、电供应不上，则更成问题。但设计出图还没保证，因 [为需要] 有七个条件[④] [的保证]，[完成] 120万平方米还有困难。4月份，自报35万平方米，增为48万平方米，结果 [完成] 25万平方米。现在还不一定开到25万平方米（现开工56万平方米，跨年度38.7万平方米，新建17.4万平方米）。景山后街，军委，打槽2000余，得到年底。三里河，先做一栋看看，钻探不可全信。

群众搬家：百[⑤] 万庄还有11万平方米的土地没买下来。材料：拿出图，才能用红砖。设计：赶得快，修改多，粗糙。

董文兴：

现有53000工人。[从现在起] 到11月底，不算4月 [份]，[本年度] 还有170—180天（每个月25天，没除 [去] 雨季，一般雨季15—20天）。

---

① 原稿为"上"。

② 原稿为"里"。

③ 原稿为"根"。

④ 关于七个条件，详见4月24日的日记。

⑤ 原稿为"北"。

一天 [完成] 7500 平方米 (最高量) ,7500×170=127.5 万平方米，最高 [指标]，[在] 一切顺利 [的情况下才能完成]。3、4 月份完成 10 万平方米。共 137.5 万平方米。

设计：如“四部”，按 6 个单元设计，十几处不对，图到工地还要许多补充图，设计因突击而粗糙。设计估算超过控制数字，[需要] 减低数字，修改设计。边预算，边计划，边开工，边备材，边订合同。施工准备时间短，造成工地混乱，浪费。[应该] 分段订合同，分段预算，联合估算。

施工力量不平衡。土建力量大，可完成，水电安装共达 1/2。外部原因：运输、水、电。经验 [积累不够]：高层建筑、大面积建筑，设计、施工都是初次。如军委宿舍，打 2000 桩 (原来没估计到)，需几个月。

* * *

星期六上午十时，和许京骐[①] 同志等出城，看德胜门外之马路修建工程，一直到十三陵。十三陵在昌平县境内，长城边上，四面环山，从明成祖起一直到崇祯皇帝。崇祯帝之陵，据看守之人说，已经被国民党匪徒拆掉，修了炮楼子。我们只看了“成祖文皇帝之陵”。建筑有大殿、牌坊、三座门之类，这些建筑，比清代的简单朴素，好看得多。大殿上的柱子，三个人把住，是用自然成材，四五百年，一直没腐。到下午六时回来，接回小虎，闹了一夜，未得好睡。

昨天，邀老吴同志看薛风英。老吴来，饭后，和刘仁、周荣鑫同志谈了一大阵，是关于基本建设中盲目性的问题。现在，北京市建筑工程任务很大，主观冒进，急于求成，被动混乱，是冒险主义和分散主义的典型。

4 月 28 日 (星期二)

市委会议：谈基建工程

范离[②]：

① 原稿为“景祺”。

② 原稿为“里”。

两［个］公司接受200万多［平方米］。当前按土建方面，可以完成160万［平方米］，造价2万亿［元］，安装力量差一半。但要有条件：①2月前拿到100万—120平方米的图样（1个工/平方米，7万工人，每天［完成］1万［平方米］；去年完成100万平方米，7月开始，今年应［从］3月开始）。②材料不误。③干部。④地，水，电，道路（石路）。每天两万吨运输力，马车1万辆，一天两次，摆100多千米（车与车间15米）。黑白铁管，四寸以上的没有。

现在的情况：图，跨年度，41—42万平方米，到4月底收图（连跨年度）45+27万平方米（4月前的图45万平方米，27万平方米刚收到）。开工45万平方米。这样，4月完成10万平方米。今年可完成130万平方米（折合数）。开工180万平方米。

图纸谁审查？30万平方米，能不能保证［质量］？出图要七个条件，还无把握。高层建筑地基问题，如军委宿舍、三里河。安置农民问题，给老百姓盖房。3层楼以下，7月开工者，可完成。北京105万间。

赵鹏飞：

高层建筑的设计能不能成立？180万平方米恐开不成［工］。材料供应：铜、黑白铁管、电梯、澡盆、钢窗、电梯、高压锅炉、无缝钢管。水、电。木材，

图2–34　国家经济委员会办公楼（20世纪50年代）

资料来源：建筑工程部建筑科学研究院：《建筑十年——中华人民共和国建国十周年纪念（1949—1959）》，1959年编印，图片编号：57。

市用25万［立方米］，给15万［立方米］。其他：中央各部自己设计、施工的，华北38万［平方米］，市的17万［平方米］。运输：360万［吨］，720万吨运输量，已运出120万吨（2吨/平方米），5—11月600万吨。工程化全面掌握情况［的共］3人，明年如何办？一般宿舍［由］中央拨款，北京修。

程［宏毅］：

计划［制订］晚，对建筑能力估计高，没总的机关管。财政，25%，周转不开。

彭［真］：

362万［平方米］不能完成，主观的［愿望］。如现在不设法排队、很大削减，结果动工［后将］完不成，返工。急需房子者盖不成，可稍缓者，自可盖成。

完不成原因：设计不成（施工图）；材料，增加条件；运输，能完成多少？施工力量，［今年剩下的时间只有］6个月多点。安装不起来，原来200余万［平方米］，即［有］大［问题］。按严格规定，大部［分］不能开工。三里河，动了工，找不到业主。一面设计，一面施工。等则窝工，不等［则］犯规。

办法：①中央组织部机关（95%中央的），排列工程缓急。②设计图（技术设计），凡中央工程［由］指定机关审查，施工由建筑方监督。有问题［由］市负责。③料、运输，除石棉瓦、灰□北京能解决［外］，请中央指定专门器材供应机关。④迁坟，除特殊［情况］以外，必须在半年之前［提出］，今年再不拨地，最特殊的也要［提前］3个月［提出］。⑤技术设计［在］中央未批准前，除特殊以外，不［允许］施工。⑥窝工问题，现先准备施工力量，低级工程有工就做，高级工程宁慢不抢。

5月3日（星期日）

五月一日，有雨。我和［宋］汀及市委其他同志参加观礼。下雨虽不透，但已给五一节增加了令人愉快的成份。看见了老赵[①]和刘杰同志。晚上［在］天安门前走了一遭。

从上星期一起，直到卅日（星期四），为了建筑占地和建筑工程问题，

① 指李葆华同志。

开了两次夜 [车] ，写了一天，又大半天，写成两个报告。

[宋] 汀五月二日早晨来月经，没有小孩，又过了一关。昨日接小胖来玩了半天。我疲惫得很，睡着了，他们走时我还不知。

五一之夜，[章] 叶颖来玩。昨天和 [宋] 汀及宋钧给绥生买了些穿的。拟托 [章] 叶颖带去。

现在工作还不知如何做好，忙、乱，也没有个范围，职责不明，互相推诿。此种事最难办了。

5 月 4 日（星期一）

中央各部基建情况

[第] 二机 [械工业部]：

7 个单位，[建筑面积共] 14.6 万平方米。地皮，买完 5[个]，2 个未 [买]。1 个 [正在] 审查，工业学院，地下水偏高（西郊）。3 万多平方米的材料（地方）。调剂面积 8 万平方米。进行情况：开工 1.4887 万平方米。

市政建设。航空学院、真空管厂道路、下水道 [问题]，铁路专运线标高 [存在]。东直门外马路不平，工程用水、电 [问题]，设计不周，中途停工。总平面图没出来，施工单位没整理工地。3800 工人，现 2000 工人窝工。

外贸部：

[共] 26760 平方米。[由] 本部设计。地方材料没问题，东北拨的木材 6 月底才能来，存料地点。进出口宿舍，地皮未批下来，能全部完成，7700 平方米。进出口公司办公楼宿舍，地皮正进行中，完成 1/3。

[建议：] 地皮快点；运料，一次运完，没地方；灰，砂，石，请允许向私商购买。

重工业部：

[共] 10 个单位，18 万平方米。地皮：大部 [分] 买了。设计：6 月前可完。施工：石景山工程公司，盖 6 层楼没经验。有色局力量在沈阳，想调动。开工：5 月中 [旬] 开 [工] 一部分，6 月 15 日全开工。

估计：设计没把握，[如果] 6 月 15 日开工，11 月底可完。

农业部：

[共] 3.2857 万平方米。[其中] 北京机械化农业学院 1.9840 万平方米。需 3338 亩地，内 [含] 3054 亩耕地，28 亩没迁。机械一分厂，朝阳门外，80 亩地，不建。设计：机械化农学院，东北 [负责] 设计，[方案已经] 定了。材料：农业总厂，12000 [立方米] 的材料要运回，和河北运输公司订的合同。科学研究所，一次运完困难。开工，1700 人，5800 平方米，其余第二季度开工，10 月末完成。

[问题]：机械化农业学院高压线没连上，自来水道马路未定，地剩下角角，老百姓不好经营。设计规范，找的部不多。自来水管，暖气炉片。

燃料工业部：

[共] 15 万平方米。施工单位 4 个，8000 余人。材料：中央 [供] 料，没问题，差部分砖、瓦、灰（3 万平方米）。设计：自己设计。土地：搬家问题，矿业学院。运输：自有 70 部 [车]。水电：石油学院。计划：全部完成。部长签字，部委打戳子。

第一机械工业部：

[共] 14.5742 万平方米。地皮全有。原拖拉机学校转让——拖拉机学校地点拨给建筑公司。设计：北京机器厂 8 月底交出，其余 6 月前可交。开工：4.3 万平方米，3200 工人。施工单位：自己搞。跨：1.75 万平方米。运输：力量不足。下水道地点，朝阳门外。小村店，北京机器制造学校。

合作总社：

东郊宿舍：1.7 万平方米。已开工 7000 平方米。运输，40%没运到。王府井大楼，南 33 米，西 50 米。合作，中苏民航，民航。

铁道部：

[共] 18.46 万平方米（不包括北京管理局），不全。基本建设 12 万平方米，首长基金 11.5 万平方米，北京局 3 万平方米，共 26 万平方米。工程单位 6 个，使用单位 11 个。问题：丰台桥梁厂砖瓦 [供应存在问题]。

水利部：

[共] 3.0116 万平方米。包给兴业公司 1 万，机砖。运输力，地皮已定，

[涉及] 两家民房，均犯法者。水利学校，10580 平方米，部分解决，工程队包。运输力，调卡车 4 辆，需帮助。修配厂，扩大，4000 平方米。工程队，运输力。地基没解决。材料，拨到天津，想往北京拨。

邮电部：

3 个单位，[共约] 30000 平方米。可自建 20000 余平方米，往外包 8000 平方米。材料，建筑局包，局要自筹（口袋胡同）。[拆迁问题]，53 户，8 个铺面，不好解决。北京邮局，天桥，7500 平方米，没承包人，要求建筑局包。电讯修配厂，地皮未定。跨年度，北京邮局、北京仓库。工程队，没壮工。天津砖，运来了，不合规格，[是] 差砖。

轻工业部：

[共] 35402 平方米。土地问题：工业试验所，快解决 [了]。宿舍未定。水电 [问题]。

营管部（华北）：

新工程 81960 平方米，跨年度 1.2 万平方米。材料，运输困难。自己施

图 2–35　轻工业部办公楼（20 世纪 50 年代）

资料来源：北京市城市规划管理局编：《北京在建设中》，北京出版社 1958 年版，第 66 页。

工。丰台通讯处，郑[①]家庄、岳家庄中间，用200亩地，[需搬迁]居民80余户，打井，收农具。上下水道（西郊）。

林业部：

[共] 13700 平方米。土地，100 亩安排，批准 70 亩，买到 31 亩。中央林业试验所，2700 平方米，没人包。

5 月 5 日（星期二）

市委会议

一、市政建设机构

张 [友渔]：

市政建设委员会、都委会合署办公，[与] 财委 [加强] 联系。调整市政机构：园林管理处、建筑科改成委员会的组织，工程局其下之事业单位分开。卫 [生] 工 [程] 局只管下水道，垃圾、粪便分出来，成立环境卫生局。

程 [宏毅]：

缺乏统一领导，各方感到困难，规划、土地、建筑管理。和财委关系：财务、企业管理、材料。

薛 [子正]：

都委会和建委会 [的] 关系，建筑工程局不放进来，设计分院双重领导，机构不要庞大。建、卫二局不并，行政、事业分开。园林处成立，环卫局不成立。

老干部，文化低者 300 余人，[建立] 领导机构——扫盲委员会，以干部工人为重点。

刘 [仁]：

[应该成立] 首都建设委员会，[但] 现在困难。成立市政建设委员会，都委会不能取消。建、卫局，不合。公用局，不搞双重领导。建筑工程局，如现

① 原稿为“正”。

在这样，它免不了建筑监督之责。房管局，行政、事业分开。建、卫亦如此。

二、扫盲工作

现在 21 万人。干部，脱离学 [习] 的 800 余人。店员工人现有 1 万人学习，小商店参加学习人多，耽误生产。专任教师去年多了，每村 1 个。今后三、四村 1 个。现在，依靠群众教师，以工教工，以农教农。工人经费需 70 余亿。政府补助 20 余亿。

城市教师，多家庭妇女及失业知识分子，不给补贴困难。由群众拿学费办法，农村变工互助，公杂费群众自筹。学习动机：想转业，就业。要求过急。速成识字 [是] 矛盾焦点。

彭 [真]：

重点搞干部，[但] 也不要绝对。其次搞工人，产业工人、手工业工人、店员。着重年轻的技术工人。祁建华识字法，研究运用于民校。教员，勿使失业，只要不是逃亡地主、反革命，[在] 不影响制度 [的] 范围下。共 2500 人。

[不要] 冒进，走慢点。行不通，顶。经费问题，市 [政] 府研究。不愿来，强迫不对；愿来，强迫不来，也不对。

刘 [仁]：

速成识字，速度放慢（工厂）。工厂与行政，党、工会结合。区里管理的工厂与大厂不同，比大厂慢些。店员，学习影响营业。

* * *

1953 年 5 月 5 日 [统计数据] 摘要：

表 2–2 北京市社会商品流转总额比重表

类别	1951 年		1952 年		变化（±%）
	流转额（亿元）	比重（%）	流转额（亿元）	比重（%）	
国营	57987	37.15	68102	44.93	+17.44
合作社	5270	3.38	12013	7.92	+127.95
公私合营	2644	1.69	1628	1.07	–38.43

续表

类别	1951 年		1952 年		变化（±%）
	流转额（亿元）	比重（%）	流转额（亿元）	比重（%）	
私营	90191	57.78	69863	46.08	–22.54
总流转额	156092	100	151606	100	–2.87

表 2–3　北京市社会商品零售总额比重表

类别	1951 年		1952 年		变化（±%）
	零售额（亿元）	比重（%）	零售额（亿元）	比重（%）	
国营	8937	15.82	14761	23.89	+65.17
合作社	4127	7.31	10483	16.97	+154.00
私营	43414	76.87	36532	59.14	–11.97
总计	56478	100	61776	100	+9.38

1951 年公私比：1∶3.32。1952 年公私比：1∶1.46。

5 月 8 日（星期五）晚上

谈自来水情况

5 月 20 日前，28 个井（日产 2400—3000 吨 / 井），最高日产 8.1 万吨，4 月 26 日 7.1709 万吨（超过原计划 13%，按新计划完成 96%），最低一天 4.9232 万吨，4 月平均 60193 吨。5 月 20—25 日，必须增加送水能力，需 8.217 万吨。5 月 22 日，恢复蓄井两个。

市区总共 34 个井。日送水能力 8.87 万吨，每天增加 6600 吨。6 月最高日用水量 90250 吨，6 月最高配水能力 104400 吨。全年 2060 万吨，新建筑加 97 万吨。第一季度 354 万吨（实际）。

表 2-4　北京市 1950—1953 年各季度供水能力统计

	一季度	二季度（季度比）	三季度（季度比）	四季度（季度比）
1950 年	100	133	178	179
1951 年	100	137	163	142.5
1952 年	100	142	173	156
1953 年	100	139	175	169

施工用水每平方米 1 吨水（待研究）。现在每人平均 0.8 吨水。西郊原有 3 个井，西郊用水 1 月份超过原计划 80%（计划 4.7 万吨，费水 7 万吨）。1953 年比 1952 年增加 55%，2300 万吨。明年 3000 多万吨。今年打 18 个井，都用上，一、二季度可供上。

第一季 550 万吨，第二季 770 万吨，第三季 980 万吨，第四季 940 万吨，共 3100 万吨。

5 月 11 日（星期一）

都委会谈总图规划

工业区 35 万人。东北部 50000 人，东郊 150000 人，南 30000 人，石景山 40000 人。

总面积 38200 公顷。工业区、行政、文教 7300 公顷。道路、绿地、住宅等 30900 公顷，[其中] 绿地 5100 公顷，[占] 17%；住宅 13200 公顷，[占] 43%；公共建筑 6600 公顷，[占] 21%；道路 5800 公顷，[占] 19%。

问题：①中轴线，中心——故宫，中央政府？中轴线面积。②中心区，大[①]、中，小，分级。

① 原稿为“中”。

5 月 13 日(星期三)

阜成门问题

不同意拆的理由：城楼是北京的特色，劳动人民劳动和智慧的结晶，拆了它破坏了北京城的艺术布局，应热爱祖国文化遗产，不能随意破坏。

怕成为秃头城，有何美观？“实用观点”。“交通观点”。清华董旭华、童林旭，地质学院郑虚怀。单纯交通观点在城市建设中是很危险的思想。

城楼是北京美丽建筑中不可分割的一部分。价值绝非 130 间民房可比。我们民族引为骄傲的文化艺术。粗暴地拆除古建筑是犯罪行为。苏

图 2–36　阜成门旧貌（1956 年）

资料来源：北京市城市规划设计研究院：《北京旧城》，北京燕山出版社 2003 年版，第 42 页。

联爱护艺术古迹。解决交通，可用西直门办法。头痛医头，脚痛医脚，古物横遭破坏。

*　　　　*　　　　*

今晨寒流由［内］蒙古袭来。

昨天，市委会议，讨论私营企业问题，经过了充分的调查研究，材料很多了，但缺乏分析和深追。能否系统地解决这个问题，尚不可知。此间处理问题，有一种雷声大、雨点小，前紧后松的样子，往往问题提出来了，搞得也清楚了，怎样办呢？谁负责处理呢？则下文不明，或下文很不精彩。

彭真同志在会上说让我当秘书长，我没表示任何态度。这是一个苦差事[1]，无非是让我写一些东西而已。来京将半年，职责不明，做事甚少，真不如在包头那样紧张有力的斗争生活。拟提出我的意见。

5月15日（星期五）

今早九时，听基建讲座第一讲。这个讲座共十六讲，每周一次，拟把它[2]听下去。

十四日，给彭真同志一信，关于工作问题，提了几点意见：（一）如已决定当秘书长，即执行决定。但范围大，恐难搞好，因自己政治经验少，有缺点。又要搞城市建设，时间精力恐难兼顾。请明确分工，管什么，不管什么，集中精力于几项工作。（二）城市建设机构，双轨制有缺点，须有一个统一的机关，以免分散力量，职责不清。（三）包头钢厂调人时，希望能去。此信今日发出。

关于建筑管理问题，中央指定彭真同志负责。今日下午和程［宏毅］、赵［鹏飞］商谈，无结果，回来问刘仁同志，说先搞市任务207万［平方米］，这样，也好办。

工作中是有些困难。

---

① 原稿为“使”。

② 原稿为“他”。

5 月 16 日（星期六）

昨夜三时半睡觉。市委讨论顾大川的问题，本来是与我无干的，因为我根本不了解情况。关于农村工作、商业工作，毛主席有些指示，彭真同志在来后传达了一下。关于审查和削减本年建筑工程计划的问题，彭真同志说是全部（380 万平方米）都包括在内，刘仁同志说是只搞市局担负的 207 万，后来刘［仁］又说先搞这 207 万。如何搞法？并未有具体指示，这个任务不易执行。

关于工作问题，我说试一试。彭真同志说：知难而退。也没说出个样子。

从今天起，我打定一个主意：想法子离开这个圈子——写写算算的圈子。彭真同志和［刘］澜涛同志对我的工作分配，就是往这个圈子塞。从 1943 年开始跳出这个圈子，1948 年又在华北局宣传部待[①] 了近一年，出去三年，又套回来了。这一回，硬是套回来的。我只有一个办法：跳出去。因为，这个圈子里的工作是精神劳动，是美观之形态，脱离实际斗争，是我力不胜任之事。弄不好，会犯错误的。

5 月 20 日（星期三）

昨夜和前夜均下阵雨，今日尚天阴，可能再下。这样，今年旱灾可能大大减轻。

［宋］汀于十九日到青岛去。从上星期五病了四天，昨天好些，心脏衰弱，以至头疼。

星期一赶写一个关于整顿建筑工人队伍的报告，昨日上午找几个同志研究修改。下午谈几条干线的计划，到城外看筑路机械。晚上学习，回来又看了一阵《苏联内战史》。

工作问题，给彭真同志信后，未详谈。星期一晚上去谈了一下，尚无结果。我现在还是那样，没有正式拿起来。拿不起来。但事情已甚多，时间不多，颇为被动。写一个东西，费力大，成效不大，其原因：不了解情况，政

① 原稿为“呆”。

图 2–37　青岛街道风貌（1958 年）
注：赵士修拍摄。
资料来源：赵士修提供。

策水平低，这是苦差事。

今日下午开市委会议，讨论私营企业问题。

易生在星期五戴上红领巾了（全国此时有七十万，北京有八万［少先］队员，他为七十万分之一）。

5 月 22 日（星期五）

通县八区的情况

行政村 43［个］，7030 户，人口 32440［人］，面积 195104 亩。原有企业：中央电台、拖拉机修配厂、机耕学校、机耕农场，胜利等砖窑 4［座］、私人窑 11［座］，工人 4280 人。

新建单位：重工业部 648 亩，卫生部 1502 亩，燃料部 1337 亩，炮六师

700 亩，机耕农场扩大 3000 亩，北京器材公司 720 亩，新建电台 600 亩（通县一半）。共 15 个村，8507 亩。

5 月 23 日（星期六）

昨夜失眠了。这是来京后第一次失眠。

这三天，连着熬夜。

接 [刘] 耀宗和 [王] 孟樵① 来信。

给 [郑] 庭烈一信，并寄相片。

5 月 24 日（星期日）

这一天没有休息，开会一直到夜深。易生走了，其他孩子也未去看。

工作就是这样，工作就是生活，就在这个过程，就决定了一个人锻炼的程度——表现于人的自觉的行动和行为的心理过程，就显示出意志与个性。[宋] 汀认为我的意志是刚愎顽强的，但意志的属性方面——性格还欠锻炼，正直有余，冷静不足，故仍须戒骄戒躁。

5 月 25 日（星期一）

待研究的问题：

1. 军委、铁道部建筑房屋用地，占有房屋多少？

2. [从 1949 年北京] 解放到 1952 年共占用多少土地？分类，分郊区、市区。

3.1949—1953 年建筑面积多少？分年、分类、分层，分城内、外。

4. 高层建筑中形式问题，结构主义、复古形式。

5. 保有私园过大之单位，土地浪费情况。

6. 建筑平房浪费土地之情况。

7. 绿化问题，造了多少？活了多少？砍掉多少？保护得怎样？

8. 明年在哪片上盖？土质，居民情况，原有房屋，市政设备。

---

① 郑天翔在包头工作时期的老同事。

9. 明年开宽马路计划，无轨电车计划。

10. 建筑规程：定额，绿化标准。收集苏联条例、清华讲义。

11. 收集建筑形式之图片。

12. 北京机器厂、外交区、军委、景山、七十兵工厂。

13. 地基问题：土地皮各部私有，房子各单位占有，不能统一调剂，住得分散。

14. 劳动力：今年不再调进劳动力。

15. 仓库区排水问题（广安门外）。

16. 上下水设备各搞各的，不怕花钱。

17. 技术力量分散，外贸部有 3 个工程地质人才。

18. 地方建筑材料，规格不一，质量不好。

5 月 27 日（星期三）

上午：建筑工程进行情况座谈会

在市 [政] 府第二会议室。

外贸部：

[主要建筑工程情况]：东郊民巷托儿所，4 层，地质不好。金鱼胡同，设计人员宿舍，地基碎砖。台基厂，进出口宿舍。西郊公园对过，宿舍。进口大楼，万生园对过，设计 4 个月，6 层。陆军仓库，设计 1 个月，广安门外。材料厂，车棚，7 月中开工，1 个月完（复兴门外，7 亩地），1950 年占的地。共 27000 平方米。

现在，[工人]507 人，内技工 400 余。指望调进壮工 300 余人。不计成本，赔 2—3 倍。

问题：①材料库与都市计划有些矛盾。②金鱼胡同拆房，研究，手续。③台基厂进口公司宿舍。④设计、大楼、审查、钻探、水暖。⑤劳动力缺壮工，工种是否平衡。⑥特殊材料。⑦运输力量。

中 [央] 卫生部：

[建筑工程] 委托华北第三公司 [设计]，合同未定。第七医院（中 [央] 直 [属]）。[共]5400 平方米，3 层，混合 [结构]。医院在海淀[①] 南，地已买好。

粮食部：

基建局直属工程队，长期工 132 人，基本工 40 人，临时工人 320 人。工程师 3 人，施工员 5 人。局设计工程师 12 人。施工工程师 5 人。

任务：粮食公司仓库 1191 平方米，办公楼 1246 平方米，机泵房、浴室 331 平方米，围墙 150 米，技术人员宿舍 800 平方米，食堂 500 平方米，宿舍 400 平方米。施工：仓库已开工，完 33%。

问题：不大。库仓下水道问题，自来水 [供应问题]。

* * *

还是很忙。

听说 [宋] 汀礼拜五回来，这完全可能，一直写信就暗示快要回来。走了几天，每天皆有点“一家字”，这是近半年[②] 第一次离开。

青岛距北京 800 千米，走廿二小时，沿途名胜甚多，胶州一带今年庄稼很好，河北不如山东。

对于自己的工作发生兴趣，一心一意地，才能集中精力做好。我想我再不能失眠了——不应该这样办。既如此，就好好干上几年再说。

5 月 28 日（星期四）

建筑检查小组召开汇报会议

在市 [政] 府第二会议室。

商业部：

公司办公楼，西直门，6 个公司，[建筑面积] 共 42,600 平方米。工程公司，固定 [人员] 437 [人]，技术干部 50 人。调拨材料，说 7 月份可到，

---

① 原稿为“甸”。

② 原稿为“天”。

没把握。

[主要建筑工程情况]：

1. 广安门仓库，已开工。太平桥，没变压器。排水 [问题]。

2. 武定侯。水暖材料 [供应问题]。

3. 南太仓寺，设计定了，6 月初开工，可完。

4. 石驸马，地皮有问题。

5. 西直门，七公司，3 层，设计定了，须调配工人，1000 余 [人]。下水道支线自已修。

6. 复兴门外（办公），地皮，铁路局旁边。7 月开工。水暖材料 [供应问题]。

7. 大华建办公。

农业部：

[建筑面积共] 32857 平方米。[建筑] 设计 100%完，一部 [分] 水电设计未完。批准的 15578 平方米，施工 7704 平方米。完工，最迟 11 月上旬。职工 1007 人，技术员以上 21 人。部办公厂，拆房重建，未定。

[主要建筑工程情况]：

1. 机械化农学院，230 亩①，都解决。19894 平方米设计完了，水暖设计未完。没把握。开 [工] 6000 [平方米]。10 月底完。材料运到 98%，木材。技术水平成问题，基础工作做得好。上 3 楼成问题。道路，从中间通过。平面布置。

2. 华北农业机械总厂，6670 [平方米]，厂房宿舍。技术管理人员 40 多个。

3. 农业科学研究所，[中国] 人 [民] 大 [学] 对过，4170 平方米。有基建单位 90 个固定工人，需临时工。木材，炉片。

4. 北京牛奶站，土地。

5. 机械一分厂。

轻工业部：

---

① 原稿为“么”。

[主要建筑工程情况]

1. 部办公大楼，6700 平方米，皮库胡同，4 层（有地下 [工程]），完。

2. 度量衡厂，8375 平方米，厂宿舍（5400 [平方米]）25 日开工。[工人] 933 人，固定 803 人，临时 130 人，技术人员 23 人。砖不好。

3. 设计公司，齐圣庙，7000 平方米，国家投资 12000 平方米。3 层。20 辆卡车。

4. 轻工业试验所，7270 平方米，齐圣庙，3 层。部之华北工程公司 [设计]，7 月 15 日设计完。

[以上] 共 34340 平方米。

*　　　*　　　*

晚上：谈三里河地区的情况（第四工程公司）

工地，行政 440 人，技术 116 人。

[主要建筑工程情况]：

1. 军委子弟学校，8800 平方米，6 月底可完。

2. 新华印刷厂，7180 平方米，8 月 15 日完。拟加 2000 [平方米]。

3. 纸张管理局，3061 平方米，4 月开工，8 月完。

4. 本局办公楼，4890 平方米，拟 6 月 15 日开工，9 月 10 日完。3 层。

5. 设计院宿舍，1350 平方米，3 层。设计院地址（第 4、5 两项建筑 [工程] 部未批）

6. 公安部宿舍，4500 平方米，5 月 22 日开工，7 月初完。

7. 三里河住宅，88875 平方米，3 层。5 月 15 日开工，现在马路横穿，丰盛胡同修通后才可隔断，如果 6 月通不了[①]，至 10 月即不能完成。暖气图没出来，锅炉设计未出来。自来水管如何按，未定。土建问题不大。设备不行。预算不能按期做出，预算做出来可能超过控制数字。先订土建合同。追加的工作：基础不好，预料不及。

---

① 原稿为“如果 6 月如通不了”。

8. 百[①] 万庄宿舍：120000 平方米，土木 [结构]，8 月初 [开工]。设备，8 月底。室外设备，9 月底。临时排水，南北路。通汽车之路。地不够，还需[②] 七八十亩。

9. 三里河大楼：有一栋可施工，有一栋有流沙，另一栋可能 [施工]。预算 40 天，设计 20 天，共 50 天。雨季以后施工。地质部之楼 11 月出图，图纸由谁审查？挖槽后才明白地质如何。

5 月 29 日（星期五）

晚上：谈建筑工程情况（第五工程公司）

跨 [年度] 6 万多 [平方米]，共 20 余万 [平方米]。工人 9000 余 [人]，干部 1000 余 [人]。技术人员 200 余 [人]，行政干部 768 人。量多质少。开工 40 余工程。技术人员不称职。跨年度快完，新工程接不上来，窝工。

[各建筑工程情况]：

1. 公安后勤部，1670 平方米，快完，但尚未订合同（跨年度）。新工程 1800 平方米，甫学胡同，6 月开 [工]，10 月完。

2. 人民日报 [社]，3480 平方米，跨年度，7 月底完。

3. 军委测 [绘学] 校，3000 平方米余，7 月完，新街口北；2837 平方米，8 月完；另 2837 平方米，10 月完。电 [的问题] 解决不了，线小。

4. 测绘局，2820 平方米，8 月出图，2 层。

5. 炮校、北苑，跨年度 9080 平方米，8 月初完。新 [工程] 4912 平方米，“八一” [8 月 1 日] 开，9 月底完。大样不全。

6. 南苑，暖气材料供不上。下水道 [问题]。

7. 旅馆。北极阁 7.15 [万平方米]，北纬路，9 月底完。崇外 [旅馆]，6 月底。回民医院 [旅馆]，6 月底。电讯局 [旅馆]，6 月底。邮电部工程总队 [旅

① 原稿为“北”。

② 原稿为“须”。

图 2–38　即将完工的电报大楼（1958 年）
资料来源：北京市城市规划管理局编：《北京在建设中》，北京出版社 1958 年版，第 68 页。

馆］,8 月底完。

8. 国际饭店：14784 平方米。没订合同，已开工。南河沿翠明庄南盖洗衣房，大楼图尚未出来，赖自力签字，检查出 42 处毛病。设备图没有。8 层大楼，中央行政处长签字。苏联专家看过，结构要变，已签字。

9. 北京饭店：现在仍在改图,9 层,21617 平方米，另［有］地下室。雨季前完成基础。

10. 侨委会，王大人胡同,3500 平方米,4 层,11 月底完。

11. 人事部，东四头条,3200 平方米,6 月出图，拆房,5 层连地下室，今年开，跨［年度］。

12. 军委宿舍：已拆房 1/4,6 层,40000 平方米，争取今年打完槽，没把握，地质钻探未完。

13. 外交部：1500 平方米，混合［结构］,3 层,9 月完。

14. 公安部：3015 平方米，混合［结构］,5 层；9000 平方米,5 层。跨一半。1500 平方米,2 层。礼堂 11 月完成。但图未出。

15. 文化部:3539 平方米,混合 [结构] ,4 层,8 月出图,办公。跨年度。

16. 电影学校:1325 平方米。6 月底完。

17. 电影器材公司:272 [平方米]。可完。

18. 政务院:6400 平方米,6—7 月出图,跨 [年度]。[开工]2000 平方米,东交民巷。

19. 北大医院:13080 平方米,混合 [结构] ,3 层。消极态度,[以] 工棚 [为] 借口。

20. 师大:4200 平方米,4800 平方米,计划跨一半。

[总计] 可完成 162500 平方米 (今年工作量),跨 86440 平方米。共 249140 平方米。削 30000 平方米。

* * *

我开会,又写了东西。

托儿所要家长给孩子们送礼,每人一枝小枪,两块手绢,还有吃的,皆

图 2–39 在北海托儿所的一张留影 (1950 年 4 月 30 日)

注:照片中人物为宋汀和郑易生。

托小杨办妥，钱花得不少——但是一定不合［宋］汀意——玩具不应买容易损坏的，养成小孩破坏的喜好[①]是不好的。

［郑］庭烈来信说一位亲戚要带病人到京，病严重了，已写好信，俟发钱后寄一些去。

5月30日（星期六）

晚饭后带易生至石驸马看小胖，长大了，活泼可爱。后又到市场买东西，玩的，吃的，为了明天的节日（礼拜日）。

回来时发现［宋］汀已回来，易生特别高兴，我也不知说什么好，仅仅走了十二天。晚上吃着面包及［宋］汀带来的莱阳梨、糕。

［宋］汀这次出去工作很紧张，一天跑四个厂，临走那天作报告三小时，还参加小组会、汇报等，车上连打扑克四小时，吃得不多，没休息好，所以显得瘦了一点。

5月31日（星期日）

睡得很好，［宋］汀睡得那么安然。

八点钟开始就为了接孩子们进行各方面的准备：清扫，整理，还有移动小虎可能挪动的文具。

九时，小胖、京生、小虎皆来到。玩王八、贝壳、螺丝，小虎处处要占便宜，这几个人就属他顽强，吃午饭时自己吃，比在家时进步了。京生仍是无话，但比前一次自然些。

赵汉[②]、永生爱人，小孩来玩，下午包头有人来（周、杨、张），带招待所的图（草）。

晚上到市财委开会，回来时易生、［宋］汀已睡下。

---

① 原稿为“养成小孩的喜好破坏”。

② 原稿为“汗”。

6月1日(星期一)

易生在月份牌上写“我最高兴的一天”。他今年已经带上红领巾,已为北京市全体[少先]队员的一份子——八万分之一,全中国[少先]队员七十万分之一,可以称为“最高兴的一天”。

八点宋[汀]带易生、阿旋等四人到西郊公园,我开会,他们玩。下午三时才回来。

晚上又开会,十二时半回来,[宋]汀已困得睁不开眼,我又想说话,家常事逗得她笑起来,如“王八死啦!”还有“发信没有?”“吃饭没有?”“看见小胖子没有?”……其实[宋]汀早已知道。

6月2日(星期二)

下午:建筑工程检查组第一次会议

宋[裕和]:

搞地质图,现在[重点]解决380万[平方米建筑工程的问题][①]。总体规划,急了不行。检查标准设计情况、购地情况、备料情况、开工情况。

赵[鹏飞]:

“380万”如何决定,中央各部的[建筑工程],[只有]一个[苏联]

---

① 1953年5月9日,中共北京市委(以下简称北京市委)关于建筑工程情况向中央的请示报告中称:“本年全市建筑任务连同一九五二年跨年度工程在内的建筑面积(不包括私人的建筑),已达三百八十余万平方米。”“其中,中央各部门的建筑三百二十余万平方米,约占百分之八十五;除华北直属工程公司和北京市建筑工程局以外,尚有中央各部门所属五十多个建筑工程单位,分别担负这个庞大的建筑任务。”
资料来源:中共北京市委:《市委关于改进北京市今年建筑工程的意见向主席、中央并华北局的请示报告》,中共北京市委政策研究室编:《中国共产党北京市委员会重要文件汇编(一九五三年)》,1954年版,第16页。

专家[1] [审查设计]。对特大工程，请设计院研究可否开工？北京 [饭店]、国际 [饭店]、中组 [部大楼]、军委 [大楼]、空军医院、三里河办公大楼。施工 [问题]：劳动力、技术、设备机具、材料。希望多跨，跨的太多不好，分散、浪费。如何重点保证？

许 [京骐]：

明年如何建，在何处 [建]？

汪[2] 季琦：

[建筑] 形式 [问题]：[采用民族形式使] 造价增加25%。建筑材料再生产——没人管，[成立] 建筑材料部门。分区、分段建筑。

樊：

民主党派，小的、轻而易举的 [建筑工程] 是否可以 [自行] 决定？建筑工程局力量，无后备力量，2%—3%冒充技术工人。8—9月出图，没工人。造价，三里河尚未解决。

王：

国际饭店 [的] 结构 [设计]，[北京市建筑] 设计院负责审查，6月1日开工。均为宿舍，土壤电动石化法[3]。

汪[4] 季琦：

都市规划问题，先搞大框框，重点地搞重点 [地] 区的规划。[拉开] 架子，明年的 [重点建设地区]，先设计一条街。

* * *

[宋] 汀一早到工地，专家亦去了。拱形仓库施工中出了岔子，专家发了脾气，立即把设计公司经理、基本建设局长叫来，开了一个紧急会议。专家的意见：①砖结构在中国试验成功有特殊意义，中国的砖取之不尽、用之不竭，将来可以用作建筑厂房，这是所有企业部门都能采用的现实经验。②绝对不能有疏忽和不注意的地方，一定要按规范去做，不要忙于求成，把

① 1953年6月以前，受聘于建筑工程部的苏联规划专家只有穆欣一人。

② 原稿为“王”。

③ 即土壤的电动化学加固方式。

④ 原稿为“王”。

事情搞坏，宁可慢些，[以] 质量为主。③应注意技术安全问题。④砖缝太大，梁不直。⑤缺乏总的领导，“谁说了就算？”

昨天 [宋] 汀给 [郑] 庭烈汇款 60 万。上午、下午、晚上皆开会，主要是都市建设及建筑问题。清早彭真同志即打来电话。不少事是别人办坏的，现在要我收摊，没有什么 [怨言]，只能硬着头皮搞下去。

晚上 [宋] 汀买烟、睡衣、玩具等物，我十一时回来。

这些天忙，又瘦了，连文件也没有来得及看，学习请了假，长此下去不成。性急——实质是责任心的问题，这点与 [宋] 汀相同。这些日子 [宋] 汀显得沉重得多了，某些程度内心有些躁，昨天是质量问题，今天又是安全问题（架子）。

6 月 3 日（星期三）

各院校长对都委会的意见（政务院开会时）

1. [土地] 面积分配太小，不固定。
2. 建筑形式不确定。
3. 布局图案化，不切实际（南北马路，必须建成东西向）。

*　　*　　*

财　　政

牟 [泽衔] [①]：

收入预算 19890 亿，内地方 6100 亿。地方企业资金 5100 亿。1 月到 4 月收入 7150 亿，支出预算 17300 亿。挤一笔钱修私立小学。市政企业，不能赚钱（苏新国家制度）。地方企业是落后的，5100 亿资金，5 年上交 17000 亿利润根本不可能（不能采取资本主义规律）。

① 牟泽衔，时任北京市财政局局长。

跨年度，写上。基建投资10765亿，花完，花好。完不成的事先向中央声明跨年度。冬季做准备，办不通顶上来。自觉地执行上级交下之任务，责任制。

* * *

学习请假。专搞检查组的事，先弄情况后定原则，按原则排队，然后提出意见。这个事的本身，是具体、现实的基本建设领导工作，唯无时间进一步钻研。

[宋]汀今日在筹建处，好多干部提出工作意见，闲人仍然很多，生产筹划的组织工作没有吸收更多的人参加，同时也仅仅是经验主义的搞法，修改计划做了半个月，凭推测。

我们都没有学习！

6月4日（星期四）

每天搞到晚上一、二点钟，工作仍在突击，这样的情况如何改进？如何才能主动地、按部就班地搞呢？我很焦急！

苏联专家今日至工地，看拱形裂纹，说不要紧，可用洋灰浆灌上，下边以石膏抹平。

俄五福布的事，经[宋]汀与工程师研究的结果，说可以改变，小的改变（如32支纱，平斜纹），用不了什么钱及工夫（根本有这个条件），加些零件即可，如再细，今后即需重新配制机械。[宋]汀正在组织研究这件事。

6月5日（星期五）

向彭真同志汇报建筑情况

基本情况：任务巨大，洒遍全城，力量分散，联系不够。基本方针：质量第一，照顾情况，集中力量，加强领导。主要问题：设计图，保证质量办法，合同预算，经济核算。

* * *

洒遍全城之坏处

都市规划，到处烂，盖起房子，犹如补钉。施工困难，堆料，工棚。技术分散，浪费，工程不大，搬家。城内：使旧的不好改建，改建就得服从它（高的）。城外：市政供应困难，生活文化困难，规划可能不对。高教区域：乱了，占地大，用地少，四方块子，没文化生活设施。互不联系：管子，市场上有，不买；设计未定；积压资金。

办法：重点规划，规划设计。规划力量是最弱者。

*　　*　　*

仍是早出晚归。

这几天报上有几条小评，内容很好，有的写得不生动：①梅的不幸。主要是说一个文件压了一年多，今年拿出文处理，医生去看梅的病，但梅早已死（去年四月十八的公函，今年四月十五回来的，公函在烂东西里埋没了近一年，在大扫除运动时才重见天日）。②数蚊子，蚊子应该以什么单位计算？③带人还是带材料？这篇讽刺得很好，这个现象是较普遍的。

6月6日（星期六）

[宋] 汀这几日身体情况不好，今日力主她不听报告，与小胖玩半天，她似乎很不安，下午终于支持不住，睡了一小时多。

晚上我们三人到王府井东安市场，买了一条裤子，95000 [元]，吃了一气冰淇淋，易生吃得又多又香。

我们准备好好休息一下，但心里好像有什么事情搁不下。

易生带回成绩薄，除表演、音乐是三个四分外，其余都是五分。

托儿所通知明天不接孩子（有传染病）。

6月7日（星期日）

一直睡至九点半，十一时到靳存智[①]处谈了一会。十二时半又睡，三点半醒来，今天算是真正休息了。

下午到文化宫、天安门、午门散步，头仍有些昏。

易生七点半走，我八点到政府开会，决定明天开小组会，作初步定案。

6月8日（星期一）下午

建筑工程检查小组开会——解决排队问题

一、排队问题基本情况

工地分散，601个。76个［建设］单位。短期拨地，难免计划不周，妨[②]害将来建设，市政工程难以配合。故必要从都市规划观点进行检查，缩短防线。4层以上［的建筑工程共］60万平方米，最高9层。耗去主要人力、物力、财力，质量没把握，影响其他重要工程，高层又住不上。还有一些很小的，其中［包括］政策问题，施工单位、业主之间的矛盾不易解决，各种工程力量之间配合不够。

二、排队原则，按照以下顺序分为五类

1. 工业、国防工程（不包括普通军事机关）。

2. 新建部会，新建专科学院、大医院。

3. 公共生活必需设施、中小学校。

4. ［与］主要的国际战争、国内战争有关的工程，专家招待［所］。

5. 其他（一般机关办公、住宅等）。

---

① 郑天翔在内蒙古工作时期的老战友，化工部副部长。

② 原稿为“防”。

三、具体建议

1. 势必今明两年才能完成，目前也未开工、设计未完成，或未详细研究，施工完全亦无把握者，予以推迟。特别主要者，并应做模型，报中央。

2. 条件已经成熟，资金较有把握，对都市计划无大妨[①]害，开工，争取完成。

3. 对都市规划有严重影响，或因工地分散，困难很多，难以完成者，业主又迫切需要房子，建机动房子调剂。缓——调 [整]。

4. 可能完工又必须完工者，集中力量重点突击。

四、解决排队问题的六[②]种结果

1. 可以完成，有把握完成者，安装亦可完成者。

2. 争取完成，克服一些困难，房子盖好，水暖装修未完。

3. 跨年度。

4. 本年缓建。

5. 减。业主自动撤销。

6. 加。加些小房子，以应急需，调剂[③]之。

6月10日（星期三）

依然很紧张，但是这个工作富有创造性，我们几个人连续昼夜 [加班]，已搞出个方案。我昨晚仅睡三小时多，四点即起来写，今日拿到市委会讨论。

[宋] 汀看文件，必须有计划地这样做，不然老是无时间学习，一定要长期打算。如此我们的劳动才会有生气，感觉才会灵敏，才会提出问题，才会有创造。

---

① 原稿为“防”。

② 原稿为“五”。

③ 原稿为“济”。

6 月 19 日（星期五）

研究城市规划草图

甲：

中心区的范围。城墙的处理：部分拆，部分保留。中心何在？中央行政大楼在主要马路边，中间为住宅区。中央干部 25 万，连家属及服务人员，共可 100 余万。中央机关集中？分散？最高之楼在何处？党政？

乙：

铁路。永定门，永定门（图 2–40）是个门户，应大加［做］文章。中央人民政府在燕京中学地方，党中央在市政府，中央人民团体在全［国］总［工会］附近。北京图书馆扩大，市委、市［政］府在南河沿，文委在沙滩。

丙：

图 2–40　永定门旧貌

注：左为永定门箭楼，右为永定门城楼。

资料来源：北京市城市规划设计研究院：《北京旧城》，北京燕山出版社 2003 年版，第 65 页。

铁路。地下铁路少了。

丁：

河湖。昆明湖蓄水池多大？排水、运河分开。

*　　　　*　　　　*

关于审查本年建筑计划，已做到一个段落。提出了方案，做好了计划。现在，只待彭［真］召集会议做最后处理了。

工作重心转到研究北京市总体规划上去。前夜讨论了研究的方法，昨天又和薛［子正］商谈一阵。今日下午开检查小组及区委书记的会议，首先听报告，参考资料亦已可印出第一册来，给大家点理论武器，下周内再举行讨论会。

现在急需解决城市建设的组织领导问题，和赵［鹏飞］、佟［铮］等同志研究数次，昨又与薛［子正］交换意见，基本上一致了，但还需继续商谈，才可以提出来。

彭［真］通知说：中央已通过我任北京市委之秘书长，令我执行工作。我组织上服从，暂时搞个时期，准备再走。因宣传、秘书之类，干得早腻了。北京的秘书长不好当，我又不适宜任此类角色，可能在这个岗位上再栽个跟头，我决心再想办法离开这里，到工业岗位上去。这些话，拟事先与彭［真］谈清楚。

昨夜下雨。空气凉爽了一些。这几天热得已经很厉害，房子就如小笼子，颇不好受。

6月21日（星期日）

昨日下午到中财委，谈北京机器厂的问题，打了一场官司。在北京，打官司之事常常有。今日，又把给国家计划委员会的电报稿子加以修改。

星期五下午，召集建筑检查组及区委书记开会，研究北京总体规划的草图。首先，由设计者作了报告，回去研究，然后再召集会议讨论。晚上，研究领导分工问题，出席者提了不少意见，结果并不是个分工问题，而是市委的领导作风问题，问题很多，非分工所能解决，亦一言难尽。北京工作，据这些同志说，是落后于现在的形势。如不改进，大有危险。

今日老陈［陈守中］来。上午休息。下午看孩子。小虎、京生都胖了点。晚上看了点公事。公事尚不多，已足够讨厌矣。

近来头不断疼。

图 2–41　陈守中与郑天翔之子（郑易生）于张家口（1946 年）

6 月 22 日（星期一）

办 公 会

［主要议题］：①医疗机构调整。②粮食情况。③朝阳门、阜成门问题，帝王庙牌楼问题。④农村工作问题。⑤全国工商联代表［问题］。

近郊、远郊，农业要求的方针不同。菜地、果园，要在近郊发展。宛平山地，主要种树。宛平农民，能以农业生产为生的不要出来，不能生活的需研究办法。

6月23日（星期二）

工程质量检查报告

儿童医院工地，工人1000余人，干部70余人，熟练技术工人不多。质量基本［上是］好的，比同仁［医院］、红十字医院好。［主要问题］：柱子掉角，沙眼，麻面。第3层［共］249根柱子，［其中］135根有掉角，蜂窝。掉角最厉[①]害的3米长，8公分［宽］，把钢筋漏出。横裂纹有11个。有的外表看好，但混凝土水大，实际质量不高。钢筋：柱子立起来歪，混凝土灌进去。沙流，没石子。

［出现问题的］原因：①重进度，不重质量。面向生产的力量薄弱。工会技术人员，操作规程难以贯彻。②工人分工乱，工作不固定。

浪费［现象］：①劳动纪律不好。上班不齐，60%工人半小时后才正式工作。上下午［浪费］差不多一小时。［共计浪费］600小时，相当［于］70个工人［没上班］。②设备［方面的问题］，搅拌机8个，浪费3个。

责任制：无人负责现象，工具无人管［理］、整理、清洗。［建立］检查制度。经济核算，提［起来比较］困难。对施工的重要关键进行检查。工人思想情况：主人翁思想、行会思想。［加强］工会工作。

下一步工作：①巩固混凝土成绩，培养工地干部领导能力，小组责任制，联系合同。②钢筋，砌[②]砖。③工会工作，思想工作。

---

① 原稿为“利”。

② 原稿为“切”。

6 月 25 日[1]（星期四）

上午九时，建筑工程部谈都市规划

周［荣鑫］决定贾震同志参加，戴念慈参加。成立一组，在市委下。［苏联］专家巴拉金［帮助］搞［北京城市总体规划］，先研究北京特点，逐年［进行］工作总结。

*　　　*　　　*

彭真谈人民英雄纪念碑修建问题

巩固，持久，朴素。教育［意义］很大，民族形式，艰苦奋斗。

座子深，主位也能负担起。展览馆，上边看巩固，里边空荡，北京现在也不缺此种展览馆。

洋灰的，不能持久，［要］几百年，［可以要］汉白玉的，400 余年寿命，曲阳［产］。［研究］各样的石头，房山的［石头可用］800 年。用红的花岗石，几千年［的习惯］，很朴素。红花岗石［上］写字，朴素，很大［气］、庄严。

浮雕，现［在］搞把握不大，繁琐。“大老[2] 粗”。现在留下，将来再搞。

［纪念碑的］帽子，各方意见不一，1955 年完成。继续研究，再报批准。

用花岗石，北面用一块。栏杆[3]，用［汉］白［玉］的，可随时换。

6 月 28 日（星期日）

星期六上午，又到中财委谈北京机器厂的问题，决定由第一机械工业部提出肯定的意见来。回来后，和王栋岑[4] 同志谈了一阵工作问题。下午，

---

① 原稿为“26 日”，应属笔误。

② 原稿为“了”。

③ 原稿为“兰干”。

④ 原稿为“臣”。

图 2–42　正在建设中的人民英雄纪念碑（20 世纪 50 年代）

资料来源：北京市城市规划管理局编：《北京在建设中》，北京出版社 1958 年版，第 11 页。

图 2–43　刚建成的人民英雄纪念碑（1958 年）

学习，刘仁同志传达中央财经会议关于财政及商业工作的报告。因等张友渔同志，直到四时多才开始。回来，看了一阵文件，老乔来，谈了一阵。

今日，上午到文化宫及中山公园乘凉。下午，看小虎、京生，大夫① 来。天热。

星期四，到建筑工程部，和周［荣鑫］、孙［敬文］、贾［震］同志商谈北京总体规划研究的办法。

星期五晚上，和老项［项子明］谈了一阵北京工作问题。彭真同志去，又向他把各方对市委领导方面的意见说了一下。

6月30日（星期二）

李富春同志报告

一、对五年计划草案的意见

1952年6月—8月，起草［完成第一个五年计划草案］。方针、路线是对的。具体内容则有3个毛病。

（一）贪多冒进

制定长期计划与年度计划有区别。作为长期计划，我们有贪多、贪大、贪快的毛病。定了，必须完成，并要超过。计划必建立在可靠基础上。要紧张，但要有把握。

发展速度问题：20.4%，农［业占］7%，高了。根据生产总值规定速度。建有企业，新建企业的生产能力，都不很清楚。建设时期的速度比恢复时期不同。决定条件：资源情况，现有能力，建设能力，劳动生产率及技术水平（质量好坏，是技术高低的表现）。这四个条件都不够了解。根据不充分。主观、片面，对现有企业设备能力估计不足，带有保守，在基本建设方面则贪多冒进。

冒进，［有］3方面：①进度太紧，投资抛物线，不了解需一定条件、时间，

① 即宋守良同志。

早一点好。②规模太大（某些），大冶（专家的话），10 万吨重型机械厂要部长、副部长［级的］厂长、总工程师 20 年技术经验。③多。煤，8000［万吨］，多了。

基本建设的冒进，生产上的保守，这是当前主要毛病。要保持整个投资中 3%—7%的设备力量，苏联叫部长会议预备；还有国家储备，比这更大。应付计划不周、预见不到，保证计划不被打破，包括：资源、设备、技术。年度计划之制定，要比长期计划中规定者为高。这样既不保守，又不冒进。

新、旧，大小厂的配合问题：①过去，偏重搞新厂。基本建设目的在生产。尽可能使新建厂迅速投入生产，苏联大厂边建边生产，使投资效率更快，不是等全部搞好再开工。②高度分工协作，不能一个厂一揽子，想建立万能工厂，新厂要专业化。③重点建设新的同时，应扩建旧厂，改造旧厂。旧厂改进易。④新建企业需要某些配套，可利用旧厂、小厂。现在，建设大企业，几个五年计划到后，须更多注意小厂之建立，以克服地区分布之不平衡。

集中力量，贯彻重点建设的方针。苏联城市建设也是重点，除工业城市外，很少建设，如赤塔。把一定要搞的事情搞起来。

（二）局部观点

计划——政治、经济结合，经济与技术结合。体现党一定时期的方针任务，必须懂得党的政策，掌握经济全局，学习计算平衡。我们最大［的］毛病是没有全面计算平衡。薄弱环节，缺口：农业，手工业，私人资本，财政金融。不周全，综合工作少。

长期计划的根据：方针、政策。基础：过去年度经济发展情况。研究生产、流通、分配、供应。过去基建投资效果如何，农民需要情况，没摸清楚。必须利用广大的手工业，以保障农民需要。如何继续发扬农民积极性？研究农民的需要，农民的收入，农产品商品率。

计划工作——掌握全局。

（三）依赖苏联

苏联帮助我们，使我们自力更生。我们依靠苏联，学习苏联，达到自力更生［目的］。141 个企业，苏联增加 1 万人，帮助愈多、愈大，我们自己的责任也愈多、愈大。地质勘查，供给设计基础资料，选定厂址，制订设计任务书，设计20%—30%，设备制造30%—50%。建筑安装，培养人材。这个配合是很紧张的工作。

苏联对我帮助的原则。我们，想要就要，要多要快，要新技术资料，现在还没有条件制造的、不能用的重型机车、1500吨电梯。我们能自造的，也要。大而无当的要，不管人家困难。要的重复。矿井的标准设计，条条要，没个总的，没有一个机关掌握住到底向苏联要了多少技术资料。已要了263种，结果如何，以后要时要填个表，每年只能要两次。

定额问题：技术水平不同，苏联的拿来我国，不能用，而且定额也年年变化，主要靠自己总结先进经验，抛砖引玉。

二、关于计划方法

（一）计划工作的系统

根据企业管理系统，工业［分］三类：①全苏性，全苏部领导，［包括］重工业、大的轻工业、国防工业。②双重领导的，较大［的］轻工业、食品工业。③地方工业，就地取材。我国大体上不外此三种。农业两种：国营、集体农庄。

铁路——集中［领导］；航运、汽车——双重［领导］；国内贸易——双重［领导］。

如何编制全国的计划？①按部门综合——专业计划，研究各产业之间的平衡。②综合计划——指各部门，同类性质的指标的综合，克服各部门之局部观点与本位主义。③按地区综合编制计划——按经济地区，不按行政地区，全苏［共］13个经济地区。

我国：私人企业，经过国家资本主义形式，逐步纳入国家计划轨道。个体经济计划，合作社、手工业，由下而上。

（二）基本建设的计划与管理

（三）统计工作与定额工作

农业，典型调查（1920—1929年）。私人工业：大的普查（3人以上），小的抽查（3人以下）。收支统计：预算统计方法。除工业外，手工业、农业主要采用间接统计的方法。制订定额的方法。

三、协定[①]后我方工作

(一)确定设计任务书(过去叫计划任务书)

对新建工厂的方针问题,这是政治问题,初步设计是经济问题,故首先确定设计任务。确定厂址,要从全局出发:规模、发展前途和各工业部门配合。设计任务书中还可确定要不要设计施工组织,生产组织,操作规程。

过去,[设计]变更多,浪费设计力量。其他各种原材料,也要考虑其来源、距离。规模大小,要考虑资源多少、技术条件。决心由我们下。

(二)供给正确的设计基础资料

包括资源情况,过去叫设计原始资料,原始资料要加以鉴定,确实可靠。如不可靠,即会造成返工、浪费,损失。每个项目要求30项基础资料:工程地质、水文地质(5项);气象;动力;水源;交通,交通工具……;15米内土壤构造;16米内土壤负荷量;地下水变化情况;地上水侵蚀;水浸后土壤下沉情况。气象资料包括13项:最低温度(全年);最高热风平均温度;最热3个月中每天下午一时温度;采暖时间长度,秋、冬季;年平均温度;冬天土壤冻结程度;每月风向、风速;地区地震情况;年降雨量,最大降雨量;最热、最冷,统计时刻。最近10年观察所得结果。

对旧的大厂的改建、扩建,所需资料更复杂。测绘、测验,大厂过去有的资料要[妥善]保存。资料要鉴定,要建立一个鉴定资料的机构。各项共同资料,共同收集。

(三)设计的审查批准

初步设计主要是经济问题,全面的布局,与各工业部门的配合,[充分考虑]原材料、水、电等来源、条件。苏联初步设计经[过]3个审查过程:①技术审查——设计院专家组织做。②专家鉴定——组织专门委员会。③审查技术会议——部长领导。

我们:①各部负责审查(在中国审查)。②计委最后审查。要在3个月内审查,除翻译、运送外,实际1个半月的时间。技术设计,在莫斯科审查。

---

① 指1953年5月15日中苏两国签订了《关于苏维埃社会主义共和国联盟政府援助中华人民共和国政府发展中国国民经济的协定》。

我们派专家组去。

(四) 设备问题

生产设备：主要设备，辅助设备，附属工具，成套设备。非生产设备：附属设备，仪表，材料与备品。需要把我们现有机械厂分工，专业化。准备担负之更重的负担。

(五) 派遣实习生

每年派 1000 人左右。重工业方面，技术性的，派实习生。经济性的，不派。成套成组派，专门化。

(六) 组织筹备处，派遣干部

(七) 城市规划

城市建设，不能到处动手，首先抓新建工业城市。苏联经验，不要把工厂挤在一起，散开些。

7 月 1 日(星期三)

上午，到财委，与程 [宏毅][①]、赵 [鹏飞]、佟 [铮] 等交谈建筑建设的情况和意见。下午，到许京骐[②] 同志处，谈 [建] 筑进行情况，未完，彭 [真] 找。晚上，青年团第二次全国代表大会庆祝党 [成立] 32 周年，在中山公园举办游园晚会，去了一下。

廿九 [6 月 29 日] 和卅日 [6 月 30 日]，听高岗、[李] 富春同志关于五年计划和工业建设的报告。

不高兴之至。

我的工作 [分工]，中央六月十七日正式通过，市委是五月廿七日报去的。这就不好办了。

7 月 2 日(星期四)

1953 年建筑工程综合统计：

---

① 程宏毅，北京市财政经济委员会领导，1949 年 3 月至 1953 年 9 月任副主任，1953 年 9 月至 1955 年 3 月任主任。

② 原稿为“景祺”。

表 2–5　北京市 1953 年度建筑工程分类统计

类别	面积（万平方米）	比例（%）
厂矿及公用企业工程	57.3	15.0
学校的建设工程	84.3	22.1
医疗机关工程	23.6	6.2
专家招待所及大饭店	9.8	2.5
机关办公及宿舍工程	173.6	4.6
统战有关的工程	1.3	0.3
其他	30.7	8.0

新建工厂 9[个]，扩建工厂 26[个]（宿舍办公室多）；新建大学 16[所]（有 5 校原有校舍）；新建专科学校 11 所；新建干部学校 10 所；饭店新建 3 [座]，扩建 2 [座]；大医院新建 3 [座]，扩建 1 [座]。

*　　　*　　　*

彭 [真] 谈建筑工程中央讨论情况

中央原则批准市委的报告。

搞个展览会，各种形式的。对旧东西审判，画出图来，解决战略问题。公家不盖平房了。

世界主义，批评专学美国，对的。但将来全世界民族特点会没有的，以美国纪念世界则不对。

7 月 3 日（星期五）

昨天，彭真同志召集会议，研究建筑工程重新安排的办法。市委的报告，中央已于七月一日批准。下午，座谈城市建设的组织问题，彭 [真] 又来谈了一阵建筑问题。

今日上午，和赵 [鹏飞]、向研究办法。下午，召集建筑工程局负责同志开会，再次研究减缓之方案。

图 2–44　有大屋顶的西郊招待所（1956 年改称北京友谊宾馆）旧貌
资料来源：建筑工程部建筑科学研究院：《建筑十年——中华人民共和国建国十周年纪念（1949—1959）》，1959 年编印，图片编号：90。

7 月 5 日（星期日）

北京市建筑设计院工作情况

总工程师 6 [人]，正工程师 13 [人]。1953 年控制任务：74 件，68 万平方米；接收任务 76 件，96 万平方米。到 9 月末可完成任务 69 万平方米。

1954 年可能设计 70 万平方米，改设计 38 万平方米，用旧图 12 万平方米，用典型图 20 万平方米。

7 月 12 日（星期日）

今日下雨，稍微[①] 凉快一点。自六月底以来，热得很。雨季来的早。

① 原稿为“为”。

这一个时期，主要是忙着重新安排本年在京的建筑工程。七月二日彭真同志召开会议以来，三日即召集建筑工程局研究方案。从七月七日开始，找各方面的人商谈，有谈通者，也有谈不通者。到今天为止，建[筑]工[程]局提出了一个比较是贯彻市委精神的方案。晚上讨论了一下。原则上同意了，他们又去修正。

关于都市规划问题，星期三、四[7月8日、9日]晚上分别召集区委及各局负责同志，汇报他们讨论的意见，还提出了许多比较重要的意见。进一步如何办？提不出个办法来。拟星期三研究一下，好坏提出个意见来。

关于城市建设的机构问题，七月二日下午座谈了一阵，向市委提出个方案。关于研究总体规划的办法，也提出个意见。星期二[7月7日]市委会上讨论了半天①，都没有什么结果。

现在工作中困难实在多，我很可能由于热心而栽跟头，拟找个机会把话说清楚。多少年来，以现在所处的局面为最难，进退不得，积极了不好，消极了不对，负责任吧，容易犯错误，不负责任吧，责任放在头上，实在难处。

贝利亚，因闹独立性、争权位而叛党。

集体领导是党的根本原则，反对崇拜个人，反对盲从主义，这是布尔什维克的原则。

7月14日(星期二)上午

城市座谈

北京，正北风大，水不足，地震。风向、风速。西北风速大，东南风速小。烟大，易吹散。[远景]人口[规模]不止450万人，[注意]人口密度。

---

① 原稿为“下”。

7 月 17 日（星期五）

城市座谈会

西安：

建筑形式——民族形式，乌龟壳，院子、走廊［有点用］。水的问题。城墙。控［人口］制：控制不住。发展［规模］：165 平方千米，150 万人。

贾［震］：

根据工厂规模确定人口［发展］方向，工厂确定后再定工人住宅区。开始建立［时］，铺的面太大，很难取舍。工厂、福利设施占 50%。

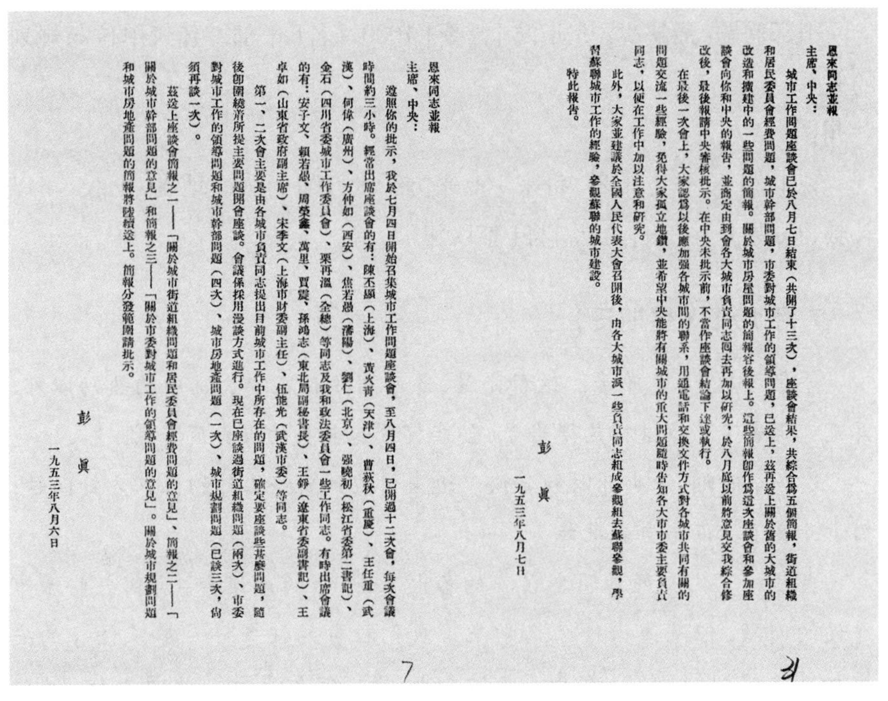

恩來同志並報
主席、中央：

城市工作問題座談會已於八月七日結束（共開了十三次），座談會結果，共綜合爲五個簡報，街道組織和居民委員會經費問題，城市幹部問題，市委對城市工作的領導問題，已送上，茲再送上關於舊的大城市的改造和擴建中的一些問題的簡報。關於城市房屋問題的簡報容後報上。這些簡報即作爲這次座談會和參加座談會向你和中央的報告，並商定由到會各大城市負責同志回去再加以研究，於八月底以前將意見交我綜合修改後，最後報請中央審核批示。在中央未批示前，不當作座談會結論下達或執行。

在最後一次會上，大家認爲以後應加强各城市間的聯系，用通電話和交換文件方式對各城市共同有關的問題交流一些經驗，免得大家孤立地鑽，並希望中央能將有關城市的重大問題隨時告知各大市市委主要負責同志，以便在工作中加以注意和研究。

此外，大家並建議於全國人民代表大會召開後，由各大城市派一些負責同志組成參觀組去蘇聯參觀，學習蘇聯城市工作的經驗，參觀蘇聯的城市建設。

特此報告。

彭　眞

一九五三年八月七日

恩來同志並報
主席、中央：

遵照你的批示，我於七月四日開始召集城市工作問題座談會，至八月四日，已開過十二次會，每次會議時間約三小時。經常出席座談會的有：陳丕顯（上海）、黃火青（天津）、曹荻秋（重慶）、王任重（武漢）、何偉（廣州）、方仲如（西安）、焦若愚（瀋陽）、劉仁（北京）、强曉初（松江省委第二書記）、金石（四川省委城市工作委員會）、栗再溫（全總）等同志及我和政法委員會一些工作同志。有時出席會議的有：安子文、賴若愚、周榮鑫、萬里、賈震、孫鴻志（東北局副秘書長）、王錚（遼東省委副書記）、王卓如（山東省政府副主席）、宋季文（上海市財委副主任）、伍能光（武漢市委）等同志。

第一、二次會主要是由各城市負責同志提出目前城市工作中所存在的問題，確定要座談些甚麼問題，隨後即圍繞着所提主要問題開會座談。會議係採用漫談方式進行。現在已座談過街道組織問題（兩次）、市委對城市工作的領導問題和城市幹部問題（四次）、城市房地產問題（一次）、城市規劃問題（已談三次，尚須再談一次）。

茲送上座談會簡報之一——「關於城市街道組織問題和居民委員會經費問題的意見」、簡報之二——「關於城市幹部問題的意見」和簡報之三——「關於市委對城市工作的領導問題的意見」。關於城市規劃問題和城市房地產問題的簡報將陸續送上。簡報分發範圍請批示。

彭　眞

一九五三年八月六日

图 2–45　彭真关于全国城市工作问题座谈会召开情况向周恩来及中央的两次报告（1953 年 8 月 6 日和 7 日）

资料来源：彭真：《城市工作问题座谈会情况汇报》（1953 年 8 月 6—7 日），建筑工程部档案，中国城市规划设计研究院档案室，档号：2326。

规划可看远些，具体建筑则应分期、分区，开始紧凑些，由中心到四周，节约。不主张大量拆房，先拆外面，后拆里边。

工厂、厂房离城太远。如许多工业都集中在一个区，不当。灰尘、杂音不大之厂，可在城附近，甚至可在市区里边。防空专家：不主张密集。一级厂，[防护距离] 1.5 千米，后方也要 400—600 米。工厂 [分类] ：有害的，不卫生的，一般的。

城墙问题：比北京还雄伟。非绝对，不准拆。保留城市历史痕迹。布达佩斯[①] 把城墙拆了，用 [于] 路及绿地，保留其痕迹。未央宫遗址，文委不同意建厂。

用“环状—放射”路，把城市中心及区中心连起来，是规划中心之一。每个道路都有其任务，考虑城市的历史任务。改造、新建，分期，分批。总造价，层数控制，区域控制。中央批准后，据此进行监督。

干部问题：最缺少。5 年内 [需要] 1000 [名] 干部。建筑单位与规划的关系。

兰州：

现 [状] 60 平方千米，将来 160 平方千米，100 万人。地震，七级，可以补救，[如果是] 八级、九级 [将] 难以建厂。

7 月 19 日（星期日）

今年之热，真是难受。这种光景，除了当年住在小公寓中的热劲以外，再无可比者了。像这样热得难受，使我怀念起包头的凉爽的光景。

这一个时期，中央开财经会议。近来讨论到财经工作的根本方针问题，初步开展了批评与自我批评。

我参加了几次彭真同志召集的各大 [城] 市的座谈会，谈到一些城市建设的问题，但没谈出什么名堂来。我们担负的任务——建筑任务的安排和总体规划的研究，都悬而未决。忙、乱，但无成效。此间工作，颇为费力，原因是许多方面意见不一致，谈来谈去，犹如转圈子，转不出个结

① 原稿为“布达派司”。

果来。

[宋] 汀昨夜十时起，突患急性盲肠炎。找来郭大夫、唐静同志及同仁医院的一位大夫。十二时多，送到市委医务所，今晨九时接回来。用盘尼西林突击了一夜，没有开刀。

下午看小虎及京生，都不活泼。小虎不胖，不说话，不亲热，大不如未送托儿所之前，也不漂亮了。

7 月 20 日（星期一）

上午：四人小组开会

1. 建筑安排，开会，准备个报告。
2. 建工局干部对安排的意见。
3. 总体规划 [文件]，如何写？
4. 民主党派，建工局谈。建工局计划多少，征求意见。

* * *

今天上午，和赵 [鹏飞]、佟 [铮]、曹 [言行] 等同志开会，商谈当前工作如何进行的问题。

[宋] 汀之病仍需动手术。上午十时，送往同仁医院去了。午饭后去看，被挡回来，因我不熟。

下午到西郊办公，十一时回来，给唐、郭大夫打电话，说已于下午五时半开刀，经过半小时，情况良好，现在大概正在痛苦中。

易生已睡了，我忙，妈妈病，没人跟他玩。

今日下午有雨。

7 月 23 日（星期四）

昨日晨七时起来，和郭大夫同到同仁医院看 [宋] 汀。动手术后，状况良好。昨日上午，和赵鹏飞同志商谈一些问题中，彭 [真] 打电话，让两天内写［出］全国城市规划的报告[1]，这本是朱其文他们办的事，硬拉上我，又是临时搞，把我的工作计划都打乱了。这种情况下，工作难以安排好。

7月28日（星期二）

［宋］汀于星期六晚上回来。伤口并未好，回来得过早了。

星期六、星期日，全部时间用在写一个关于城市建设的文件。星期日之夜，储传亨又搞到三点。星期一上、下午，均进行修改，部分重写。问题不成熟，因而写起来吃力之至。昨夜，送出去了。

昨天晚上看了看印度艺术代表团的表演。

夜里［宋］汀不舒服，洗澡本不是时候，硬要洗，结果伤口有点疼，并发了半夜脾气，闹得我四点多才睡，今日起来，颇觉头疼。

天气炎热，讨厌之至。今天又搬到三楼，房子修好了。

8月6日（星期四）

现在，已经是八［月］七［日］晨二时多了。我等着彭真同志修改城市建设的文件，大概还得二个小时。

十点钟到孙敬文同志处，拿文稿征求他的意见，只提了几点。

今日上午到财委，和建工局的负责同志研究明年的计划。下午，到［建筑工程部］城市建设局，找孙［敬文］、贾［震］谈［苏联］专家帮助我们工作之事。

看了一本小说，《牛虻》。

［宋］汀今天到上海去了，要走二十多天的样子。动手术才二周，出远门负担差［事］是不适当的，［如果］再过三天［再出差］就好了。

头疼、眼花，近来常常眼花。我恐怕支持不了多久。

8月10日（星期一）

这几日连［着下］雨，只昨天晴了，天气已不像前些日子闷热。

---

① 指1953年7月召开的中央城市问题座谈会关于城市规划建设问题的会议简报。

为了写一个改建扩建城市的报告，又开了几次夜车，头昏眼花，眼花到看报纸都看不清楚。

昨天接小虎、京生及易生到颐和园，易生游泳去了，我抱着小虎，看着京生，结果很累。回来头疼之至。小虎十分活泼，能说能叫，送回去时，并不闹。

[宋] 汀于六日到上海。想已到达了，但尚无信来。

工作是搞不过来，压得你头疼，有时又要突击，今年看样子休息不下来，或只能在冬天休息。

8 月 12 日（星期三）

苏联专家谈北京城市规划问题

穆欣同志：

制订总图已两三年，进展缓慢，感到惊奇。认为发展慢。[原因] 不只是缺乏资料，计划未定，这是客观方面，客观方面是可以搞清楚的，总的概念还可以搞清楚，主要是都委会工作组织得不好。我与巴拉金同志对北京草图工作的进行，不能满意；[我们进行] 帮助，看不出什么成绩来。都委会工作上缺少一个环节。

北京都委会的工作与西安、兰州比，虽然工作早，但差多了。西安，经济发展方针，清楚，要建哪些工厂的资料均掌握 [在] 手中。从哪里来的？从国家计划委员会来的。工业发展条件对城市很重要，对全部 [问题] 都有关系。

西安组织关系：计委、城建局，这两个 [部门的] 负责同志经常接头。西安就有了领导，这是最高的环节。第二个环节：工作小组。西安过去是专家帮助，进展慢，转到部里、计委领导后，工作即变了样。假如第一个环节有了，专家才可能予以实际帮助。

西安，专家不仅帮助工作小组，工作小组发生什么问题，专家即可与领

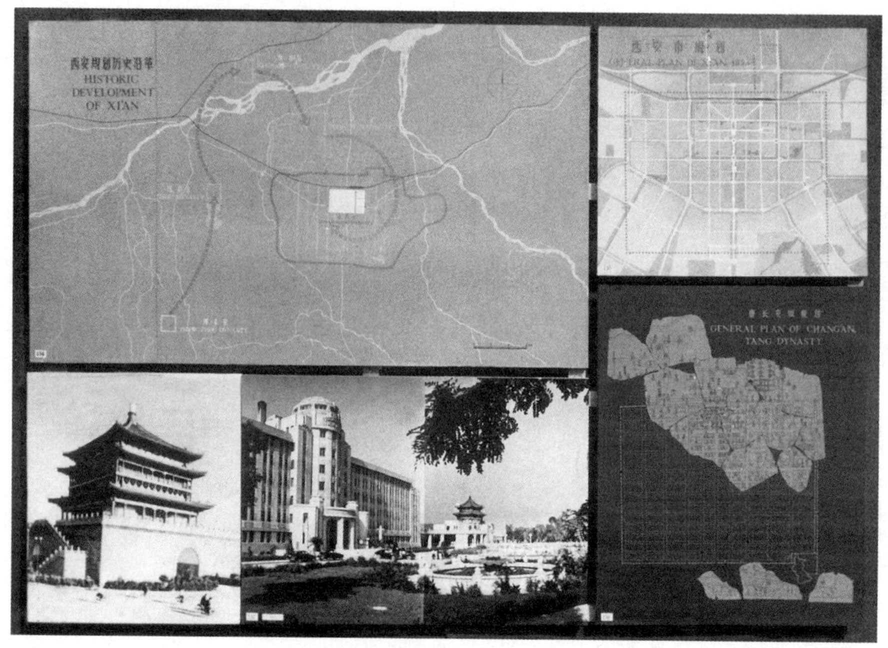

图 2–46　在全国工业交通展览会上展出的西安历史沿革（左上）、规划方案（右上）及遗址保护示意图（右下）（1959 年 10 月）

资料来源：张友良提供。

导研究，李 [廷弼][①]、孙 [敬文][②]，且可提到部上[③] 讨论。领导 [力量] 很强，其他部的 [苏联] 专家亦可来。

这个环节的领导很重要，如有，即可知道发展什么工业，并可到现场看，工厂在什么地方，对规划作用很大。

西安经验有三个环节保证：领导；小组，工作；专家帮助。但北京都委会工作情况则不同。进行甚久，比西安，成绩不如，虽有专家帮助，成绩甚小。其原因，主要是三个环节没有保证，只在两个环节中打圈子，对第一个环节不注意，没保证。过去曾想主动帮助过，但只是跟梁思成、陈干、薛子正接头，还是第二个环节的；对草图工作 [也] 提出过意见，实际原封不动。有很多主要问题提过多次，尚无结论。如：

① 李廷弼，时任西安市城建局局长。

② 孙敬文，时任建筑工程部城市建设局局长。

③ 指建筑工程部。

1. 社会经济发展方针，建议都委会设一个经济干部，结合计委计划，全部计划，但长期未解决。现，收集经济资料，并派一个青年，但他不能代替经济工作干部。提了几次，不认真 [落实]。莫斯科是找全国最好的经济工作者。北京则找不到。

2. 铁路系统问题，都委会不重视，未与铁道部联系。莫斯科是由中央命令交通部制订莫斯科的铁路系统，优秀的工程师参加这项工作。

3. 河湖系统，也需画出图来。水源不足，应很好考虑。过去提过，表示重视，与陈明绍[①] 也谈过。他做的方案，都委会也未采用或重视。

4. 市内交通，很重要，如何使交通与首都相称。但都委会没有交通专家。莫斯科有一个专门 [的] 市内交通委员会，专门研究。

这几个问题没有保证，其他亦无保证。建筑分区谈不上，摆得很乱。有许多平房。没有下水道。很不合理。

如何保证正确 [的] 城市建设政策？经济，适用，美观。但都委会没有制订政策。如何适用、经济、美观？建筑艺术上未很好研究。如复兴门外大道及其两旁建筑，西直门通万寿山路，建筑艺术上未很好注意，旁边有许多小房子。正在建设的仍有平房，不明白 [是什么原因]。很多同志认为北京不适于修高层房子，现 [在] 修平房，以后拆 [掉]，不正确。

现在都修 5 层以上的，不现实。多修平房，不可不分地点。这样对城市规划会引起困难，如工业展览会，因旁边修了平房，把大建筑排挤出去。在苏联也有盖平房的，但不在市中心，而在旁边孤立地区。北京则不分地点，都修平房[②]。与苏联政策相反。“1952 年，几个地方修；1953 年，到处修”。自己给自己造麻烦。现修高层房子，钱不够，将来再拆，修高层房子，可惜。我们提出把平房集中在[③] 四五个地点，未重视。

1952 年曾研究市中心摆政府机关，这些大建筑都 [是] 个别设计，未考虑周围环境。市中心改建工作，现须注意，提出草图，否则个别房屋出

---

① 原稿为“韶”。陈明绍，时任北京市卫生工程局副局长（1950 年 1 月至 1953 年 11 月）。

② 原稿为“坊”。

③ 原稿为“地”。

现，市中心改建工作 [将会] 拖延了。市中心改造工作不容易，必须开始做工作。

北京都委会，现状图进展慢。现状图不仅包括原有的，近年建筑亦应包括进去。缺少现状图，对编制总图影响极大。都委会不考虑现状，只是画图。“新北京”[1] 到玉泉山路，不直，现在划成直的，不一定 [需要] 直。没现状图，产生总图，影响极坏。

建筑监督。都委会拨地后，即不管了。设计图拿去盖章，即不管了。[即使] 不按图盖，也不管。通“新北京”路上出现许多平房[2]，即因没有监督。[还有] 建筑上封建残余 [思想] ——三里河地图，铁道部封起来，当作私有财产。

绿地工作：有些很好的绿地，没注意。西长安街大道，没有注意把它做成林荫道，长的草都拔去，[竖] 电线杆子 [时] 砍掉树，主要 [原因是] 没人监督。人行道灰尘满天，没铺石子。铺完下水道，未整理。角落中炉灰甚多。

希望能像帮助别的城市一样帮助北京。有意见跟谁谈？愿多与领导接触，多利用专家工作。[建议] 到现场去看，领导同志也去看。过去都委会不主动。

巴拉金[3]：

设计批准手续很混乱，部长批准即盖，都委会不管，对城市面目影响极大。[建议在] 市府之下组织一个批准机构。

---

① 指北京西郊新市区，曾有“新北京”计划。

② 原稿为“坊”。

③ 苏联规划专家巴拉金，俄罗斯族人，1900 年前后出生于列宁格勒（今圣彼得堡），1953 年 5 月 31 日来华，受聘在建筑工程部（1955 年 4 月和 1956 年 5 月转入新成立的国家城建总局和城市建设部），1956 年 5 月 31 日返回苏联，在华工作共 3 年时间（聘期 2 年，延聘 1 年），是 20 世纪 50 年代对中国城市规划工作影响最大的苏联专家之一。1953 年下半年，在巴拉金的大力援助下，由中共北京市委领导的畅观楼规划小组制订出了第一版北京城市总体规划方案（《改建与扩建北京市规划草案》）。

8 月 14 日（星期五）

巴拉金同志在畅观楼

巴拉金：

计划，[解决] 一般大概 [问题]，每个问题分开谈。工作从今天开始，建筑师和他一同工作。

市委，是否对北京规划方针 [有新的指示]？或根据都委会草图来办，是否另起炉灶①？

电业局、公用局、建设局来人（[研究] 电车、汽车 [问题]）。

图 2–47　苏联专家巴拉金正在指导规划工作中（约 1955 年）
左起：王文克、高峰、巴拉金、靳君达（翻译）。
资料来源：张友良提供。

① 原稿为“皂”。

8月15日(星期六)

昨天,上午请苏联专家巴拉金到畅观楼,谈如何开始工作。下午,看、改了一些杂件。向珍、李友贤来,谈了大半天。晚上又看、改了一些杂件。杂件太多,实在无聊。学不到什么,万金油下去,颇为危险,还是想法子到一个工厂吧。

[宋]汀前天来信。大概下月初才可以回来。

9月3日(星期四)

巴拉金同志谈草图计划

都委会做了2年,市委小组做了3周左右,以前都委会材料都利用了。

草图设计之基础:①北京之意义:首都,文化古都,工业要发展之城市,有许多文化古迹。全国之心脏,要成为先进城市。②将发展到500万人口。这是北京发展范围。必须补充土地,主要向西发展了。

工业区:4块,城市组成很主要因素,它与住宅区联系方便。住宅区与中心联系也方便。

主要轴线:利用古代1条,另1条[为]东西轴线。主要干线:3个环道,[为]城市主要交通干道,西边加两个半环路。充分估计到旧有道路,但原有路均方格形式的,交通上有缺点,故加了一些放射路。“环路—放射路”组成主干道网,很好地联系各区域,把方格子的缺点补充了。有些道路,须拆很多房子,故尽量利用了原有道路,对草图有很大限制,放射路、环路均在空地发展。西北区利用原有道路,经济,易于实行,现实些。

铁路:原来挨城走,发展起来,必须搬家。现改为外边走,把工业区、住宅联系起来。地下铁道[暂]不考虑。水运:在工业区里均有码头。飞机场:西郊。作为备[用]管理机[构]等之运动场,作为休息用地。

建筑艺术:天安门中心广场,行政中心。天安门,现在比历史上的作用更大。发展它，旁边有政府大厦。中间，人民政府宫。广场和市中心很好地联起来了。

高层建筑，市中心 5 层左右，或更高。人民政府宫应很高。东、西单，高。钟楼、鼓楼、景山，配合起来。

市中心外，区中心。周围公共建筑物。充分考虑文化古迹。有些，发展它。

绿地，河湖系统，都通在一起。河湖为绿地包围。

高层建筑比例，60%—70%。市政设施，与之相称。

运河：①两条道路入。②旅客码头。③为石景山工业区服务（钢铁厂污水处理后通航。20 公里，30 米水面宽。运河价值加大）。④穿过工业区，设专用码头（东部）。物资［运输比重］11%，600［万吨］—2400 万吨，40—170 米（底窄，面宽）。

*　　　*　　　*

［需要完成的图纸］：①河湖系统图。②下水道图，上水道。③铁路。④道路。⑤公共交通。⑥电力网图。⑦绿化系统。⑧中心区规划图。⑨建筑高度图。

*　　　*　　　*

巴拉金同志发言（9 月 3 日夜间）

今天［汇报和交流的］情况，说明北京有内行人。技术上的问题，如火车地下走，［暂］没考虑。

铁路问题，离城市不远。3 个车站够用。以后考虑地下道。第 4 个车站可以考虑，但 3 个已够用。客货合用，经济，与工业区、水道密切。

河湖系统问题。自来水没说。北京缺水。御河，可能开［运河］，但须计算，是否值得开？水多不多？水多，值得开。从经济观点看一下。运河入口问题，通长河最好些，可从给水方面看看。小清河问题，没什么特殊作用，把水引去，可惜。如交通上有作用，可以。先考虑作用，再考虑投资。很多码头问题不大。前三门运河，很重要。船闸……桥梁离水面多高、多宽，与交通工具有关。技术上可研究。

图 2–48　北京的钟楼（上，1955 年）和鼓楼（下，1961 年）

资料来源：北京市城市规划设计研究院：《北京旧城》，北京燕山出版社2003年版，第16页。

图 2–49　北京景山（1957 年）
资料来源：北京市城市规划设计研究院：《北京旧城》，北京燕山出版社 2003 年版，第 15 页。

中心车站：3 个车站，可以解决。[做] 两个方案。交通问题：外环用电车，很便宜，在城市中间也可以用。电车路线与外边联系，不经济。市内电车经济。地下电车问题，可以考虑。[如果建设地下铁道，则] 交通工具关系改变。东环是公共汽车，不好。公共汽车污染空气，应上外边。

街道宽度，东西长安街要不要一样宽度？可研究。不能成为直达路。市外全国性大道不一定通过城市，[应] 从旁边绕过。

电力供应问题：问题很多，有书可参考：《城市中电力供应问题》。跟总图配合考虑；《城市规划工程问题》①。

① 指《城市规划：工程经济基础》一书。该书是苏联规划专家大维多维奇（В . Г . Давидович）的规划名著，新中国成立初期被翻译引入我国，流传较广，是 50 年代城市规划工作的主要参考用书之一。该书中译本由程应铨翻译，早期被部分翻译并编入 1954 年出版的《苏联城市建设问题》一书（上海龙门联合书局出版），后于 1955 年和 1956 年分上、下两册正式公开出版。参见：[1] В . Г .大维多维奇：《城市规划：工程经济基础》（上册），程应铨译，高等教育出版社 1955 年版。[2] В . Г .大维多维奇：《城市规划：工程经济基础》（下册），程应铨译，高等教育出版社 1956 年版。

9 月 8 日(星期二)夜

市委会议

1. 延伸东西长安街问题。

2. 劳动就业问题。

3. 汉奸问题。伪局长以下无具体罪行者 557 案,需调查者 489 [名]。不是汉奸,死亡、重要者,253 [名]。

9 月 17 日(星期四)

规划图讨论

人口:

[远景人口规模] 500 万,[规划期限为] 20 年。

自然增加率 2.3%—2.6%。20 年后 [增加] 50%,218 万之 50%。到 1958 年,218 万—247 万,[增长]2.5%。后 15 年增长率 5.6%。1973 年 [预计] 553 万人。

目前:基本 [人口] 16.3%,技术员 62.2%,服务 [人口] 21.5%。苏联:基本 [人口] 28%—30%,服务 [人口] 23%—25%,[被] 抚养 [人口] 45%—48%。专家 [建议] :基本 [人口] 28%,服务 [人口] 24%,[被] 抚养 [人口] 48%。

门头沟 18.9 万人,5 万产业工人;良乡琉璃[①] 河,12 万产业工人。1 万建筑工人。[共] 61 万总人口。500–61=440 万人。[其中] 工人 [数量],东北 [部工业区] 8.2 万人,东 [部工业区] 25.4 万人,南 [部工业区] 6.13 万人,石景山 [工业区] 19 万人。

---

① 原稿为“离”。

道路：

1264.5 公里。路长 / 面积 =3（[标准为] 2.5—3）。道路广场总面积 =17.2%（规定 15%—20%）。中心区每人每年消耗货 2 吨。

绿地：

面积：城区绿地总面积 83.62 [万平方米]，平均每人 17 平方米。

交通：

交通专家意见：宽度未提出来；考虑远一点，大一点，以免房子搬家。货运：郊区工业要发展。农村服务于城市。首都附近都市的货物周转量大，速度快。

京津公路线路平行。短途运输汽车成 [本] 大降低。速度加快，可发展。公路与城市道路结合起来。外边应有一个大环。可到其他大城市，货运，不使通过中心。因市中心走，交叉口多，速度不能快。辐射线集中在大环上。区界路集中于辐射路上。

公路、铁路，尽可能少交叉，使速度快，将来 [搞] 立体交叉。道路 [太] 弯曲。市内、市外如何联结。集体农庄也用汽车，会感到路不够用。

交通办法：地上有轨电车；将来主要是无轨电车、小汽车，公共汽车会减少；地下电车总站，在棋盘街，不行；内环北边一般往里搬？有轨电车不能货运为主。民用机场问题，放 [得] 不够。

水：

生活用水：[每人每日] 200 公升。水源：13 [个]，4 立方米每秒。现有 10 个，拟搞成 13 个。有把握的 5 个。东郊水困难。工业用水：300 公升。苏联生活用水逐日提高，工业用水经济，可能不足 200 个 [公升] ①。[生活、工业用水] 关系 4∶6。生活、工业用水，共需 30 个水 [源]。

下水道，排水能力为供水能力 80%。

铁路：

丰台编组站原地向东发展，节省三、四千亿元。新修编组站，一万余亿元，设计，施工方便。较好。

① 原稿为“可能 200 个不足”。

电、热:

地上 3.5 亿 / 公里,地下 30 亿 / 公里 (10 倍)。一个变电所,2—6 公顷。展宽马路时,先把管道埋下,电缆可埋下。主要是用煤气供热。现在供热设备过渡到热水,困难。把煤气通到现在的锅炉里,即可用了。

热电厂问题。热电厂蒸汽,距离要小于 4 公里。如供市民热水,理论上可送 100 公里,莫斯科已送 20 公里以外。其容量与地点,根据需要的负荷多少 [来确定]。

* * *

巴拉金同志谈:

市中心,最重要,城市的核心。市中心广场,天安门最切当。在两条轴当中,稳固地连在一起。中央宫 [是] 高的,旁边修高楼。月底,做断面图。市中心不能只看做是个广场,而应是个行政中心。

中轴线,次轴线,稳固。市中心轮廓:原有的,加上若干高点。

如何使之与故宫建筑配合?原则:如何对待原有文化古物——文化遗产。故宫为组成成分。尊重文化古物。对天坛——次轴线对住宅。天坛、先农坛之间,不打算建筑,用绿地。

高层建筑。故宫四周,5 层。在环路两边,7 层。个别高点,20 层左右。重要路上两边高大些 (80—100 米的路边)。城市边缘 3 层,平房、2 层尽量减少,平均 5 层。

反对两种倾向:不修高层的倾向,不成理由;9 至 15 层,也不对。应以后再比,不是现在来比莫斯科,1936 年平均 5 层,1952 年 10 层。因过去决议已实现,社会经济条件允许了。苏维埃宫进行慢,因高层建筑技术不成熟,先建其他高层建筑,以掌握技术。市中心建筑层数,平均层数 5 层,不夸张也不缩小。

城墙问题,[涉及] 如何对待文化古物,如无需要,即可不拆。绿地当中保留。部分地方可拆。给后代看封建。非常重要问题,严肃对待,以后证明当否需要拆。现代化街道问题,城墙布局不同,[可以] 增加美观。计算方法科学的,可以满足需要。

"四部" 宿舍——和市中心联起,广场 [设计]。展览馆 [地区] ,西直门广场到科学院及展览馆路，80米。

地下电车问题，如建，地面高度需修改。地下中心站：放射路集中在一点，不好，应有小环。另搞个较大的环。环与放射路交叉点，可设小站。减少放射路，因为有环。

工作中弱的环节：缺少经济资料。倒过来算，假设性大些，没办法，这样可以。工业最主要。第一期建设计划图，比总图现实性还大。

9月29日（星期二）

市委会议

关于［北京城市总体］规划［方案］的说明。

一、文件

1. 迟、长、赶。赶不上工作需要。

2.［以］甲[①]［方案］、乙［方案］为基础。和丙方案大同小异。因巴拉金［主张利用已有规划为基础］。

二、规划之弱点

1. 缺乏工业发展计划，中央［各机关的发展计划］，学校［发展计划］。

2.［人口规模是］估计［的］。从500万倒推算，缺乏真实的基础，主观成分大，但基本方法对。今后实施，可能出入甚多。

3. 现状。尽可能照顾［现状］，但难免有违反现状之处。［关于］实行起来［的］经济性，没［深入］研究，困难是不少。二三十年，不可能实现。但三五十年，更难估计、设想。［目前的规划工作］主要是为决定基本方向，基本轮廓。决定后，百十年内［的城市发展格局］大体也定了。

4. 出发点：首都，大工业一定要有。且第二个五年计划、第三个［五年计划期间］就有不少［工业］。否则，文章没作头。非生产首都，如此假定

① 原稿为“一”。

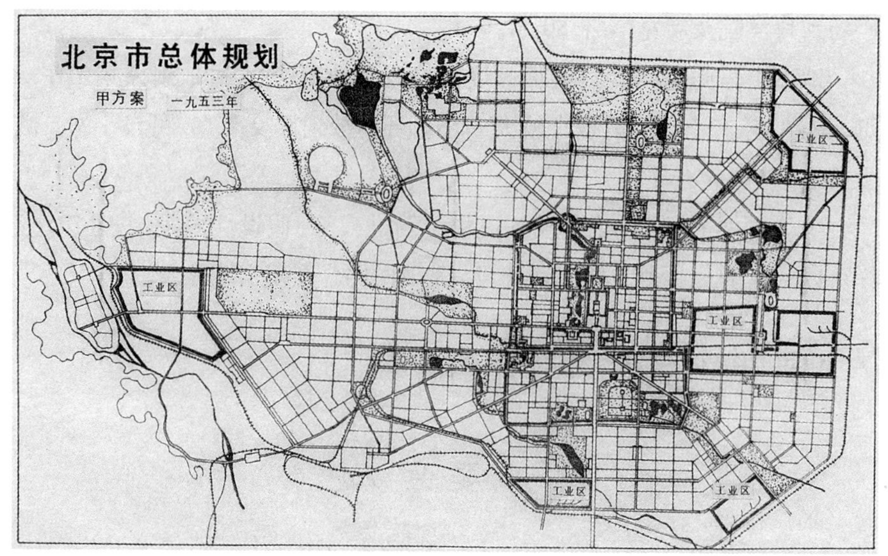

图 2–50　北京市总体规划图（甲方案）

资料来源：董光器：《古都北京五十年演变录》，东南大学出版社 2006 年版，第 25 页。

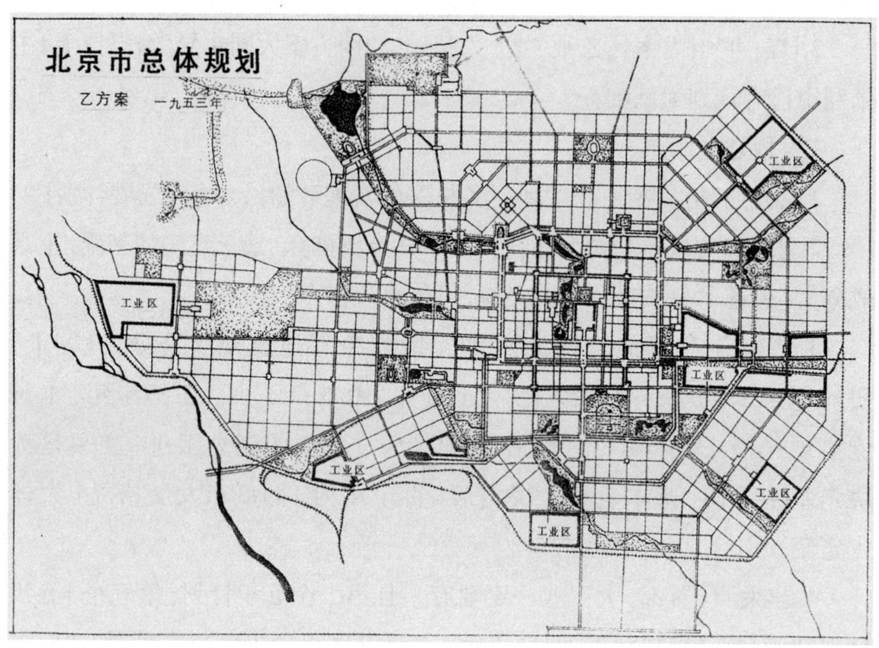

图 2–51　北京市总体规划图（乙方案）

资料来源：董光器：《古都北京五十年演变录》，东南大学出版社 2006 年版，第 25 页。

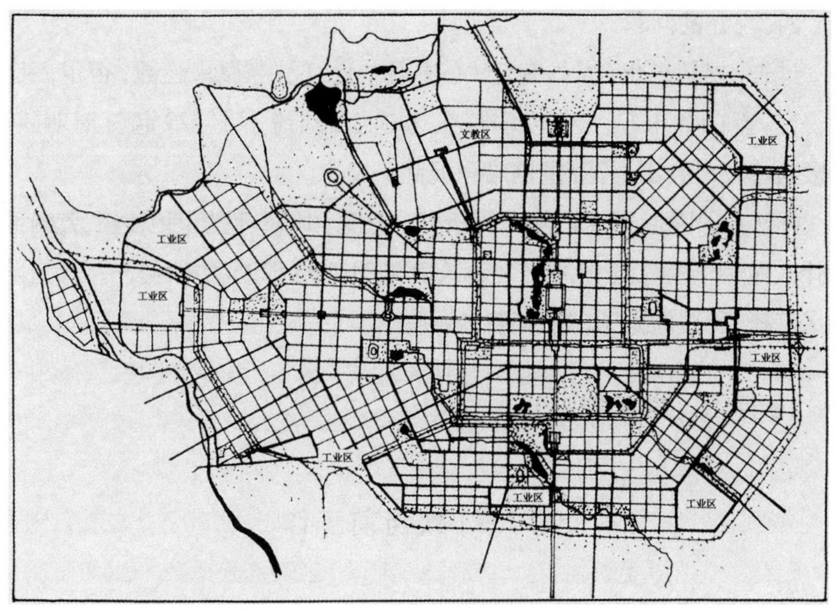

图 2–52　北京市总体规划“丙方案”（1953 年夏）

资料来源：北京市城市建设档案馆、北京城市建设规划篇征集编辑办公室编：《北京城市建设规划篇》“第二卷：城市规划（1949—1995）”上册，内部资料，北京印刷一厂 1998 年版，第 47 页。

不对，否则全盘[①]皆输。

三、下一步如何办

1. 市委审查。

2. 区委有关局，党内研究。

3. 送请中央，把基本方向、主要问题定一下，以便继续工作下去，否则下文难做。

下文：①请各方专家，征求［意见］，请教（巴［拉金］、安［得列夫］、□[②]）。②［分送］各有关中央部，请教。③进一步，分区规划，分期计划。

组织形式：可否和都委会合流？或其他办法。现方法不行。

① 原稿为“部”。

② 原稿中此处专家名字难以识别。

四、现在的问题

过去：规划未出，大局有定（心中有数）。现在：原来之数，否定，又未全否定，新的数未定。进退两难，任务迫切，纠纷不少（29 起），对明年建设影响甚大，[会出现] 新的困难和混乱。

办法：①市委，迅速把基本部分表示态度。1954 年的土地使用、建筑线，按什么做标准。②与图冲突之建筑而未动工的（29 起）如何办。③道路、下水道等，已照此划了，是否实行？

10 月 16 日（星期五）

彭 [真] 谈当前工作

一、都市规划

没有，被动。加以说明，报中央。

二、市政建设

过去各局各自搞，不能从总 [体] 规划出发。今年 [应从] 总体规划及当前发展需要定计划。

三、建筑问题

政治、管理 [问题]。机器生产 [是] 合起来的，带突击队办法，供给制，没按生产组织队伍。组织若干公司。下设独立设计单位。采取斯大林起草战斗条令经验，由工地主任，请他们在一星期内编出来。多余者，特种兵，另编。

指挥单位，现在是一窝蜂。把行政和生产分开。[工作能力] 强 [的] 干部搞企业，放在公司。[搞] 节约运动，用料标准。搞冬季施工，每个单位去人学习。缩减三四万人。

按苏联 [经验] 搞工厂。在全国赶到最前线。请 [苏联] 专家，审查设计图案。开训练班。

四、中小学校

[北京是] 文化都市，不能只是应付门市。在全国走到最前头，追上去

(中学校长都找不到局长)。

五、政法工作

公安在全国前头。“检查署”，完全按苏联办法搞，干部从公安局出。

六、工业工作

生产赶到最前头。有些干部拉到厂子里去。没专家 [指导]，一定落后。

七、思想教育

在职干部，大学学生，单位的马列主义教育。把工作提高一步。工业，现在主要是技术问题。

八、组织上的问题

法理，是非明确，[研究] 复杂法理。[解决] 干部问题。[加强] 机构 [建设]。

九、统购统销

只能做好，不能做坏。

10 月 21 日（星期三）

市委会议

彭 [真]：

城市规划问题：

1. 先搞大轮廓。西什库，不划。不肯定，不否定。

2. 中心，首脑须在城里，办事机关在城外。

3. 干路，定一面，留一面。广场留下。天安门广场扩大。

4. 一个区一个公园。

5. 城墙，小学课本上说是公园。拆掉。

6. [城市] 人口 [发展规模]，400—500 万。

10 月 30 日（星期五）

去年的今天，[宋] 汀上午由东北回来，下午在前门接我，我们暗自庆幸我们的团聚，同时也担心着工作……

是的，整整一年了，从天伦之乐及我们的生活上讲，我们仍然是青年似的热爱，至宝似的亲我们的孩子们。我们谈问题，讲笑话，出去玩，逛市场，逗孩子，休息时真的休息，礼拜日确实是全家的“节日”。这一年是我们生活在一起最长的一年，我们不愿意再有新离别，哪怕是短短几天，这方面给予我们工作上的鼓舞互励是有的。但是，我仍然渴望一件具体的工作，在具体的学一门业务上，更好地钻一下。

[宋] 汀从头至尾筹建了一个厂①，一月份要安装了，但是，中纺部又要她筹备二厂②，她在犹豫，有困难，有苦衷。

这一年，易生入了队，小虎入了托儿所，小胖会走了，搬到我身边。我身体不好，[宋] 汀小毛病越来越多，还割了一次盲肠，主要是自己不会生活，不加注意。

九月份，我们都很紧张，我几乎每天加夜班，[宋] 汀早出晚归。十月仍然如此，杨慧洁③休息，[宋] 汀又代理行政职务，每天平均六、七小时的休息时间，快垮了！但是我们的精力是充沛的，我们随着国家的建设，不断成长，精神生活不断地更加丰富……

11 月 15 日（星期日）

礼拜日。上午十一时起床，易生八时起的，吃了些东西，在医务室看病，后即与阿旋看电影去了。

中午吃了饭，到首都 [电影院] 看电影，卡通片。

下午四时到北海，带回京生。小虎当时没有回来，兴奋得很，小虎活泼如常，会说好多话，认识公共汽车、大卡车、大马车、小卧车，很热情，抱妈妈爸爸的头，摸摸脸，揪揪耳朵，晚上睡觉又须睡在中间。京生也高兴，但很少主动地说话，小虎与小胖玩得很有趣，为了抢玩具，打了好几架。

这一天休息得不错。

---

① 指京棉一厂。

② 指京棉二厂。

③ 纺织战线上的一位老同事。

11 月 17 日（星期二）

昨晚四时始散会，吃安眠药睡了。早上拟十时起床，[宋] 汀不同意，把时间故意说晚了一时半。起来吃过中午饭，开始考虑写《关于建筑工人问题处理意见》，我躺下闭眼想，同时又合作 [宋] 汀，三件老事（指甲、头发、耳沙）。二时动笔，四时已写到一半，彭真同志找，在院中散步，谈工作一小时。六时，我把今晚市委会的文件突击完，八时开市委会，今晚的会又早散不了。

彭 [真] 允许我做基本建设部工作，好实现，总算达到做具体工作的愿望，[宋] 汀也不必为我分这份心了。

从 10 月 26 日开始打针，昨日停止，共打 18 针。休息两周，拟继续打。再打时，[宋] 汀也打。

我们没有什么另外的希求，我的工作就是生活，生活的巨流带着我们走，无忧无虑地。但是，我们怎么能工作得更好，生活得更好，更健康？我们互相间担心的不是别的什么，我们都知道生活的真正意义，我们担心的[①]是疾病。[宋] 汀病了，还不痛痛快快承认，怕别人对她怜悯，她一贯怕这个，她觉得是莫大的屈辱，往往以最强烈的感情来表现。

11 月 18 日（星期三）

连着几天都是三、四点睡觉，写了报告，但是整个精神须推翻，因为是首都，而不是“尾都”。关于建筑工人问题的处理，尚需再三斟酌。

下午一时至三时，与 [宋] 汀看易生。易生眼睛已好转，仍有些咳嗽，大孩子了，怕误课，不肯休息一天，从北京小学转到北海，上了白塔，又到悦心殿看菊花展览。这么一游，[宋] 汀的头清爽了，北海的水尚未冻冰，风刮得干巴巴的树枝不时作响。我们散步，说话，意味深长地呼吸着冷森森的空气，借[②] 以恢复精神，对 [宋] 汀的头更有益处。

---

① 原稿是“地”。

② 原稿为“藉”。

洛山三次打电话找我，声音是那么惹人烦。[宋] 汀决心不见这些人，说："我尊重我自己像尊重她一样，我不让任何的污浊，玷污了我们的一生，我们的一切。"

[宋] 汀看《远离莫斯科的地方》第三册。这是一本现实的优秀作品，从事物叙述中体现了全部生活，充满了为祖国进行建设的自由创造性的劳动及人们的英雄气概，崇高的品质表现。每一个人物的专写皆有明确的特点，给人的印象是那么深刻、难忘、生动、有力。

11 月 19 日（星期四）

[宋] 汀有些不安，不想休息了，被我勉强着，看来不能持续下去。头痛，血压不正常，她认为没有什么，想工作，想更多地看书，因之她为了达不到目的而发躁。昨晚索性看书到两点，今早为了等此行政委员会有人来找我，她早起一小时以作安排，这样能弄好吗？

下午，苏联专家数人来看图，从两点半即开始。为了礼貌，[宋] 汀给我刮了胡子，总算注意了这档子事，扣子也钉上了。

11 月 20 日（星期五）

清早洛修来找，我是昨夜三时睡觉的，为了工作，精神还能支持，这几天特别好，可能是打针的效果。

[宋] 汀到马列学院找谷军，又谈学习心得，因时间关系未多谈，约礼拜四谈，感到贫乏，竭力学习，不幸又头痛起来。

下午 [苏联] 专家到，讨论规划，请薛 [子正]、佟 [铮]、赵 [鹏飞] 皆参加了，意见已取得一致，现正突击文件。

晚上发出几件电报，看了一阵小说，十二时洗澡，约二时休息，这是最早的 [休息] 时间，可是我们又在担心"那个"。

[宋] 汀已布置下周开始工作。今天忽然认定只有工作才对，痛就痛吧，如果要发展，甚至危险也不怕，不怎么畏惧。她觉得这就是刚强，这就是生活，尊严。也许不对，任他去吧！只要心境不衰老，不论什么事，不颓丧，在困难和斗争中勇敢些。二田 [田映萱]、杨 [慧洁]，劝不接二厂，这件事

情给予我内心的责备很猛烈。

[宋] 汀给刘仁同志一信，谈 [京棉] 二厂筹建事。

11 月 21 日(星期六)

九时起床，王世光[①] 与二专家至，上午谈完，下午学习，晚上到畅观楼开会，开得很晚，刮起冷风。

图 2–53　畅观楼旧貌

资料来源：北京动物园：《北京动物园百年纪念（1906—2006)》，2006 年编印，第 32 页。

易生回来想看电影，无同伴，扫兴，作罢，九时半睡了。

[宋] 汀腰痛，八时起来又痛，吃了止痛镇静药，她心好像分成两瓣。想工作，又在休息，还是不管痛不痛，工作吧！几时一点也不能支持了再说。像刘骏，也没有什么。总之这几天过的有趣，心地坦然。

11 月 22 日(星期日)

易生七时起床，我俩十时起来，昨晚突击图纸，二时以后睡的，今早又改了一些文件，十一时与 [宋] 汀、易生散步至中山公园，看了菊花，及民主德国实用艺术展览，易生又看了牙科[②]。

① 王世光，四机部副部长，王光英同志的哥哥。

② 原稿为“刻”。

中午看小说，睡觉。

下午到畅观楼办公，[宋] 汀与易生看动物园，没接京生、小虎，基本上算休息了半天。

晚上看完《远离莫斯科地方》第三册，巴特曼纳夫的领导特点是深入地、紧紧地掌握着环境的特点与发展变化情况，坚决地毫不松懈地发挥主观能动性，密切联系群众，熟悉群众，关切群众，表现了强烈的阶级友爱。

[宋] 汀看完《党史资料》第一册，拟近日继续看。她的计划：①本周给原机关总路线学习，上一次大课。②看完 6 本资料。③与建筑组讨论总结要点及若干重要关键。④下周一、二上青岛。

[我的计划] ①把总路线的学习推动一下。②了解学习情况，特别是训练计划，及提纲，自己也实地深入车间学习一下，初步总结提高工作。③物色党团工会干部。

11 月 23 日（星期一）

[宋] 汀决定不休息了，自己想了个办法："异地疗法"，到青岛去。下月打些针。

上午 [宋] 汀办公，找刘仁同志谈，后打电话给李局长、郝一民。小田汇报测验结果，有人把代销代购答成包工包料，有人不知道什么是国家资本主义，需再讲一次。

下午我办公，解决日常工作中的几个问题。

11 月 24 日（星期二）

夜：市委会议

1. 规划问题。
2. 建筑工人下工问题。
3. 年终双薪问题。

*　　　　*　　　　*

与她［宋汀］至工地，转了一圈，看来一月份安装问题不大，唯地板质量甚差，赶工所致。

中午我返，［宋］汀留工地，开会至六时，七时回来。

我开市委会，三时散。［宋］汀准备报告至三时，两人谈一小时工作，吃安眠药睡下。

我们都很单纯，耿直，对旧人旧事旧习气，不仅是不会，有些就不知道，不懂得，这些年来在党内也多少体验到一点，但是还不能平心静气，不免遇事急躁。

［宋］汀有几点自己的体会：

①什么能够提起精神，富于新的力量？精力？工作上见到成绩；同志群众给予的鼓舞；想通一个问题的时候。但此时要理智掌握自己，不能冲昏头脑，造成不愉快与损失。

②当作继续前进的力量，科学地，老老实实地出于内心的，真诚地谦逊。

③纯真地为工作而急，不系统地、简单地办事，往往不能收效。

④少说话，多思考，不露锋芒，埋头苦干，以事实说明一切。

⑤巴特曼诺夫常说“骂得不好，不公平，不实事求是，不具体”。柯甫少夫虽然很守纪律，也为自己辩护，但他善于从工作的观点来看自己，他挨骂时的微笑是表示他的坚定，表示他对进步、对不断的提高的渴求，表现了光明磊落，对工作、对生活的爱与愿望，革命者的品质。保守的人不了解生活的法则。

11 月 25 日（星期三）

从九时起来，一直工作至很晚，越紧张越高兴，有些不愉快的事，让它过去吧，主要是做好工作，一切再说。工作好才能学习好，在不断地提高自己中，求得某些问题迎刃而解。不躁，一定不躁。躁就是不坚强的表现，不老练的表现。

一连（九［时］至夜晚四时）19 小时的工作，自己还说“不累”。但［宋］汀心里有点那个，说瘦了，眼圈已发黑。能持久吗？

11 月 26 日（星期四）

晚上六、七时[1] 又起来干，现在已干到夜里四点钟。会散了，又重新干一个事，几时完，不晓得。为了工作，没有话说，在突击中过日子，没明没夜，不眠不休。[宋] 汀总在担心，愿意我工作得好，不放弃，但又怕我垮下来，说我不会休息，不能持久。担心地想，“充沛的精力，无底的潜在力，[如果] 不能持续就太遗憾了”。

[宋] 汀下午给机关讲总路线，晚上又谈了些工作，八时回来，夜里看书，头仍痛。又怕躺倒，机关里又发生了几件小事情，使她焦急。

11 月 27 日（星期五）

[宋] 汀十时去开会，她觉得突击完这两三天的事即轻松了，拟到青岛去，这也算休息吧。她走时十一时，我仍未睡，她沉重地想……

我从昨晚六时以后，到今天晚上九时，没睡，工作已突击完。[宋] 汀晓得为什么这么办，她只好给我弄好环境休息。

对于我的工作与长久的愿望，也只有她晓得。她也曾考虑过再三。

[宋] 汀开建筑组总结会议，晚上才回来，头仍痛。

11 月 28 日（星期六）

华 北 局

包头建设委员会 [交流]。

[刘] 秀峰[2]：

[建设项目]：[第] 二 [机械工业] 部 3 个 [工厂]，钢铁厂，电厂。

[建设] 条件：资源条件，[据] 241 队 [勘探]，[白云鄂博已探明矿物储

① 原稿为“晚上六、七小时”。

② 刘秀峰，时任华北行政委员会副主席。

图 2–54　刘秀峰（前排左 1，时任华北行政委员会副主席）等领导在华北城市规划展览会上研究天安门广场规划方案模型（1954 年 6 月）

资料来源：王大裔提供。

量为] 5.9 亿万吨。[按每年开发] 三百万吨 [矿物计算]，可出 200 多年，铁质好，[还有] 稀有金属。动力问题：煤，石拐、拉县 [供应]，部分结焦煤，可以解决。电：[在] 清水河进一步勘查，目前火力 [发电]。交通条件：好。地震情形：有两个震源，大青山、狼山，震动小，四度，不影响建厂。水源：钢厂用水，10 个，用黄河水可解决。

具备建立工业基地条件。[苏联] 专家组已到了一些。

问题：

1. 可能确定之厂址，确定 [下来]。[厂址方案]：宋尔壕；昆独仑河以东；乌梁素海，[属] 地震范围，拟放弃。

2. 城市测量和规划问题。明年，20 多万平方米建筑任务。规划 [任务紧急]，测量赶不及。[需加强] 市政建设力量。[以] 中央为主，天津、北京[支援]。

3. 水源问题。用黄河水。方案一：昭君坟抽水，西海子。黄河：100—4310 [吨]。一个水 [源] (1000 公升) 25.29 公斤泥沙，至好 5.44 公斤。昆[①]独仑河一个水 [源]。方案二：筑坝取水，投资大，水利大 (263 万亩[②])。

4. 建筑力量问题。[包头] 钢 [铁] 厂，重工业部负责。[第] 二 [机械工业] 部 [的] 厂子，华北搞力量。市里建设力量，抽调力量。

5. 地方工业投资问题。砖厂，采石厂，洋灰管厂，石灰厂，木器厂，修理厂，小五金厂。

6. 电厂问题。

7. 土地使用办法。中建部办法。建筑管理办法。

8. [成立] 城市规划与工业建设委员会。

9. 资料，由重工业部负责校正。

李 [红][③]：

1. 测量工作，[正在测量的范围共计] 250 平方公里，120 人。[还] 差 400 平方公里 [需要测量]，[计划] 明年三季度完成。

2. [城市] 规划，[设计] 三个方案。一边测量，一边规划[④]。[需要] 一定的技术人员，[请] 北京帮助 [解决]。

3. 供水问题。[研究] 筑坝办法，具体承办者。

4. 2 个厂址。

5. 建筑工程：[共] 30 万 [平方米]，地方 [承担] 5 万 [平方米]。建筑器材，洋灰厂 [从] 北京搬去。木器厂，电力，石灰，耐火砖。共 1600 亿投资。

6. 市政建设组织。建委设分支机构。

[刘] 澜涛[⑤]：

---

① 原稿为“孔”。

② 原稿为“么”。

③ 时任包头市城市建设委员会副主任。

④ 原稿为“一面测量，一面规划”。

⑤ 刘澜涛，时任华北行政委员会主席。

华北 [的] “141 [项工程]”[①] [共计]28 [项]，最大的 [项目][②] 在包头。华北局决心全力支援包头建设。优秀干部到决定建设的工业基地。

包头工业基地建设委员会：保证几家建设事业的完成，向中央提出建议，本身决定些事情。包头市委成立另一个委员会。

编制：从实际需要出发，市委苏谦益书记 [落实]，干部不缺乏，技术人员缺乏些。决定战场。市委、市府，据此情况组织。基本建设，市政。组织部 [门] 加强，统一归包头市 [管理]。公安局加强，把反革命搞干净。[搞好] 队伍 [的] 基本建设，锻炼队伍。

投资：1600 亿不多，蒙绥 [占] 1/3。请中央解决。时间抓紧。

干部：不是 [靠] 华北解决，[主要缺] 技术力量。基本建设力量 [由] 华北帮助。市政建设，北京、天津，尽力支援。其他，开专业会议。

[编写]《包头建设通讯》，由潘 [纪文][③] 负责任。资料，送委员会。

* * *

睡了十个小时觉，又重新审核一遍，早上、中午、下午又写了一些东西。

[宋] 汀开总结会，未学习，我们这几天都在突击。

下午 [刘] 耀宗来，扯了一阵神往矣！

晚上到钢铁公司，又至 [杨] 士杰[④] 家玩。回来易生已睡了，鼻腔发炎，学校照顾不好，以后当督促要注意，不然会发展成疾。

11 月 29 日（星期日）

上午睡到十点。易生与小杨去看电影。[宋] 汀整理内务。

下午与吴到重工业部，通县界上建筑地及纺织厂工地，不算理想，显著的缺点不少。

易生画画，带着纸笔并硬夹子，好像个写生家。

---

① 即苏联帮助中国援建的“156 工程”，这些项目分批签订，前两批共 141 项。

② 即包头钢铁厂。

③ 潘纪文，中华人民共和国成立初期历任中共绥远省委统战部部长，绥远省财经委员会党组书记，建筑工程部设计总局局长等。

④ 原稿为“世杰”。

[宋] 汀下午到厂开会，十二时回来，纺机间出了事情。

11 月 30 日（星期一）

与苏 [谦宜]、杨 [植霖] 等谈，吃饭，晚上请他们看戏，尽地主之宜。

[宋] 汀上午到中纺部，钱之光部长、马司长都与之谈，谈需要，谈困难，谈路线。[宋] 汀提之干部问题、一厂问题，事事答应。[宋] 汀最后勉强答应，暂时筹建，希继续催市委派人。

这几天事情不多，所写东西尚未送出。

[宋] 汀又头痛。

12 月 3 日（星期四）

和孙敬文同志谈西安市规划

城市性质：改建、扩建，20 年内城里基本不动。

定额。居住面积：现 [在] 1.6 平方米 [/ 人]，定 [额] 4 [平方米 / 人]，标准 9 [平方米 / 人]，二十年 6—7 平方米 [/ 人]。每人占地 30 多平方米。

集中，全面搞。

12 月 7 日（星期一）

昨日又是节日，买 15 万玩具，还有些吃的，接我们两周未见的京生、小虎。回来了，不高兴，认生，走时不想走。我们动摇，如条件好，即想接回来。京生走时也不想走，[宋] 汀送去的。

易生看病，在学校，传染的。

[宋] 汀的叔叔一家子到，谈了一会，晚上去看山西戏，唱得平平常常，十二时吃安眠药睡。

这几天身体不好，精神不好。昨天忙一天，图即可送出，下周总会有结果了，急需这周讨论。

12月8日（星期二）

昨夜大雪。

修改规划，至晨五点始睡。今晚拟整夜不眠，交出文件。看完捷克戏[①]剧表演是十一点，又开始工作，可能干到明天上午十二点。[②] [宋] 汀也睡不下去，昨天我俩同时打针。

忙，没有多谈，只是说一二句祝愿的话即埋头睡觉，谁也不敢打扰谁。

[宋] 汀忙于搞初步设计。易生病已见轻。

[郑] 庭烈来三次信，谈调动工作的事。

12月12日（星期六）

[宋] 汀昨天到北京饭店，参加招待德国专家，意思不大。我不同意她去，结果她为了各方面的关系竟去了，回来时我与易生皆不理她。晚上她又头痛。

今天我学习后，与易生又等 [宋] 汀，她去听报告去了，等她回来后，易生去军管会看电影。我们去看李红、老霍 [霍长春] 等。

回来吃了些东西，即睡觉，已有二日未打针，非常困。但是我们俩都未严格地控制感情，争取时间多多休息，每天仍要说一些话。

12月13日（星期日）

原计划上午看小虎、京生。

下午出城并约了李 [红]、王 [孟樵]、霍 [长春] ……

---

① 原稿为“亲”。

② 1953年12月9日，中共北京市委正式向中央呈报《关于改建与扩建北京市规划草案向中央、华北局的请示报告》，一同上报的还有《市委关于改建与扩建北京市规划草案向中央的报告》、《市委关于改建与扩建北京市规划草案的要点》以及《市委关于改建与扩建北京市规划草案的说明》，以及7张规划图纸。这些材料即第一版北京城市总体规划成果文件。资料来源：中共北京市委：《市委关于改建与扩建北京市规划草案向中央、华北局的请示报告》，载中共北京市委政策研究室编：《中国共产党北京市委员会重要文件汇编》，（一九五三年）。

但是清早即有包头崔某来找，直至十一时半。下午［宋］汀至托儿所，我出城了，易生三点半即去看中学会议。我六时亦至托儿所，与小虎玩一小时半，小虎活泼，多情，将我与［宋］汀的头脸摸遍，高兴得爽朗地大笑，现住隔离室，病已减轻，不发热了。

未看京生。

晚上我又办公，办了不少事。

图 2–55　1961 年的一张全家福
前排左起：郑小虎、郑洪、郑连（郑天翔父亲）、郑晓武、郑京生。
后排左起：郑庭烈（郑天翔四弟）、郑天翔、宋汀、郑易生。

12 月 29 日

建筑单位汇报

钢铁学院，进度，按作业计划提前 8 天。操作规程，质量标准，工人不愿听，［需要］"现场教练"，技术讲座。按月，逐月分日计划。

土地主任——工长——小组，工长责任制。领料制度，变成送料制度。

创造新工具，十种，提高效率 5—9 倍。

收尾工程，特点：任务小、项目多；天冷，质量效率降低；外线工程开工，易浪费；职工思想波动。材料供应是薄弱环节，一千多余种。预算漏项。采购困难。占 65%，数千种，用量大。不及时，不齐备。

度量衡厂，东北工程公司第三工程队。大部 [分] 工程是 8 月后开工。设计变更、拖延，[从] 4 月 15 日 [开始]，至 8 月 15 日 [确定]。1995 人，最多时 [侯] 的工人 [数量]。任务 4 万余 [平方米]，进度受图纸影响。超过东北区全额 650%（铁筋）。

节约。工作效率提高，瓦工，1168—1970（最低），2390—2400（最高）。平均 1744—2163，比定额超过 26%（竞赛前）—56.4%（竞赛后）。铁筋，每工 0.07—0.08 吨，平均 0.077—0.09 吨，超定额 54%—80%。水泥工：1.44—1.67，超定额 44%—67%。抹灰：15.23—22.13 平方米，超定额 7.2%—35%。木工：8.2—9 平方米，超过东北定额 10%—20%。油工：14.3—16.3 平方米。

质量责任制度。建筑业之特点：制度每年必须整顿一次。劳动效率提高的原因？造价，还能不能节约？关键何在？浪费表现在哪里？工程进度 [问题] 如何解决？事故统计，劳动局 [负责]。

先进经验推广。预制比例与工期比例。机器设备比重。从包工包定额到包工包料。有的现场人多，有的不足，宁窝不调。劳动纪律不好，写布告、记大过不顶事，劳动局两三个月不处理，领导干部怕挨骂。

1954 年度

1 月 3 日（星期日）夜

莫斯科总图研究所主任乌斯契纳夫：

《莫斯科改建总计划》，1935 年 7 月［决议通过］。1952 年 2 月，批准《1951—1960 的莫斯科改建总计划》。研究这个问题的，有苏联科学院专设委员会协助莫斯科，苏联建筑科学院，苏俄公用事业研究院等，数十个科学研究机关。［具体单位有］建筑科学院的城市建设研究所。

十年计划［《1951—1960 的莫斯科改建总计划》］：发展了 1935 年的计划，建立了城市建筑、干线、广场、滨河路及铁路入口。在建筑艺术上，形成完整建筑群的建筑原则。完成高楼建筑，继续整顿，莫斯科河沿岸建立新的大片绿地，发展市内地面交通及地下铁道。10 年中建居住面积 1000 万平方米，学校 400 所，及电影院、百货商店、幼儿园等。

总图研究所编制周围 50 公里以内郊区规划总草图，围绕莫斯科的绿带是城市的有机部分，城市的肺部。10 年中要在其中建 10 万平方米的别墅。公共交通要求干线的延长与宽度，交叉路口阻碍行车，需研究。总图研究所［下设］干线工作室、绿化工作室［等］。

表 3–1　莫斯科建筑层数分布比例变化情况

层数	1918—1928 年	1929—1932 年	1933—1937 年	1938—1945 年
3—5 层	78.1%	68.1%	53.4%	13.4%
6—7 层	21.2%	25.2%	33.0%	46.8%
8 层以上	0.7%	6.7%	13.6%	39.8%

8—14 层的住宅在莫斯科将占绝大比重，10 层最为普遍。10—14 层

住宅及有一个电梯的7—8层房子，每平方米居住面积的造价最为经济（把区域福利设施计算在内）。从经营管理费方面看，带电梯的多层建筑物，以10—14层为最经济，比之6—7层建筑要低10%—15%。燃料费及暖气费，6层建筑物比之10层的提高8%，14层的比10层的要降低7%。10—14层住宅，工程、经营方面都最经济。

表3–2　莫斯科1951—1960年建设计划

项目	建设计划
住宅	1000万平方米
学校	400座
病床	26000张
电影院	25000座位
旅馆	4000房间

1月10日（星期日）晚上

人口问题

一、人口统计范围

琉璃[①]河水泥厂、窦[②]店砖窑、通县发电厂、大兴、门头沟在内。

二、基本人口、服务人口界限

1. 生产生产资料等，[为] 基本人口（如氧气厂）。

2. 建筑器材制造业，建筑配件，金属结构厂，水磨石制造厂，近代的手工业的交易，[列入基本人口]。

3. 生活资料，不在本市卖，往外销的小手工业，列 [入] 基本人口。

① 原稿为“离”。

② 原稿为“豆”。

4. 粮食加工，[列入基本人口]。

5. 资本家经理，列入管理人口中。

6. 农场、林场、水利，归入农业人口。牧场、牛场，列入服务人口。

7. 家庭妇女，基层大量劳动人口，列入其他 [人口]。

被抚养人口问题：建筑工人、店员、市外工业人口，其家属；在外，没到 18 岁 [的] 劳动者；大学生；中等技术学校学生有年青者。

1 月 11 日（星期一）

国家计委，曹言行局长

一、自然资料

二、定额

居住面积；建筑面积与居住面积之比；建筑面积；道路；绿地。

三、造价

算几个方案，按原来方案算。

西安 37—40 万亿，工厂投资 12 万亿。

四、建设的步骤

五、人口问题

1. 地区范围。市区以外的，规划区以外的。

2. 时间。1953 年 10 月公安局户口数字。

3. 基本人口、服务人口界限：①生产生产资料之企业，为本市服务的，氧气、缝纫机等，[算基本人口]。②建筑器材，算基本人口，但大部 [分] 是手工业，水磨的大理石和水泥厂不同，采石砖窑、石灰窑、小五金等算不算基本人口？ 2 万余人。③修理性、维修性的，算入服务人口。④生产生活资料的企业，质量不好者，公营、私营，手工业为多，如造纸厂、针织品、文教用品，列入基本人口中了。⑤粮食加工业、面粉厂、米面坊，列入服务人口。⑥私营工商业经理，按企业管理人员划分，三万六千人。⑦中等技术学校，不属市领导的，算入基本人口，其中有 18 岁以下者。⑧国营林场、水利工

图 3–1　城市建设部部长万里和国家计委城建局局长曹言行等欢送苏联专家巴拉金回国时的留影（1956 年 5 月 31 日）

注：万里(左 8)、曹言行(左 4)、贾震(左 11)、蓝田(左 2)、贾云标(左 10)、王文克(左 5)、花怡庚（左 3)、王凡（左 7)、巴拉金夫人（左 9)、史克宁（左 12)、高峰（左 13)。

资料来源：王大矞提供。

人，在市区内者，列入农业人口，不计入城市人口。⑨牧场、牛奶厂，国营、私营者均有，列入服务人口。⑩家庭妇女，[数量] 34 万多，列入其他人口，可否列服务人口？

4. 被抚养人口：人口总数减去各项人口而得。户口统计中，有的多于统计。公共人口，在外 [地]，如何办？

*　　　　*　　　　*

建筑业干部大会——冬季工资问题

如何具体执行中央规定？

1. 原来工资水平低者，冬季工资可高些，反之则低些。按统一工资制度标准办者，发 90%。高过北京工资标准者，低于 90%。自己提出意见，经劳动局批准实行。

2. 从何时开始执行？从 1 月后半月起执行。

3. 春节前说放假问题，过去一般放 20 天左右，不合法，不好取消。一般可轮流放假 20 天。工资待遇照合同或约定处理。除法定假日外，冬季施工不放假。

4. 回家路费，有合同者 [按] 照合同。无合同者，有困难者 [给] 予补助。

上述，适用于按北京统一工资标准和制度办理者。从外地调来者，仍按其原地规定办理。产业、机关、学校中的建筑工人，按其本单位制度办理。上述，只属于这一次，以后不得援以为例，将来按新规定办理。

以后如何办？稳步执行计件工资制，不能改按计件之单位，实行奖励办法：①劳动定额。采取全国最先进地区的指标。先进工地典型示范。推广对规定期限，过期赶不上定额者，即按劳付酬。②现在有些平均主义，壮工工资高了。计件后，壮工用量即减少将近一倍，[工资] 过高 [会] 促使乡村人口盲目流入城市，应适当压低壮工及低级工的起码工资。③促进劳动生产率之提高。工资增长速度应小于劳动生产率增长速度。④制度改变：施工期间、不施工期间，单位考勤奖制度、回家路费取消。⑤加强开工准备工作，避免窝工，统计工作。⑥质量责任制度，技术管理，检查制度。⑦精简工人，预约的临时工多了，要及早想办法，精简非生产人员。⑧建立企业奖励基金。

彭 [真]：

去年建筑工程，有飞跃的前进。从完成工作量看，250 [个] 能住人，[完成] 工作量 310 [个]，比预计超过很多。质量也较前几年有进步，有些单位有很大进步。劳动生产效率，生产管理，都有进步。

还有落后的地方、缺点，工资制度等方面还有不合理地方。把落后的地方打掉，勇敢前进，这不是冒进。因有去年的基础，绝大多数单位有了基本队伍。1954 年各工程单位是站在全国建筑业的第一线，“特别照顾” 并不光荣。

我们要勇敢前进：建筑任务大，有条件。靠近中央各部，有苏联专家，干部、工人，工作经验，要很努一把力才能达到。

一、冬季施工

[如果] 不施工，[将会] 停工三个半月。不施工，给工资，不对。冬季施工劳动生产量可提高 20%，即便苏联展览馆失败了，今年冬季也施工。

二、计件工资

凡可实行计件之部分工种，实行计件工资制。工人自己掌握了以数计件制，是最进步的工资制度，有计划地稳步地实行。由先进单位先实行起，钢铁学院工地，1 平方米工作量只要 1.8 个壮工，其他要 3 个。实行 [计件工资]，做准备工作，克服困难。

定额，站在工人阶级先进地位看之，不能代表工人阶级的落后部分，企图采取低的、落后的定额。采取 1954 年全国最先进的定额。有计划、有步骤地实行，首先在先进的单位中实行。

三、壮工工资

不熟练工人，技术普低的壮工工资，其工资不应高。不按劳付酬，不合理；农民进城，工农联盟，盲目流入城市。我们同志中有平均主义，这是落后的。除反对封建等级制度以外，是反动的。这不是群众观点，这也不是压低工人生活。效率提高，工资增加。收入增加，路费即可解决。

四、用料

有很大浪费，材料定额高。根据最进步、最节省的定出定额（设计使用材料定额，材料消耗定额）。把去年施工、设计工程 [统计总结]，检查。

五、管理费

要合理，多 [了] 退 [回]。

六、窝工

全国第一。除工厂外，交来由市搞。因交不来图 [而] 窝工，由甲方负责。

图 3–2　苏联展览馆（1957 年）

注：苏联展览馆建于 1954 年，是毛泽东主席亲笔题字、周恩来总理主持剪彩的北京第一座大型、综合性展览馆，1958 年更名为北京展览馆。

资料来源：北京市城市规划管理局编：《北京在建设中》，北京出版社 1958 年版，第 69 页。

因调度不足而窝工，由工程单位负责。

七、交工

提前交工者，有奖。延期交工者，有罚。[建立] 企业奖励基金。

八、整顿队伍

劳动组织按生产需要整顿。政治整顿，搞掉反革命分子。使 [自] 己真正成为无产阶级队伍。壮工太多，"人海战术"。有些劳动效率太低，多余工人早做安排，按任务。不直接参加生产者，应减到最低限度。

九、如何做

83 个单位。突破一点，选择有把握的单位去做。典型试验，不要遍地开花。这样做，自少一半单位，成为先进的。

招工人，工资制度，领导整个管起来。将来连变更计划，也要管。统一领导。把所有落后部分，不合理部分，通通去掉。各种定额按最先进标准。

刘 [仁]：

生产效率在全国不是在最前面。北京市工程局有几个单位高，有的低。管理制度，许多不合理。工资制度，出现了混乱情况，说是计时制，磨洋工现象很普遍 (壮工)。9 小时挑 9 挑砖 (钢铁学院工程)。

全市统一定额，高等不压，低等提高。钢铁学院教授宿舍，每平方米 4.9 个工；三里河，[每平方米] 6.3 [个工]。钢铁学院一个壮工之活顶市两个。一公司小包，1∶4 (壮工)，可以至少提高一倍。

任务 240 万平方米，顶多 8 万人或者 6 万人做就行了。缩减队伍，顶多十万即行。临时工、预约工必须大大减少。现固定工人近 7 万。市建筑局，木工 1.2 万 [人]。定额比东北提高 20%。1954 年再不讲特殊，各单位自己合同协定无效。

1 月 19 日 (星期二)

北京市第一期建设计划

1953 年用水比 1952 年[①] 增加了 30%。1953 年，工业用水 8 升，基本建设 5 [升]，生活用水 36 [升]；清华 [大学] 每人 100 公升，有的机关超过 100 [公升]。

用水调查：铁道部，局长宿舍，每人每日 200 升；东郊职业学校，用水 36 升；清华、平坟，100 [升]；自来水公司 (不住 [人]) 35 [升]。

电话接通率 10%—30%，每 100 人 [电话持有] 0.8 部。

华北，手工业：户数 39 万余，人 [口] 103 万。产值 88000 余亿，占工农业总产值 8.5%，部分地区 [占比] 高达 20%。手工业生产合作社 1100 [个]，社员 75000 [人]。每人年产值：合作社 1400 余万，个体 800 余万。

① 原稿为“53 年比 52 年用水”。

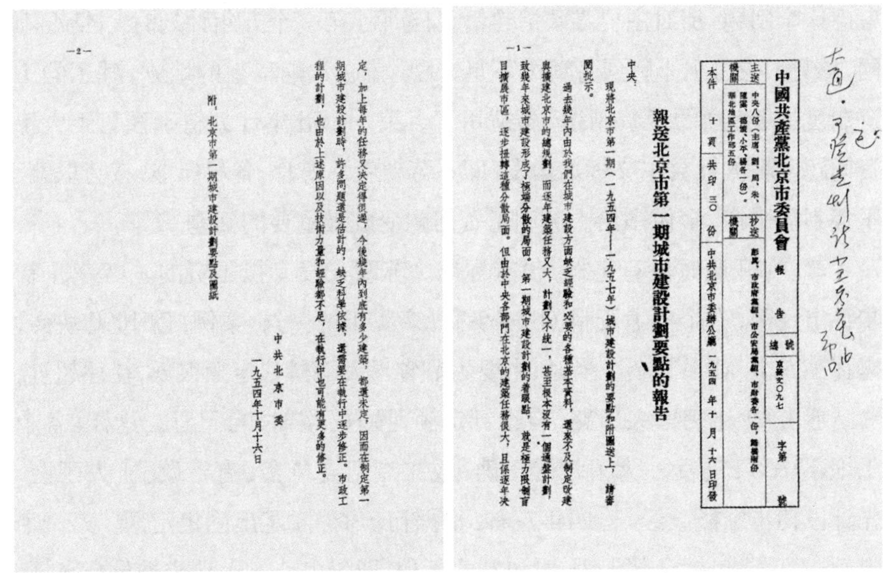

中國共產黨北京市委員會 報告

編號 京發文〇九七 字第 號

主送機關 中央八份（主席、劉、周、朱、陳雲、鄧[illegible]、小平、楊各一份）。華北地區工作部五份

抄送機關 彭真、市政府黨組、市公安局黨組、市財委各一份，歸檔兩份

本件 十 頁 共印 三〇 份 中共北京市委辦公廳 一九五四 年 十 月 十六 日印發

—1—

報送北京市第一期城市建設計劃要點的報告

中央：

現將北京市第一期（一九五四年——一九五七年）城市建設計劃的要點和附圖送上，請審閱批示。

過去幾年內由於我們在城市建設方面缺乏經驗和必要的各種基本資料，還來不及制定改建與擴建北京市的總規劃，而逐年建築任務又大，計劃又不統一，甚至根本沒有一個通盤計劃，致幾年來城市建設形成了極端分散的局面。第一期城市建設計劃的着眼點，就是極力限制盲目擴展市區，逐步扭轉這種分散局面。但由於中央各部門在北京的建築任務很大，且係逐年決

—2—

定，加上每年的任務又決定得很遲，今後幾年內到底有多少建築，都還未定，因而在制定第一期城市建設計劃時，許多問題還是估計的，缺乏科學依據，還需要在執行中逐步修正。市政工程的計劃，也由於上述原因以及技術力量和經驗都不足，在執行中也可能有更多的修正。

中共北京市委

一九五四年十月十六日

附：北京市第一期城市建設計劃要點及圖紙

图 3–3　中共北京市委向中央呈送“北京市第一期城市建设计划要点”的报告（1954 年 10 月 16 日）

注：右图中手迹为郑天翔批示。

资料来源：中共北京市委：《市委报送北京市第一期城市建设计划要点的报告》（1954 年），北京市档案馆，档号：001–005–00122。

现状资料：人口组成，土地占用状况，逐年增减情况；现在建筑物情况，建筑增涨情况；绿地情况，每人平均多少。

发展方面材料：五年、十五年，人口；定额，五年、十五年。

[计划] 新建房屋 630 万平方米，占原有 [比重] 36%。西至八宝山，北至清河，南至南苑，东至高碑店。范围 176 平方公里。如果组织起来，则 630 万平方米，3 层，等于东单到西单 [的] 20 倍（1951—1953 年城内新建 252.0898 万平方米，占历年总建筑 40%）。

2 月 13 日（星期六）

多列普切夫专家谈建筑工人计件工资问题

[十月] 革命前，工人对提高劳动生产率不感兴趣。革命初胜，没时间

考虑这个问题，那时主要靠政治热情。[苏联] 第一个五年计划时①，情况不同，修建许多工厂，感到劳动力不足，工厂盖在人烟稀少的地方，壮工的工资制度、没奖励的工资制度，不适用了。第一个五年计划特别注意工人工资问题。根据社会主义标准出发，即不劳动者不得食，各尽所能，按劳取酬。工资不能平均，多做多给。劳动工资问题变成最重要的问题。

苏联：开始时没有定额，没有标准。苏联人没专搞工资的。[后来] 初步订出定额，有个参考资料（用多少砖、多少工……）。案例：砌 1000 块砖，需瓦工 5 个、壮工 2 个。当时，主要为节省工人、材料，定额很低，往往超过。

后 [来] 走另一条道路，自己订定额，按日、按时，自己订。这样，各个工地不一致，混乱。为了订的正确，成立专门委员会，有行政、工人工会，先订出初步定额。经三、四年左右，根据初步资料，定出固定定额。第一个定额，不可能包括全部工程。没包括的工程，即仍由地方上那个委员会来订。

以后，每年对资料进行分析。30 年中劳资工资定额不断提高，三、四倍。慢慢的，工地、工程部成立劳动工资科，后成立劳动工资院。经几十年研究，但没订出定额的工程，能由工地订。期限六个月。劳动定额与劳动组织也有关系。

现苏联又要重新订定额，因以前定额已被突破。工人不怨提高定额，因为：提高定额前，和工人充分讨论，提高劳动定额，并不全由工人决定，国家对工人也有帮助。因工人只靠体力，提高有限。但应改变劳动组织，机械……即可大大提高，体力劳动反而减轻。

老工人，参加过所有五年计划，现在轻松。工人明白，劳动生产率提高，不是决定于他们，而是有国家对他们的帮助。因此，提高定额，工人不反对。第一个五年计划时，还有敌人，应与之斗争，反动分子反对，但绝大多数工人跟着党走。

开始，应信任工人，进步的工程师，委任他在工地上计算定额。为了他们不盲目进行，可参考苏联定额（定额里也有仅列出图来）。制订定额时，可吸取工程师、工人、工会人参加。可在好多工地订。然后据此订统一定额。

---

① 苏联第一个五年计划的时间为 1928—1932 年。

工地定额，可规定是暂时的（3个月），然后再提高或降低。有了定额，即可知道多少时间做多少工作，即可问工人同志10万块砖给多少钱。

苏联还有奖励的计件工资。在规定时间完成，该多少给多少，提前完成，再加奖励。工人刚开始［对］钱的观点深，这有深刻意义。计件工资，即可鼓励工人劳动热情。单靠热情，很难建成社会主义。当还存在［要］金钱时，要工人在工地工作，一定要给他些切身利益。工人不但用手，而且用脑工作。

节省，防止浪费，需采取措施。建筑物预算中，工资占多少？（平均占20%左右）对制订定额的同志说：给你20%，怎样花随你。分配得是否正确，这个问题即会发生。为了合理分配，即便工会参加，领导上的责任，主要采用先进的计件工资。不合理之处，工人即会议论纷纷，提出来。首先，工会、工人紧密联系。工会看定额是否正确，工人劳动态度。

根据工地定额，定出第一个国家定额。建工局必须成立劳动工资处来做此事。苏联，莫斯科定额和远东就不同，因工作条件各地不同。北方，大木头，天寒。南方，竹子，天暖，定额就不同。国家定额，不是一年可能定出的。

工人、工程师，不喜欢机械化。机器放在一边，用手工。因工人没有切身利益。矛盾中找真理。没矛盾地方，即有保守分子存在。

做出主要工种定额，10到20天即可。切砖、钢筋混凝土、土方、脚手架、粉刷等。组成个委员会：工会主席、工程师，每工种一、二个工人。到现场①观察，看样，记录（查定工时）。

尽量争取按工人计件，但做不到，仍有按工作组计件者。在工作组中，按级别给钱。暂时按工种分包，也可以几个工种合包，不是小包，而是计件，做多少给多少，即是计件。

第一个五年计划时，因待料、等工、雨、雪［等影响］，给100%工资。以后即不给［全］了。因下雨也可进行一些工作。预算、设计搞好才准开工。现在下雨不工作，给50%工资。停工、待料、等图，也给50%。工人参加生产会议，没料、没图，没工作做，即可提出要求。气候特别冷（–40℃），给50%，不能给100%，如下雨，不给100%，工人会找其他工作做，不然他

① 原稿为“厂”。

就专等下雨了。

现在全国均7天休息1天，只有这一个休息天。休假，轮流地每季放20%工人休假。工人不愿休假。休假期间除工资外，另有津贴。

一个月工作26天，[剩下]那4天不给工资。但4天工资，加在那26天中间了。五一[劳动节]、十一[国庆节]，[各休息]7 [天]，[加上]礼拜天，一年270个工作日，把休假日工资加进去。算时，不算假日的工作日数。工资标准，由政府来订。苏联有34种（级），每个部门不同。金、煤、钢铁、溶铸机器、纺织，有30多种，然后才是建筑工人。同级工人、各部门之间，工资不同。苏联不给路费，只给两个星期天。但如太远，5000公里以外，则给以补助。政府个别决定。

开始建筑工程前，一定要建固定房子，这样即可搬家来。工棚，只会浪费，工人不固定，培养不出建筑工程干部来。先给工人盖房子。青年，结婚成家，不想再走。

建工局[有]16个公司，水暖公司、装修公司、电器安装、器材公司、上、下、水道，煤气安装公司，共20多种。建筑工厂化机关，属市苏维埃，直属副主席。莫斯科市建筑学院，费用由教育部出，领导归市，干部归市分配。

2月24日（星期三）

市委会议：城市建设五年计划

[用水量]：铁路局长，1月份，每日每人200公升。计委[1月份，每日每人]200 [公升]。清华[1月份，每日每人]100 [公升]。

地下水：日本估计①20多个水[源]。可取11—17立方米每秒，有把握5.5 [立方米每秒]。苏联，可打到6层楼。

电车：轨[道]，原来30毫米，现留下13毫米。

彭[真]：

---

① 指日本侵占北京时期所作预测。

图 3–4　和彭真、刘仁等同志接见北京市贫协代表大会代表（1965 年冬）

一、对形势估计，提出任务①

任务估计轻了点。

二、城外建设缺乏市政设施

城内建设拆房多，加重市政建设任务。

三、旧的要改建

自来水、下水道、煤气、电缆等，需通盘考虑。旧的，无政府无计划的，改变。

四、建筑，虽有控制，但控制不严

没经验，很多分散，无计划，困难。任务很繁重。

五、主观方面，尚缺乏组织

① 原稿为“任务提出”。

5 月 5 日（星期三）

建筑工程局汇报

三公司：

4 月份只完成计划 50%左右。原因：①技术力量弱，任务大，工人技术水平低。4 月份工人是借来的，技术等级更低，调来调去，流动性大。劳动力供应不及时。②干部力量弱，5 个工地，技术主任中只有 1 个工程师。行政主任，4 个都是二十一级的，一个十七级的。③机器供应不及时，损坏多，影响工程进度，并影响其他工地机器供应。开机器的不行。机工设计变更多，出图晚。下水道工程尚未定。电梯、电器系统。④特殊材料供应不及时，[缺]琉璃[1] 瓦。

计划已推迟一个月，要以下条件：①补充木工、抹灰工、硫璃[2] 瓦工，等。② [补充] 干部：技术主任员、工程师、行政主任作业班员；机械管理人员，技工。③ [增加] 机器：卷扬机、压路机、电动机、水泥搅拌机。

按部[3] 就班为什么进度快？管理水平，技术水平。不是变乱，人海战术。手忙脚乱，工伤事故超多，质量、成本 [问题]。计划没完成，光考虑进度，管理工作、计划根据主观要求定。

工人中有创造，跟不上总结推广。工长制（三公司）：按专业设工长。一个地区同时有几个工长平行进行工作，上边要记一些步骤，工长与工长之间协作。作业会议制度。“一个头子说了算，不像过去乱了”。

工人流动性。工人调进调出，打乱劳动组织，计划打乱，工段划不出来，劳动组织混乱。管理制度跟 [不] 上去，乱了，执行不了。

计划的形式主义，只是给上级看的。技术检查制度未执行，质量事故不断返工。未实行交接制度。不按操作制度施工。安全生产未贯彻。材料

① 原稿为“离”。

② 原稿为“离”。

③ 原稿为“步”。

浪费。技术指导，做一点讲一点，不系统，对工长教图纸，技术高低，交到底，受困难。

培养、提高工地主任和工长领导能力，[加强] 对机器的使用、保养、修理，[增加] 机工。

一公司：

政治任务多（6 个），要求在国庆节前完成。5 月到达最高峰，往后逐月下降。同仁、红十字会医院想往后拖。

北京 [饭店] 6 [月开工]，同仁 7—8 [月开工]，新侨 6 [月开工]，大旅馆 10 月开工。百货大楼 9 月初开，跨 [年度]；展览馆 9 月中 [旬开工]；红十字 [会] 医院 8 月下旬开工；王府井、团中央 9 月开 [工]，跨 [年度]。水利部 6 月完；中国银行 10 月开工，在东郊民巷 2800[平方米]，跨 [年度]。招待所已开工，9 月中旬完工；土木工程学校，想交出去。苏联大使馆，地点？人代 [会] 礼堂，9 [月] 15 [日] 完。

计划完成 96%，用工超过（一季）。计划不准，工人不断调动，缩短了生产时间。技工中壮工活，窝 [工]。劳动力用在间接工程上。生产效率提高了，[关于] 降低成本，计划做了，[实际] 未做。政治任务，顾不上降低。管理费计划 5%，实际多于 10%（北京饭店）。财务人员监督，降低成本，没做（靠材料差价，降低成本）。比 1953 年好些了。

三公司：

机械化，没人。事故多。降低成本，计划做了，措施也有，执行甚差。

七公司：

施工组织设计，安全卫生 [方面的内容] 没有。局职能部门一竿子插到工地，政治生活，听报告。

二公司：

机器供应 [问题]，长期没解决。718 [厂] 开工，缺工程师，[为了] 材料试验，[需] 要化学工程师。774[厂] 材料不化验，没 [有] 会的 [人]。[都] 不能开工。推广先进经验，阻力。

工厂施工：队伍、材料 [的] 准备。特殊工种，需专家帮助，[例如] 管道工。成立化验室。重大工程的技术准备工作，差。

六公司：

最高（间接工在内，不包括室外）6.027 ［个工］/ 平方米，［平均］4.09 ［个工 / 平方米］。［采取］民族形式，在［原有］工期［的基础］上加 12 天。

计划，如意算盘，如何变成实际，其中还有许多问题。文盲是多，关键是甚？紧张，忙乱。壮工，六公司占 40%，东北［占］32%。

5 月 6 日（星期四）

市委会议

文教计划问题：①办不办医学院？工矿医院病床很少，200 余［张］。②电影队，将分配给 23 个。现各机关 400 余个，电影院则要求 11 个，中央只能给 6 个。③剧院，少年之家。出版业。体育场。④工农速成中学，3 年工龄，大学后备，今年［建］1 个。⑤技术学校。财经学校改为工业管理学校。工业学校，全区调整。省市建立高等教育处，管中［等］技［术学校］。

彭［真］：

北京［的］教育，第一［要］保证质量。已经质量好的，不要把它抽垮。加强教育局［领导］，教学领导不够，决定［教育质量的］关键是教员。把现在所有中小学教员考试一下，看他有多大学问，把一批不称职的坏分子赶出去。切实搞好师范学院、师范学校，把中学教员中有经验者抽出来，抽到师范学院去办。［同时］补充教员，程度不够者不用，宁可不办。没力量，主要的要求［是］质量。今年毕业学生，查其成绩，以考察学校成绩，成绩不够者，不要收。教员，教得好的，不要随便调，其薪金可以提高。小学的［教员］可［享受］相当于中学的待遇，中学［教］得好的可相当于大学教授待遇，不突破一点不行。也不能平均主义。

［除了建北京］动物园，再搞个植物园，加些标本，作为教育的机构。学校里搞些图书馆。

儿童体育场，在街坊中多搞，公园空地上也搞。

图 3–5　苏联规划专家兹米也夫斯基在中国科学院西山植物园研究植物园规划问题（1956 年）

*　　　　*　　　　*

彭［真］：

数量要，能高点就高点，但必须提高质量。师范学院，下决心办一个［规模］大的。师范学校，扩大［规模］。医学院，办。

首都工作应［走］在［全国］前头，否则丧失首都作用。建筑［业］是北京最大的工业，很重要，［投资占比］30%。［要］不断地前进，不是普通的进步，有时要飞跃的进步。教育也要如此。为什么不用这个鞭子使首都工作前进一步？五月会考，业余进修，等等，每样工作都这样搞一次。这些问题要在报上搞，缺点要在报上公开批评。

我们是否很骄傲自满？不是，但觉得工作差不多了。与 1949 年比，差不离，与莫斯科比，则很差。把我们一切工作提高。有两条［做法来］克服骄傲自满：①提高指标。认为差不多了，实际是资产阶级思想。提高要求，自然即把我们思想区别于资产阶级思想。②大家在一起，不能荣喜为先，而必须检查缺点、克服缺点。根据提高了的要求，检查缺点错误，在报上公布，在批评［和］自我批评方面也带头。《北京日报》水平之提高，依靠于各部门的工作的提高。［要］利用报纸，教育也需利用报纸。

5月10日（星期一）

座谈会

彭［真］：

提高工作，需下点苦工。工作检查一下，从领导到各部门都检查。同志中有些意见，是必然的。无人来对头，各以为是，这不叫自以为是，［虽然］不一致［但］谈得一致。大家有些什么感觉？不要怕得罪人，不要话到嘴边留三分，不要不成熟我不讲。工作方法：组织机构，领导检查。一个是领导方法，一个是组织机构，［都要］加强。

［张］友渔：

批评［和］自我批评展不开，集体领导，领导核心，分工负责制之实行。分工不清。究竟这个问题应给谁做，不应该给谁？出了事情，找不到责任。市委，政策方针领导，没问题，［对］具体领导上有意见。对市委：具体实现不够，事务主义，管的个别事情多些，怯场。

［薛］子正：

市委、市［政］府党组分工［不清］，市［政］府各局分散，直接到市委［反映问题］。政务院限制拆房子，现在检讨，究竟谁错了？方针错了？政策错了？该谁负责。有无分散主义？资本主义道路？

有些问题没及时解决，市政建设机构，长期没解决。都市规划，我们自己还无［确］定［意］见。大体定了，具体未定。科学院将两个月军。

自我检讨：容易轻信，容易轻易决定。缺乏以理服人。

5月12日[①]（星期三）

市委座谈

彭[真]：

多数的同志不满于现状。自觉地提高工作要求，拧成一股劲。劲，从目标来。领导们的任务就在提出目标。典型，是整体里边的典型。分工，留个机动的人。都市计划，政府[系统]由薛[子正]管。党内研究小组还存在。有什么缺点错误可在报上说。市政建设，郑[天翔]帮助薛[子正]；建筑，赵[鹏飞]、郑[天翔]搞一下。资本家，在搞。党内，主要搞资产阶级思想。今天主要矛盾是资[产阶]级和我们矛盾。财经方面，资[产阶]级影响如何，[程]宏毅搞一下。

经验总结不够，没条理化。不组织力量，即是空谈。凭理性认识办事情，凭感性知识办事情？光听临时材料，不行。话没听完即碰，不对。

5月13日（星期四）

市委会议

[审议中共北京市委关于]建筑工程任务的决定[②]（通过）。

计件工资问题：定额，根据去年平均先进水平。技[术]壮[工]：比东北1954[年]高5.33%（可比的）；技[工]比东北高8.2%；壮[工]相同。比华北定额也高些，大约5%左右。不努力达不到。赶，有信心。搞得好，有可能超过。

---

① 原稿中为“二月十二日”，从该日日记的前后文判断，这里的月份应存在笔误。

② 中共北京市委于1954年5月27日向中央呈报《关于1954年建筑企业基本任务向中央、华北局的报告》，同日作出《中共北京市委关于党组织在建筑企业中1954年基本任务的决定》。

[建筑工程任务] 总数2879项，主要 [的项目有] 662项。主要的项目由市劳动局控制，其余各单位自行机动，其范围15%。职员、技术人员，实行计时奖励制度。资金来源，取之于降低成本部分（应属工资基金一部分）。工资标准及工资支付办法，华北根据中财委原则规定，已定出办法，中央批准。

因窝工而引起之损失，由业主引起者，由业主负责。实行计件步骤，先在若干重点突破，波浪式推广。

刘 [仁]：

其他厂矿，也应逐步实行计件工资，清河制泥厂即是。此次，不是简单实行计件 [工资]，同时取消一些过去不合理的工资制度，这会遇到一些问题。工会和党的工作，要做很多工作。不是每个单位同时可以实行的，不实行计件 [工资] 之单位，同时也要取消不合理的制度，要做工作。

图3–6　和彭真、刘仁等同志接见北京市贫协代表大会代表（1965年冬）
前排：彭真（左1）、刘仁（左3）、郑天翔（左4）。

实行计件［工资］之步骤，不要一下子都实行，要先在先进单位实行，做出样子。管理上会引起许多问题，管理不好，会引起工人不满。［为避免］因管理不善发生的问题，应规定几天之内少发些，过了这几天即发百分之百。公布，由市政府公布。不能随便改变，次要的各公司允许适当范围内机动，明年还要变更。

今年，既提高定额，又降低工资，先进的则可以提高工资，普通提高20%，收入即高于去年。需要好好做工作，尤其党的工作、工会工作、团的工作。有些是机械，有些是手工，需研究。管理人员奖励是必须的，也不宜太低，可以试行，一起解决。同意照此执行。缺点还有，再研究修正。

彭［真］：

这个［办法］很好。建筑工程真正入门，从此开始。建筑工业是最大的工业。去年 5 万亿，今年也如此。磨砖对缝等，应提出批评。减少造价10%，可节省 5000—7500 亿，可盖十万锭子的纱厂。整个党、团、工会，要把这当作个大事情来办。等闲视之，即党性不纯。以此动员工人，这是战斗任务。

对建筑管理，从落后的供给制进入按劳取酬的科学管理。现在靠供给制用在整个工人队伍中是不行的。我们经过无数成功和失败的经验，经过犯错误的经验，提了初步意见，在今天我们工作水平来看，是成熟的，是科学的管理。现在，主要危险是达不到定额。

首先在先进单位实行。任何单位必有工人过半数才能施行。工人中吵架不要怕，要群众自然而然革命化，让群众讨论，使多数拥护。过去反“右”，现在防“左”。不要急躁冒进，主要是管理赶不上去。搞些同志下去，专门给工地主任当参谋。有一套制度、一套工作。

奖励问题：不工作看不到。工作超过几倍，舍不得奖励，对进步分子不满意。矛盾论：什么叫生命？矛盾停止，生命即停止。建筑业中，如果无产阶级意识和资产阶级思想斗争，即不能进步。会有一批人出头，生龙活虎，也会有一批人掉队。稳步前进，但是一场大斗争。依靠工作为标准（质量），把建筑队伍清理一下。过去从政治上整顿队伍，现在从工作上整顿。

5 月 24 日(星期一)

市委办公会议

1. 华北局结束[①]前的工作部[②]署。

2. 编制和执权问题。财委、调拨、物价,原三级管,现应分。干部管理名单,是否有一部分拿到省市?编制:天津比北京还多 1000 余人。原 888 人。[建制调整后],区委 [可] 增加[③]200[人],区 [政] 府 [可] 增加 200[人],市委 [可] 增加 168 [人],教育局 [可] 增加 40 [人],福利局 [可] 增加 70 [人],文化局 [可] 增加 45 [人],运输局 [可] 增加 20 [人],建筑局 [可] 增加 20 [人],计委 [可增加] 80 [人]。

6 月 1 日(星期二)

774 厂、718 厂施工问题

718 [厂]:

有些设计图,不能据以施工。图纸加工,找设计院。有的做法没说明。仓库,没设备图,不同意先施工。

774 [厂]、718 [厂]:

施工准备工作中的问题:①氩氧氢气发生站,属化工类。②超高压变电站,专业公司不能施工,由电业局负责。③下水道管道,60 公分以上,卫生局施工。④自动电话交换台,电话局施工。⑤煤气站,40 米直径。718[厂]由厂方施工,774 [厂] 未定。⑥ 774 [厂] 玻璃熔炉,由厂方施工。718 [厂],煤气瓷窑。⑦大型高压水管式锅炉。⑧工业化设备,电气仪表。⑨器材。

① 1954 年 6 月,国家作出撤销各行政大区的决定,此时华北局的行政建制即将被撤销。

② 原稿为“布”。

③ 本日日记原稿中为“+”,下同。

图外材料，甲方；图内材料，乙方；战略物资，甲方。

要的：①材料化验人员，建筑部实[①]验室化验。工地简易化验。化验材料试验工作。②水暖工程师。福利区施工计划，组织起来。

李锐：

1. 总图设计。不细。小的地方修改，图纸个别错误。修正设计，[检查]责任。办法：多请专家，小的问题协商修改。

2. 按期施工。总仓库协议 6 月 20 日开工。争取不打洞。

3. 具体问题。下水管道，9 月后施工。土建总承包。煤气管道。起重、运输设备。

4. 图纸审查。要求北京设计院 [加快进度]。

5. 两厂之上建立施工委员会。

6. [研究解决] 二公司技术力量问题。

6 月 3 日（星期四）

市委会议

商业情况：

1. 阜成门外，95 个单位，34 个 [单位] 的供应没解决。军委部门只有 3 个单位有合作社，洗澡、理发、修理皮鞋、钟表，吃小馆，3 个地方有摊贩 166 户。去年 148 亿，去年占 30%。今年占 14%（比重）。

2. 学校区，32 个学院，均有合作社分销处。取消了食堂，吃小馆不便。钢铁学院一块，有小饭摊，洗衣不便。

3. 钢铁厂区，私商摊贩 800 余家了，主要是饮食等业服务性行业。工人及家属，共 3 万人。

4. 东郊广渠门外、车站，搬运工人 500 余，没吃饭处。棉纺厂工地附近，小摊贩极多。东直门外。吃饭、理发。阜成门、朝阳门内外，一下工即挤满

① 原稿为“试”。

图 3–7 阜成门外大街旧貌（1954 年）
资料来源：北京市城市规划设计研究院：《北京旧城》，北京燕山出版社2003年版，第43页。

工人，吃饭、理发、洗澡。

新建区供应问题，国营合作社发展不够：①在街上搞几个大摊子。②在机关内部，没房子，合作社盖不起。③工地，服务性行业很急需，理发、洗澡、修皮鞋等。④朝阳门内外、安定门外、东直门外，私商发展了，应发展合作社。

公安学院，买 5000 元东西，花 1 万车钱。郊区，菜供应不上。社会商品流转税增加 20%（第一季度）。零售减少超过 15%。

问题：商业国家资本主义搞得慢，有不同意见。包下来，如何包法？包不了。如何办。工人，减少工资，资本家减少利润。贸、合统一指挥问题，合作社交商业 [部门管理]。对私商管理、改造，经过区，区级困难。转业、资金少等困难，工人不愿转。公私合营，压低工资后，再谈。

刘 [仁]：

问题：国营合作发展，不与 1953 年第一季比较。整掉批发商，需 5000 亿包下来。新区，不让私人进去，坚决执行，主要百货公司去，服务行业可以去。修理的搞合作社（上次谈过）。可以快点做。花钱，贷

图 3–8　阜成门内大街旧貌（1961 年）
资料来源：北京市城市规划设计研究院：《北京旧城》，北京燕山出版社 2003 年版，第 43 页。

点款。

赶快研究布的经销问题，裁衣铺，影响面大。挤掉以后包。商业人员［占比］1.2%—1.5%，现在国［营］合［作］已 2 万人。还差一部分。如何包？包下消化不了，成本加大，故用不清的需另想出路。要降低管理费用。

彭［真］：

批发商，消灭［掉］，全国 11 万，北京 8 千人，全国需 5 千亿包这些人。前进。新区，［包括］石景山在内，基本上独占。石景山只 700 人，现在住在这些地方的人很不便利，应尽最大可能保证其供应。这些地方，私商易成为反革命活动的地盘。三个方面看：任务、对资本主义斗争、同反革命斗争。

城里：商业摊贩，有减无增。理由，过剩。竞争，缩小其营业范围。改造，对于他们把工资提得过高的，可以拖，现已维持不住，压低了工资时，再搞公私合营。避开这个暗礁。

新区设摊子没钱，可以搞工棚、地摊，不考虑满足要求没有，而只考虑通风等，是资产阶级思想。人，精减，吸收批发业好的店员。包下人如何处理？两个人做一个人的事情，这个方法不好。人多时，一批工作，一批训练。经济核算还要抓紧。对整个商业 [体系]，要通盘研究。

7 月 6 日（星期二）

讨论建筑工程问题

新形势，迎接新的高潮。组织：抓计件工资，每周一次汇报会议。先进经验：总计先进操作法，先进工具、设备，必要的工程人员参加。[举办] 展览会。

工作方法：号召各单位总结先进经验。建筑党委向各单位布置。重要的经验，可普遍推广者，局长亲自动手总结，听汇报。由领导上加以总结。听取批评。先进人物座谈。揭露缺点。

7 月 11 日（星期日）

谈工作报告

还没有，同时也不可能在短期内根本改变这种情况。[纺纱年产量] 5 万锭、10 万锭—— [努力] 保证。人口：解放时不到 200 万人，现 329 万，今后还要增加。首都，[工业] 规模小，经营管理和技术设备落后。政治形势：旧社会污毒的肃清，反革命残余的肃清，旧社会各种污毒，敌人包围破坏。

为全国服务（直接、间接）。为中央服务，就是为全国服务。学习全国经验，集中全国经验，努力实现中央指示。全国人民支援、全国人民关心、中央直接领导。工作好坏，关系中央工作，责任重大，[与] 一般的地方政府 [不同]。首都 [肩负] 党和人民的责任，过去认识不够。

速度、规模大，学校、工厂，十几个工厂尚未投入生产。印刷一年印多少万种，商业发展多少万倍。建筑业反映首都发展。人口的发展，教育的发展，反映国家建设速度，[是] 伟大中华人民共和国以飞跃速度发展的缩影，一种集中表现。

首都的风气的改变，政治觉悟的提高，爱国主义、国际主义 [的增强]，崇美买办思想迅速清除，一般人关心国家大事。——因中央在此，中央直接领导，直接支持的。

认识：国家速度，首都更 [快] 速，责任重大。骄[①] 傲危险。规模巨大，多方齐头并进，经常突击，任务紧迫，随时准备接受临时任务。客观形势要求首都工作站在最前线，不允许首都工作落后。[如果] 不前进，整个国家工作不能前进，被罢免。

如何完成任务？各部门向中央请示，向全国不断学习，集中其经验，改进工作，向苏联学习，批判接受自己和外国的经验。只有这样我们才有可能按照中央和全国人民委托，负担起我们的任务。不断揭发错误，发现工作中问题，用三个肃清解决问题。首都工作只能做好，不能做坏。工业品、学校学生品质，工作人员忠心耿耿为党、为人民（宪法），不应是贪污、堕落，……现在还差得多，不是差不多。

为中央服务，为全国服务。中央所在地——为中央服务，直接为全国服务。学生，印刷，商店，全国各地干部、劳模，外国朋友来买，称心适用……这几年做了许多工作，但许多工作远不能令人满意。首都工作人员，光荣的。但不应以为光荣，享受，因循 [守旧]。

首都，不仅为生产、为劳动人员服务，而且为中央服务——为全国服务。为劳动、为生产服务，是我们政权的特点。北京还要为中央——全国服务。保证满足中央、中央政府各部门对我们的要求。全国支援我们。我们学习全国各地、支援全国。

[有的同志] 不知首都重要性，安于现状，自满，怕斗争、怕矛盾。我们不怕矛盾，有信心克服矛盾，我们不是没有阶级，不是在矛盾中被消灭的一面。帝国主义包围，旧社会污毒垃圾，不适合于社会主义建设和改造的东西、

---

① 原稿为“矫”。

思想——阶级斗争，包括肃清三大敌人残余，资产阶级斗争。敌人破坏，旧社会污毒对我们工作人员的腐蚀。职权不能溜肩膊，像劳动工作人员，剥削阶级昏庸劳动者。贪污，资富（资［产阶］级、手工业者）国家物资，以次货顶好货。都属于旧社会污毒，不利于社会主义建设改造，必须消灭——社会改革运动的继续。“当差混世”。绝大多数工作人员好的，有一部分反革命、小偷、汉奸、骗子、流氓，人民污秽。

干部作风：全国以速度发展，首都以更快速度发展，而有些人固步自封，安于现状。领导上——计划性不够，计划是社会主义法则，一切按总的计划分头进行，我们国家特点，社会主义特点。资［产阶］级、小资级散漫，无政府。干部缺乏经验，领导不够，因而计划不够。只要有一个人贪污，有一件贪污事情，就要肃清。

一切工作人员，都应成为称职的工作人员，做好自己的工作，干部、教员、工程技术人员。从工业上，文教方面，关键的方面和其他方面，为建设伟大的中华人民共和国的首都而奋斗。

7月12日（星期一）

谈工作报告

工业：［正在］新建，［有发展］潜力。一批一批，不断的新厂建立和投入生产，改变国家性质，变为工业国。在都市计划、市政、劳动力方面，一切方面尽一切努力，一切可能，支援新厂。完成国家工业化。

另一方面，任何时候，总是主要部分，决定的。因此，改善已有工厂的管理，发挥现有设备的潜力，成为我们经常的中心（现在开工的［工厂］只一个，而解放后生产总值增加7亿，石景山钢铁厂……；建筑，去年23万人，现在14万，劳动生产率提高百分之七十，造价减低百分之十，等于新建一个棉纺厂）。

石景山基本没增加设备，［比］日本［侵占时期］、国民党［统治时期］，增加四、五倍。不断发挥潜力。很多同志关心新厂，是非常对的，但不是全部工作，长期方针，发掘潜力。改进技术，改善管理。地方工业：进城一次改组，[对] 资本主义改组，生产人民需要的 [产品]。机关生产统一管理。现在需要新的改组。

现在方针，改组发掘潜力的方针。人的条件，物的条件，需要集中领导的企业。工业落后的，将被淘汰。私营企业的不与国营企业有机结合，也会被淘汰，这样改组，才能发掘潜力。一部分改组，一部分还须 [再] 改组。互助合作，才能分工。现在需要新的改组。

克服落后：不要以为落后可令人原谅。产品应该是好的，廉价的，实用价廉。国家加工订货，要严格检查。减少、消灭废品。有废品不准出厂。大力减少次品。为削减次品废品而奋斗。次品应价格低。每种商品均应志上工厂牌号。工人技术用最进步的要求。

生产干部专业化：随着生产上的专业化，干部也要专业化，学习。不能凭资格吃饭。在培养 [干部] 的基础上，集中集体智慧的基础上，实行 [行] 政管理的一长制。队伍：工厂中有一部分坏人，不允许坏人混入。新工人多，应先经过训练。

7 月 13 日（星期二）

讨论建筑工作问题

董文兴：

分组：作业计划 4 人，质量（技术管理）8 人，劳动组织 5 人，定额 8 人，围绕计件，改进管理。

质量和设计院合起来检查。已知 13 个工地质量很坏。先找坏的总结教训。然后总结好的经验。定额：控制工资基金。

鲁恒：

先摸下边情况，准备全市计划，共 8 个人，总结摸情况，准备展览会，[在] 7 月。局内、局外推广方法（报纸），下去目的（解决）。不要挤在一起，动员公司力量，工作对象（工人）每个组都有点（据点）。

新东西很多。解决问题不少。没有有意识地推广，自发性。去年总结的先进经验没推广，工长还不知。本已有的，他还创造。技术革新 [的]，专心创造发明。计件工资开始后有了变化：工人要求迫切。

建立组织，召开训练班，开大会。关键性先进经验，训练班传达（五公司搞得好些）。四公司，大委员会，喊得凶，没劲。

问题：组织领导问题，没人负责；开会全到，头子都在；会散，只剩下牌子（行政为主，有的说要委员会）。小玩意，要集中力量鉴定。垂直运输问题，急需解决。已有的不用，改进设备困难。有些问题没研究，叫技术革新。干部不懂，空气不紧张。鉴定重大的问题，省下造价来。

彭则放：

28 人，3 个组。

二公司：小洋灰楼：缩短工期，隔音好，保证质量，节省材料。控制材料：发挥职能作用，被动转入主动，财务责任制，降低造价，节约干部。

五公司：文化部楼。“小工地浪费”，节约 27.72%。

沈勃：

发动大家初步检查图，根据汇报，下去摸底，设计人下去研究，四个人为核心。重点抓。

范离：

内部先开会，看有什么问题，找工人征求意见。业主开会，开会访问，书面 [报告]。

7 月 15 日（星期四）

市委会议

1. 通过四个文件。

2.1955 年市政建设计划数字。

3.1955 年工业生产计划建议数字（地方工业）。国家速度 10.6%，完成速度 11.3%，其中，合作社 136.4%，公私合营 64.4%，地方国营

36.9%，手工业 93.7%，私营工业 84.9%。去年产值 4 万亿，今年产值 3.6 万亿。

建筑材料：机砖占 42%，明年要求 170%（资金 600 亿）。私营工业，大型 800 户。连个体 31000 户，4 人以上 4000 余户，10 人以上 2131 户。

地方工业，现在共 72 个单位（有合并的），公私合营 15 个单位。除面粉外，其他增长 46%。连面粉，共增长 36%（比 1953 [年]）。

4. 中医工作问题。合格医师 1133 人，其中内科 984 人，外科 39 人，针灸 66 人，正骨 28 人，按摩 16 人。不合格的 762 人。共计 1895 人。四大名医：萧龙友、孔伯华、汪逢春（已故）、施今[①]墨。

7 月 20 日（星期二）

汇报建筑工程问题

彭则放：

降低成本问题：5000 间，加 2500 间，96500 平方米，造价 762 亿，7932/平方米。实际成本，土建部分 65 万元。105 天完成，干部 430 人，工人 7000 余人。11 月份，2400 间，冬季施工。

改进工程管理，重视成本工作；采用先进经验 101 条，使用 83 条，创造 33 条。1 万 3 千余平方米，总造价 97 亿余，降低 12 亿 7 千余万元（不包括水、电、暖）。–13.17%。

1. 先进经验。预制小梁，内墙基埋深提高，用废料，化粪池用预制小铺砖盖，保管沙子白灰。

2. 费用定额控制。料具交来就收，领去不问！经济定额。控制干部，干部工资基金。职能部门控制费用。新土地多花造价 4%。主体快速施工（免风雨停工）。经验：严格控制指标，职能部门负责掌握，发动群众，定期结算总结情况。

① 原稿为“金”。

3. 工厂化：生产集中，配件比较标准化。好处：①提高效率，改进技术。②利用废料，旧料，合理配料。③控制定额。④便于流水作业。⑤减低损耗。⑥不受工程进度的限制，保证质量，便于检验。⑦减少工地清理工。节省干部。⑧发挥机器效能，提高三倍。⑨集中使用工具、设备，可减少设备及技术人员，管理干部。⑩便于专业分工。工人固定，容易熟练。要加强管理。不要和工程脱节。

4. 限额领料。砖定额：522（计委），514（市材委），490（二公司）。用多少算多少，要多少给多少。手续简便，被动化为主动。材料管理，有人负责；材料人员和技术人员协作。要首先抓值钱而又大量的材料。

5. 预制小梁。[优点]：①便于施工，加快工期（没支柱）。②保证质量（整块楼板分别为坏钢筋）。③节约材料，11000 根，只用 8 立方米木料。④对瓦工质量好，上下垂直线准确，节省地方（可重叠预制），便于运输（轻），隔音防热力量强。⑤可大量出标准图。⑥节省洋灰。缺点：浪费电线管，楼板，墙身易渗水，减少空间面积。

6. 推行作业计划的经验。进度指示图表（工厂中 1 个月只有 2 天不开会），小组作业计划未推广。

7. 反对骄[①]傲自满情绪。有优点，同时有缺点。技术人员钻研技术，职能部门联系群众，要为工程负责。

* * *

中组部大楼：14000 平方米，233 亿，不包括水暖。1953 年完成 27 亿。6 月底止降低成本 15.8 亿。占 19.17%。

文化部大楼：3245 平方米，造价 71.2 亿（包括水、暖、卫）。6 月底 [降低] 28 亿三千余万，计划降低 13.5%，实际低 21.8%。

四公司：3888 亿总造价。计划利润 690 亿。完成造价 1130 亿，降低 23.6 亿，占 18.77%。

降低成本的原因：①采取若干技术上的措施，如洋灰一项在 12 亿中占 60%，其他几项占 3 亿多，共占 10 亿左右。施工方面研究设计，研究施工

① 原稿为“矫”。

图 3–9　中共中央组织部办公楼（20 世纪 50 年代）
资料来源：北京市城市规划管理局编：《北京在建设中》，北京出版社 1958 年版，第 65 页。

方法，与设计方面研究合作。②节省材料，减低消耗——工厂化。③材料管理。控制定额，各负专责。④控制各种间接费用，职能部门掌握，财务管理工作变成职能部门任务，各有专责，财务部门负责监督。劳动生产率提高了，应否降低工资基金？再研究。⑤技术人员的积极性。研究贯彻执行。领导干部重视和决心，工作困难，愿到工地去搞。技术人员领导了技术工作。党与行政、领导干部与技术人员结合，抓紧技术人员中的积极分子。设计人员和施工人员的结合，合作。⑥依靠群众。

7 月 29 日（星期四）

北京经济特点：

1. 工业生产总值，在全国、在华北占比？

2. 商业，营业额上升速度，与工业速度之比较，在全国，在华北，占比？速度与全国，与华北发展速度比较。

3. 社会购买力增长的速度，[与] 社会主义商业增长的速度比较。

4. 工业：小生产与大生产发展比重；手工业与现代工业发展速度；生产资料与生产资料发展速度；新品种增长的情况。

5. 工人队伍扩大的情况：其中，近代产业工人、大产业工人，变化的情况；大产业工人增长的速度，[与] 国家机关、文教、学生增长速度 [之] 比较。

* * *

一、旧北京——新北京（首都面貌在急剧地变化）

政治——人民民主专政，团结，镇反。经济——工业发展、工人发展，农业，社会主义成分增长。文化、教育——学校，科学研究机关，劳动人民文化生活，思想改造运动。城市建设——改变旧城市的面目，服务方针的改变，房屋、市政建设。变化的总结。

二、特点：经济形势，主要矛盾

经济的落后性和首都政治及文化地位，不相称。生产的水平——与消费者的需要，不适应（主要是质量问题）。面临经济建设与文化建设高潮——第二个五年计划工业化。

任务：①提高对工作的要求，克服工作中严重的官僚主义和干部骄[①]傲自满的差不多思想。继续提高人民的政治资格和干部的思想理论水平，加强首都社会主义建设和社会主义改造的领导。②不仅为政治、文化、经济中心，而且成为我国大工业基地之一。工业建设，基本建设的力量准备，迎接第二个五年计划的工业建设高潮。人民劳动观念教育，准备参加首都的工业建设（近代技术基础上改进，发展首都的工业）。③农业：为城市服务。首先合作化，机械化，山区改善生活。④文化、教育。⑤城市建设。

三、领导、思想作风

相应地加强、改变机构。

---

① 原稿为“矫”。

9月3日（星期五）

市委办公

1. 城市建设中几个问题。文教区。明年任务，今年提前。修平房[①]，建工局等。

2. 棉布供应。组织检查。应做工商界工作，工会中店员党、团员工作。

3. 工作分工。

4. 干部灾民家属来京。宣武区70家小店，1910人，从灾区来的451人。固安、涿州、新城、安次。不满情绪。西红门、小红门两村共400余人。

9月16日（星期四）

市委会议

1. 城市规划的若干修改问题。通过，报中央，中间有若干修改。[②]

2.1954—1955年度高等学校工作要点。

10月7日（星期四）

市委会议

准备建筑问题的一些材料。完成年计划的情况：建工局，华北三个公

① 原稿为“坊”。

② 1953年12月9日中共北京市委曾将郑天翔主持、畅观楼规划小组完成的1953年版“改建与扩建北京市规划草案”向中央呈报。由于一直未收到中央的批复，中共北京市委于1954年9月前后组织有关人员对1953年版规划成果作了进一步的修订，并于1954年10月26日将修订后的规划文件再次正式向中央呈报。

司，中央8个公司（共18个公司）。计划完成工作量41420亿元，到8月底完成21034亿元，占计划50.7%。窝工的情况：华北四公司，3月到6月，24亿。邮电部公司。

明年任务，突出写一下。几亿提出来。工厂，有些接了。接了这个，少修别的。有些问题，铺张浪费现象，写个专题报告。今后应注意什么。报纸上宣传，研究一下。

批评铺张，联① 系着宫殿式。我们不反对民族形式，研究如何批评。混合结构，盲目冒进，不要此话。

10月21日（星期四）

市 委 会 议

一、工业问题

解放以后到今年8月，从工人中提拔干部5326［人］（国营大厂）。

二、统一房屋建筑的意见

程［宏毅］：

从两年情况看来，逐步走向统一。许多问题与地方分不开，而绝大多数是给中央建房。有些问题，非与中央一块搞不行。统一的原则是对的。如何具体实现统一。逐步统一。一下都拿过来，不行。将来还得与中央有关部门一起干。将来还要具体研究一下，那些事情怎样搞。

刘［仁］：

今天问题是规划提到中央，第一期计划也提出去。几年来的确做了许多工作。今后如不有计划建设，可能以后感到缺陷很多。有些困难。不管什么原因，总是存在着这些问题。尽量及早克服这些缺点。许多问题要积极解决。六统，现在确有困难，分步骤统一。最困难之点，今天没提。统一设计，是在统一规划下分担设计任务。规划统一于北京市。统一审核。以

① 原稿为“连”。

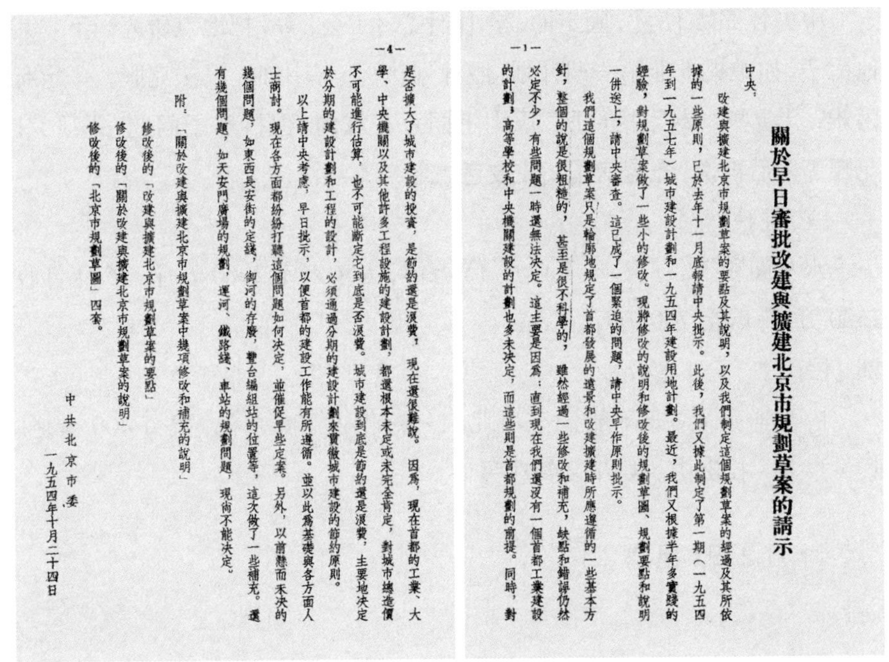

關於早日審批改建與擴建北京市規劃草案的請示

—1—

中央：

改建與擴建北京市規劃草案的要點及其說明，以及我們制定這個規劃草案的經過及其所依據的一些原則，已於去年十一月底報請中央批示。此後，我們又據此制定了第一期（一九五四年到一九五七年）城市建設計劃和一九五四年建設用地計劃。最近，我們又根據半年多實踐的經驗，對規劃草案做了一些小的修改。現將修改的說明和修改後的規劃草圖、規劃要點和說明一併送上，請中央審查。這已成了一個緊迫的問題，請中央早作原則批示。

我們這個規劃草案只是輪廓地規定了首都發展的遠景和改建擴建時所應遵循的一些基本方針，整個的說是很粗糙的，甚至是很不科學的，雖然經過一些修改和補充，缺點和錯誤仍然必定不少，有些問題一時還無法決定。這主要是因爲：直到現在我們還沒有一個首都工業建設的計劃，高等學校和中央機關建設的計劃也多未決定，而這些則是首都規劃的前提。同時，對

—4—

是否擴大了城市建設的投資，是節約還是浪費，現在還很難說。因爲，現在首都的工業、大學、中央機關以及其他許多工程設施的建設計劃，都還根本未定或未完全肯定，對城市總造價不可能進行估算，也不可能斷定它到底是否浪費。城市建設到底是節約還是浪費，主要地決定於分期的建設計劃和工程的設計，必須通過分期的建設計劃來貫徹城市建設的節約原則。

以上請中央考慮，早日批示，以便首都的建設工作能有所遵循。並以此爲基礎與各方面人士商討。現在各方面都紛紛打聽這個問題如何決定，並催促早些定案。另外，以前懸而未決的幾個問題，如東西長安街的定綫，御河的存廢，豐台編組站的位置等，這次做了一些補充。還有幾個問題，如天安門廣場的規劃，運河、鐵路綫、車站的規劃問題，現尚不能決定。

附：「關於改建與擴建北京市規劃草案中幾項修改和補充的說明」

修改後的「改建與擴建北京市規劃草案的要點」

修改後的「關於改建與擴建北京市規劃草案的說明」

修改後的「北京市規劃草圖」四套。

中共北京市委

一九五四年十月二十四日

图 3–10　中共北京市委向中央呈报修订后的改建与扩建北京市规划草案的请示报告（首尾页，1954 年 10 月 24 日）

资料来源：中共北京市委：《北京市委关于改扩建北京市规划草案向中央的报告及有关文件》（1954 年），北京市档案馆，档号：131–001–00010。

前没力量管。党内宣传部门要管艺术问题。完全不管不行。要有多种宣传帮助。

房屋分配，更麻烦。慢点，先把建筑管起来。首先把 1955 年问题提出来，也还是这几个问题。请来专家，准备必要资料。抽些干部，加强这个部门。准备翻译。

城市建设委员会，仿照过去莫斯科的。波兰、罗马尼亚，直属部长会议。像莫斯科性质的。和中央有关的组织委员会。如工业，我们没资料，可单独作一个报告。这个委员会需要组织起来。总顾问已向各部专家交代了任务，有我们部长参加，可以快些。1955 年任务不少，恐有 400 万。

国务院常务委员会可研究，正式向中央提出意见。如修建，拨款修民房，组织专门委员会，集中设计师设计。全国的精神、困难向中央提出。

中央各部修 [房]，固定的，全 [国] 总 [工会] 等，把地点研究一下。其他房子，如中央批准第一期计划，照计划执行。有困难，设法克服。一定有困难，灵活些。专家招待所，原则上同意在城内，但拆房子问题，需研究。花园等以后再说，先盖房子。主要考虑经济不经济。

三、征粮问题

水灾面积 32 万亩，全无收成 15 万亩，去年入库 2960 万斤。今年计收 2500 万斤，购粮 700 万斤。

刘 [仁]：

应与通州取平，不能低于河北。公粮收入 300 余亿，投资 400 余亿。收少投多。投资中买奶牛之钱应另计。

11 月 2 日（星期二）

座谈建筑问题

[蒋] 南翔同志[①]：

建筑不仅是艺术问题，而且是政治问题，[因为] 牵涉到国家投资，应置于党的领导之下。业务领导政治？政治领导业务？到具体问题上就有问题。有人认为，只有懂业务的人，才有发言权。

形式和内容 [的关系]。梁 [思成主张] “建筑艺术为人民服务”。还要加工程技术为人民服务，[要强调] 近代技术和建筑，艺术是在这个基础上发挥它的作用。工程技术对我们发生决定的作用，首先应考虑内容问题。

民族遗产承继问题。科学技术要接受，艺术则是可以变动的，时代不同，

① 蒋南翔（1913—1988），江苏宜兴人，1932 年 9 月入国立清华大学中文系学习，1933 年加入中国共产党，曾任清华地下党支部书记，“一二・九”运动的重要领导人之一。1952 年 11 月至 1966 年 6 月任清华大学校长，1956 年 5 月至 1966 年 6 月兼任校党委书记，期间曾兼任中共北京市高校党委第一书记、教育部副部长、高等教育部部长等职。1977 年后任国家科学委员会副主任、教育部部长、中央党校第一副校长等职。

形式也不同。我们现在有近代科学技术，可以比过去更雄伟。假使说一定要照过去法式，那就保守。审美观点，随时代而不同。梁［思成］认为建筑一定遵守法式，像语言学那样。但语言不是上层建筑，建筑艺术则是上层建筑，有阶级性。

中宣部，科学会议情况（李德耀）。

陈［干］、高［汉］文章[①]发表后，清华建筑系教授反对，要吊［唁］北京，"没落时代到了"。赵正之[②]反对拆三座门[③]。梁［思成］说此文不值一驳。林［徽因］说，选择性不够，一开始即把问题提错了。表面镇静，实际重视。［他们］说陈、高不敢写此文章，是薛子正同志写的。

建筑系教授，重视陈、高之文。梁［思成］、林［徽因］"提心掉胆"。"陈、高火气太大，对老教授不尊重"（团员）。

梁［思成］：对民族遗产看法，非古不行，最好秦汉。他说遵宋以前，上升的，雄伟，推崇，明朝略有下降，清代走向没落。"崇古非今"。木结构，他说比西方更聪明，西方用石头建筑，颜色淡，对木结构缺点未很好认识。说科学院设计图，中国味差，院子不封闭。

对吸取外国遗产，他主张吸取方法，不吸取具体东西，认为可以用翻译办法，这获得有些先生的同意。对建筑系的设计图，总从有无民族形式方面批判，不赞成吸取外国形式，说建筑系方向上有错误（吸取了外国形式）。

对拆除古物，［苏联］专家说保存古物有许多方法，不是什么都要保存。梁［思成］抽象地同意，到具体问题则不同意。［苏联］专家说，只保存最美

---

① 指陈干、高汉合撰《〈建筑艺术中社会主义现实主义和民族遗产的学习与运用的问题〉的商榷》一文，载1954年8月《文艺报》第16期。

② 赵正之（1906—1962），原名赵法参，1934—1937年任中国营造学社绘图员，1935年升研究生，1952年开始在清华大学建筑系任教。主要著作《元大都平面规划复原的研究》（遗稿）《中国古建筑工程技术》和《中国建筑通史资料（北京部分）》等。

③ 所谓"三座门"是"三座随墙门"的简称。在天安门前原千步廊的左右端和最南端，分别各有一座皇城城门，规制为单檐歇山式黄琉璃瓦顶红墙三券洞门，面向左边的为长安左门，面向右边的为长安右门，两者是皇城通往内城东西部的主要通道，明清时文武百官上朝多是取道东西三座门，并须下马步行而入。

图 3–11　北京长安街上原有的东三座门（长安左门，1950 年）及西三座门（长安右门，1952 年）

资料来源：北京市城市规划设计研究院：《北京旧城》，北京燕山出版社 2003 年版，第 104 页。

的、最好的，不是一切都保存。

宋、清《营造法式》。西方古典型范。清华建筑系学生，很受约束。（梁[思成]的思想拘束）。黄报青（建筑系）。

建筑系设计，先考虑形式，要内容去迁[1]就形式。脱离实际，对构图，对地形、自然条件，不大考虑。对经济方面的问题，不考虑。中国房子，是房子包院子，外国房子是院子包房子。脱离实际内容研究形成问题。

刘小石[2]：

建筑系思想问题：陈旧，反映新的不够，不能反映新的时代。没有服从经济上的需要，好看，[但] 花多少钱 [则] 不考虑。

设计时，思想 [要] 中国味道。中国比例，是木结构的比例。思想上高贵的很。"旧的是最好的。"团城，文津街。

政治领导业务 [的问题]，建筑系没解决。"喜欢艺术，而不喜欢经济、生活"。为艺术而艺术的观点。钻故纸堆，考证，愈古愈好，愈少愈好。教的老是那些东西，没兴趣。

"过去的东西已经够了。"

11月11日（星期四）夜间

彭 真 谈

建筑方面：今年要奖励一批单位个人，奖励面宽些，凡达到10%者，均奖。不要平均，有些人要批评，处罚，北京日报，登报，五天。

国营工厂：要部里给任务，市里提出超额完成计划，今年超额者奖，不好的处罚。

地方工业：主要是质量。墨水，奖励，登报，说明其进步，明年提质量标准，和最好的墨水比。奖一批提高质量的。定了货，提量的指标。提高劳动生产率，降低成本指标。

商业：召集机关、工厂代表，不能满足者告之。

---

① 原稿为"牵"。

② 刘小石（1928—2021），清华大学营建学系1948级学生，1953—1983年在清华大学建筑系任教，曾任建筑系党支部书记。1983—1986年任北京市城市规划管理局局长，1986年起任北京市城市规划管理局总建筑师。

卫生：阶级路线。资产阶级思想作风。老鼠多了，蚊子、苍蝇多，[今后]还少不了。[搞]打老鼠运动，打苍蝇。

学校教育：教员忙，功课重，作业[问题]。健康，近视眼，黑板，电灯，桌子。指导参考材料，准备修改意见，调查一下。

市政建设：提高劳动生产率，减低成本，提高质量，要求提出计划。明年企业化，公司分出去。提高30%，降低10%，找些材料。

三座门，拆了一个，留了一个，团城外边修桥。纪念碑，朝北。四牌楼，拆，四周盖大房子。城墙土能否烧砖？如能，先拆南边。[搜集]车祸相片。

* * *

1. 清华建筑系学生党员调出来，观看朝阳门、东西四牌楼、金鳌玉栋桥[①]的交通情况，把交通事故统计出来，叫他们绘图，算西直门行人浪费

图3–12　东四牌楼（1955年）

资料来源：北京市城市规划设计研究院：《北京旧城》，北京燕山出版社2003年版，第40页。

---

① 金鳌玉栋桥原名金海桥，又叫御河桥，俗称北海大桥。它在团城脚下，横跨于北海与中海之间。桥的两端原有明代嘉靖皇帝所建的牌坊，桥东牌坊的匾额是“金鳌”，桥西牌坊的匾额是“玉栋”，故称“金鳌玉栋桥”。整个桥身如同一条洁白无瑕的玉带，是中国古老堤障式石拱桥的典型。

图 3–13　西四牌楼（1955 年）
资料来源：北京市城市规划设计研究院：《北京旧城》，北京燕山出版社2003年版，第45页。

多少。

2. 莫斯科 30 万辆汽车。我们假如 [有] 60 万辆汽车时，交通怎样走？石景山，拖拉机、汽车生产出来时，城市应如何？

3. 不懂现实，不了解将来。学阀。

11 月 12 日（星期五）

谈建筑界思想斗争问题

清华建筑系的问题：

1. 建筑如何反映现实？

2. 为什么要民族形式？

3. 好坏由群众评定，还是由专家评定？

4. [什么是] 法式?

5. 民族形式,是否 [是] 大屋顶?反对大屋顶是否就为了造价贵?

6. 建筑是不是艺术?

11 月 15 日(星期一)

五年计划问题:充分利用原有的工业基地和积极地着手创设新的工业基地——首先充分利用现有工业基地进行建设。好处是:速度快、花钱少,收效容易,并且可以迅速提高和生长新的技术力量。

第一个五年计划的基本任务:①集中主要力量进行以 141 项为中心的工业建设,建立社会主义工业化和国防现代化的初步基础。②发展农业生产合作社,建立农业合作化的基础。③在基本上把私人资本主义工商业分别地纳入各种形式的国家资本主义轨道。建立对于私营工商业实行社会主义改造的基础。

*　　　*　　　*

古比雪夫:五年计划问题

五年计划的基本方针:

1. 速度。要使国民经济各部门都有着较各资本主义国家发展速度为高的发展速度。这应当贯穿在整个五年计划中(发展生产力和提高国民经济的技术基础)。

2. 生产力往哪里发展?保证提高社会主义部分对私人资本主义部分比重。

3. 保证社会主义工业现有改造各种社会关系的领导作用和指导作用。在农业方面,通过合作社过渡到社会主义的农业形式。

4. 改善工农的物质生活状况。在技术提高的同时,提高消费,提高文化生活水平,提高人们对社会主义建设的自觉性。

5. 国防的要求。

6. 要使国民经济的各个部门之间、工业的各个部门之间,保持平衡。

*　　　　*　　　　*

表 3–3　工业比重的变化

项目	1952［年］	1957［年］
现代工业的比重	27.3%	37.5%
国营比重	50.8%	58.7%
合作社营	3.2［%］	3.7［%］
公私合营	5.1［%］	22.1［%］
三类合计	59.1［%］	84.5［%］
私营工业	40.9［%］	15.5［%］

表 3–4　商业比重的变化

项目	1952［年］	1957［年］
国、合零售比重	33%	57%
私营（包括国家资本主义）	67［%］	43［%］

工业建设的速度：五年内，工业方面，限额以上的单位 615 个，其中中央 8 个部 525 个。五年内能够建设完成的 404 个，其中中央 8 个部 323 个。1957 年比 1952 年新增加的产值中，有 70%左右是原有企业增产，新建和扩建的只占 30%左右。

11 月 18 日（星期四）

市委会议：讨论五年计划

王纯同志传达：

一、五年计划的制订经过

五次。1951 年开始［制订］，1952 年 8 月、1953 年 1 月、1953 年 6 月（苏联会议）、1954 年 2 月多次修订。各地、各局、各部的［人员参与］编制，陈云、［李］富春同志主持讨论。

第五次与前几次不同之点：①总路线公布，五年计划解决的任务明确。②141项确定了。轮廓有了，骨干有了，速度提了意见。③经过四次［修改］，两度年计划，有些问题明确了，国民经济中许多问题暴露出来。

今后，小的调整会有，大的变动不会［有］。计划有准确的部分（国营工业），有不准确的部分（农业，私营工商业）。影响计划准确性。但要搞远景计划，无此，不能前进。做了长期计划，年度计划中还要调整。

二、基本任务的提法

总的根据总任务，十小步，三大步。第一个五年计划是一大步。概括为：集中主要力量进行141项的建设，配合较大的400余项目的工业建设，建立我国社会主义工业化和国防现代化的初步基础。发展农业合作社，建立农业合作化的初步基础。在［此］基本上，把私人资本主义经济分别纳入各种形式的国家资本主义轨道，建立对私人工商业实行社会主义改造的初步基础。

对农业和对私人提法，要求低了些，故又修改为现在发的文件。是否能完成？根据：①工农业指标是否合理。②基建进度，主要［是］141项［工程的］进度。③两翼改造［的］进行程度。④市场是否稳定。我们走重工业化道路，供不应求［的问题］长期存在。

三、各项指标及其变动

与原草案变动不大，主要计算方法变动，有些调整。工业，原16.3%，现15.5［%］，把手工业扣出去，在比算全国总产值时才加手工业。生产资料18.29%。生活资料13.5%。

工业产量。原油［从］158万吨增加到201万吨。汽油增加到641万吨。糖52［万吨］→55［万吨］。铁路：3300公里→3950公里。货运量2.3亿吨→2.5亿吨。建设项目：原615项。现又增加了些，［共］15项。一厂，一矿，算一项。一个联合企业算一项。只有东北四口井算4个项目。

农业：135万［个合作］社，增加到150—180万社。

四、五年计划中的几个问题

（一）执行结果的估计

工业上，现在看，还很紧张。每年追增15.5%，估计可完成。［从近］两年执行结果看，紧张。苏联算大型工业，我们把小的也包进来。1953 年速度，原计划 23%，结果 33%，1954 年原来 [计划] 17.4%，现估计可达 18.4%。1955 年 13.3%。这样看，每年能完成 10%，即可完成。因此可能完成，[或] 超过。1953 年所以快，带有恢复时期特点，同时有盲目性。今后原料、技术等不会像 1953 年，故以 15.5%为宜。从主要产品看，已不可能。五年速度，到 1957 年，141 产值只占 4.6%，第二、第三个计划 [期间] 才能全部投入生产。1957 年新建改建部分只占增加部分的 30%，老厂占 70%，故主要靠老厂（吃饭还靠老祖宗）。

工业基建来看：到明年，才完成 48.6%，51.4%靠后两年完成。基建工作组织性计划性不够，615 项可能有推迟的。1954 年以后速度上去，很不容易。

农业方面：最紧张，因灾荒未完成计划，基数也不大可靠。苏 [联] 1928—1950 年总产量提高 73%，单位面积产量提高 41%。苏第一个五年计划即完成集体化、机械化，化肥。我们化肥不多，合作社加双铧犁。苏联走一大步，生产上有些波动。我们分两步，合作化又分两步，波动较小。粮，到 1957 年增加 24.3%，棉 44.7%，增产不大。

交通：赶不上整个运输 [要求]。主要靠铁路，占 85%。141 项，集中于铁路附近，旧线负担量大。目前看，可以维持。煤的数量大了，即紧张。

社会主义改造的估计：都会超过。农业，150—180 万个 [合作社]，超过可能大，但不要冒进。私营工业、现代工业、大型 [工业]，大部 [分] 转为合营，建立基础。50 亿产值（低方案），争取 68 万亿。[从近] 两年 [的发展] 结果看，有问题，一是产供销，一是干部。如何领导？需吃一批，消化一批。

私商，前进一步，安排一步。前进一项，安排一项。不能说前进一项，稳定一项了。人和业务都包下来，这样，即前进快不了。弄不好城乡受困。1957 年，私商零售占 43%（21%为经代销，自销占一半，自销主要是手工业的）。

（二）生产与投资合理否

农业投资是否太少？粮棉速度，与消费及出口任务 [是] 平衡的。但保证性不大。库存 255 亿斤粮，1957 年可达 450 亿斤。粮食销售，如遇灾荒，后备力量只可抵五、六个月。公油 1 人增 1 斤，要 2000 万亩土地。棉花，单位面积提高到 38 斤，比较困难，但要争取。办法？在高产量地区增产。增加播种面积，只能适当扩大。棉区首先合作化。

农业增产，三个办法。①开荒，全国可开之荒五亿亩。每亩 200 斤，可打 500—1000 亿斤粮食。十年之内开不了。需 25 万架拖拉机，1000 万吨油。15 年还差不到 1500 万吨。要修铁路，到新疆，4000 余里。第三个五年计划，2—3 亿，争取 4 亿。②修水利：全部水都存起来，可灌 2 亿亩。可增产 200 亿斤粮食。③合作化。增产 15%—30%，可达 1000 亿斤粮食。花钱少，收效快。开荒 5 亿亩，投资 25 万亿，3 万拖拉机，修铁路 70 万人。每年增加 80—100 亿斤粮食。

农业投资不少。国家 40 万亿，农贷 10 万亿，军垦 5 万，救济 5 万，根治黄河淮河 5 万，共 40 万亿。另外，农民自己有 200 亿资金（统计局统计 [为] 114 万）。共计 300 万亿。

工业。轻 [工业] 和重工业之比，1∶6[①]。生产和消费的投资比重为：7.3∶1[②]。轻工业是否少了？不少：①潜力大。②原料赶不上。③主要靠重工业及农业，这些解决不了。④手工业做补充。⑤投资潜力还有（公私合营公积金）。⑥建起来快。

重工业与重工业 [内部构成] 之比：国防突出，石油落后，煤电紧张。首先搞国防工业，国防工业带头，把各种工业带起来。石油工业，主要资源不足，大力赶。[加快] 电、主要装备 [生产]。

工业与铁路：投资比数量低。任务比苏联重。原来单价打得低，现须增加投资。老线任务大。为保证 141 [个重点项目][③] 建设及国防，修新线，任务紧张。

钱，还可以提出第二个方案。

技术力量与建设规模：工业，交通，[需要] 用人员 39.5 万人。毕业 [生] 25.6 万人，不够。还有质量、门类、口径 [问题]。

---

① 原稿为“轻 1、重 6”。

② 原稿为“投资：生产 7.3、消费 1”。

③ 即“156 项工程”。这些项目分批次签订，前两批共计 141 项。

只能这样定。按比例发展法则，各国有时不同。我们是工业带头，其他赶上。重工业带头的比例，紧张，吃力。两条：保证工业，削减其他。紧张，不能破裂。

（三）财政方案

五年收支 1268 万亿。还有些增长的可能，但不会多。打满了。开支是否能少？军事，人可少些，现代化花钱更多。政费，包的政策，不会减。工业投资，可能突破。收入不能增加、开支不能减少。准备费只 38 万亿，占 4%（苏联 5%）。

防止：盲目冒进，有钱不用。一方 [面] 保持预备费，一方 [面] 准备第二方案——有钱时 [增] 加一些。保持 38 万亿预备费，不会犯左犯右。

（四）购买力——市场问题

保持供应平衡。购买力 500 万亿（[19] 57 年），供应 460 万亿。不足 40 万亿。投资周转慢，生产许多非消费品，又向农民收购多，供不应求在短时间不可避免。差额必有，但要合适。

办法：增产，先满足农村，增加农产品出口（棉花），进口工业原料，公债，储蓄。工艺品提价，农业品降些（在人民生活稳步上升的基础上，可以调整）。以上办法，可以大致解决差额。几年内逐步解决。

11 月 19 日（星期五）

市委会议——讨论五年计划草案

赵：

计划的根据，没有说明。

1. 工、农业比例问题。粮食比例，农业速度能否完成？合作社增产有虚假。商品粮食增加的情况。我们：合作化加双铧犁。苏联：机械化、化肥。第一个五年计划中，发展重工业的投资中，为改造农业的投资是否少了？给农民的煤只占十分之一，是否少了？至少要多给点煤。多给农民点生产资料。

2. 发挥个体农民的生产积极性。物价不准备降低，工业品准备增点，农业品准备减价。余粮征购。人民民主国家都固定。对农民积极性影响。对人民需要，尤其是对农民需要的研究。

3. 问题：别的国家均降低物价，我们没有。劳动生产率与工资问题。

贾：

五年计划执行，到一厂、一市，无具体奋斗目标。计划应有说明。如何保证五年计划实现？有分别的 [措施]，缺总的措施。

表 3–5　新中国成立后北京工业速度（全部，包括大小工业在内）

年份	1949	1950	1951	1952	1953	1954
工业速度	100	192.8	203.3	119.5	144.3	103.3

速度达不到。

刘 [仁]：

速度。苏联，平均每年 20%增长。苏联比我 [国] 快，为什么？苏联工业基础大，我国小。

彭 [真]：

北京工作，不搞自己的。参考资料，提出问题，不解决问题。

劳模，不够 [条件] 者不提。提起来，经常提醒之。市政府，增几个，提几个。对中央，不要 [随便报告]，“无事不登三宝殿”。局长不要兼职。王林，房管局局长。刘仲华，回园林管理局。

*　　　　*　　　　*

苏联第一个五年计划中关于工业的基本建设

一、基本建设的效果（古比雪夫）

苏联第一个五年计划，基本建设投资 70 或 80 亿卢布。力求使这些资金在五年之中发生尽可能大的效果。百分之八十九的装备，百分之八十九的将要进行的基本建设，在这五年之中将发生自己生产上的效果，将起实

图 3–14　和彭真同志一起接见公私合营群众代表（1956 年 1 月）

际作用。只有百分之十一，才转入以后的几年中。中心问题是：降低建设成本，降低生产成本。

二、基本建设上的浪费现象

建设费用超过原来的预计数字。必须简化建筑物的形式。不要像看庙堂那样来看工厂厂房。不注意技术上已有的成就。用不着[1] [全都是] 坚实牢固的房屋，墙都很厚，地基很深，铁筋柱子，也要房子很华丽。五年中，把建筑费指数降低 30%，如不降低，则计划落空。

生产成本降低 26%，[则] 劳动生产提高。第一个五年计划 41%，第二个五年 [计划] 62.7%。第一个五年计划结束时，35%的工业产量是新企业产生的。第二个五年计划结束时，80%的工业产量是新企业产生的。

三、基本建设的投资方向

“将重点放在生产资料的生产上是正确的，但同时必须估计将国家资金过多地积压在必须经过多年才能在市场上销售产品的大建设上的危险

① 原稿为“住”。

性。同时，必须注意，轻工业周转较快，可以在发展轻工业的条件下，利用其资金从事重工业的建设。”“在工业方面，必须注意：新建工业单位数量极其之多，时间的关系，要注意到把过多的资金，用在过于广泛的基本建设战线上，而长期不可能实现其价值的危险性。”——五年计划指示。

重工业建设的目的：在最短期间提高苏联经济实力和国防能力。重点：电气化计划，黑色及有色金属，特别是五金部门，化学工业，特别是人造肥料、煤炭、石油、一般机器、农业机器、造船、电气工业、采金等。

问题：①速度，是快是慢？②城乡关系，物价问题。③城乡事业问题。（苏联是发展用劳动力多的农业作物，精耕细作；七小时工作制，三班制，多吸收工人）。④如何更多地积[1]累资金？⑤各地区间项目比重，投资比重。⑥比例，按什么［标准控制］？

11 月 23 日（星期二）

市委会议——讨论五年计划

北京，中央国营工业每年平均 22%（1952［年］为 100），地方国营 24.3%。私营工业能不能保持 7%的发展速度？

刘［仁］：

对首都问题，五年计划上没有反映。1952 年以前，计划在北京的工业、项目较多，曾扩建钢铁厂，建立汽车厂。后来没了。据说有争论：首都守不守？主席讲：首都 400 万人，产业工人 40 万人。第一个五年计划 10 万人。做为首都，必有工业。不只轻工业，还须有重工业。首都，现在气氛不对。小资产阶级空气。

［争论的视角］不是工业资源，主要是考虑战争。第一个五年计划，看不出首都做什么。远景计划也没什么。从战争观点、和平观点，都须讲清楚。

① 原稿为“集”。

11 月 24 日(星期三)

曹言行局长谈

[苏联] 专家意见：

一、对文件的估计

二、第一期建设计划与总体规划的联系

需有万分之一的总体规划图。在万分之一的总体规划中，应包括第一期建设计划，十年或十五年。[内容包括：] 建筑层数分区；公共福利设施；市政工程设备；造价概算。在此基础上，做三年建设计划。

总体规划和十年计划，由部长会议批准。三年计划，由市苏 [维埃] 批准。总图可能变。第一期也可能变。文教区、车站，未定。

三、应确定三年计划的造价概算、施工力量、建筑材料

[城市规划的] 现实性。要以下概算：住宅、文化福利设施；工业建筑概算；铁路；行政、经济机关；公用事业；拆房；施工组织的附属企业；建筑工人宿舍。

此外，做出单独地区建设造价 (重点地区)。建筑材料，主要 [品种]、数量。各建设单位应提出三年计划。实际指导各项建设的，经济计算应详细、正确。

四、城市职能分区与 [建筑] 层数分区

在总图上已基本解决。目前很多机关要把办公房与住宅建在一起，本位主义原则，与城市建设计划不一致。

沿干道房屋太高，中间太低，将不能取得协调。实际建筑情况与规划不一致。

五、用群体布置方式

二千分之一或一千分之一的详细规划图，和五百分之一的立面图。按干道或区域组织设计小组 [的规划工作模式]，即将来干线工作室的萌芽。群众设计，已做了一些，应继续这样做。详细规划，分两个阶段审查。

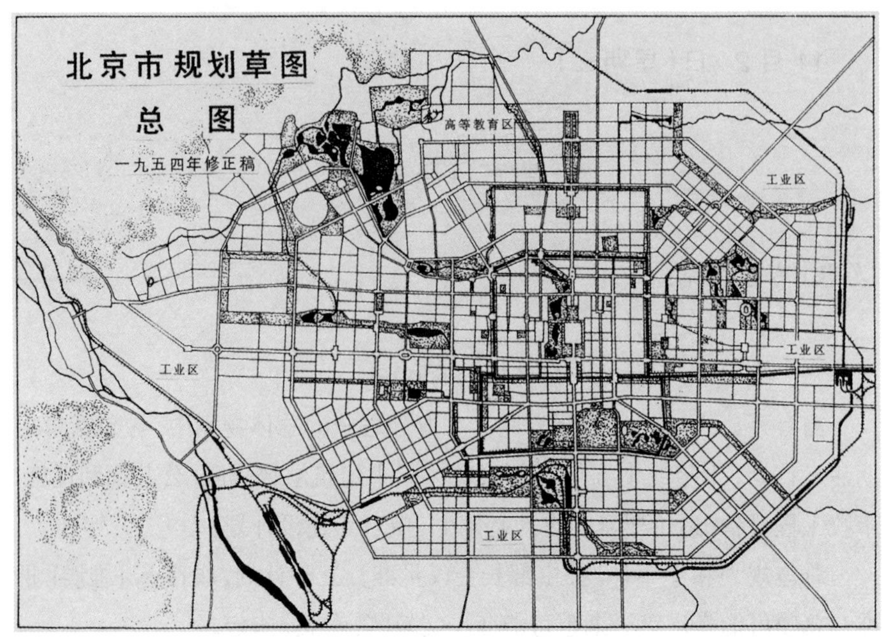

图 3–15　中共北京市委 1954 年 10 月向中央呈报的北京市规划总图修正稿（重绘版）
资料来源：董光器：《古都北京五十年演变录》，东南大学出版社 2006 年版，第 29 页。

六、应注 [意] 的问题

高层建筑多，建立集中供热，建立区域性热电站，煤气热水区域供应。旧城改建的经济计算。工业建设，初步布置。旧城改建与扩建相结合的方针。对总体规划、分期计划深入研究。

七、结论、建议

同意计划的原则，继续做下去。对各项建设造价，进一步研究。详细文字说明，[作为] 附件。供热、电力、电讯，重视，做原则上规划草图。集中供热，煤气供应计划。绿化、河湖、公共福利设施布置图草图。铁路改建、交通运输。

天安门广场，进一步制定改造方案，并做出改建决议。尚需考虑总体规划中的问题，如地下铁道线路走向、城墙是否保留。

八、北京工业发展问题

规划者对工业发展估计不足。工业中心。城市血液。石景山是首都发展标志。北京规划与作为工业中心来说，不够。对工业区疏解不够，尤其对石景山。

建委意见：①分散，应再集中些。②北京收集各建设单位项目。③组织设计小组。④文化福利设施、公用事业统一布置。⑤公用事业投资计划，差6000亿。

*　　　*　　　*

植树计划

宜林面积300余万亩。小西山地区——包括香山、卧佛寺、八大处、北安河、温泉、黑山　、石景山、三甲店、军庄、龙泉雾之间的山区。总面积15万亩，其中耕地6万余亩，林地2万多亩，尚有宜林面积7万余亩。争取3年（1957年）完成绿化。京西矿区1000［平］方［公］里。争取在第二个五年计划中完成。

小西山15万亩。现有成林6400余亩。新造幼林4600亩。群众造林7200亩。不能种地［的］农田大于61000余亩。可造林地70000亩。每亩造林495株，共造3465万株。

经费680亿元。其中1955年213亿元，1956年242亿元，1957年225亿元。

11月25日（星期四）

国家建设委员会讨论北京第一期修建计划

蓝[①]田：

［苏联］专家：①十年修建计划；②三年修建项目，造价；③修建计划——办公宿舍在一起；④修建地区的详细规划；⑤安[②]排十五年的工业

① 原稿为“兰”。

② 原稿为“按”。

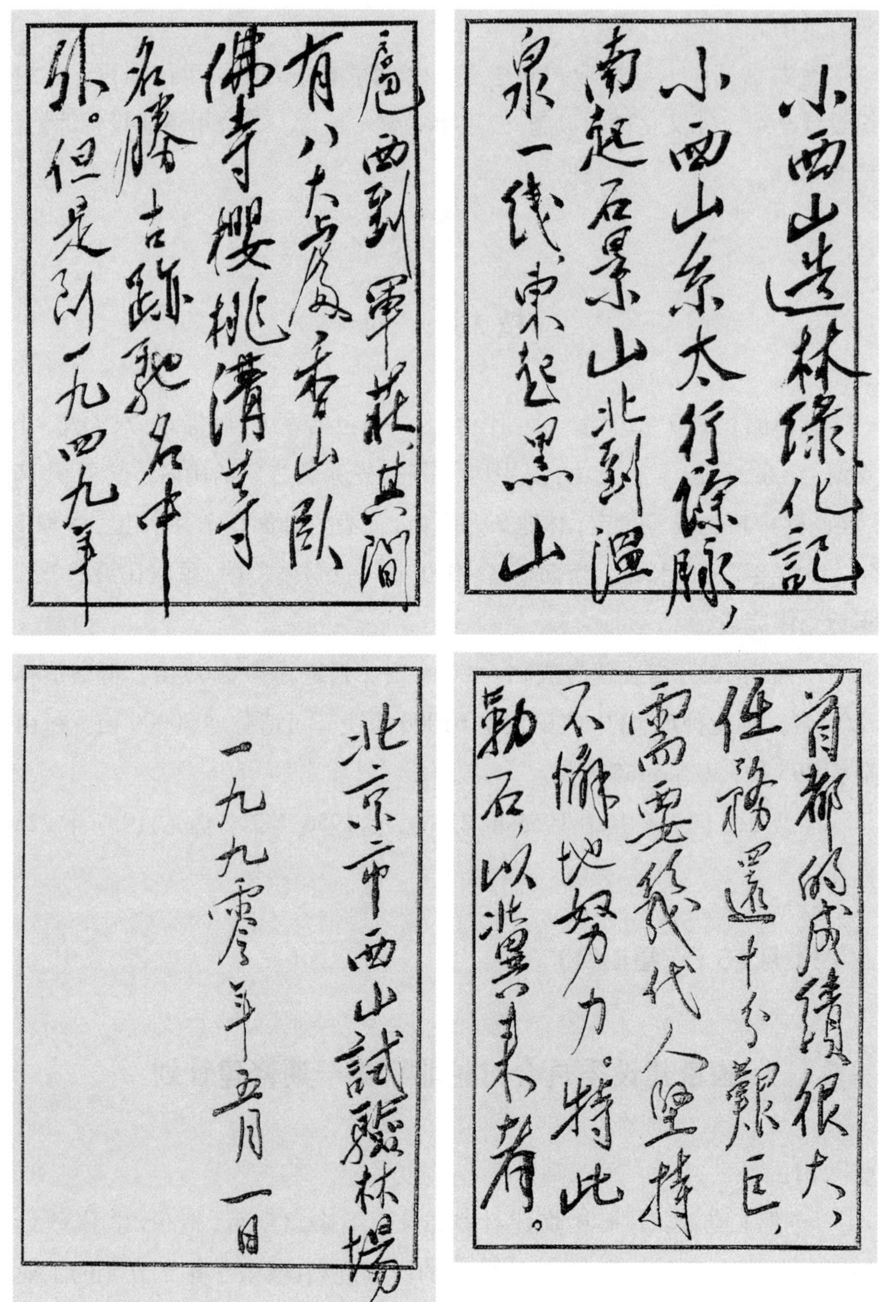

小西山造林綠化記
小西山系太行餘脈，
南起石景山北到溫
泉一線，東起黑山
扈西到軍莊，其間
有八大處、香山、臥
佛寺、櫻桃溝等
名勝古跡，馳名中
外。但是到一九四九年

首都的成績很大，
任務還十分艱巨，
需要幾代人堅持
不懈地努力。特此
勒石，以冀來者。

北京市西山試驗林場
一九九零年五月一日

图 3–16　郑天翔为北京西山试验林场题记《小西山造林绿化记》（1990 年 5 月 1 日）
注：上两图为开头前两页，下两图为结尾两页。

项目。

建议四点：

1. 建筑地区，十五、六块。如集中修建，地区分布可缩小些。旧城改建尽可能集中在一、二条街上。旧城内几个地方：朝阳门大街，新街口，西什库。外城，距繁华区远，带扩建性。是否作为为重点？城外，成街成片建筑，再紧些，[包括] 西颐路两侧、三里河地区、木樨地到公主坟。东郊，小工业住宅，尽量联成一片，防止办公、宿舍、工厂建在一起。收集近三年建设项目。

2. 按干道设计，成立小组。

3. 建设住宅 [的] 同时，对文化福利设施统一考虑。

4. 市政工程、公用事业计划，逐年核定。

曹 [言行]：

城市规划，应肯定。工业问题 [再研究]。[建] 周转房屋。业主多，须投资统一（有计划的发展，[克服] 无政府主义）。任务确定迟。[研究] 房屋分配制度。公用事业投资，1955—1957 年 13000[亿元]，北京计划 19900[亿元]。

薄 [一波]：

周转房 [建设问题]，向财政部 [提出]。

北京第一期建设计划，北京市已研究了很长时间，计委也研究了许久，[向苏联] 专家也征求过意见。虽不能像苏联那样，在我们说，是比较完美的。假使没这个框框，则会继续乱下去。不是谁愿意乱，各部门需要房子。问题在于需要个框子，虽不完善，总比没有章程好。

建议中央基本上批准。认为在今天，不可能提出比这更完善的东西。对专家意见要重视，不一定每一条意见都对，但原则、方向是对的，把这份东西做为附件送中央。

目前采取防止继续盲目扩大 [的方针]，收缩。要集中。在城内，3 年内搞出一条街来。在城外，收缩，填空子。明年不一定能上这条轨道。1955 年准备，1956 年上轨道。城内搞几条大街.东西长安街，把这条街放好。城外，也收缩一些，[包括] 文教区，集中起来。三里河区，成街成片，收缩周围，应多干线。

为此，需有些措施：办公室、住宅，分开。文化福利设施，集中搞，如育

图 3–17 展宽后的东长安街（1950 年代）
资料来源：北京市城市规划管理局编：《北京在建设中》，北京出版社 1958 年版，第 112 页。

英小学。大学［分散点］尚可原谅。中、小学可以搞两班制。中学应盖到住宅区，小学更应与住宅近些。这种不合理，还有其他原因，定下这类原则。

建筑礼堂，不合适。几家合盖一个，一家盖一个，都盖不好。谁来搞？应组织委员会，需有个权力机关和一个有威信的机关。应当有首都建设委员会。北京市首先［组织委员会］。

给多少钱，是计委之事。几条干线，要成立专门设计小组，首先是天安门规划。从明年以后，哪些部盖房？林［业部］，地方工业部……把部摆下，逐年建设。统一建筑，统一调剂[①]。

1955 年仍会混乱，收缩。过去没经验，现在定下来，明年［还］不能实行，后年实行。文化福利，在建设街道中须考虑到。发觉了错误，即修改。如永定河水，肯定给北京市，22 亿［立方米］水原则确定全部给北京。需有规划。

① 原稿为“济”。

11月27日(星期六)

谈建厂工程

情况:718 [厂] 图纸,明年还没把握。今年问题很多。212 [厂] 明年任务未定,782 [厂] 明年12000平方米,此两厂宿舍指标未定。明年,782 [厂]、774 [厂] 图纸较有把握。

材料、规格,今年均未提出。铁路运输,明年第一季度忙,需今年冬天运一些。有些标准不一致。施工方面,临时锅炉房摆的位置不对。

718 [厂] 马路问题,[和] 许京[①] 骐 [研究]。

11月29日(星期一)

董文兴同志去东北参观记[②]

[赴东北参观一行共]38人,每个公司3个人 [参加]。[主要在] 长春 [参观],东北建工局 [接待],[建工部成立有现场] 直属 [工程] 公司,[我们主要了解了其] 计划、技术、管理、干部教育 [情况]。

[长春第一汽车制造厂建筑工程] 厂房30余万平方米,福利区40余万平方米,干部7000人。[建工部直属公司] 主要担负厂房 [建筑] 任务,福利区 [建筑任务] 由长春建筑公司担任。1954年1月份[③] 成立。去年基本是准备工作。干部,去 [年] 冬 [天] 陆续派去的。设计 [由] 国外 [负责],

---

① 原稿为“景”。

② 董文兴，时任北京市建筑工程局副局长。1954年10月22日至11月13日，董文兴带队到长春第一汽车厂工地参观学习，北京第六建筑工程公司参加人为刘导澜、谢永龄和胡世德。详见：胡世德：《历史回顾》，内部资料，2008年编印，第34、234页。

③ 原稿为“分”。

边[①]出图边施工。要求：三年建厂，培养干部（三套），积累经验。各地均派干部去实习。今春混乱。公司突出地抓计划管理，保证进度及技术管理，保证质量。学习苏联先进经验，业务水平提高，也抓得紧。不断到鞍[②]钢学习。政治思想工作也突出，6 月以来，月月评比，科室也参加。通过竞赛，改善管理，完成任务。

计划管理，首先抓施工组织设计。施工组织设计的性质、作用，比较明确。施工组织设计和年度财务计划的关系，技术组织措施大纲。“计划”——什么时候，什么地方，花多少钱，解决经济指标问题。“施工组织设计”——如同意看管，大师傅的事情，先上什么，如何摆法。“措施大纲”——针对问题及经济指标要求，编出大纲，以指导“设计”“计划”。“设计”——不仅解决施工准备，而且指导施工。

按边设计边施工特点，来编施工组织设计：一年度的，单位工程的，分部分项的。提纲从理论上说分三段，即初步设计、技术设计、作业设计三段。他们搞了两段。图纸不齐，编分部分项的施工组织设计。很详细，并有图解。注意总平面图的管理——设有总平面图管理组，增加建筑物，必须批准。月旬作业计划、经济计划，也是技术计划。作业计划要满足施工组织设计的要求。先进经验打乱部[③]署时，必须经过核定后再推开。

计划管理：中心是抓月旬作业计划。为计划准确，实行六查：查图纸（十五天前没引进，不能列入下月计划）、查半成品、查材料、查机具、查劳动力、查技术疑难问题。有六查表，报到公司。下达指标早。每月 10 日前，下达下月指标，这样，六查与群众相结合。

计划的周期长，容易周到。各种平衡。机器材料、半成品、劳动力，如不能解决，则另找措施。如不能解决，即不列入计划。平衡方法，月、旬、日平衡。中央建统计。昨天进度，今天上午 10 点即送到经理、总工程师、专家那里。

调度作用。主要监督进度，不代替业务部门，只是监督。机构设备健全。

① 原稿为“编”。

② 原稿为“安”。

③ 原稿为“布”。

三看：上午八时，看开工没有；中午十二时，看一次；下午四业看完成如何。三抓：抓计划，抓重点，抓薄弱环节。

对计划的检查：除每天调度外，旬、月均进行检查。对完不成计划批评严格。完不成计划，要授点经验。这旬完不成的，不许列入下旬计划。计划交底，向工人交底。10 天的 [任务要] 3 天做 [完]，说清楚是为什么必须在那一天完成。工长均有旬计划，上旬计划要相当于月计划 40%。前边完成好，领导上可以从容考虑下月计划，日计划要占月计划 5%。

技术管理——保证质量。施工前对原材料试验，没有试验室化验单，不能用。对加工厂成品检验，需技术检验站证明才能用。新产品试制。施工准备中，审查保证质量措施，测量科对放射线、标高等进行复查。施工过程中，群工自检。无自检卡片不发工资。技术监督处，独立，有 500 余人，甲、乙双方共同搞，行政干部当技术监督站长。操作规程施工记录。竣工验收，分部分项验收。二号表，技术监督部门不签字，不给钱。

贯彻专家建议。每天有日报表，专家工作室，集中专家建议，当作命令执行。[设计] 专家、施工专家均在乙方工作。高级技术人员技术研究会。工区有技术交流会，总工程师主持。推广先进经验。

工厂化、机械化。工厂化占 50.94%（总造价）。900 台机器，2 万匹马力的动力。设计中规定。施工组织设计中考虑。工厂土建矛盾如何解决。附属企业服从土建需要。计划服从土建计划。通过月旬计划平衡，强调计划不强调合同。工厂工作不均衡。工厂没有专门上街的，了解土建需要。机械，定期检修保养，机长，定额。

总结经验，培养干部。对职工教育方法有 30 多种。文化学习，专门学算术。俄文班。技术夜校。清华大学教员讲建筑的组织与计划。师徒合同训练班。理论学习等。政治工作：如何抓生产。党、工、团，熟悉[①] 生产情况。竞赛，面广，经常 [组织]，科室月月评比。行政全面领导。

观感：①培养干部、提高业务水平问题，[我们] 这方面做得不够。②工业，是推动工作动力。我们进步不快，还有自满偏向。③领导，集体领导。

① 原稿为“习”。

经理有两种分工：按业务，按问题。④教育问题。输送干部问题。⑤加强二公司问题。⑥请专家。利用在北京 [的] 三 [位苏联建筑] 专家。⑦设计、标准化，为工厂化做准备。

12 月 1 日（星期三）

二公司工作情况讨论

苏明：

明年任务情况：

1.774 [厂]1200 亿造价，718 [厂]967 [亿造价]，738 [厂]200 [亿造价]。今年跨年度，公司基本建设 300 亿。共 2500 余亿。12 月份或 [1955 年] 1 月份，订总进度合同。明年，前松后紧。争取提前开工。

2. 施工组织设计。总平面布置图，原来分散，现在集中。延长铁路，修道路，标高未定。要求道路在冬季修好。自来水 [供应]。

3. 搭架子，组织机构，反对平行设科，强化主任工程师责任。干部管分包，已有孟庆祥去。小单位合并成处。领导核心。

4. 生产秩序。718 [厂] 不能按预算办，实报实销。工人骨干，把各公司支援的扣下。天津有一个私营厂子，电工，搞电气安装（技术人员冬季训练）。

5. 经理分工。杨、李。12 月中旬杨 [外出] 去参观。

6. 计划完成情况。福利区，争取完成 11 个单元。774 [厂] 可超额 5%。设计人员，要求二 [机] 部派人在场。

7. 总包、分包问题。

李：

718 [厂] 情况：到 11 月底 [完成] 116 亿，占 214 亿之 54%（214 亿工程项目，还不确定）。

进度完不成：①图纸拖了，也能赶上去的。②图纸拖了，不能完成。③到现在图纸还决定不了。工程项目不明。

抓计划，建立逐级生产会议。建立各级领导核心。工区、工段、党政工团组成核心。从制度上贯彻专家建议。

*　　*　　*

待办工作：

1. 工厂需要的市政设施。

2. 工厂安全保卫工作——冯。

3. 许京[①]骐，718 [厂]、774 [厂] 道路冬季施工。

4. 卫生部专家来市委。

5. 佟铮：各部永久地点，再开会。王叔文下水道设计。

6. 建筑业冬训。请教授讲话。

12 月 2 日（星期四）

市委会议

[研究] 1955 年市政工程计划。

刘 [仁]：

明年，3336 亿。明年集中力量解决永定河引水问题。永定河引水最主要目的，是为解决工业用水。其次，经济地利用剩下之水。用大力争取 1957 年完成引水。需请水利部大力帮助。用一切办法缩短时间。明年列 200 亿。如工程发展快，可把其他工程停下来搞引水。集中力量去搞。

马路，集中力量打通东西长安街。因第一期计划，要集中改建。往复兴门的路，要在这里做工作。

北海大桥 [交通问题]，设法解决。方案提几个。保持团城 [原貌]、不保持团城 [原貌]、从团城北边走，3 个方案。

朝阳门、阜成门、东西四牌楼，中央已批准拆除，在 1955 年实现。就是

① 原稿为“景”。

图 3–18　北海大桥（原金鳌玉栋桥）旧貌（大桥两端的牌坊尚未拆除，1950 年）
资料来源：北京市城市规划设计研究院：《北京旧城》，北京燕山出版社 2003 年版，第 117 页。

图 3–19　改建后的北海大桥和团城（1956 年）
资料来源：北京市城市规划设计研究院：《北京旧城》，北京燕山出版社 2003 年版，第 94 页。

图 3–20　团城及北海大桥鸟瞰（1956 年）
资料来源：北京市城市规划设计研究院：《北京旧城》，北京燕山出版社 2003 年版，第 94 页。

为着交通。现在不在报上讨论，在市 [政] 府委员会通过后拆。报不报，请 [张] 友渔同志考虑。

其次，再搞朝阳门外马路，修工厂区下水道，处理池，技术上慎重。西车站不是我们主动要废除。公园，挂个牌子。

12 月 8 日（星期三）

建筑 [工程] 座谈会

设计院，今年能完成 100 万平方米。其中，标准设计 30%。其中，R.C. 钢架 4%，混合结构 92%，砖木结构 4%。其中，四层及以上 60%，三层及以下 40%。其中，院校 18.5%、招待所 18%、医院 8.9%、办公楼 16.6%、宿舍 15.1%、公共建筑 3.7%、中小学 11.6%、其他 7.6%。

力量：技术人员 373 人，其中工程师 91 [人]。技术员 96 人、助理技术员 21 [人]、实习生 77 [人]、练习生 88 [人]。明年力量：杨宪林增加 17 人，训练初中生 108 人，共可达 496 人。

准备接受 110 万平方米，做设计预算，下工地，按三段设计，故增加的工作量不大，其中标准设计 [占] 30%。任务情况：结构 R.C 钢架 10 万平方米，混合 95 万平方米 [占] 86.3%，砖木 5 万 [平方米] [占] 4.6%，层数，四 [层] 及以上 [占] 70%，三 [层] 及三 [层] 以下 [占] 30%。

已接受任务：进行设计的 12.6 万平方米，已批准者 20.5 万平方米。市里再搞 20 万 [平方米]，周转房 20 万 [平方米]，中央房委 20 万 [平方米]，首都高校 15 万 [平方米]，苏联大使馆 3 万 [平方米]（实际顶 10 万 [平方米] 任务）。共 118.2 万 [平方米]。措施：搞干线规划，标准设计，材料规格定下来。目前：定任务，排队。

当前施工情况（谷）：1954 年全市任务下达了的，385 万平方米，包括 1955 年 27 万 [平方米]，1953 年跨过来 66 万平方米。建工局另有 30 万 [平方米] 没开工，没图的。共 415 万 [平方米]。

建工局接任务 195 万平方米，内包括 30 万 [平方米] 没开工的，开工的 165 万 [平方米]，包括 35 万 [平方米] 跨年度。市各局，共开工 299 万 [平方米]。中央各部开工 83 万 [平方米]。华北三个公司，开工，49 万 [平方米]。军委公司开工 49 万 [平方米]。私营企业，开工 17 万 [平方米]。共开工 385 万 [平方米]（11 月的数字）。

完成工作量，310 万 [平方米]（到 12 月底预计）。建工局 130 万 [平方米]，市各局 17 万 [平方米]，各部 70 [万平方米]，华北 40 [万平方米]，军委 42 [万平方米]，私营 12 [万平方米]，共计 310 万 [平方米]。跨年度 75 万 [平方米]。其中，建工局跨 35 万 [平方米]。还有 30 万 [平方米] 没开工。

材料情况：砖，今年生产 8.5 亿 [块]，年底存 1.5 亿 [块]。上半年砖缺。1955 年，生产 10 亿 [块]（劳改 4、地方局 6），调 1.5 亿 [块砖]（从保定 8000 万 [块]，通州 5000 万 [块]，一、二、三季度）。第一季度只能调来二千万 [块]。除库存外，明年能用者 10 亿 [块]。到 6 月底，能用之砖只有 5.5 亿 [块]，每平方米 [需要]300 块砖，10 亿 [块] 可盖 330 万 [平方米]，除工棚、围墙等外可建 300 万平方米，和今年情况一样。另外，私人生产

5000 万块，未计入。

砖的情况：红机 5.2600 亿块，兰机 9.46 亿［块］，今年兰机 7000 多万［块］）红手工 8200 万［块］，兰手工 1.7 亿［块］。石灰：1953 年 66 多万吨，1954 年 60 ［万吨］，1955 年 59 ［万吨］。其中，地方工业局 30 万吨，合作社 17 万吨，私营 12 万吨。统一分配 40 万吨，其中基本建设 22 万吨，天津 18 万吨。市场销 15 万吨。

河光石，生产 54 万立方米，外地调入八万多立方米，现在还紧张些。有十多万立方米修了马路。1955 年生产 75 万立方米，［其中］劳改生产 50 万立方米，私营沙石厂十五户［共生产］10 万立方米，救灾十五万［立方米］。立水桥还有五万，共 80 万［立方米］。粗沙子：今年用了 80 万立方米，明年生产 90 万立方米，其中立水桥 34［立方米］，沙河 40［立方米］，西郊 16［立方米］。细沙：29 万［立方米］，立水桥 12［立方米］，西郊 19［立方米］。

运输，马车 15000 辆，其中，专业 7000 ［辆］，副业 8000 ［辆］。出车率低，只出 8000 辆。现在出 13000 辆。另：河北省 1400 辆，拉砂子、砖。平均出车总计 1 万左右，60%—70%为基建运输。汽车：私营 600 辆；自有车 200 ［辆］，明年建工局车拨给一些，公私营车共可有 700 辆。今年全年运辆 1700 万吨，其中基建用 1100 万吨（每平方米 3 吨多）。

建工局情况：干部，到 9 月 30 日统计，各公司 7524 人，行政 5332 人，占 70%。技术人员 1794 人，包括工长，［占］23.84%。医务 385［人］，占 5%。工程师 100 余人。全局 9827 人，连设计院［计算在内］。工人：［截至］10 月［共］39000 人。到 10 月底，开工面积 141 万平方米，接受 196 万平方米，其中跨年度 30 多万平方米，竣工 75 万平方米。

完成任务情况：可完成 18500 亿，比 1953 年加 19.5%，拆面积 122 万平方米，比 1953 年加 12%。劳动生产率，年底每工人 5590 万元，较去年提高 37%，每工人日产值 17.87 万元。工人限额 5 万［人］，最高达 4 万七千人，一般在四万五千左右，比去年少 1 万人。降低成本 1600 亿。交到局者 570 亿。

表 3–6　1953—1954 年各季度施工完成比重

季度	1953 年	1954 年
第一季	1.7%	9.1%
第二季	22.6%	29.2%
第三季	33%	33.7%
第四季	42%	28.7%

用工数，平均数与最高数相差几千人。去年第一季 [度] 2 万人，第四季度 7 万人，今年第一季 [度] 3 万余人，最高 [时] 4 万七千人。

质量：事故很多。到 10 月底，大小 2951 件。技术指导错误的 32%，设计错误的 4%，操作方面占 64%。冬季施工 27 万平方米，去年 10 平方米。

计划：缓建 24 万平方米，跨年度 42[万平方米]，新下达 15[万平方米]，共 81.5 万多。任务，组织，定额，成本，效率。

12 月 11 日（星期六）

中央办公厅，讨论北京建房

1. 统一到哪里？谁领导？统一拨款，给谁？总业主是谁？

2. 市里建立组织。梁思成请开。建筑计划所决定。

3. 文教区统一规划、设计、建设。如何领导？技术力量。

4. 特别重要的建筑，如何建设，谁领导？

5. 技术力量问题，中央设计院、科学院、大学，中央各部（工业部）。

6. 行政用房，应有计划，长期的计划，若干年内建设多少部，多少宿舍。

7. 拨款制度，市政设施费，文化福利设施费。不按比例。

8. 行政用房管理，归哪里管？

9. 首都建设委员会，是否分配房子，是否分配任务？不能。谁批准房子（北京不能担任）？

10. 房屋统一管理、分配，谁管理，谁分配？北京市不能。标准，编制，工作特点，特殊需要，薪金。修缮——管理、修缮相连，不好统一修。国家经济计划与财政计划矛盾。行政编制与建房矛盾。建房任务与建筑力量矛盾。

* * *

下午：中建部[①]

[刘] 秀峰同志：

1. 北京建筑任务大，是永久基础。建立基地，需要一些设备。现在机械化程度很低，需有大的机器站，加工厂。钢筋、泡沫、水泥，钢筋混凝土预制。快速施工方法。职工福利设施。

2. 建筑力量很多，需统一。

3. 部队、首都建筑关系。首都局如大区局一样看待。投资问题。力量的生长、支援问题。

4. 城市建设中的问题。

* * *

肯定为永久性基地——民用、工业建设。现在，工厂比重小。每年任务都大。需要多一点新的东西。必须用机械化、工厂化施工：

1. 附属工厂，有些构件预制。

2. 机器——北京设机器公司，小型、中型的分给公司，大型的采取两种形式：承包、出租。大型机器，由中建部搞，中小型的分给公司。

3. 金属结构：加工厂，安装司也设北京。由中建部设置（市里不必搞）。

4. 安装力量。工厂机器安装，由部里培养。工业管道，卫生技术，不足力量由部搞。这部分需健全。

5. 建筑器材，规格统一。水暖卫生材料规格化。砖厂，需多少投资。

6. 建筑力量，哪[②] 种力量缺多少。

7. 设计力量，培养担负北京任务之力量。大学生，中等技术学校，要多

① 中央人民政府建筑工程部的简称。

② 原稿为“那”。

图 3–21　刘秀峰等领导与苏联专家在一起的留影（约 1958 年夏）
注：刘秀峰（左 7，时任建筑工程部部长）、杨春茂（右 1，时任建筑工程部副部长）、孙敬文（左 4，时任建筑工程部副部长）、王文克（左 1，时任城市规划局局长）、舒尔申（左 5，苏联专家）、吴梦光（女，左 6，苏联专家舒尔申的专职翻译）。
资料来源：王大矞提供。

少人？计算一下。

8. 办几个训练班（找房子）。

12 月 13 日（星期一）

工厂建设情况

718 [厂]：

现在计划为 196 亿。明年的设计力量 [缺乏]。

前民主德国[1] 专家，[介绍] 对冬季施工的方法。对专家生活照顾。

质量事故。定额问题。验收问题。

774 [厂]：

去年“土改”，开会后没有动作。缺水暖工。公司领导：会多。李不能领导生产。

1. 执行专家建议的工作：设置三级机构，建立专家建议贯彻的制度，向专家定期汇报工作，党委另外指定人检查建议执行情况。

2. 紧急检查防火问题：水源、道路（畅通）。巡查、保卫。清理现场，防止混乱。专人管理检查此事。人事安排，[从] 工厂调工人。

3. 机械化施工：[找] 机械师，修理厂。

12 月 14 日（星期二）

彭 真 谈

党代表大会，出国前报告准备好。人民代表大会迟早均可。党代表大会在全国代表会前开。

市委干部配备。彻底精简。卧薪尝胆。节衣缩食。干部作风——抱残守缺，畏首畏尾，不求有功但求无过，缺乏创造性，很容易满足（反映小资产阶级）。文牍主义、形式主义。可有可无者不搞，保守思想。资产阶级，主要是各样各色的个人主义。

总计划、都市计划、第一期计划。五年计划文件，原则，完全同意。对现有工业的最大限度的利用，应着重讲。农业——长江、黄河根治未解决前，水旱虫难免。后三年计划，今明年也就是可靠保证。有不能完成的危险，影响全局。农业生产合作确能提高生产，生产资料（技术改良）充分用尽一切可能，满足工农业生产资料要求。拖拉机，生产中改良农具，运输、灌溉工具，道路。现在凡合作社，积极做所需的农具、运输工具、灌溉工具、

---

① 原稿为“东德”。

肥料。

附带谈一件：增产比例上虚假数字。仅仅合作，增产有限。工资问题，要适当解决。对一般工人说，会影响生产效率提高的。工人不断议论。总的物价［是］稳定的，但影响工人生活的，则上升。工业品价格问题。

首都工业问题，都市规划意见①：［对］第一期建设意见②，完全同意；关于总规划［的意见］③，有下列意见供参考：

1. 北京市搞多大的工业。［首都］政治空气高，规划中产业工人薄弱，无［产阶］级空气不够。小市民、"小职员"空气浓厚。机关工作人员，本身需从工人阶级吸取……没有可靠的经济基础和群众基础，容易滋生各色非无［产阶］级思想，对帝国主义斗争及对资［产阶］级斗争中反映。中央直接指导。

2. 北京人口估计。M.［莫斯科］——800万。北京20［年］左右（不止15［年］左右）500万左右，差不多。缺乏可靠根据，没有工业［发展计划］④，中央机关人口等不能确定，讲估计。按500万人布局，不会多了，只会少了。布局后，不会再变。解放时197万，现在330万，6年增加120［多］万（其中宛平增加12万）⑤。每年有新增加10万人口。许多工人、干部家属还未接来（还限制农民盲目流入）。

计委人口的估算少了。把人口估计大点，由中心向外发展，没危险。否则，将来发展［到］800万，［将会是］不可克服的困难。请中央决定。

3. 街道。莫斯科感到街道窄了。地下铁道［建设需要的道路宽度］。

---

① 彭真此次谈话后，中共北京市委于1954年12月18日向中央呈报《北京市委对于国家计划委员会对北京市规划草案的审查报告的几点意见》，这份文件即根据彭真1954年12月14日的谈话精神所拟定。

② 指国家计委和国家建委联名于1954年12月7日向中央呈报的《对于〈北京市第一期城市建设计划要点〉的审查意见》。

③ 指国家计委于1954年10月16日向中央呈报的《对于北京市委〈关于改建与扩建北京市规划草案〉意见的报告》。

④ 原稿为"工业没有"。

⑤ 原稿为"其中宛平增加12万，6年增加120人"。

200 万人，市［机关］和中央［机关干部］上下班。有些路，将来可能窄。此点也请中央决定。到共产主义社会，汽车［会］更多。

4. 绿化地带。现绿化地带包括水面。公园中排队，［人］很满。将来工作时间缩短，休息时间加长，绿地更感少了。计委［主张最高按］15［平方米 / 人］，卫生专家［建议按］30［平方米 / 人］，我们折中。即便［绿地］多了，还可盖房子。50 万城市和 500—800 万人口城市，不能相比。

5. 城市造价。在每期计划中解决。将来国家工业化，和今天不同，留待分期计划中解决。

哪些问题意见不［统］一，以后解决。至于防空问题、环城绿化——防护、地下铁道［问题］，［再研究］。

12 月 15 日（星期三）

在七一八厂工地谈二公司工作问题

苏：

乱，被动。会议多，质量不高。生产秩序没建立。

概括：①工业建设艰巨性、复杂性。②自满情绪。③机构不健全。又缺人，又窝工。组织不好，分工不明。④领导方法，一揽子，搞政治运动。指挥部，职能机构不健全。材料科失业。前方后方。这一段天天搞进度，如何改进企业管理。

机构：李、杨下来，人事［干部］不够，干部配备上有缺点。宫 ××、刘 ××，主任工程师不合适。工区主任。中层干部不足。

解决办法：①迅速建立指挥系统。调整，训练补充干部。②制订明年计划，改善领导作风。③机构如何摆。

12 月 16 日 (星期四)

市委会议——五年计划问题

王纯：

[国家] 计委要求 [研究]：①地方工业为农村服务的数量、能力；②地方工业的发展扩建和其他地方有无矛盾；③私营工业为什么下降？有什么办法不让之下降？

地方工业的方针。

张 [友渔]：

北京私营工业分散，合营不是主要的。加工订货是主要的。加工订货中，包括工业的加工订货。文件没写清楚。

刘 [仁]：

图 3–22　张友渔副市长与苏联专家在一起（1957 年 12 月 19 日）

前排左起：萨沙（苏联专家勃得列夫之子）、勃得列夫夫人、宋汀。

中排左起：张友渔、苏联专家勃得列夫。

后排：冯佩之（左 1）。

地方国营分配的任务，只给他本厂的任务，没给他对私营加工订货的任务。故不能反映出来。

12 月 17 日（星期五）下午

市委会议

1. 对五年计划的意见文件。

2. 对规划审查意见的文件。

彭［真］谈工作问题：

不能从实际出发，因而没有创造性。从实际出发，就不随风倒。执行中央指标，也要从实际出发。对［苏联］专家，我们是尊重的，但有些同志则盲目崇拜，不看其意见是否对，不从实际出发。建筑上就是如此。执行中央指示，要具体化。凡中央指示，要执行，同时要考虑到行通、行不通。有意见报告中央。

财经方面创造性不够，不是干部能力不够，而是缺乏从实际出发，抓住问题，解决问题。标准，分高低的，低的、中的？拿高的要求我们。从群众中来，到群众中去，不断发挥创造性。［只讲］差不多就不行。朝气不够，不像首都。

在教育方面：①提出教员表扬。②把现在工作中的问题，尖锐地提出来。③处罚少数人。工业建筑，也这样表扬一批，尖锐地批评缺点，提出明年的奋斗目标。市政建设亦如此。

贸易问题，一直没解决。解决了一些，要表扬，但还有问题。第四门市部，不好好斗争，脱离群众。很多好干部，好坏不分。农业［方面］，高级社暂时就发展这样多。高级社中愿土地分红者，欢迎。现在主要是巩固。干部多，抽回三分之一。从干部办社，到群众办社。

整个的，是卧薪尝胆，节衣缩食，搞工业。100 多吨钢，搞什么富丽堂皇？资［产阶］级思想：①个人主义，计较待遇，争名争地位，不计为人民服务。②容易自满。阳历年前后，［总结］工业建筑、高［等］教育、公安、法院、卫生单位［工作］，把报告搞好，开代表大会。

报纸。有进步，［但］指导力量、思想性、战斗性不够。尤其10月、11月，主要是戏剧、电影、体育［方面新闻］，生产新闻少，反映［出］消费城市、产业工人少的特点。光消费，是没落阶级。历史动力，总是生产阶级。电影、戏剧，主要为生产服务。新闻空空洞洞。综合性的报导，抓不住根本问题。错了不改。

评判干部与工人的标准：按照党的方针，完成了任务。实践是真理的标准。不要像选驸马那样，求全责备。求全责备，表面要求很高，实际代表落后，不让工作好的人受表扬。

*　　　*　　　*

苏共中央批判建筑问题：批判建筑中的形式主义、折中主义

建筑学中的错误倾向：以为建筑学的主要任务，不是满足物质要求，而是满足美学上的需要，把建筑学分做高级建筑和普通建筑，轻视大量的普通建筑和标准设计。崇拜高级建筑，企图把每所建筑都变成别出心裁、独一无二的建筑。新建筑往往披上与其用途不相称的古代形式，成为几种风格的混合体。违反为人们生活创造最大限度方便的基本要求、技术和经济上合理性的要求，造成多余的花样，使建筑只能采用手工方法，并使成本高昂。砖的式样和大小多达900种。

城市建筑中的浪费问题：①城市中建筑物层次太少，占地过多。②建筑物分散在城郊或城市次要地区，没有集中在城市的主要地区。

莫斯科新建筑物的层次规定过多，成本高昂。一般大城市中的建筑，［以］四、五层为宜。

12 月 27 日（星期一）

准备市委会议

准备工作五个内容：①代表大会选举方法，代表选举。②解决什么问题，报告的准备。③党内、党外，事前、事后、事中之宣传（对党员之教育问题）。④选举名单之准备。⑤会议物资准备。

当前最主要的是准备报告：以前讨论过、准备下的，人民代表大会用了。人民代表大会后关于思想组织问题部分，照顾。关于工作的部分，如何搞？五年来如何？用上次报告，市委看修改什么，如何修改，以便修改。

1954 年基本总结，1955 年工作计划要点，有所准备，进展不大。因为：各部门工作还未总结；计委的指示，没什么矛盾，只有平衡；我们不掌握材料；王纯同志忙于计划，我们这方面人少（有不少具体问题）。思想问题，×× 同志准备。组织、领导，范准备。

办法：①基本精神，原本问题，希望市委谈一谈，有具体指示。②集中人力，专门去搞（名单）。

12 月 29 日（星期三）

座　谈

工业，国营 260 [个] 单位，纳入计划 160 个。国营 91 [个]。全面超额完成计划。利用旧的和建设新的。通盘筹划，自选困难，国营对私营之领导，工业领导方面多头。工业与市政建设的统一领导问题。

降低成本，面向农村，没强调或未真正重视。品种少。价格政策，刺激[①] 生产。节约原料，代用品。出油率，比张家口、东北、华东等地都低。

---

① 原稿为“战”。

图 3–23　中国建筑学会理事长周荣鑫等陪同苏联建筑师代表团游颐和园留影（1956 年 8 月）

注：周荣鑫（左 11，时任建筑工程部副部长）、蓝田（左 18）、王文克（左 2）、梁思成（左 17）、玛娜霍娃（А.И. Монахова，左 1，女）、花怡庚（左 5）、易锋（左 9，女）。

资料来源：王大閎提供。

*　　　*　　　*

周荣鑫谈

全苏 [联] 建筑工作者、建筑师、建筑材料工业部门、设计机构及科学研究机构工作者联合大会①，2200 人 [参加]，各国代表均有。8 个 [主旨] 报告（苏联有 5 个建造部），11 个小组 [讨论形成] 小组报告。赫鲁晓夫报告。

对工业及其他经济都重要，[包括] 重工业、日用品生产、农业。1949 [年]，莫斯科 [建筑工程] 40 万平方米，1954 [年] 90 万 [平方米]。使建筑脱离手工业，走上工业化 [道路]，条件具备，[关键因素] 就是要加强领导。

① 1954 年 11 月底至 12 月初，苏联召开了苏联建筑工作者大会，赫鲁晓夫发表讲话，严厉批评了建筑设计中的复古主义、浪费和虚假装饰问题，号召苏联建筑界“要和这种建筑艺术脱离建筑中重要问题的现象进行斗争”。

手工业生产还是工业化生产？［建筑］模板本身即分散的东西，要把建筑构件做得像机器零[①]件。合并建筑企业，建筑组织专业化。［提高］建筑质量，装修工作太坏，裂缝、隔音，墙壁用陶制材料。不是不会，而是对质量要求不高。

建筑科学院院长：建筑师［是］落后的，设计脱离了大规模工业化建筑。马克思主义者怎么不考虑经济问题？高层建筑浪费很大。总爱谈侧影，但侧影不能住人。列宁格勒旅馆每平方米 2 万多卢布。高层建筑有效使用面积太少。为了侧影而设计。

安德列夫：好建筑师、贵建筑师？要大尖顶，未考虑花多少钱。失去了对人民的联系。创作[②]方向错了，只求美，不顾经济和技术问题。

不要方匣子，但房子本身就是方的。莫斯科大学像个寺院。内部要布置好，舒适[③]、经济、好看。八层楼还搞塑像。什么叫结构主义？第一次［世界］大战后，资［产阶］级形式主义，反人道主义，反现实主义，技术主义，形式与内容脱离的方法。房子没有思想内容。对结构主义，用合理批判。

莫斯科大学，建筑本身贵，维护费也贵。差别批评。

工业建筑也不用标准设计。节约木材。发展水泥工业，美国 1951 年用水泥占 70%左右。（砖不强调）。为什么愿意用砖？不便宜。投资分散，项目很多，工地分散，拖延工期。专业化，不主张综合性建筑。

建筑业中无政府状态。建筑经济问题。工资问题，劳动生产率是衡量工资的唯一标准。工人流动问题：每年有 50%工人流动到其他部门（生活条件不好）。唯一办法是专业化。

莫托维纳夫，M.［莫斯科］建筑科学院［院］长：只讲建筑艺术。尽讲立方米，看不出问题。只在纸上画[④]，只讲美。像个盒子，不好。像个瓶子，也不好。

*　　　　*　　　　*

① 原稿为“灵”。

② 原稿为“造创”。

③ 原稿为“饰”。

④ 原稿为“划”。

1. 建筑工业化。标准设计，工业只占 12%，民用［占］30%。阻碍定标准设计者，即建筑师。

2. 建筑艺术。脱离实用，脱离经济，脱离先进技术。

3. 机械化——［发展］小型机械，否则，不能完全机械化。

4. 施工专业化。住宅建筑下边也搞商店，不好用标准设计。

5. 干道设计。6—8 层，经济。新区建设比旧区改造贵一倍。

12 月 31 日（星期五）

座谈建筑准备情况

董文兴：

跨年度 48 万平方米，缓建 14.4 万平方米。可拿到图。工人：36440 人。预约工，4 月半为期。土建公司，大体可不窝工，工区不平衡，专业公司可能窝工。

全市跨年度 87 万［平方米］，未开工的 47 万［平方米］。第二季度，完成 299 万 8000 平方米，完成成品 305 万［平方米］。［抓］重点——心中有数。

设计院：

已接新任务 50 万平方米。第一设计室一季［度］末交付 80000 平方米。二室 13 万［平方米］，包括周转房九万［平方米］，没把握。三室 6 万［平方米］，有把握，包括体育馆，华北施工，3 万［平方米］。四室 4.5［万平方米］。五室 1 万［平方米］。共计 32 万［平方米］。估计可出 30 万［平方米］。

设计室：

标准设计，批准问题。初步设计，批准问题。

1955 年度

1月8日（星期六）

叶恭绰[1]对城市建设的意见

基建浪费大：[主要原因]不在民族形式，[主要原因在于]冬季施工、重来，[以及]材料没人管[等]。建筑公司：分红制，生手多、熟手少，工程质量不好，没图样，不按图施工。

纪念碑：没设计好就动工。万寿山的石狮子找来。碑身加钢。市政建设：搞的不好，西郊道路计划未定。应有首都建设委员会。

① 原文为"叶公绰"。叶恭绰（1881—1968），晚清贡生，1912年任北京政府交通部路政司司长兼铁路总局局长，后曾任中央银行董事、财政部长等，1929年与朱启钤等组织成立中国营造学社，与龙榆生创办《词学季刊》，同年兼任故宫博物院理事。20世纪30年代后期在香港组织发起中国文化协进会，1942年移居上海，抗日战争胜利后由沪返穗，1948年再次移居香港。中华人民共和国成立后回到北京，1951年任中央人民政府政务院文化教育委员会委员，同年7月被聘任为中央文史研究馆副馆长，1952年5月任中国文字改革研究委员会委员，1953年任中国文学艺术界联合会第二届全国委员会委员、中国美术家协会第一届理事会常务理事，1954年任中国文字改革委员会常务委员，1955年任北京中国画院院长。

1月10日(星期一)

规划上的几个数字

表4-1　北京14个大公园的绿化面积(现状)

	面积(公顷)	水面(湖)[公顷]
颐和园	312	220(现有水126)
北海	71	39
天坛	258	1
西郊公园	75	8
中山公园	218	2.8
中南海	92	49
景山	21.6	——
文化宫	16.4	2.8
什刹海	27.6	27.6
积水潭	7.8	7.8
陶然亭	45.6	16.7
龙潭	56.5	45
紫竹院	14	11.5
玉渊潭	79.7	64
[总计]	1295	495(现在有水的450公顷)

[游人数量]最高的一天：

1.中山公园,1954年2月(春节)游人58500人;1953年2月[游人]15619[人]。

2.北海公园,1954年8月[游人]58000人;1953年8月[游人]38000人;10月1日约20万人。

3.西郊公园,1954年10月,[游人]65000[人](展览馆开了)。

4. 颐和园，1954 年 8 月，38680 人。

*　　　　*　　　　*

表 4–2　北京规划面积、人数及平均每人占用面积数

土地使用类别	面积（公顷）	占规划市区百分比（%）	居住人口（万人）	工业区工人数（万人）	平均每人占用面积（平方米）
总计	55820	100	480	58	116
工业用地	10550	19.1		58	182
其中：石景山工业区	3240			16	200
田村	600			4	150
东北部	1953			14	140
东南部	2120			20	106
南部	457			4	114
工厂防护林	2180				
机关学校居住用地	40644	72.6	480		84.7
其中：文教区	4370				
花园菜园山地公墓	662	1.2			
仓库码头铁路对外交通	3964	7.1			

规划 [工业区的] 工人 80 万，其中门头沟长辛店有 7 万、建筑工人 10 万、铁路运输工人 5 万不在上述工业区内。

*　　　　*　　　　*

北京工业情况的基本数字：

1953 年工业总产值 11 万 3 千亿，其中现代工业约占 65%左右，工场手工业约占 25%，个体手工业约占 10%。1953 年全市公私营工厂共 3 万 1 千多个，其中 1000 人以上的 25 个，100—1000 人的 336 个，100 人以下的 31353 个。

1953 年工业总产值中，生产资料的生产约 43%，消费资料的生产约 57%。各工业部门的产值中，以金属加工、食品、纺织、缝纫、木材加工、建筑材料、钢铁冶炼为多，7 个工业部门占总 [产] 值 [的] 72.79%。

表 4–3　第一个五年计划中央国营工厂建厂计划

厂名	产品种类	职工人数（人）	建筑面积（平方米）	建成时间
774 工厂	电子管	4535	135706	1956 年 7 月
718 工厂	无线电零件	8000	235731	1956 年底
738 工厂	自动交换机	2200	23000（厂房）	1957 年底
782 工厂	飞机雷达	2520	80456	1957 年底
211 工厂	修理喷气飞机	6723	200000	1955 年第一季度
212 工厂	飞机仪表	2869	76621	1956 年底
国棉一厂	——	约 2500	90000	1954 年
国棉二厂	——	5564	186910	1955 年 6 月
国棉三厂	——	6000	297700	1956 年 3 月
印染厂	——	——	——	（未定）
汽车附件厂	——	1700	68528	1956 年初
北京仪表厂	——	2000—3000	尚未计算出来	1958 年初
共计 12 个		44611	1394652	

表 4–4　小学毕业后不能升入初中的学生数（人）

1955 年	1956 年	1957 年
9470	7497	5488

表 4–5　初中毕业后不能升入高中的学生数（人）

1955 年	1956 年	1957 年
17106	8133	10713

*　　　　*　　　　*

北京附近矿产资源情况：①铁矿：龙烟铁矿，总储量约 4 亿吨左右，含铁量约 50%上下。②煤：斋堂［煤矿］，估计储量约 1 亿吨，质量很好，［煤中］灰分一般在 10%以下；含硫［量］甚低，一般在千分之四以下。

*　　　　*　　　　*

北京市公用事业的一些数字

一、城市交通

1954 年底情况：公共汽车 320 辆，有轨电车 240 辆，自行车 42.5 万辆。

表 4–6　北京市各类交通发展情况

项目	1949 年底	1950 年	1951 年	1952 年	1953 年
公共汽车（辆）	61	149	149	197	293
有轨电车（辆）	103	132	155	175	204
自行车（辆）	14 万	18 万 7 千		31 万 1 千	

二、自来水用量

表 4–7　北京市供水发展情况

项目	1949 年	1950 年	1951 年	1952 年	1953 年	1954 年
每人每日用水量（公升）	30.6	19.7	20.4	22.2	28.5	37.9（预计完成数）
平均每日供水量（售出）（吨）	1 万 9 千	2 万 2 千	3 万	3 万 7 千	5 万 5 千	8 万 2 千

三、下水道

新中国成立后有很多下水道年久失修，不能 [使用]，因此统计能用的。1952 年后基本上修复。

表 4–8　北京市下水道发展情况

（单位：公里）

年份	1949 年	1950 年	1951 年	1952 年	1953 年
能用的下水道长度	21	128	276	396	488

四、用电量

1954 年 11 月，最高负荷已达 77300 千瓦，发电设备最大出力仅 70400 千瓦，缺 6900 千瓦。京津唐电网向北京输电得不到保证，远距离送电也不够经济。

1953 年用电量中，工业用电占 47.3%，生活用电占 40.0%，非工业生产用电占 12.7%。苏联电力系统中，生活用电仅占 15%—20%。这说明北京工业少，消费城市在用电方面的反映。

五、道路：

道路窄：猪市大街 [宽度] 30 米（较宽的）。王府井大街、前门大街、东四南大街、西四南大街 [宽度] 20—25 米。

图 4–1　前门大街旧貌（1954 年）

资料来源：北京市城市规划设计研究院：《北京旧城》，北京燕山出版社 2003 年版，第 26 页。

表 4–9　铺装路面道路历年增长情况

（单位：公里）

1949 年	1950 年	1951 年	1952 年	1953 年
282	307	368	402	527

六、房屋

旧房 1970 万平方米，解放至 1954 年新建 1000 万平方米左右。层数（1953 年）：平房［占］89%、二层［占］7.4%、三层及三层以上［占］3.6%。

建筑密度，城区平均密度（基本上是平房）47%，正阳门大街附近高到 75%。

图 4–2　正阳门旧貌（1958 年）

资料来源：北京市城市规划设计研究院：《北京旧城》，北京燕山出版社 2003 年版，第 23 页。

*　　　*　　　*

石景山钢铁厂与其他钢铁基地产品的“吨公里”的比较：①龙烟：990 吨 / 公里。②石景山：1040—1202 吨 / 公里。③鞍山：1100 吨 / 公里。④武汉：1200 吨 / 公里。⑤包头：1200 吨 / 公里。

计算方法：每吨产品所用原料（矿石、煤、石灰石等）的吨 / 公里数，加上每吨产品输出的吨 / 公里数，吨 / 公里数越小，越为经济。龙烟［铁矿］数最小，但其他条件不好，因此从吨 / 公里比较上，以石景山最为划算。计算单位：鞍钢设计公司。

*　　　　　*　　　　　*

建筑用金的情况

建筑贴金箔1780具，约合赤金465两（苏联展览馆鎏[1]金塔300两在外）。贴金的建筑：专家招待所122两，北京饭店、国际饭店、军委办公楼各52两，亚洲学生疗养院37两、计委办公楼23两、西郊宾馆14两、军委宿舍11两、班禅办事处23两、达赖办事处11两、文化宫22两。

金箔每具2.6钱赤金、银一钱，锤成一千张，每张3.3英寸见方。每具价80万元。

1月17日（星期一）

1955年北京建筑任务

任务：新任务300万平方米，跨年度工程量78［万平方米］，去年任务未开工者47［万平方米］，周转房20［万平方米］，共计455［万平方米］。要求追加：营房20［万平方米］、大学14［万平方米］、大公报1［万平方米］、卫生部5.7［万平方米］（医院2［万平方米］、疗养院1［万平方米］）、红十字医院1.5［万平方米］、苏联大使馆3.0［万平方米］，共计45.2［万平方米］。以上两项合计500万平方米。

施工力量：

1. 北京：跨年度69［万平方米］，大学追加6.7［万平方米］、红十字1.5［万平方米］、医院5.7［万平方米］、新任务149.0［万平方米］，合计230.9［万平方米］。

2. 中央、华北：118［万平方米］（新任务）、66［万平方米］（跨年度及未开工）、50［万平方米］（新任务），共计234万平方米，［再］加7.3［万平

① 原稿为“流”。

方米］（大学），［共计］241.3 ［万平方米］。

3. 部队 20 万平方米，北京其他单位 9 万平方米。

2 月 24 日（星期四）

薄一波同志报告——关于基本建设方面的一些问题

最近中央提倡各方面实行节约，基本建设方面可能浪费更大些。五年计划已进入第三个年头，五年计划要达到什么目的？ ［要在］3 个五年计划左右［的时间内］实现国家工业化，以及对资本主义农业、手工业改造。即把落后的农业国变为先进的工业国。但这种工业，不是指其他工业，而

图 4–3 薄一波等国家建委领导与苏联专家的合影（1955 年）

第 1 排：薄一波（左 7，国家建委主任）、孔祥祯（左 5，国家建委副主任）、李斌（左 2）、曹言行（左 1）、苏联专家（左 3）、苏联专家（左 4）、克里沃诺索夫（左 6，国家建委苏联专家组组长、斯大林奖金获得者）、克拉夫秋克（左 8，苏联城市规划专家）、安志文（左 9）、苏联专家（左 10）、梁膺庸（左 11）。

第 2 排：薛宝鼎（左 1）、金熙英（左 2）、孙立余（左 3）、康宁（左 4）、隋云生（左 5）、蓝田（左 8）、杨振家（左 10）。

第 3 排：杨永生（左 1）、田大聪（左 3）、王大钧（左 5）、罗维（左 6）、智德鑫（左 10）。

资料来源：杨永生口述，李鸽、王莉慧整理：《缅述》，中国建筑工业出版社 2012 年版，第 69 页。

是指社会主义的工业。不是一般的工业化，而是创造改造工业、运输业、农业的工业，即重工业。工业化首先是重工业。

并 [且] 从各方面考虑，[要] 加强国防力量，因帝国主义还存在，武装干涉的可能性还存在。五年计划重心是工业及其核心——机器制造业。没有重工业，不能建设成真正的工业，取得革命的真正胜利。“头上的反革命打破了，但是底下的反革命还没有打破”。故必须建立重工业，强化心脏。

工业化需要很多钱。过去资本主义国家工业化需一世纪或几世纪，我们不能等待那样长。资本主义工业化方法，掠夺殖民地，战败国赔款（中日战后对日赔款），奴役性的借款。我们国家的制度、总原则不允许，也不可能采取这样方法。除苏联等援助外，只好实行节约办法，自行积累社会主义资金。几年来证明是可以的，很多税收，农业、交通、道桥及工业本身的积累，资金有来源，有保障。但问题更重要的一方面是如何合理使用资金，每一文都用到满足国家工业化最重要的方面，在这方面做的不够好。

中央正领导大家从各方面节约资金。[为] 达到 [工业国建设] 目的，使资金不要分散，不得用于不必要的用途，不得离开了工业建设的基本路线——总路线。如最近正重新① 修订五年建设计划，按资源情况、需要与可能、制订，既不许冒进，又不保守。如，中央已宣布成立编制委员会，精简机构。如开展反对铺张浪费的运动，生产和基建方面提高劳动生产率，整顿劳动纪律。我国正从各方面开展反浪费，节省钱用于工业，特别 [是] 重工业。

建设重工业，不是轻易的事情。从各方面表现出建设时期的气象。苏联建设时期，节衣缩食，我们表现的不够。各地，工厂不多，招待大楼、休养所、办公厂等触目皆是。我们不够那样热烈。

今天谈基本建设：浪费突出。

一、设计人员，首先民用建筑中，树立正确的设计思想，提高设计质量

设计是基本建设中最重要环节，设计工作必须从国家和劳动人民的根本利益出发，吸收先进成就，合理利用国家资源。因此，设计人员必须有高

① 原稿为“从新”。

度责任心，强烈的国家观念、整体观念，没有单纯的技术工作，[不能像] 国民党时代的雇佣人员。斯大林说：没有必要说……，但一切专家都是积极的关怀国家命运的活动家。这是个附加的任务，但这对大家都有好处。要求大家全面考虑民用建筑的实用、经济、坚固、美观，不要单纯从一个问题考虑。

在民用建筑中，并不完全符合这种设计原创，批评批评。几年来，在基本建设方面成绩很大，这是基本的、肯定的。在这点上，设计、施工、安装人员，绝大多数的 [秉持] 忘我精神，参加了五年建设计划。一个人 [或] 部门，当找不到错误时，那是很危险的。有些错误仅仅由于技术不够，有些是热情高，想多建设一点，主观客观不一致，这些错误本来是可以原谅的。但是，我们已经建设了几年，不允许现在把这些错误继续发展下去，应该是总结检查经验的时候了。

在民用建筑设计中，正在滋长着一种有害思想。在提倡民族形式的借口下，设计了一些宫殿、庙宇、城堡式建筑，价格高昂，没考虑到实用、经济、坚固。不可 [以在] 建筑上增加虚假结构，奢侈豪华。

我们的任务是什么？在一定期间，赶上先进国家，苏联是我们榜样。我们还没有到这个时候，讲究这个、那个。毛主席在 1953 年即反对保存不必要保存的东西，驴车、木船……中心问题 [是] 要把工厂盖起来。要好好向苏联学习。中心问题是实用、经济、坚固，单纯美观不合乎国家原则。

东北，长春地质学院，[建筑面积] 18000 平方米，用 640 亿元 [资金]，[平均造价] 230 万元 / 平方米，包括基础 [在内则为] 320 万元 / 平方米。宫殿式屋顶，23 万 [平方米] 琉璃瓦，600 多平方米平台，花园石，门上铜设 [备]，大厅地面 [用] 人造大理石①。立柱子多，光线弱，下面四层不能做课堂，教室放在最高一层。厕所、卫生间臭。有效面积只占 43%。

[北京西郊] 专家招待所，主楼 [造价] 300 万 [/ 平方米]，礼堂 220 万以上。金子，结构部分占 1/3，装饰占 2/3。点缀外形者，主楼占 7%，大礼堂占……，绝大多数可有可无。有效面积低，[占] 44%。房间过小。表面

① 原稿为“室”。

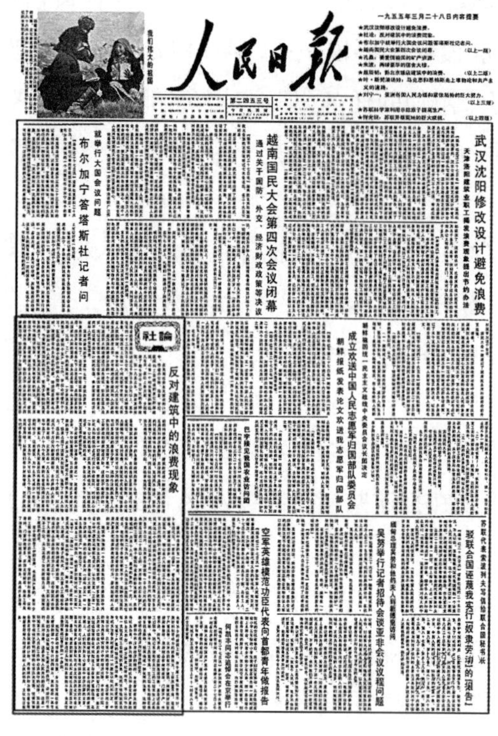

人民日报

一九五五年三月二十八日

武汉沈阳修改设计避免浪费

越南国民大会第四次会议闭幕

布尔加宁答塔斯社记者问

社论

反对建筑中的浪费现象

成立欢送中国人民志愿军归国部队委员会

空军英雄模范功臣代表向首都青年做报告

吴努举行记者招待会谈亚非会议议程问题

图 4–4 《人民日报》社论：反对建筑中的浪费现象（1955 年 3 月 28 日）

资料来源：《反对建筑中的浪费现象》，《人民日报》1955 年 3 月 28 日。

好像好看，里边不好看，美观与否？还值得考虑。

新北京饭店：[造价] 超过 200 万元 [/ 平方米]。基础是否过分？八个宝塔顶，据说两个有用[①]。宴会厅豪华，通风、采暖值得研究，利用率很低。

“四部一会”：造价低，140 万元 [/ 平方米]。城堡式，形式奇特，比普通屋[②] 顶多花 40 亿。[这是] 国务院直接领导的 [建筑工程]，不提不公道。

鞍山设计大楼：[建筑面积] 15000 平方米，[预算] 153 万 / 平方米，实 [际使] 用 [资金] 240 万 / 平方米，[造成] 138 亿浪费，主要 [是] 设计 [造成的] 浪费。

[以上案例] 材料还不广泛。原设计机关可以提出意见。虚假结构，豪

① 原稿为“两个据说有用”。

② 原稿为“物”。

图 4–5　北京饭店新楼（1957 年）
资料来源：北京市城市规划管理局编：《北京在建设中》，北京出版社 1958 年版，第 73 页。

华装饰，[如果] 不搞这些，可节省几十、几百亿元。

使用面积低，[只有] 35%—45%，居住并不舒服。所谓民族形式，实际不一定是。不实用，不经济，也不一定美观。外部雄伟，内部空虚。徒有其表，不切实际。

是不是反对美观？不是的。我们在建筑中，经济与美观应有正确的结合。不能为了美观，不照顾经济、实用、坚固。不允许建筑师忘掉经济，只追求外表形式，不顾内部实质。反对大屋顶，不是反对美，仅仅反对把美变成特殊权利的东西。

这就给设计工程师提出个任务：既便宜又好看。要求 [看] 似苛刻些，但这是可能的。大屋顶，把设计人员思想引到牛角尖里，风气流到全国。计算一下，是不少的浪费，也不仅是民用建筑方面，其他方面也有。要从这里找出经验教训。

谁负责任？很难找到谁负责任。都反对，为什么盖起来了？大家并没有坚决提出反对这种设计思想。民用建筑中采用标准设计 [的] 问题。赫鲁晓夫报告——定标准设计来用。优点是：拿来即可用，节省材料人工。[我们] 没有大量提倡，领导上没提倡，设计人员没用功夫，想出名。我们要求快，设计力量不足，要大量搞标准设计。

工厂设计问题。不注意经济也表现在工厂方面，给国家带来损失，比民用建筑大。156项 [工程]，苏联帮助进行的，[要] 采用最新科学技术成就，充分考虑到经济效果。

主要谈我们自己设计的，这方面也有缺点。东北鸡西矿务局，认为竖井先进，斜井落后，废弃四个原有的井，原来出 60 万吨，现在只能出 40 万吨。×× 煤矿设计，审核后可节省 1300 亿。设计人员应有责任心、国家观念、经济知识。首先要弄清设计这个干什么？往往听凭业主提。

浙江盖塘口水电站 [的] 教训。1951 年只看到水利资源可用，没考虑电站建成后供给谁用？没水文资料即设计施工，……原 [计划] 237 亿，现在 3800 亿，电力出路还没解决。这不能由设计人员负责，但设计人员可以提出来。

综合利用的思想，不要把国家资源浪费掉。辽阳大伙房水库，只考虑防洪，后又提出修水电站，修改设计，7000 工人等方案，每月工资 30 多亿，已支出 240 多亿。综合利用，特别水利上，不通通考虑到，等于浪费。官厅水库，动了工，又修水电站。设计人员有权利提出 [问题]。

报程序来办事——有些建设工程没地质资料。阜新新修第二大煤井，[先] 改在门头沟，又改在潞安。设计院是国家机关，应有权提出问题。没初步设计即进行技术设计，边设计，边施工。今后没计划任务书，不许进行设计。没技术设计，不准交付施工图。没初步设计，不准做技术设计。设计人员，应提高责任心。改建工厂的设计思想，实际不是改建，等于新建。改建应充分利用原有的设备。

设计人员，应进行自我批评，树立全面设计思想，从关心国家利益出发，认真研究造价，节省资金，不可能设想是单纯的设计人员。设计转一转方向：钢筋少，如何节省？输送线路，不用钢架，改用水泥。民用建筑如何节省每平方米的造价，提高利用效率？

建立设计预算制度，和加强对设计预算的审核。可促进建筑部门的经济核算，及时发现设计上的毛病。培养提高现在设计人员的技术水平，人少、质弱是建设中根本问题。

二、改善施工的组织管理工作，清除混乱和浪费现象

热心于国家建设，主观愿望与客观条件不一致，突击方式，仓促施工，现场没有严格管理，结果质量不好，人力物力浪费，事故频繁。[要] 主观客观一致。盲目冒进，行动不合乎客观发展规律。这个问题，还未基本解决。

主席说：给基本建设单位提出整顿问题。1921 年搞革命，中国 [从] 内战、抗战，到 1942 年，20 年中，有机会胜利，但犯过错误，三次"左"倾，两次右倾，为什么？主观和客观不一致。到 1942 年，提出整风，整主观主义。1945 年"七大"。1949 年胜利。经 20 年之久，找到革命胜利道路——主客观一致。1949 年以来，问题不同。1950 年、1951 年、1952 年恢复，这中间搞了好多笑话。在国家建设中，还没有找到主观客观一致，提出总路线。这一次应该快些学会，不应该再搞廿年，要在三、五年内学会。现在基本建设中，还没有找到这个规律。

工业建设的速度，就是要在一定时期建设起来。我们现在，速度问题依然存在。形势与苏联那时不同了，但基本形势仍然存在。仍然需要速度。解决这个问题，是总路线问题。

施工组织和管理中间，有毛病。长春汽车厂，1953 年、1954 年[①] 都完成了进度，保证质量，应是基建中最满意的一个，但总进度缺乏通盘考虑，施工管理不善，造成严重浪费、积压。"一进大工地，遍地人民币"。浪费达 1000 亿元。总进度问题，总进度定了，每年如何安[②] 排？只是催，紧张，就发生浪费。[如果] 推迟五、六个月开工，可能更好些。

实行节约，不能说重点工程只要保证完成任务就行。长春汽车厂，打了胜仗，但浪费了炮弹。哈尔滨铝加工厂，积压资金 600 亿元。建工部，5686 亿 [建筑任务]，10 万 8 千人即可，实 [际] 用 16 万人。重工业部，积压 [问题]，1954 年底 [积压] 材料 5000 亿元，设备 2400 亿。

① 原稿为"1954 年、1953 年"。

② 原稿为"按"。

中建部、重［工业部］、燃［料工业部］、铁［道］等部，去年窝工不少于1000万工。质量不好，损失无法估计。原因：计划常变，上边要求急，总进度规定不合适。建筑中缺乏经济核算，片面强调进度，忽视质量，有的为完成任务，不惜工本。

树立全面完成任务思想。总进度是否可以推迟？不可以。施工前准备工作，安排总的施工进度，关键在做好施工组织设计……学习设计文件和施工图。进一步，整顿现有建筑企业，作业计划，调度工作，经济核算，经济活动分析，节约材料，不断提高劳动生产率。［认真研究］总平面图。重要工厂，苏联设计，施工［靠］我们进行，保证质量、进度、经济是很重要［的］问题。

三、城市建设，和工业分布有关系

工业分布原则：目的是提高社会劳动生产率，增强国防力量，改进物质福利。①生产，大工业拉近资源和工农业产品的消费地区——为更好利用自然资源，消除不合理运输。②消灭国内各民族间事实上经济不平等现象，在可能范围内向边远地区分布。③在各地区间，实行有计划的分工，估计到各地区的特点，一定工业品与农产品经济上的合理性，动员本地原料［供应］，消除远距离运输。④有计划地把工业分布在全国各地，建立起新的城市，使农业和工业就近。⑤增强国防力量，在内地建立许多工业，资本主义包围，原子时代。经济理由，政治理由。

集中、分散问题，城市规模大小问题。在目前情况下，一个城市以建多少工厂？每城市多大为适宜？这是路线性质的问题。要搞大的、中等的、小的城市。苏联，［从］技术设备、造价方面［测算］，以25万人城市为最经济。

城市规模过大，从经济上看，缺点：①技术设备高，北京150万亿，西安33万亿。②大城市服务人口增多。苏联大［城市服务人口］占23%—25%，中［等城市占］20%—22%，小［城市占］18%—20%。北京1953年，［服务人口占］22.4%。西安［服务人口占］15%，兰州［服务人口占］12.7%。③经常维护费大。北京每市民90800元，沈阳40900元，哈［尔滨］36200元，其他城市远不及此数。④运输费加大，城市供应困难。

再加，资本主义包围，工业集中不好。苏联 1939 年 920 [个] 城市，我们 1954 年 166 [个] 城市。① [人口]50 万以上：苏 [联]11 [个]，占 1.2%，其中 [人口] 100 万以上 2 [个]；中 [国] 25 个，[占] 25%，其中 [人口] 100 万以上 9 个。② [人口]10—50 万：苏 [联]79 [个]，[占]7.7%；中 [国] 78 [个]，[占] 46.9%。③ [人口] 2—10 万：苏 [联] 838 个，[占] 91%；中 [国] 63 [个]，[占] 38%。我国大城市比例大于苏联，小城市少。

我们新建的有大工业的、可能成为经济文化中心的城市，不宜过大，工业不宜过多，30 万人为好。太原、西安、洛 [阳]、包 [头]、兰 [州]、大同，合理，以后不再摆工业 [过] 去。

目前，城市建设中有许多毛病，造成浪费。有些没工业建设的城市，也提出庞大城市建设计划。有的没有建设，先拆房，展宽马路，要求盖四层楼。在重点建设城市，把远景计划人口估计过多，用地过多，脱离当前建设需要。

与此相联系的，民用建筑严重分散。无统一计划和规划，或计划规划过大，或无第一期建设计划。北京 1000 万平方米，相当原有 1/2，但没盖成街，1/3 以上分散郊区，最远 16 公里。文教区，投资大。许多地方安了"文化区"。分散建设文化生活福利设施，造成浪费，不能共同使用。北京 1953 年、1954 年，[建了] 86 个礼堂，一般每周只能利用 20 小时。分散建设，航空学院，大烟筒。此现象到处都有。

一个城市建设本身，不能过于分散。利用旧建筑物，来建设城市（中轴线、放射线）。铁路搬家，飞机场搬家，电站搬家，许多建筑物搬家，拆许多民房。理想，在新建城市建设，[如] 包头。

高层建筑、低层建筑问题。从经济上看，四、五层较经济。我们不要强迫一定盖几层，三层也允许。

马路要多宽？

一方 [面] 要有理想，一方 [面] 注意实用、经济。一方 [面] 反对本位主义（工厂），一方 [面] 也反对硬要多高多宽。

*　　　　*　　　　*

北京市游民与失业人口

1954年11月调查:社会游民分子和失业、无业人口,107100人,其中游民分子65800人,失业、无业41300人。城区,占人口5%(两者合计)。失业、无业人员占[总]人口[的]2.3%。

2月28日(星期一)

市委集体办公

1. 征兵宣传。

2. 扩建天安门广场。

彭[真]:

粮食问题:10%缺粮户。灾区,少收30亿斤,多购30亿斤。购粮数大,引起不满。全国杀牛、猪,生产也不积极,工农关系紧张。现在,要安定农民生产情绪,要向农民让步和缓空气。原950[亿],930[亿],最后910亿,以安定农民。农业生产合作社,有些强迫的,不入社不散会。原说1957年组织50%户口,现在搞1/3,步子放慢点,把合作社搞巩固。

粮食征购数字向农民宣布,征购900亿斤,工农关系。开支也减少点。城里减5亿,乡里减20、15亿,军队也减四、五亿。缺粮户,经济作物区,等需要给。主要是减了乡村。城里上海没减,其余都减。北京减5000万斤。原考虑丰收不增,欠收不减,没考虑欠收减,半收四六,余粮60%,由农民自已卖。

合作社,苏联走快点,破坏很大。我们遭受不起破坏。同时,苏联也检讨了,故中央有此决策。

减少消费。郊区统购,没完成计划。秋收,再研究。销,简单的扣,紧张。重点:机关、部队,工人,节约粮食。管理员、大师傅①,开会教育。此外,搞

① 原稿为"付"。

点办法，白薯，仓库老鼠吃，当作政治问题去办（合作社，大社慎重）。检查几个典型。联合几个村子了解情况。

精减，地方工业局，1080 人。现分开后用 480 人，再加 20 机动数字。我们以人多为胜，劳动生产率低，是官僚思想。可否分两班办公，带孩子的。三个人做两个人的事。石景山钢铁厂，可否裁 3000 人？发电厂，可否搞四班？浪费，不能搞工业。

图 4–6　正在扩建中的石景山发电厂（20 世纪 50 年代）
资料来源：北京市城市规划管理局编：《北京在建设中》，北京出版社 1958 年版，第 33 页。

粗工工资，高。农民不满，可否压一下？

市委，有几个人不管工作，加工集中 [来] 材料。市 [政] 府，分了下工。秘书长、副秘书长，专门搜集材料，提出问题，日常工作，副市长批，较大事情由 [张] 友渔同志主持召集有关人员商议。我管下发、上发文件，大的运动。问题解决，主要靠秘书长。

方针、政策、计划，主要的问题、重要的问题，要市委批准。计划，非例行公事之计划，计划中哪几条要市委批准、说明，批准后如何贯彻，如何执行的，主管部门事情，不向市委报告。

党组，各单位组织党组，直属市委。有个矛盾，44 个单位，如何管？国务院分口，市也分口。市 [政] 府组织党组 [要] 否？

[张] 友渔：

市 [政] 府党组可以不要。

彭 [真]：

对中央各部关系：无事不登三宝殿，文来文往，多采取去商议的办法好些。这种工作作风不好，应多去联系，经常取得中央帮助和指导。

市委各部、市 [政] 府各局，无权命令区委、区人民委员会。下边干部生长起来，首脑部不够健全。礼堂、招待所，通通管。汽车，全市搞几个汽车行，研究。

北京文教区，摆得远，我们负责。汪季琦回来，讲华沙怎样，我们就说过……讲过不知多少次，党校做过报告，我们党内对建筑是有意见的。

1951 年以来，即说过不准强迫戴“道士帽子”，这点不负责任。但 [对] 许多“道士帽子”，我们没提出反对意见。我们提出：情人眼里出西施。没反对，不对。沈勃、汪季琦要出来检讨 (思想、组织)，他们检讨后，即该梁思成。

3 月 3 日 (星期四)

市委会议 (下午)

一、宣传唯物论问题

知识分子 13 万人，参加理论干部 9.3 [万人]，高等教职员 1.5 [万人]，中学教职，1.4 [万人]，不包括高中生、大学生。按地区进行，目前不可能，应当按地区。[包括] 高中以上学校，[但] 学生不包括在内。

刘 [仁]：

报纸上谈了许多，许多人并不一定都谈了。有些文章较深，故中央提出广泛地用讲课报告形式进行宣传，宣传马克思主义。组织讲演报告，重点在于通俗，简单扼要。动员大家听这些报告，按地区组织，讲演、录音、报纸上登。

听报告，根据自愿。先搞试验，大体上按地区，比较自由，党内提倡。问题在报告员，宣传部用大力［气］去训练。

二、建筑工程问题

劳动生产率 49%，建工局 47%，五公司 79%，特殊。成本，14 个单位 1965 亿元。建工局决算，又增 100 余亿。北建 1240 亿元，又加 100 亿，共 1300 亿。

三公司，调查，5 月份 53 万，11 月份 63 万。

刘［仁］：

当前大窝工问题，包括中央各单位，研究解决。300 万平方米，实际今年不可能建，或在第四季度才能建。如切实如此，需增加多少平方米，可向中央报告。设计力量小，施工力量大，如要统一建造，把设计力量拿来，或固定担负设计任务。

拨地需速解决。郑［天翔］只管规划，不管具体批地。集体办公由［贾］庭三同志临时负责。预制厂争取搞一个，投资争取。

其他没什么，同意这两个文件。

3 月 17 日（星期四）下午

和阿布拉莫夫同志谈城市建设问题

1931 年前莫斯科规划组织如何？我不知道。1931 年召开中央全会，曾讨论莫斯科及其他城市改建问题。在此之前，曾组织一个委员会，由专家和一些领导同志组成，卡冈诺维奇［Л. М. Каганович］领导，斯大林同志也参加过这个委员会。

当时，莫斯科有许多困难。首先，供水困难，莫斯科河不够用。其次，道路窄，交通困难。第三，住房及机关用房都不够。水不够，引伏尔加河水，修建运河 150 公里长。当时这个工作也很复杂，两河水高不一样，先抽伏尔加河水，使之流下来。中央同意了。这个运河要完成三个任务：供饮用、航运、加深莫斯科河。修建了两个水塔，可过滤水，杀菌。交通不便，用两种办法解决：①展宽街道，拆迁房屋。②修建地下铁道。为修地下铁道，先研究居民活动情况，来往方向，在交通预留地方修地下铁路。住宅困难，战前 15 年内修 1500 万平方米房屋，因战争关系未完成，战后大规模建设。

1931 年前，有莫斯科市公用事业管理局，也管规划工作、上下水道、道路、绿化、煤气等工作，还管公共交通，这是很大的组织。当时这个管理局受双重领导——市及公用事业部。当时，个别房屋及街道设计，由个别建筑师进行。当时，还有私人的建筑组织。但未完成此任务，后在建筑规划局下成立建筑规划室。建筑规划管理局受莫斯科市苏 [维埃] 领导。后，俄罗斯共和国成立建筑规划管理局，莫斯科的规划局受双重领导。当时，布尔加宁为市直属，赫鲁晓夫为书记。

后成立莫 [斯科] 市建筑规划委员会，布 [尔加宁] 、赫 [鲁晓夫] 均参加了委员会。研究审查市规划，解决规划中的问题，决定修建哪些地下铁道车站、线路，改建街道大的住宅设计图，需此委员会批准，9 个或 12 个规划室，分 9 个区或 12 个区进行规划。每个区里，建筑成为整体，至今区互相联系。另成立总计划室或总体规划室。

由于交通发展，只一个专用事业局管不过来，成立了若干管理局——运输管理局、上下水道管理局、道路管理局、公共事业管理局（洗衣房、理发店、旅馆等。当时，此局还管清扫，及又成立独立清扫机构）。以后，运输管理局又分为货运、客运、有轨电车等管理局。在交通部下成立地下铁道建筑局。通车后又成立地下铁道使用局。资金由交通部出，莫斯科市 [起] 次要作用，受双重领导。

成立燃料和动力管理局。有储备煤及木材的仓库，并出售，监督发电站的工作。

市苏下的管理机构，受双重领导（俄罗斯共和国和市苏），实际领导的是市苏。当时，苏联政府决定，如发展莫斯科市，苏联直接拨款给市，不经过苏联[①]。

规划委员会与局，是同时存在。局是经常工作机构，委员会是在需要时才开会。委员会中有市级机关及中央机关的人员参加。全联盟的建筑专家，也吸收参加，大多数工作人员是市苏下的工作人员。战时这个机构精简了，现在和以前的差不多，现有13个建筑规划室及总体规划院。

现在，局和委员会都有。有4个单位及许多委员会——设计院、总体规划院（红线、标高、修道路，修地下铁道，电线，有全市性的问题。哪里应修学校、商店等，建筑计划），分区建筑师（拨土地，使盖房合乎计划），建筑及建筑艺术监督工作。有监督员——合乎设计图，是否符合标准。此外，也还有其他机构，如地下设施等。

上述各机构，均属建筑规划管理局（专门结构局，研究标准设计、预制）（新技术处）。管小型建筑、绿化的机构，保护古建筑的机构。除工业设计外，其他设计图，均由这些机构管。交通、上下水道、瓦斯等管道设计，不由此局管，最近有人提出要让此局管，尚未解决。

这些机构很复杂，中间有矛盾，不很满意。盖房子要跑好多机关，他们也一样，有好多发生矛盾的地方。因此，需统一规划、监督。规划管理局工作十分复杂。过去盖房子，需要许多手续。到8个地方联系，有时需8个月，现在把有关机关代表集中在一起办公。最近将采取这种措施。

标准问题：每200人占1公顷土地。[新建房屋]不低于六层。绿化标准记不清了，斯大林格勒绿地占城市用地30%，认为造价高。现其绿地约占用地1/5左右，认为不低。

盖房子钱从哪里来？不同时期，不同情况。在恢复时期，由企业利润拨出，即用一部分利润改善物质文化生活。政府规定比例，如利润1/10，用来建房屋。后银行给以贷款，20年至15年。1930年，建筑住宅合作社发展。社员交会费，可领取住宅。银行给合作社以长期贷款。国家预算及市预算中，拨出钱来建房。修建福利机构，由国家预算及市预算中拨款。30年代，市苏曾发公债，用以修（1929—1930）8个百货公司、汽车房。1937年，建

① 原稿为“苏俄”。

筑合作社解散。主要靠预算拨款。每次批准预算时，批准建住宅的预算和建住宅的规模，然后决定修学校、医院① 多少。

钱从哪里来？工厂厂长可由有关部领到款子。经费主要有两个来源：市及政府拨款。莫斯科有许多企业，自行施工。1954 年初，有 150 个建筑机构。受不同部领导，很难互相联系。1954 年决定，国家拨款给企业建住宅时直接把款拨给市苏，不给企业，建筑公司交市，由市总建筑管理局管理。只有三、四个部未把建筑公司交市，如国防部。可见经费主要靠预算。把市苏收入项目也增加了。

在莫斯科居住必须有居住证，如无居住证或出差证明，即须离开莫斯科。禁止工厂招用外地的工人，只能用当地的工人。亲属，可以在莫斯科居住，远亲则不能，只能住两星期。也有例外。把莫斯科人迁到其他地方的情形很少，除非是法院判决。在莫斯科工作者，必须有收入来源。建筑工人可以到莫斯科去，因人们不愿干建筑工人，而愿在工厂中工作。

[即将来京的第三批苏联城市总体规划专家组成员]

1. 莫 [斯科] 总体规划院技术处长②。

2. 设计院建筑师③。

3. 建筑规划总局地下建筑设计院，副总工程师④。

---

① 原稿为“病院”。

② 指规划专家兹米耶夫斯基（1909—1993），莫斯科城市总体规划设计研究院技术处处长。1933 年毕业于敖德萨艺术学院（Одесский художественный институт）建筑系，同年在莫斯科城市委员会规划部工作，参与了 1935 年版莫斯科改建规划的制订，1935 年成为苏联建筑师协会会员，1938 年与妻子 一起参与了吉尔吉斯斯坦首都的总体规划设计工作，1941 年受命负责在莫斯科附近设计并建造防御工事设施，卫国战争结束后在莫斯科建筑规划管理局工作并任首席建筑师。1955 年 4 月来京，1957 年 10 月返苏。

③ 指建筑专家阿谢也夫，莫斯科建筑设计院建筑学术工程部主任。1955 年 4 月来京，1957 年 10 月返苏。

④ 指煤气供应专家诺阿洛夫（А. Ф. Ноаров），莫斯科地下工程设计院副总工程师。1955 年 4 月来京，1957 年 3 月返苏。

4. 上下水道工作室主任①。

5. 电力 [专家]②。

6. 建筑工程师，[任职于] 建筑公司（公用设施建筑）③。

[尚] 未来者：电力供应、热力供应 [的专家]④。

4 月 11 日（星期一）

1954 年建筑用铜：苏 [联] 展 [览] 馆 92000 斤、北京饭店 20000 斤、专家招待所 20000 斤、国际饭店 16000 斤、中组部 10000 斤……共 162,000 斤。

*　　　*　　　*

万里局长谈苏联规划专家工作⑤

万 [里]：

把北京问题彻底解决，并训练一批干部，满足专家工作配合的干部要求。煤气 [方面]，调东北的人给北京。道路 [方面]，派几个人 [到北京]。[国家城建总局要] 有一部分人，经常参加北京市的工作和会议。

今年暑假毕业的大学生，[到中共北京市委专家工作室] 实习，培养一批干部。华东工学院、化学工学院有制造煤气的，向中组部要人。

城市建设组织——向专家提出来。中等技术学校学生。培养什么技术

① 指上下水道专家雷勃尼珂夫（М. З. Рыбников），莫斯科地下工程设计院设计室主任。1955 年 4 月来京，1957 年 10 月返苏。

② 指城市电气交通专家斯米尔诺夫（Г. М. Смирнов），莫斯科电气交通托拉斯经理。1955 年 4 月来京，1957 年 10 月返苏。

③ 指建筑施工专家施拉姆珂夫（Г.Н. Шрамков），莫斯科建筑总局建筑安装托拉斯经理。1955 年 4 月来京，1957 年 10 月返苏。

④ 第三批苏联城市总体规划专家组中个别成员来华时间较晚。上述日记记录的人员名单中缺少该批专家组组长勃得列夫，来华前任莫斯科城市总体规划设计研究院建筑规划室主任。

⑤ 第三批苏联规划专家组于 1955 年 4 月 5 日到京后，4 月 11 日，郑天翔和佟铮到国家城建总局向万里局长汇报了苏联规划专家来华工作的有关情况。3 天后，国家城建总局“于十四日设宴欢迎苏联专家”。资料来源：国家城建总局档案：《城市建设总局周报》第六号（1955 年 4 月 16 日），中国城市规划设计研究院图书馆，档号：AM3。

人员，向专家提出。

专家工作：①相应的组织。②材料足够。③工作计划。我们的要求，他的要求。④领导同志与专家会面。一定时间征求意见。

*　　　　*　　　　*

[待办工作]：①华东工学院，煤气制造的人。②翻译，[联系] 计委。③ [联系] 高教部，分大学生。

图 4–7　第三批苏联规划专家组全体专家与翻译组全体同志的合影（1957 年 3 月）

前排（苏联专家）左起：上下水道专家雷勃尼珂夫、煤气供应专家诺阿洛夫、规划专家兹米耶夫斯基、建筑施工专家施拉姆珂夫、经济专家尤尼娜、专家组组长勃得列夫、电气交通专家斯米尔诺夫、建筑专家阿谢也夫、热电专家格洛莫夫（H. K. Громов）。这 9 位苏联专家中，格洛莫夫于 1955 年 7 月到京，尤尼娜于 1956 年 7 月到京，其他 7 位专家于 1955 年 4 月 5 日到京。

4 月 14 日（星期四）

向苏联专家介绍北京气象、地质等

陈干：

气象资料，[自] 1841 年开始 [记录]，中间有残缺。北京气象要素：

1. 气温：大陆性，平均 12℃，最高 42.6℃，最低 –22.8℃，一年平均取暖期 120 天。

2. 各种天气：降雾 21 天，降霜——，下雹 1.1 天，雷暴 28.7 天，结冰 134.1 天，晴天 152 天，阴天——。

3. 气压：平均 758.06 公厘①。

4. 全年降水日数 71.9 天。

5. 海拔 40—50 米。

6. 标准的温带大陆性季风气候：春，4 月—6 月，65 天；夏，6 月—9 月中，95 天；秋，9 月中——10 月底，45 天；冬，10 月底—3 月底，160 天。

7. 植物生长期，[日平均气温] 6℃以上，3 月底—11 月初，225 天（相当长）。雨量绝大部分在生长期降。

气候缺点：①春天干燥，春季风沙多。②降雨量变化太大，年与年之间差别很大，200 毫米—1100 毫米，集中在 7 月、8 月（7 月、8 月中下雨天数并不多，而是在几天之内降的）。水急，城市排水发生困难，形成旱沟旱河，且又积水，下水道管径加大，投资增多。塌房。

地形与气候之影响：西北高，[城市处于] 高地与平原变化最大之处，背山面海，冬天湿度比西北高原地区（张家口等处）高。冬季比张家口等高原地区缩短。每天风向变化大，风速低。

陈志清：

[介绍] 地质情况。

① 公厘（mm）是用水银柱的长度来表示气压高低的一种单位。

图 4-8　勘察处负责同志正在向苏联专家尤尼娜介绍北京市地质情况（上）

注：下图左 2 为尤尼娜，左 1 为岂文彬（翻译）。

[城区] 面积与历史变迁：城区62平方公里，全市区（矿区除外）700平方公里。1149年，辽都城（800年前）；1150—1260年，金首都，地址与前同；1267—1300年，元建新城；1368—1499年，明建北城。1555年，增建南城。利用玉泉山水。

永定河标高90米，北京50米，受洪水威胁。湖面419公顷。

地形：在永定河出峡谷后之冲积扇上其尖端，即石景山。地面坡度：西半部2‰—6‰，东半部1‰。

地面冻结深度：城里65厘米、郊区75厘米。地下水位升降幅度一般在2米到3米之间。清河区有自流井（深井）。基础情况：10米以内土壤分布复杂。

[苏联专家听取介绍后提出的] 问题：

1. 对旧建筑物基础调查过没有？

2. 粉砂、垆土，黏[①] 土层，耐压力调查过没有？

3. 哪个区域常受水淹？

4. 档案中还有旧的（解放前的）资料没有？

5. 地下水供水量只 [有] 3 [立方米] / 秒，有无其他水源？

6. 地下水硬的特性，水的硬度，经常的，还是季节性的？采取什么措施，换 [其] 他水 [源]？

7. 水中电导力？

8. 地下水成分，对混凝土害处。

9. 是否考虑永定河与城附近有蓄水建筑？

10. 风向，西南风向占多少？

11. 雨季最大雨 [量] 时，河水增加多少？多长时间流出去达到正常水量？

12. 官厅水库，水面积多大？坝的跌水高差如何？

13. 标准地质钻探的平面图。

14. 旱到什么程度？

---

① 原稿为“沾”。

15. 全年的风向图。

4 月 15 日(星期五)

向苏联专家介绍建筑情况

佟 [铮]：

一、现有房屋概况

[到] 1954 年止，[现有房屋总建筑面积为] 2962 万平方米，其中解放后新建的占 1/3 强。房屋分类使用情况，据 1953 年统计：工厂、作坊占 7.4%，公共建筑物 [占] 30.7%，住宅 [占] 58.6%，其他（使领馆，营房等）[占] 3.5%。

二、解放时旧有房屋情况

总计：1970 万平方米，[其中] 城内 1750 万平方米。平房 [占] 89%，二层 [占] 7.8%，三层及以上 [占] 3.2%。建筑密度：平均 47%（城区），最高 82%（前门）。危险房屋 [占] 4.9%，破旧房屋 [占] 61%。1954 年，危险房屋 9900 余间，半危险的 23000 余间。旧有房屋 [中]，公有 24.8%，私有 66.7%，外侨、寺庙 8.5%。拆掉的，1952—1954 [年]（以前的没统计）城区 11000 余间，郊区 14742 间，共 25700 余间。

三、新中国成立后到 1954 年底新建情况

共申报 1674.08 万平方米建筑面积。其中，小房子 170 万平方米，无图施工。实际完成 1005 万平方米（不包括零星 [建筑]）。投资 12.25 亿元（申报的）。其中，公建面积 [占] 94.4%，造价 [占] 98.4%。

设计的使用性质：工厂、作坊 [占] 8.79%，住宅 [占] 39.01%，行政机关 [占] 23.28%，旅馆、招待所 [占] 1%，文化事业 [占] 0.92%，学校 [占] 14.25%，儿童设施 [占] 0.08%，体育 [占] 0.03%，医院 [占] 3.47%，商店 [占] 4.57%，仓库 [占] 1.35%，军事、使领馆 [占] 3.25%。

新建 [房屋的] 层数：一层 43.4%，二层 14.8%，三层 22.8%，四层 11.9%，五层 3.6%，六层 1.6%，七层 1.2%，八层 0.2%。接建（加高）0.05%。

逐年提高层数，1954 年四层及以上 [占比] 44%。

新建结构：钢结构 [占] 0.4%，钢筋混凝土 [占] 8.7%，混合结构 [占] 50.6%，砖木结构 [占] 40.1%，其他 [占] 0.2%。

四、建筑用地情况（统计不完全）

城内外共用 3744 公顷，[其中] 城外 [占] 93%，城里 [占] 7%。

五、建筑中的主要问题

1. 分散，69% 在城外，31% 在城内。城内：没计划，有空就挤。1954 年沿街建造者只 25 处，30 万平方米，不到城内建房 10%，90% 在小胡同中空地上建了，共 1692（栋）处。在城内建者，每处平均面积只 [有] 1648 平方米。

城外：各占一方，互不配合。用地：8.38% 距城中心 15 公里以上；49.5% [在] 10—15 公里范围；33.3% [在] 5—10 公里范围；8.82% [在] 5 公里以内。建筑密度低，有的不到 5%，购而不建者 8000 多亩。

结果：市政建设投资增大，但利用率低。东郊工业区下水道，利用率 1/4。3 公里电线，1000 伏安。生活设施赶不上需要，不便。农民过早失地，城市面貌未能改变。一个部有的 [建筑工程] 散在 100 余处。

2. 业主分散。1954 年 501 个业主，1955 年 209 个（现在已登记者）。每起 [建筑工程]，2000 平方米以上者只占 28%，其余在 2000 平方米以下。

3. 拨款分散。经费来源有 14 种：企业基本建设投资、行政费、机关办公费结余、修缮费、部长基金、企业超额利润（提成）、厂长基金、工会劳保基金、青年团团费、特别费。

4. 造价标准不一。1954 年，住宅 60—270 元 / [平方米]，办公楼 80—250 元 / [平方米]（根据申报数字）。

5. 建筑投资与市政设施公用设施投资不是统一安排的。建筑造价 12 万亿，市政投资 1.1 万亿，[占比] 9.1%。

6. 设计和施工单位分散。1955 年，设计单位，公 73 个，私 3 个；施工单位，公 63 个，私 50 个，瓦木作 62 个。

7. 建筑管理不很统一，经 40 多道手续才能建起。

4 月 16 日（星期六）

继续汇报建筑问题

佟 [铮]：

建筑上的铺张浪费现象。建筑造价逐年提高。大屋顶 1950—1954[年] 47 万平方米，平瓦大屋顶 52 万平方米，比普通屋顶贵三、四倍。多用 600 万元，可盖 10 万平方米工人宿舍。重量大，每平方米 325 公斤。

*　　　*　　　*

关于设计问题

沈勃：

三个主要的设计单位。1954 年 [设计任务] 310 万平方米。北京市设计院，主要 [承担] 民用建筑 [设计任务]，1954 年完成 104 万平方米。其中，宿舍 [占比] 52%，办公楼 [占比] 17%，学校 [占比] 14.5%，医院 [占比] 7%（包括疗养院），礼堂、俱乐部（图 4–9）□□①，小工厂 [占比] 1.6%，仓库 [占比] 1.6%，其他 [占比] 3.3%。

层数：三层 [占] 1/3，四层及四层以上 [占] 2/3。使用旧的标准图近 1/3。造价在 150 万以上的，[占] 1/3。学习苏联经验，混合结构，降低造价 20%，水暖方面，降低造价 30%。

设计院组织机构。设计技术部 438 人，其中工程师 113 人，技术员 106 [人]，助理技术员 98 [人]，实习生 21 [人]，练习生（学习描图）100 [人]。从事建筑设计 176 人、结构设计 105 [人]、电灯照明 53 [人]、水暖 40 [人]、估算 24 [人]、其他 10 [人]。

按地区，分为 6 个设计室（也按建筑分类）。第一室：旅馆，住宅；第二

---

① 原稿此处缺数据。

图 4–9　北京市工人俱乐部（1957 年）
资料来源：北京市城市规划管理局编：《北京在建设中》，北京出版社 1958 年版，第 78 页。

室：办公，住宅；第三室：医院；第四室：学校；第五、第六［室］：一般建筑设计（文化福利）。每室平均 65 人。技术研究室：标准科，技术研究科，估算。技术委员会：审核重大建筑设计，决定主要建筑问题。

设计院存在的主要问题：

1. 设计思想：［受到以］梁［思成］为代表的复古主义影响。

2. 设计和规划结合不好。

3. 标准设计，过去做过一部分，住宅和中小学。标准门窗构件。但很多不适用，不经济。不愿使用标准设计。门窗式样多，专家招待所一栋楼即有 63 种。造成施工困难。标准难定。拿不起房租。煤球上楼。预制构件还没经验，预制比现场搞还贵些。

*　　　　*　　　　*

向苏联专家汇报建筑工程局的情况

董文兴：

1. 力量：两年来完成任务的情况：1955 年任务 216 万平方米，工厂占 10%，几年来担负 46%的建筑任务。

2. 组织：1953 年由 40 余小单位合并。土木建筑公司 7 [家]、专业安装公司 1 [家]、建工局本身九个处、机械供应站、材料试验室、学校（训练班）、医院。

3. 干部，工人：干部 8724 人，在各公司者 8077 [人]，在局者 302 [人]，在附属单位者 340 [人]。其中，技术员以上 1881 人，占 21.5%，[包括]工程师、技师 225 [人]，技术员 1518 [人]，实习生 138 [人]；管理干部 6205 [人]。文化程度：大学 [占比] 5.3%，高中 [占比] 14.5%，初中 [占比] 33.6%，小学 [占比] 45.5%，文盲 [占比] 1.1%。

工人（1955 年 3 月底），29839 人，其中长期 15731 人，季节性工人 13153 人，临时工人 955 人。八级工资制，技术等级：一级工（最低）5.1%、二 [级工占] 17.2%、三 [级工占] 6.3%、四 [级工占] 19.8%、五 [级工占] 19%、六 [级工占] 21.3%、七 [级工占] 10.02%、八 [级工占] 1.1%、瓦木工占大多数。

4. 机械设备，800 余台。起重机械，塔式 5 [台]、履带式 2 [台]、少先式 55 [台]、平台 20 [台]、卷扬机 183 台。混凝土搅拌机 148 台，洋灰震捣器 162 台，灰浆搅拌机 106 台。基础用：打桩机 5 台、抽水机 217 台、压路机 10 台。自卸汽车 117 辆。皮带运输机 25 台。空气压缩机 11 台。使用率很低。有的只达 30%。

5. 加工厂情况：现场临时性的加工厂 28 个。

6. 制度：提高，46%，降低，15%，平均少用 5000 人。冬季施工，1953 年 23 万平方米，1954 年 40 万平方米。

7. 当前主要问题：①质量、事故：操作不良 60%，指导错误 34%，设计错误 5.8%，个别有破坏[①]。②工长 621 个，[其中] 初 [中] 、小 [学文化程度共] 422 个。③浪费大，全局积压 [造成浪费] 700 万元。④警卫、勤杂、消防人员占 9.2%，超过定额一倍。

[苏联专家听取汇报后提出的] 问题：

1. 建筑师的数量。
2. 干部来源，1953 年、1954 年来的多少？如何补充技术干部？
3. 设计经过哪些过程？
4. 设计方面的标准。
5. 设计室已分工（干线？专业？）有无一个机构管理设计之配合？
6. 梁思成思想影响之具体情况。
7. 设计人员是否到现场检查质量？
8. 北京是否能有建筑师？
9. 总体规划还没有，建筑分散，是否采取措施克服这个问题？
10. 下水道使用只占 25%，拨款（建筑与下水道）是否统一？
11. 上下水道设计人员是否在另外？
12. 建筑上，下水道是否单独有机构建筑？
13. 掘土机，有没有？
14. 质量事故，更具体的原因？这样多的干部，领导 2.9 万工人，为什么还造成这样多质量事故？
15. 填三张表。
16. 有无木成品标准图？
17. 有无用标准图建好之建筑物？
18. 标准住宅设计之居住单元，有没有？
19. 1955 年任务，投资数目。
20. 建筑施工技术条例（技术规范）。
21. 有无每年干部编制定员制度？
22. 施工质量监督，谁负责？

---

① 原稿为“破坏，个别”。

23. 对机械使用百分率低，原因何在？

24. 建筑设计开始时是否给他建筑艺术、规划的任务？

4 月 19 日（星期二）

上下水道、公共交通情况介绍

陈明绍①：

下水道情况。积水地区 1100 多处，严重的 48 处，下雨时积水 0.5 米或一、二公寸。还有 14 条龙须沟。

文教区下水道，污水干线，埋的深，遇到流沙。个别地方裂开，沙子进去，现尚无办法修好。

下水道目前存在的问题：

图 4–10　北京市卫生工程局副局长陈明绍（左 2）与苏联上下水道专家雷勃尼珂夫（左 3）等一起研究北京市给排水工作

注：左 4 为翻译（赵世五）。

① 原稿为“韶”。

1. 城内龙须沟已解决，城外大龙须沟——污水污染河流［问题尚未解决］。通惠河污染最甚，已不能养鱼。沿城区做截流管，按该区污水干管设计，整个起截流管作用。原拟在城四周修成截流管，在东、南、北方向修处理场，现准备在清河、酒仙桥修处理厂。沿通惠河修处理厂。处理厂位置及数目，尚未决定。清河处理场设计已做出，上级还不放心，可否在第一个五年计划中划上？

2. 跟不上建筑发展。上水道情况，曾利用河水做水源。日本占领期间，改用地下水做水源。解放以后，主要是解决水源问题。1949 年饮自来水者 63 万人，1954 年 221 万人。每人每天用水量，1949 年 17.9 公升，1954 年 37.2 ［公升］。一年供水量，1949 年 709 万吨，1954 年 3000 万吨。后两年增加最快，每年平均增加 50%。

这几年：增加水源，增加管网。井：1949 年 38 口，1954 年 67 口井。管网长度：1949 年 819 公里，细管，最大 450 毫米。1954 年 1705 公里，大的 900 毫米。过去管网［呈］枝[①] 叶状，现在［呈］环状。此外，许多单位自己打井供水，有 123 口井，1949 年以后打的即有 80 口井。1955 年全年计划供水 4500 万吨。

问题：

水源、排水。城市人口和工业用水量很大。每人每日用水，生活用水 400 公升，工人用水 100 公升。需 30 立方米 / 秒，变化系数 1.22，则为 37.2 立方米 / 秒。河湖[②] 用水量 5—6 立方米 / 秒，下水道稀释、通航运河 22 立方米 / 秒，总计 65 立方米 / 秒。

地下水：玉泉山水，最多下过 2 个［立方米 / 秒］，平时 1 个立方米 / 秒。井水 5.5—11 个立方米 / 秒。地面水：永定河，保证 17.5 个立方米 / 秒，5 月拿出初步设计文件。潮白河，密云水库，保证总量 35 个立方米 / 秒。滦河，［从］张北湾打洞，引水入潮白河，引水距离 200 公里左右。滦河水量可达 46 个立方米 / 秒。

---

① 原稿为“支”。

② 原稿为“胡”。

图 4–11　密云水库建设场景（1958 年）

排水问题：和河北省发生关系，流域规划未定。1954 年大水（一百年一次）证明，许多河流设计 [标准] 偏低。

*　　　　*　　　　*

向苏联专家介绍公共交通情况

王镇武：

有轨电车，1949 年 49 辆，1954 年 240[辆]。公共汽车，1949 年 5[辆]，1954 年 320 [辆]，1955 年 361 [辆]。附属设备：电车修理厂 1 处，每年大修 45 辆，小修 383 辆。保养场 3 个，停车 253 部。变流站 5 处，4755 千瓦。公共汽车修理厂一个，大修理 60 [辆]，中修 260 辆。保养场 4 处，停放 320 辆。

线路：电车 1949 年 39 公里，1954 年 58 公里，共 6 条线路。公共汽车 1949 年 5.6 公里，1954 年 357 公里，共 25 条路线，[其中] 城内 12 路，城外 13 路。

客运情况：电车 1949 全年 2700 万人次，1954 全年 12600 万人次。公共汽车 1949 年 160 万人次，1954 年 11100 万人次。

当前问题：

1. 赶不上需要。1949 年平均每人一年乘车 14 次，1954 年 [平均每人一年乘车] 73 次，乘车次数还很低。大量发展自行车，1949 年 18 万辆，1954 年 40 多万辆。各机关交通车也发展了，600 多辆，还保留 3 万 [辆] 三轮 [车]。

2. 运距长。反映各区发展不均衡，福利设施没跟上去。电车平均运距 4 公里以上，公共汽车 6 公里以上，最高 1933 年为 7 公里。

3. 乘客波动系数很大。上、下班集中，排队。对波动系数 2，高峰时间最难应付。另外，车子还有潜力没发挥，调配方面缺乏经验。

4. 事故多。汽车 1954 年 1400 次事故，电车 1954 年 5537 次事故。交通集中于城门上，道路窄。机械化、非机械化交通工具混合行驶。上下班时，人流似河决口。

规划和发展：尽量利用有轨电车，重点发展公共汽车。有轨电车破旧，轨道塌[①]陷厉[②]害，马达绝缘不好，断轴情况严重。一种意见把它拆掉，一种意见尽可能使用之。早拆或晚拆，意见不成熟。各种车 [辆] 发展 [的] 步骤，无共识。

* * *

向苏联专家介绍电力情况

王自勉：

发电厂能力 79350 千瓦，实 [际] 能发 [电] 76000 千瓦。变电站 26 个，发电厂 5 个。线路：11 万 [千瓦共] 56.1 公里，7.7 万 [千瓦共] 95 公里，3.5 万 [千瓦共] 418 公里，1.1—3.3 万 [千瓦共] 926 公里，380—220 [V 共]

---

① 原稿为“踏”。

② 原稿为“利”。

1059公里。

负荷：总电量，1950年18399万度/小时，1951年22824[万度/小时]，1952年25371[万度/小时]，1953年31171[万度/小时]，1954年37097[万度/小时]，1955年（预计）46600 [万度/小时]。最高负荷：夜间照明占其余负荷68%，总用电量占29%。

事故：1952年730次，1953年858 [次]，1954年718 [次]。路灯：高压路灯线60根，低压[路灯线]，760根。1公里道路1千伏，群众意见大。

问题：①电压不好，线路乱，没有计划，各机关用电，变压器很多。②检修停电，每天都有，停的很多。

专家问题：

1. 是否有地下电缆？

2. 有无因暴雨造成事故的？

3. 有没有避雷线[①]？

4. 用电力的具体分析表。

5. 五年计划中有无计划？

* * *

[需要与苏联专家进一步沟通的问题]：①[对]报告、参观有何意见？②用何材料，图纸？③下一步计划（准备），当前情势。

4月21日(星期四)

市委会议

彭[真]：

农村工作：全国与农民关系紧张，原因三个：①合作社，全国67万。②粮食问题。③小商贩。主要[在于]合作社。农民杀牲口200万，剩下的瘦了，

① 原稿为“避雷线有没有”。

现在紧张，有些季节性。但合作社太多了一点。1957 年完成合作化，传到群众中了。3 个五年计划基本完成，什么时候完成？农民自愿。

67 万个社，河北、山东最多。方针？今年不发展，[要] 巩固。凡能巩固的，均应巩固。有三类：一 [类是] 特级社，不要了；[第] 二种 [是] 人人感到维持不下去，还有 [一类是] 部分人不赞成。集中力量办好一部分 [合作社]。入社退社，都根据自愿，不要伤感情。实在搞不好，要散就让散。部分愿干，部分坚持不干，不愿干者让退。退的中农、富裕，剩下贫农，国家贷款，但贷款都不可过多，过多翻不了身。[提供] 必要的贷款。牲口农具入社，要使中农不吃亏。贫农最大的利益是合作化。工农联盟，即工人、贫农与中农之联盟。

现在巩固，不是退却的精神。还是宣传合作社好，积极巩固，但不能强迫命令，坚持两利原则、自愿原则。有些地方贫农占了点便[1]宜，但 [中农] 吃了亏。中农新老在一起占 60%，在互利方面新中农与老中农 [相] 同。中农吃亏的原则，不合乎总的路线，必须贫农、中农互不吃亏。当然，贫农也不能吃亏。贫农根本利益，就是贫，中农团结搞合作化。贫中农互利，是政策界限。

今年不发展 [合作社]，停一年。粮食：乡干部控制发粮票，有很多毛病。要经过乡代表会讨论，一经讨论，减一半。郊区农业，写个报告。

今年准备讨论 10 个省市的工作。中央发的文件，有人说多，有人说少。中央各部发的东西，中央授权省市委按轻重缓急安排。

卫生：[建立] 三级医疗制度。卫生运动还要有新任务，过去任务有的派的不恰当[2]。现在机关、学校、工厂、大杂院，自己定[3]。一个月检查一次。不交尾巴，不数蚊子。还可再讨论一下。老鼠苍蝇蚊子。有时需突击一下，突击后转入经常化。经常性不够，是没有经常的组织形式和经常的办法。每月提出下月的任务。

200 处租书的。调查一下。召集个会。书还得让人看。不要用封建及

---

① 原稿为“偏”。

② 原稿为“切当”。

③ 原稿为“订”。

黄色。报纸：很有起色。生产［内容］比重大了，教育［内容］比重少些。有若干文章有毛病。总的问题是全党办报，运用武器问题。纪委、法院、公安局，运用不够。

对民主人士合作，两条［原则］：①有职有权有责，不要把市政府变成养老机关。②领导与斗争。凡错误的即与之斗争。不服从党与政府领导不行。［只有］合作、没有斗争，不可能。

批评，不是多了，是不足。有的不要用记者个人名义批评。平均主义。批评的破坏性、建设性。防止走偏。批评错了，改正。

学习苏联，不要迷信，按情况办事。今天主要问题是不听专家意见，和专家争论。［重要事项要］经过市委讨论。

4 月 22 日（星期五）下午二时

规划工作会议

一、资料

规划文件、通知[①]也发了，［但］译的不对（共发［给苏联］专家 12［份文］件）。［规划］要点[②]，发的迟。已打未发的，还有 6 个［文件］。翻译力量不足，无人校对。

二、总务工作

预算未定。昨天断水。原考虑和交际处合，有 4 个工友。交际处工友 6 人，干部 7 人，共 13 人。保管资料工作无人负责。

汽车，来了一辆。到畅观楼去的准备工作。做总务工作的［人选］。

三、专家批评

［主要意见］：①做规划工作的人对情况了解不够。②翻译，需［要］懂

---

① 这里指为了苏联专家组开展规划工作，将 1955 年前特别是 1953—1954 年北京市规划工作的有关文件和通知等，翻译成俄文，供苏联规划专家了解有关情况。

② 指 1953 年制订、1954 年修订的《改建与扩建北京市规划草案的要点》。参见本书附录一。

建筑的人。③ [未及时送] 报纸。

郑祖武：

北海桥，[苏联] 专家提议旧桥加宽。电车，专家说搬出去。电线，需解决。

图 4–12　苏联规划专家兹米耶夫斯基在北海大桥改建施工现场调研
注：左 1 为兹米耶夫斯基。

1955 年计划、市政工程计划，[苏联专家希望] 看看。和各局关系，要材料。[需要] 调查化粪池、积水、污水情况。

潘鸿飞：

搞了电业的资料。[正在] 收集热负荷资料。翻译俄文书 [的] 问题。

朱友学同志：

人口分布，100 人以上工厂位置放在何处？带号码工厂，[画在] 图纸 [上]。[统计] 3 年内、10 年内新建 [的] 工厂，煤、瓦斯井 [情况]，各工厂需要散煤要多少？

[苏联专家] 要全国煤气生产的情况 [的资料]。资料，各组搜集，统一

图 4–13 苏联规划专家兹米耶夫斯基在北海大桥改建施工现场调研

管理。[相互] 交换。[明确] 送资料的手续，统一管理资料，统一供应。

李准：

[总体规划组开展的工作]：① [绘制] 万分之一 [比例的] 现状图。② 整理图 [纸]。③整理资料。

[苏联] 专家提的问题：人口分布分区图，东直门广场设计，烈士陵园规划。

图纸问题：

1. 城内的图没房子；

2. 时间落后于现状；

3. 范围，八宝山往西测过，没画① 出来。

4. 等高线。

① 原稿为“划”。

4月30日（星期六）

规划工作会议

郑祖武：

专家谈话：

1. 为一户的管道，图上不画[①]。为若干户的，即使个别单位投资也可画[②]上去（下水道）。现况图补充。

2. 河湖，河底，洪水位，下水道管道出口高程，画图。

3. 想把每个河都走一遍。

4. 看了下水道规划图，做规划时比较过其他方案没有？

5. 规划工作深度。莫斯科［规划］，50个人，两年时间［完成］。

6. 他着重于河湖。河湖的人少，应充实。

7. 5月份搞一个很细致的现状图。

8. 认为路的标准低，莫斯科是洋灰基础，上边铺油。（洋灰：沥青=8∶5）。

李准：

［4月］27日左安门城墙拆了。［苏联］专家说，M.［莫斯科］［对城墙的拆除］工程均有决议，根据决议施工。不知彭真同志知道否。希望看到这些决议或文件。

昨天到东郊看电热厂厂址，［在］“区中心”位置搞电厂，不好，主要是铁路和高压线如何进行？初步考虑在国棉一厂东边为宜。主要理由是不要把高压线引入市区。莫斯科都是由远处引进来的。远点，送热［问题］可以解决。

下一步工作打算，主要搞清现状：①建筑现状。②市政现状，市政工程等。③铁路等。④工厂企业现状。⑤公共建筑现状。

---

① 原稿为“划”。

② 原稿为“划”。

工作分工问题，按项目分工、同时按区（管网，管资料）：铁路、运河、郊区现状；公共建筑、层数；道路宽度、交通量；规模、人口；河湖。

朱友学：

现状资料，远景资料。1957—1962年（至少考虑到1962年）[的] 用电 [需求]，工业用电、生活用电、交通用电，三个方面。地下电车，用更多的电。没有工厂计算，什么也搞不好。

公共交通。[苏联专家] 提出公共交通发展不够，三轮车应有计划转业，莫斯科是经过训练转业；现在马路灯光暗。[对电的] 用户分类，了解工厂产品性质，了解其重要性，重要工厂用双线。

马达控制。负荷量不均衡，应控制。用的过多、过少都不好。20匹马力，即应控制（找控制500匹马力的）。搞这个材料。抽水用电，也要搞。[学习] 电的计算方法。

向有关部门要资料。5月份重点准备规划资料。公共交通资料不全——货运资料（运输管理局的资料）。[搜集关于] 煤气、天然煤气、钢铁厂废气、瓦斯厂 [等情况的资料]。[绘制] 行政区划分图。

王栋岑①：

专家提的问题查一下。[检查] 资料供应情况。[苏联专家] 谈话记录 [的整理]，规定办法。

专家反映：①北郊招待所，车不方便。②三个、两个 [苏联专家分头] 出去 [调研]，缺点 [是耗费] 汽油很多。

5月6日（星期五）

工作计划会议

电：现状资料。热：如何分区，收集什么资料？上水：给水利部谈，给北京多少水。道路断面，排水，宽度。

① 原稿为“臣”。

图纸：复制图纸的技术问题。总规划：人口密度问题，如何分区。公共交通：专家认为人少（现有3人）。考虑无轨电车车型、用电量。考虑天安门——东、西单一线［的］电车。

经济调查，需动员400余人，3个星期。专家搞表。［与］设计院许京骐①、陈明绍② 谈。

5月9日（星期一）

煤气专家讲课

动力，主要有三种：固体、液体、气体。世界上燃料量，主要的燃料是煤，占世界动力［的大部分］，液体燃料［占］15%，气体燃料很少。近年来，气体燃料［正在］增加，因其方便，效率高。战后，在苏联，发展煤气供应，特别注意天然煤气之利用。不管煤气装备到蓄煤气地方有多远。沙拉多夫到莫斯科800公里，已铺了管子。另一地方管长达1500公里。

天然煤气，最经济。自然煤气供应，早已知道。马可波罗，在13世纪写的，中国在汉时已用竹制成管子，引煤气照明，是一旅行家。在封建主义、资本主义国家，煤气未得到广泛发展。只在社会主义制度下，煤气才广泛发展。

地下储藏的自然煤气，最适于用的一种。还有石油煤气，也可用。如在法国，1000年前已有石油煤气出现。利用深井方法，对利用石油煤气有影响。十月革命后才开始使用石油煤气。石油煤气使用任务是：开始用深井底层煤气，石油工业方面专门发现一种收集石油煤气的设备。煤气中有汽油成分，提出汽油后为生活用，如巴库等城市。

首先是自然煤气。其次，第二类，石油煤气。此外，还有煤气炉制造煤气。这种方法，可制造很多的煤气。列宁格勒利用页岩制造煤气。近来城市煤

① 原稿为“景祺”。

② 原稿为“韶”。

图 4–14　苏联煤气供应专家诺阿洛夫工作中（1956 年）

气供应，利用地方固体燃料来制造煤气，还收效不大。苏联工程师，研究用低质煤制煤气。这种办法，每立方米得 4000cal① 热，用 12 个大气压力。莫斯科附近□城（200 公里）设一工厂，造煤气，近年即可供应莫斯科了。用黑色金属工厂炼焦时的煤气，有一部分工厂用，多的煤气送到城市中，巴斯即用此法，斯大林市即用此法，这是第四种方法。另外，利用石油在液体状态下所得到的煤气。

苏联煤气工业，为社会主义生活建立好的基础。资本主义国家只供给大的工业，以减少管网设备。社会主义则供应劳动人民，不管管网如何复杂。因用煤气，莫斯科可省下 10 万个车皮。煤气燃料，可用于食品、玻璃②、钢铁等工业，并可取暖。

① calorie 的缩写，卡路里（简称“卡”，又译“大卡”），煤炭和天然气行业常用的热量单位。

② 原稿为“离”。

研究煤气，是由第五部分开始的。首先研究城市人民煤气需要情况。任何情况下，煤气供应是均衡的，但用煤气的情况则不均衡，故在设计煤气供应时，应首先考虑煤气需要的情况。生活需要的，文化生活水平提高，远景发展等，都要考虑到。

旧的煤气系统，资本主义的煤气供应，企业内部煤气取得应是自己需要，不能供应其他方面之需要。它的系统本身规模都不很大，压力低，煤气耗量也不大，最高每小时 10000 立方米。一般用铸铁管道，有两个粗的管道，以准备供给工业。纽约有 3 个煤气公司，个别煤气管道有的达到 2500 公里长。

我们的煤气供应系统不同，长距离管道，沿途装压缩站。由煤气发源地出来，50 个大气压力，到达城市郊区，高压煤气管道，3 公斤 / 平方厘米，等于 3 个气压，每个气压 10 米，3 个气压即 30 米，高压煤气管道主要为输送煤气用，也可为工业用，但需装置减低压力的设备。高压管道与煤气系统之间，设调整站，目的是把压力减低，一般由三个气压减到一个气压。中等压力煤气管道也装设调整压力站，这与城市特点有关。小城市可去掉一种煤气管道。M. [莫斯科] L. [列宁格勒]，大城市，装设三节的煤气管道。加里宁格勒、沙拉托夫、古比雪夫，采取两节的管道装置。

这是新的煤气系统。其优点：①有可能供应大量煤气。②柔和性。大城市不采用一个煤气供应来源，尤其用煤气很多之城市，先找到一个煤气来源，所有设备全装好，[再] 找另外的来源。环形网道系统，别的地方找到来源，可以接上。环形管网（自来水也如此），这种系统比旧的调和性大。

一个城市，需要供应多少煤气？煤气需要先计算。首先看，城市中哪些人用煤气：①生活上需要。②公用生活需要。③工业。生活上需用的煤气：在家里做饭用；在家里热水用。做饭用：标准用千 cal 计算，每种气体可燃性，计算每立方米容积内之 cal，每人一年千 cal 为计算单位。做饭用煤气标准不同，因气候、生活习惯的不同，在设计时应很好计算需要情况。

每人每年千 cal，苏联三种数字：320000、600000、900000。有人说中国需要 1500000，不能用这个数字。320000 标准，城市不大，气候中带，有中心供热，有热水，女主人用煤气完全是做饭，在这样设备完善的房子里，

320000 的标准是合适的。600000 的标准，没有完善设备，没中央供热、热水，除烧饭外，还要热水，用煤气取暖（用煤气取暖不经济），在居住设备不好的地方，用的煤气就多。900000 的标准，是在莫斯科附近一小镇中调查来的，调查时是在过年，用热多，故不能作为设计的标准。我们在北京的标准，需经过调查研究，制订自己的标准。

热水用煤气，每年每人 cal：①刷洗用具、食具、地板，洗衣，200000，[或] 200000—400000（40 万的数字，尚在研究）。以上数字，盲目用在北京，也不行。②浴室用水，用热（苏联中带，一般工作的人，一周洗一次澡）560000（一年洗 52 次）。

北京应采用什么标准？夏季出去避暑，人口会减少，数字修正后，可以接近冬季用煤气的苏联中带，冬季用煤气大，夏季很少。夏季比冬季差 20%—25%。在北京，由于热水关系，会形成相反的图。最好是经年平衡。因供应是平衡的。缓冲用户。很容易和发电厂联系上，发电厂污染城市。夏季发电厂接上煤气，有益处。用煤气突然降落时，可供给临时性用户。

*　　*　　*

待议：①设计，反对浪费设计，沈勃检讨、汪季琦检讨。②施工：市委综合报告，指示。③第一公司，主任工程师张显祖。

*　　*　　*

施工专家与建工局谈话

本星期三到设计院去，并到各工作室。拟到建工局开个座谈会。然后即到现场。

提出的问题：

1. 答复 4 月 15 日报告后所提之问题，用表的方式（已在制表）。

2. 建工局以外之建筑组织，还有哪些？

3.1954 年全年和 1955 年第一季，完成计划之百分比。

4.1954 年完成建筑任务中，有哪些是采用标准设计的？

5. 施工中混凝土工程、土方工程中，机械化的百分数。

图 4–15　苏联建筑施工专家施拉姆珂夫工作中（1956 年）

图 4–16　苏联建筑施工专家施拉姆珂夫在建筑施工单位及工地现场指导工作

6. 施工组织设计。

7. 多少建筑物还没有开始建设？

8. 有无技术规划？

9. 计划中，是否运用新的技术？

10. 有无在主要工程中采用机械化的计划？

11.1954 年使用预制构件建筑 [的] 比重。

12.1954 年总结当中每立方米建筑物所用劳动力的指标。

13. 谁监督工程？国家的，业主的，设计者，建筑部门本身的，其制度如何？

14. 建工局组织机构，领导关系 (用图表 [示])。

15. 建工局附属建筑机构中技术程度，年轻的工程师 5 年的、5 年以上的，技师 5 年以上、以下的。

开个座谈会，在建工局内举行，有关人员参加。在本周内进行 (阿谢也夫：在会上将互相介绍经验)。

下一步，进一步了解设计方面、施工方面的情况。经过这样的会议，了解设计、施工情况后，可以完成两个任务：①总体规划尚未批准之时，而建筑尚在大规模进行，如何消灭分散建筑？②应如何把设计、施工组织机构加以改革，以准备大规模建设。

“不要着忙，但做得要快”。设计提出两条计划。施工小组，5、6 月后要成立。[建立] 现代施工组织，由进步方法施工，有好的标准设计，有好的建筑材料，有预制构件，这样才可以改变今天的情况。建筑施工主要依靠设计和建筑材料，最要紧的还是标准设计、预制件。建筑材料工业，据此改善。建筑方面使施工过程采用新办法，把它总合后，可以解决整个城市建设的问题。

5 月 10 日(星期二)下午

和专家谈话内容

1. 征求专家对这个时期工作的意见 (批评)。

2. 答复专家提出的，各方对规划草案的意见（赵已请示彭［真］，可以谈，10 日电话告我）。

3. 人口情况［的问题］，可不可以答复？

4. 组织机构问题。

* * *

和专家组长谈话

对工作征求意见：在此一月中，已向同志们提出工作方向和计划。在这个月的上半月，提出对规划委员会组织机构的意见。到现在对人民委员会给规划委员会的任务，还不大了解，可以把委员会了解为起草规划的机构，但单这个任务还太少，应了解为领导制定规划草案的机关和实现规划

图 4–17 彭真市长与第四批地铁专家组组长巴雷什尼科夫及第三批规划专家组组长勃得列夫谈话情形（1957 年 3 月）

左起：岂文彬、彭真、巴雷什尼科夫、勃得列夫。

图 4–18　第三批规划专家组组长勃得列夫工作中（1956 年）

草案的参谋部。

1933 年、1934 年、1935 年，M.［莫斯科］曾建立建筑规划委员会，由卡冈诺维奇（书记）领导，当时布尔加宁同志是市苏主席，赫鲁晓夫同志都是卡冈诺维奇同志在这方面的助手。当时，规划委员会的专家有 50 多个，包括各方面的专家，像个参谋［部］一样，研究总体规划草案和有关的建议。对建筑规划方面具体的［决定］，由管理机关参加，同时国家计委、交通部也派人参加。

规划委员会的任务是什么？只制定草案，还是领导建设？如只草拟规划图，则为一种机构。如为领导各局，则为另一种机构。人民代表大会上决定成立一个局。任务、目的是什么？可能没有有关的决议，彭［真］在谈话中可能谈过。

别的城市叫城市建设委员会。①克拉夫秋[①]克说：城市建设委员会不一定合适。莫斯科一直是叫规划，名词合适。建委名就不确切[②]。②建筑规划管理局，莫斯科与其他局平行，管规划和建设，但与其他局［的矛盾］突出。城市规划方面，先问建筑规划管理局区别于其他局。③别的有关局，常听取规划局的意见。成员中，应有有关各局局长参加。

利用旧的专家问题：当时卡冈诺维奇［政府］中也有非党专家，不喜欢苏维埃。成立主席团，由党员负责同志参加。其他专家，也参加委员会，耐心听取他们的意见，最后党内决定。当时有些老头子，如可夫斯基，现已87岁。当时极端反动，革命胜利后，失掉资产。不正确，很能干，卡冈［诺维奇］还很器重他，［但］解决问题还是按党的需要。20年前我还年轻，卡［冈诺维奇］说：一边依靠你们，一边学习。

同意第一种意见，包括第二种意见的某些成分。委员会领导规划和建筑工作，但建设工作需有科学基础——即规划图，由委员会制定之。如作战战役，计划由参谋部制定。我［们］总［体］规划由委员会做。北京是首都，首都建设应有总的规划图。今天谈话使我了解委员会任务。有无文字指示？(答)。

各方面的意见，要了解。各区委、代表。收集些其他国家的资料。工作要点：①提出组织建议。②组织条例草案。③总体规划纲领，6月可提出来。需要规委和市委讨论。

［希望］对中国生活特点［有］更多地了解。中国杂志、书报介绍一些，批判资产阶级思想的文章。［关于］北京建筑、建筑艺术，没有材料。《友好报》上中国黄河介绍。“运河前途”［方面的］材料。中国有很大特点，水利工程很早前即发展，北京附近还没有［水利工程］，有什么建设［计划］希望知道。莫斯科河，革命前浅、脏，给莫斯科丢人，水不够，提出任务要引运河。1938年修，解决供水问题，航行。中国水利工程很大，希望了解一下水利工程情况。

---

① 原稿为“丘”。

② 原稿为“切确”。

5月11日(星期三)上午

设计院座谈会

[北京市建筑设计院有关人员回答苏联专家提出的问题]：

1. 设计院组织。[北京市建筑设计院按专业划分为] 建筑组、结构组，暖卫、估算 [等] 各组，[下设多个室]，每室约70人，六室45人。第一室：张镈，张一山。第二室。第三室、第四室。第五室。第六室。研究室：华揽洪，[下设] 研究科、标准科、估算科。勘查测量与规划局合并。

2. 设计审批程序。设计任务：批准的预算，土地资料，做设计要点，经过规划管理局审查同意。要点包括：①建筑性质。②密度、层数。③出口、走向。④与房基线关系。⑤附近地形地质之处理和配合。⑥罩面材料和彩色。因规划未定，故以要点控制。初步设计，经本院技术委员会审查，使用单位审核（有时请示其上级），城市 [规划] 管理局审查。城市 [规划] 管理局审核与业主、业主上级审核，此手续可合并。技术设计，使用单位审核，城市规划局备案（不做审查）。[在] 施工图 [阶段]，同时进行设计预算。

3. 是否有设计标准。国家还没有统一的设计标准，中建部[①] 有一些定额草案。

4. 关于标准设计。研究室标准科进行，20余人，有一个建筑师领导。

5. 个别建筑设计是否考虑城市规划和市政建设？ 1952年、1953年，只从单独建筑出发，很少考虑 [城市] 规划[②]。[从]1953年底、1954年起 [开始] 考虑 [城市规划] 了，[但还] 不全面。

6. 如何提高干部技术水平？带徒弟（练习生），每星期一、三、五，6—8时，业务学习。

7. 标准设计机构问题。研究机构，大问题研究不了。标准设计机构，

① 指建筑工程部，全称为“中央人民政府建筑工程部”，简称建工部或中建部。

② 原稿为“考虑规划很少”。

做什么？总结批判。

8. [领导关系][①]。对其他设计机构没有领导或指导关系。

阿谢也夫：

目的、任务：建设中华人民共和国社会主义首都。建筑一个城市，是巨大的工作，[要] 把城市建设成为美丽的、经济的、对劳动人民方便的城市。如何实现这个任务？

[新中国] 1949 年开始建设首都，今后如何建设首都，是我们所要考虑的。如何很快地、便宜地建设一个好的城市？准备将莫斯科经验介绍。要缩短北京建设的时间，因为已有了莫斯科的经验。为此，来了一个专家组，

图 4–19　苏联建筑设计专家阿谢也夫工作中（1956 年）

① 这次谈话时，北京市建筑设计院各有关负责同志分别答复了苏联专家提出的 10 个问题，其中两个问题该日日记中未记录。

图 4–20　阿谢也夫在建筑工地考察并指导工作（1956 年）

包括规划 [专家] …… [各位专家] 多年来参加改建与规划① 莫斯科的工作，我自己专门 [研究] 建筑艺术与建筑工作，施 [拉姆珂夫] 为城② 区建设的一个托拉斯 [的] 负责人。莫斯科建筑总局，下有好多托拉斯③。阿 [谢也夫]，参加 [过] 苏维埃宫、斯大林格勒中心、莫斯科大学的设计工作。建筑者——设计和建筑 [是] 分不开的，设计师和建筑师也是分不开的。

4 月 5 日到了以后，视察北京各地区，在旧有规划基础上与同志们一起研究规划工作。在考察中，感到没有统一性，在建筑中是分散的，其原因我们也知道，是由于尚无规划。总体规划未批准前，有关的建筑师应做许多准备工作。第一，总规划未批准，建筑物进入总规划，应广泛做标准设计，

① 原稿为“建设”。
② 原稿为“成”。
③ 原稿为“托辣司”。

以便总规划批准后即进行建筑。建筑师总是不喜欢标准设计的，但城市规模大，不如此不能完成任务，故标准设计是主要问题。此外，还要设计大块居住街坊，把街坊事先设计好，……把各种 [要求] 都考虑好。不等总体规划批准，成街设计即应做好。标准设计方面，建筑师应考虑整个结构，而不是个别构件。设计干部，应保证在将来大规模建设中能完成任务。

为此，我们准备给以帮助。拟到各室进行考查，为时一、二周。在设计院了解几天后，再到施工现场了解情况。讲莫斯科经验，举行报告会，[内容包括城市] 建设、建筑艺术、建筑。

办公楼 [的设计通常] 没标准图，M. [莫斯科] 办公楼比重很小。并非作出标准图后即无事可做。如八层楼的标准图即有 20 种。各种 [标准图相互] 配合，[实际] 建起后，即不是标准的了。

公开征求设计方案。[苏联通常在]《真理报》登出来，公开征求 [方案]。提出建设地点 [的] 容积，[具有] 政治意义。不只建筑师，任何人都可以应征。一为重视此建筑，一为检阅建筑力量。

总建筑师：他不能由他自己 [随意决定建筑设计方案]。其本人是建筑艺术委员会的主席（有时），委员会有好多权威建筑师，大家 [协商] 处理，委员会还有工程师、卫生人员等。

5月12日（星期四）上午

专家和建工局谈话

张鸿舜[①]：

共 61 个施工单位，除建工局外，市属 18 个，各部 29 个，部队 7 个，外地 6 个，公私合营 1 个；此外，有私营营造厂 50 家，小的。现在工人职员 10万 [人左右]，[其中] 建筑安装工人 6.4 万余 [人]，附属企业工 4700 余人，辅助工人 6200 余人，技术人员 3500 [人]，职员 10400 余人。

---

① 时任北京市建筑工程局副局长。

去年完成工作量，建工局2亿［元］。1953年15400万元。1955年计划20000［万元］。1955年第一季2500万元，115%，占年计划13%。去年第一季度占9.5%。今年接任务203万平方米，包括跨年度工程。230个建筑物，已开工累计110万平方米，91个工地，其中1955年新工程36个，其余［为］去年跨年度（以上为截至5月10日数字）。

每平方米用工数，R.C.［钢筋混凝土结构］：［北京西郊专家］招待所主楼，22433平方米，每平方米用工15.9［个］工/日，每立方米4.54［个］工/日，包括间接用工。国际饭店，15063平方米，每平［方］米12.18［个］工［/日］，每立［方］米用工3.48［个］工/日。北京饭店，28100平方米，每平［方］米14.5［个工/日］，每立［方］米4.14［个工/日］。

高层混合结构：［北京西郊专家］招待所南北楼，41558平方米，每平［方］米用工6.65［个工/日］，每立［方］米1.9［个工/日］。水利部，和平门里，7020平方米，每平［方］米9.96［个工/日］，每立［方］米用工2.84［个工/日］。

普通混合结构（四层以下）：防疫治疗所，在北郊，建筑面积905平方米，2层，每平［方］米用工5.8［个工/日］，每立［方］米用工1.65［个工/日］。苏［联］展［览馆］招待所，1022平方米，3层，每平［方］米9.3［个工/日］，每立［方］米2.65［个工/日］；

砖木结构：某食堂，546平方米，每平［方］米3.76［个工/日］，每立［方］米1.07［个工/日］（专家说，这是六七层R.C.结构的指标）。

技术管理工作：技术规范，操作规程。1954年，根据苏联和东北的技术规范及设计规范，制定本局技术规范，已使用。土建工程技术规范，共7篇：基础、钢结构、混凝土、抹灰等。另，水暖工程施工技术规范。规程。1954年至1955年初，编制了操作规程。共编17种：土方灰土、砌砖、钢筋、模板、混凝土、木结构、木装修……

制度：［建立了］质量责任制、技术检查制、图纸管理和学习制度、材料试验制度，1955年又补充［了］工程质量自检制度。准备建立各级技术责任制、施工记录制度、拆模批准制度、联合检查制度、贯彻专家建议制度。各级技术会议制度，每一级形成核心。

技术干部的情况：全局 1879［名］技术人员。［其中］，工程师 149 人，五年以下［工作经验］的 4 人，五年以上的 145 人；技师（未住过学校的）66 人，五年以下［工作经验］的 3 人，其余均五年以上；技术员 1528 人，其中 103 人由专科以上学校毕业，其余无学历。工会：五年以下［工作经验］681 人，五年以上 847 人。实习生 22 人，专科以上毕业的，实习一年。练习生 114 人，中学毕业。

新技术与技术措施。1953 年，平行流水作业。冬季施工，今年实行雨季施工。向工厂化［发展］，预制楼板。标准设计工程（5000 间）。预制：实心楼板、小樑、外粉刷、楼梯、水暖电气预制、水磨石地面、模型版、定型板。推广里脚手，普及面 60%（平均）。先进经验：一次抹面，五顺一丁，原浆勾缝，混凝土掺黏[①] 土，混凝土标号预测法，预制大型砌块。试行：竹筋混凝土，用生石灰粉；混凝土或砖砌门窗框。

［苏联］专家［工作计划］：［自 5 月］25 日起，到工地，先看牛街。［5 月］25 日前，看设计院各室［工作情况］。

［打算］再谈一次，时［间］未定。

*　　　　*　　　　*

彭真在电话上谈

刘［仁］传达：

建筑问题，彭［真］向中央汇[②] 报，梁思成已孤立：① 1953 年报告，由业主签字[③]，彭［真］做了检讨，［承认犯了］自由主义［的错误］。②建大屋顶，机关首长不批准，别人不敢给建，应检讨。③主席说，对的，这是政治家态度，应讲清曲折，谁批准的？业主也应检讨。对［苏联］专家［是否批判］，不提［要求］。准备召开建筑师的会议，［把有关情况］说清楚。

---

① 原稿为“沾”。

② 原稿为“会”。

③ 指 1953 年时北京市曾向中央提出，中央各部委建筑工程的设计审批以各部委首长签字为准，北京市未做过多干涉或管理。

全国人民代表，到各地联系群众，省市代表也下去。农村粮食［问题］，乱子不少，大体不错。城市，主要搞基本建设。乡下，主要搞“镇反”。

精简［机构］，对机关提个任务。主席［提出］对中央机关砍一半。市里砍多少？张［友渔］提方案。

5月16日（星期一）下午

上下水道专家讲莫斯科上下水道规划

用水［量］，开始时80—100公升/人/日。1960年［用水量计划为］450公升/人/日；污水360—365公升/人/日，包括工业废水。用水量将来要［达到］600公升/人/日，污水量450公升，包括工业用水、废水。1954年用水量已达390公升/人/日，十年计划完后，即可到达450公升/

图4–21　苏联上下水道专家雷勃尼珂夫工作中（1956年）

人 / 日。自来水发展快，下水道能力即感不足，需修下水道。

1935 年 M.［莫斯科］改建总［体］规［划］时，解决的上下水道主要问题，［较为］复杂，因历史发展及地形复杂。［由于］下水道的机动性，在［遭受］空袭时，若［某］一干管被破坏，即可把水调到别的干管。此外，河湖还有备用出水口，只在发生事故时才允许往河里放［污水］。在设计时，把速度改一下，使管子里不要有沉淀。下水道修改方法的改进，由明壕和撑架改变为……［暗沟］。用混凝土块修下水道，1.5 米以下用陶块，1.5 米以上用混凝土块。

自来水管，以前用铸铁管，10 年以来改用钢管。在［直径］600—900 厘米管子上不设消火栓，也不输送到房子里，它们［往房子里输送水］用［直径］300 厘米的管子。消火龙头，［接］在［直径］200 厘米［粗的管子］上边。

5 月 20 日（星期五）

工 作 会 议

潘鸿飞：

主要是和有关单位联系，电业局，在上周感到困难，现大体解决。军委系统的、政务院的，需介绍信。

天安门［地区］、东西长安街［的电线应入地埋设］，解放天空，［改进］设计——斯米尔诺夫（Г. М. Смирнов）提了多次。初步研究过，［大约需要］500 余亿元。问题：规划未定，电车怎样办？讨论，［将来会］有决定。

朱友学：

乘客流量调查，电车、汽车，月——天，日——时间的材料。又要各街道的流量调查。莫斯科一年调查一次，动员四、五千人，调查 3 天。公司曾动员 500 人，共需印 30000 个［调查问卷］。

交通大队，28 个地点，需 224 人，工作 3 天。

*　　　　*　　　　*

和刘湧同志谈

长安街问题，电线太乱。如何减少杆[1]子？距离太密。我们 30—40 米，莫斯科 50—100 米。要长安街的布置 [设计图]。电车：轨道不好，已开过座谈会。

要第二个五年计划的资料：人口分类、人口密度。煤气：10 年内、5 年内用煤气数量，要数目字。要重工业部钢铁厂材料。锦州、石景山的情况搞清楚。

[苏联专家希望] 到上海参观一下。

淋浴设备太少，应增加。交通：电车公司架线车站少了。

郑祖武：

[规划图的] 图例，[苏联] 专家具体指导。专家趋向就在永定河旁搞水厂。[在] 水井群 [附近]，[把] 绿化 [搞] 起来。东直门、安定门 [一带建筑] 分散，占 9 平方公里。万家寺 [一带的] 布置也分散，将占很多地方。

地质部勘查，计划，钻探时间。由井到厂，附近不能埋下水道。地下管道布置。

李准：

基本按计划进行，分了 3 个小组。内勤工作考虑的简单了些。

5 月 26 日（星期四）

和苏联专家谈 1956 年用地计划

佟 [铮]：

一、情况，计划提出的根据

明年要建多少房、建什么，不知道。现状调查不深入。缺乏定额法定

① 原稿为“干”。

图 4–22　苏联专家雷勃尼珂夫在永定河沿岸实地考察

和具体指标，缺乏经济技术资料，缺乏经验。因此过去犯了许多错误，但需要及早制定计划。

二、根据什么条件选择这个区域

[主要依据]：①已建了很多房子。②不要离城市中心太远。③重点改建城区，[从此] 开始。④充分利用已有市政及文化福利设施。⑤尽可能少拆旧房，并容易进行。⑥用地经济。

三、计划的主要内容

1.1956 年建筑任务的估计，[预计有 3 种情形]：300 [万平方米]，250 [万平方米]，200 [万平方米]。行政机关办公住宅用房占 30%—40%，估计有集中建造的可能性，但不可能完全集中。天桥南大街，六到九层，建办公楼。

2. 虎坊路、永安路，基本搞宿舍。[建筑面积] 90000 平方米，四至五层，小学、托儿所三层以下。拆房 22000 平方米。[拆建比例] 1∶4。不经济，还需考虑。

3. 右安门大街，周围已建满了，补空，拆房很少。31700 平方米，住宅，

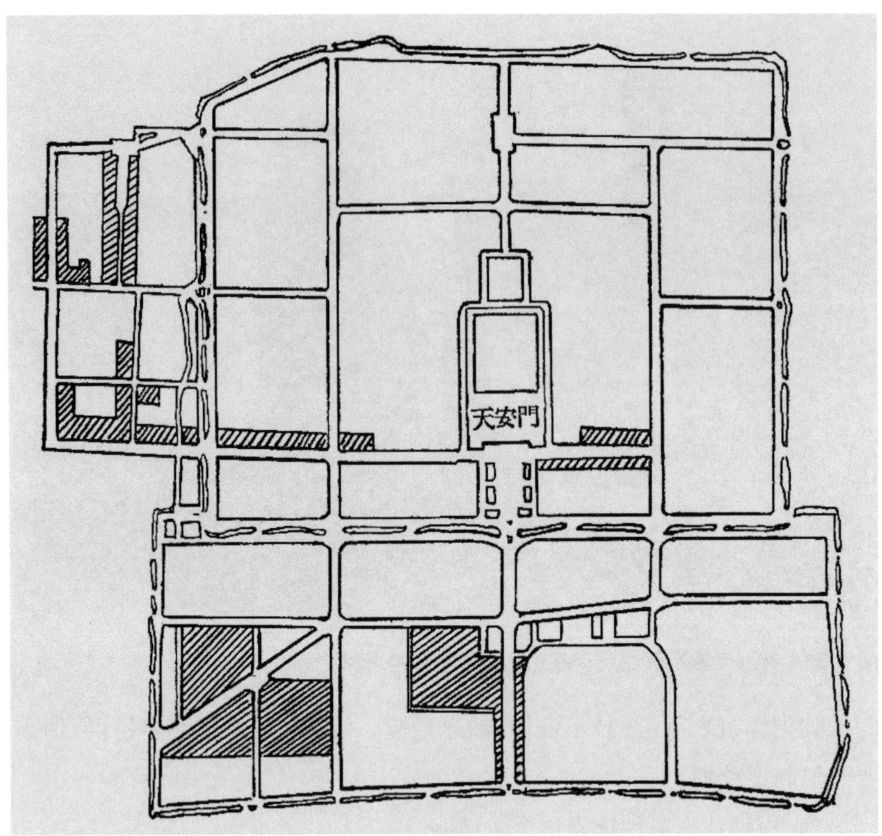

图 4–23　北京市 1956 年建筑分布计划示意图（1955 年 6 月）
资料来源：北京市都市规划委员会：《城市建设参考资料汇集》（第一辑：苏联专家建议），北京市都市规划委员会 1956 年编印，第 17 页。

另建 5000 平方米服务设施，因过去未建，四至五层，拆 810 平方米，[拆建比例] 1∶39。

4. 老君地，45000 平方米，宿舍，其中 2000 平方米是公共设施，主要 [是] 小学。四至五层，小学五层以下。拆除 2000 平方米。[拆建比例] 1∶22。

[以下为] 城外 [建筑任务]：

5. 复兴门南，26000 平方米，宿舍，其中服务设施 1000 平方米，四至五层，不拆房。

6. 复兴门北，89000 平方米，其中 45000 平方米办公楼，服务设施 8000 平方米，八至九层，[其中] 宿舍四至五层。

7. 三里河，土地已收买了30万平方米，[其中] 办公楼9.9万平方米，宿舍18.7万平方米，服务设施2万平方米，供水、排水、道路均不需增加 [投资]，供电需增加线路。

8. 阜成门外大街，需建一些服务设施，10000平方米，沿街六、七、八层，里边四至五层。供水、排水、供电、道路，不需增加设备，电业局已计划架一线路到展览馆去。

9. 展览馆路，不拆房，可建70000平方米，宿舍。公共设施3700平方米，四至五层。需增设水管①1.8公里，排水管，今年已计划修。

* * *

造价问题：六至九层，R.C. [钢筋混凝土结构] 140元/平方米；四至五层，混合结构180元/平方米。

长安街问题：1957年前实现，北边作为最后边线。争取1956年规划，1957年建造。

* * *

如何实现这个计划？

1. 建议中央集中投资，交市办理。

2. 在今年内完成土地处理。

3. 设计院进行具体规划设计。本年内完成初步设计，并完成一部分施工详图，以备第一季度施工。

4. 大量采用标准图纸。

5. 施工单位根据此计划制定施工计划。施工组织设计，像建筑材料工业部门 [那样] 提出计划。

* * *

勃得列夫：

预定的概括的方案：

1. 可不可以由各部院得到准备在明年建筑的计划？

2.1955年进行建筑的情况。

---

① 原稿为“馆”。

图 4–24　苏联规划专家勃得列夫和兹米耶夫斯基在北京郊区考察调研
注：左 2 为勃得列夫，左 5 为兹米耶夫斯基。

3. 市委可否给各部院统一进行建筑？

4.1955 年建筑情况的 [分布] 图，建筑公司分区建筑情况。

5. 学校、住宅、办公的建筑分开（计划）。

6. 购买土地价格，也要列入。在苏联，建筑计划一年比一年增加。北京为什么一年比一年少？

7.1955 年建筑多少建筑物为迁移用？

8. 拆房，长安街要拆多少？

9. 谁设计？谁施工？

10.1956 年、1957 年建筑计划如何考虑？

11. 如何与国家计划委员会联系？

12. 如何加强设计机构？

13. 集中经费？归谁办？

14. 设计院有正在建筑的图，做一个全面的。

15.1955 年建筑计划完成情况，预计可能。

16. 三个方案，哪个是基础？

17. 其余200万之分类。

5月27日(星期五)

雷勃尼可夫讲:莫斯科下水道规划——莫斯科如何决定用水量及污水量

莫斯科,除行政区外,还有许多区域。各区中卖了多少水,都可统计出来。每人用水量,根据自来水公司会计室卖水钱数,作出[卡]片,上面[①]说明用水性质、姓名、住址等,把卡片收来后,加以统计。用统计机器即可计算出一个用水的明细表。这些材料,只用以计算售水量而很少用以决定将来的用水量。市里给了任务,要做十年用水计划,即用了这些资料。有一个平面图,标明水厂水站位置,同时要有用户的材料。把各区

图4–25　苏联上下水道专家雷勃尼珂夫正在现场调研（1956年）

① 原稿为"面上"。

用水量资料加起来，即为全市用水量资料。制成明细表。由此可知自来水管线的负荷多大。这个文件还没告诉我们将来怎样，但他是决定将来的基础。

往下水道（污水管）跑多少水，最难计算。我们只能计算出流出多少污水，而计算不出从什么地方流出多少污水。在这里利用自来水卖水卡片。莫斯科，[利用] 售水办法，计算污水量的办法。

下水道流域范围和行政区范围不一致，故计算干管污水量发生困难。工厂往河里放水，有专门机关向他要往河里放水的钱。这种办法很有意义，因工业废水不往下水道放，不合理。把 13 个更小的区域 [划分清楚]，使之和下水道流域面积的范围相适应。

如何决定将来用水量？现在各区的情况是什么样子，将来（十年后）也是什么样子。十年后是根据政府对用水量控制数字来计划的。但政府未告我们，这些水往哪里给，十年计划 [未告诉] 自来水如何布置。

表 4–10　莫斯科用水量数字（包括工业用水）

年份	每日每人用水量（公升）	增长比例（%）
1912 年	64	—
1917 年	78	100
1939 年	196	250
1957 年	390	500
1960 年	450	578

北京现在 37.25 公升 / 人 / 日。[可以根据] 各区用水、工业位置 [等情况]，[预测] 生活用水量，工业用水量。在何区、何街修建什么建筑物？工业用水量在十年计划达多少？其余水量是生活用水量。现有建筑物，[采用] 一种用水量标准；新建筑物，又 [采用另] 一种用水量标准。

*　　　　*　　　　*

北京 1954 年工业废水 440 万吨，总用水量 3000 万吨，[工业废水量] 占 [比] 14.5%。莫斯科 [占比] 50%，十年计划后占 1/3。

不是所有的水都准许放入下水道。设计下水道能力时，不考虑已净水之容量，这应排入河中。

*　　　　*　　　　*

做总图之工作：①基本现状图。②绘一个图——用小区域标志用水量，北京把行政区缩小，使之与将来计算图一致。

了解各区新的建筑物。确定用水户之污水量。

5月28日（星期六）

兹米也夫斯基座谈会：城市建设问题

城市建设有很长历史。在希腊、罗马城市建设发展情况：资本主义。苏联城市建设发展情况，[在] 苏联城市建设已发展为科学。

图 4–26　苏联规划专家兹米耶夫斯基工作中（1956 年）

人口对城市建设是基本问题，[人口规模关系到] 文化生活、城市分区、交通、建筑、平面布局、街道绿化广场、地区福利设施和工程准备工作等，[以及] 城市造价问题。

城市建设之标准和规律[①]，目的是提高建筑质量和降低成本。1954 年苏联出版的标准已广泛使用，这是根据党和政府训令制定的。现只讲居住区标准，在新建改建城市都适用。

规划设计 [工作]，主要是 [进行城市用地的] 合理分区，[如] 居住、工业、交通 [等]，考虑自然条件 [等因素]，规划设计应综合处理。有四个要点：建筑方面、经济 [方面]、卫生 [方面]、工程技术方面。考虑到 20—25 年之远景，节约使用土地，很好地分布干线，保证将来居住和工业之发展。城市用地分四个区：居住、工业、对外交通及其他。广场用地 [大小]，看人口 [数量]。人口决定于下述条件：基本人口比重，[包括] 工人、中央机关、大学生、教授、交通、固定建筑工人。

选择居住用地之要求，主要看风向，工业的烟尘不要吹向居住区，[工业区和居住区之间需要设置] 隔离、防护地带。注意到地形，坡度超过 10%，即不适宜。如很平也不好，因排水需要坡度。土壤，应能支持建筑，且减少开支。地下水位不宜太高，泥塘不可用。

居住用地之规划和建筑，建筑划区可分为三：高层建筑区四至五层以上，低层建筑区三层，花园式建筑区基本上一层建筑。街坊大小 [不同]，高层低层可不一致。经验证明，高层区 6—12 公顷，低层区 4—6 公顷，大或小于上述均不好。花园式 2—4 公顷。改建旧城时，其标准还可以修正，因要考虑原有标准。因城市建设方面，经济是基本的东西。街道、干线、胡同分界地方，即为红线，法定线，任何人不得逾越。

在一公顷中居住面积之标准，[按] 七层 [计算]，6000 平方米 / 公顷。何谓居住面积？建筑 [中] 有关居住 [使用的面积]，[不含] 附属面积。居住面积加附属面积，为有效面积（餐[②] 厅也算居住面积）。

---

① 原稿为“率”。

② 原稿为“饭”。

街坊福利设施。40%的面积绿化，绿化地方内每人应有 1.5—2 平方米运动场。行人道、停车场 [的用地面积] 不能超过街坊面积 15%—20%。学校 [用地面积]：280 [名] 学生，0.5—0.7 公顷；400 [名] 学生，0.75—1 公顷，800 [名] 学生，1—1.5 公顷（改建的城市，低于此标准）。幼儿园，每个孩子需 40 平方米；托儿所，[需] 35 平方米。医院。澡堂。汽车房，一个小汽车 30—50 平方米，载重车 100—125 平方米。其他用地，神经病、[①] 结核病疗养处，应在居住房屋 1000 米以外。

道路系统：干线、局部性道路。干线宽度 30—50 米。局部性道路：五层 [居住区]，25—30 米；低层 [居住区]，14—20 米；田园式建筑，12—18 米。干路上行人便道，不少于 3 米，中间林荫道不少于 8 米。

绿化，占 40%。医疗机构应有 60%绿化 [用] 地，学校 [应有] 50% [绿

图 4-27　六一幼儿园（20 世纪 50 年代）

资料来源：北京市城市规划管理局编：《北京在建设中》，北京出版社 1958 年版，第 95 页。

① 指“精神病”

化用地]。

装饰立面费用，可占全部造价 10%。

6 月 3 日（星期五）

彭 真 同 志

1. 节约：建筑。房子标准，砍 25%。过去砍 10%，现在还高。[刘] 少奇同志说，[按] 西柏坡[①] 标准。

2. 生活。我报告工人实际生活降低，主席谈，工人实际生活降低，不能持久。

3. 审干。提高警惕。防止偏差，不要冤枉一个好人。

4. 建党。全国人民代表大会后，开省、市委书记会议，讲话每人 15 分钟。组织堂会。

6 月 6 日（星期一）

彭真同志讲话

整个社会主义建设中，[节约问题是] 牵连全局成败的问题。工厂、办公机关，高标准。铁路、石油需投资，没有钱，借款，已不少。中央决定从基本建设投资中砍 10%，现中央决定再砍 15%，除机器、苏联设计者 [以] 外。这样即可多修几条铁路、工厂。

高标准的物质文化设施。乡村中也有浪费。房子，[刘] 少奇同志提出，“盖茅草房子”，西柏坡[②] 的标准，不能用杨家岭、枣园的标准。市委没盖房子。[但]1953 年后半年，北京是铺张浪费 [的] 典型，生产方面的浪费，材料、

① 原稿为“西北坡”。

② 原稿为“西北坡”。

机器、人工 [的] 浪费都很大。地方工业，有人数多一半的厂子。

城市建设方面的节约：北京尽量节约。新工业城市，依靠旧城市。北京有许多对群众不必要的 [设施]，不要搞，[比如] 假山、下水道下沉，市政建设成本高。还应降低，提高劳动生产率，搞计件工资。

机关招待，水果、烟一律不搞。家具，不要再买了。那么多的铺子，靠我们铺张浪费过活。人怎样办？裁下人没事干。给英国代办处写信，要人英国籍。此次多余之人，不要清洗，包下来。年老的干部养老，病人养病，反革命分子劳改去。剩下的人，分两班上班，生活照旧。

粮食，[是] 最困难的问题。每年增加 2000 万 [人]，两亿人要粮吃。城市人口 8000 万，重灾人口 4000 万，缺粮户 5000 万。粮食在富裕农民那里。最近叫得厉① 害，突击得厉② 害。小麦 2800 亿斤，征购尚不到 1/3，出口只 30 亿斤，问题不在购的多，问题是销。叫的人 [是] 中间 [分子]，真正缺粮者只 10%，叫的第一是干部，第二是余粮户。以攻为守。北京粮食走漏甚大，干部平均吃粮食 390 斤。全国 4 月销 94 亿斤，尚非最多季节，做了些工作，减 10 多亿斤。粮食突破，建设即会垮台。北京今年要 15.5 亿斤，现在拟减到 12.5 亿斤。不能单凭行政命令，要大家动员。机关首长和党委书记负责把人口查清，找伙夫开会。

6 月 14 日（星期二）

苏联专家提的问题

1. 研究以来，时间很长，起草规划的同志是否知道计委的意见？

2. 是否根据计委意见画出一个图来？如像 [人均绿地面积采取] 12 [/ 平方米] 或是 15 [/ 平方米的问题]，拿图来比较。

3. 干路宽度问题，是否和防空机关商量过？

---

① 原稿为“利”。

② 原稿为“利”。

4. 北京郊区有矿藏，还可以利用。

5. 控制人口的发展，用什么办法？

6. 十五年计划，[指标] 数字，[搜集] 各部的材料。

7. 明天见 [苏联] 总顾问。

8 月 1 日（星期一）

工作组长会议

总图组：平衡表，现状图，图的规格。

兹 [米也夫斯基] 谈：按地区平衡，一组 6 人，还差 13 人。研究规划做法，自己做。开始可用二万五千分之一 [比例的图纸]。多做几个方案。[研究] 1953 年规划文件。年底交什么东西？赶快向规划过渡，定期见面。每次提方案、布置工作。

上水：年底拿什么？干管路线图，分期发展的规划；水源示意图，引水方向，潮白河引水问题；自来水分区用水图；主要干线水力计算；简单的说明书；比较方案图。不要先研究用水标准。先搞近期可能形成的环。三家店、模式口水厂比较，如何比较？

下水：石景山污水引入南护城河，干线太长。处理厂集中、分散问题。从上下水立场提出对总图意见，根据地形做下水道。分析现状，从主要问题出发，如滨河路往哪里走，南北沟沿负荷不够，从解决问题入手。[图纸比例为] 二万五千分之一。

河湖：主、次要河流，城内不一定对外通航。津京运河，首都通海最近路线，不往石景山，港 [口] 与铁路编组站 [的安排]。护城河，第三季度出个草图。

潘 [鸿飞]：

热的工作：现状资料，三大项；编制供热规划草案。干部：现有两个半人。调查现状问题，800 户。[需要]10 个人，[其中]6 个工程师，3 个技术员，1 个绘图员。[苏联专家] 上课，一周两次。

朱［友学］：

交通：7月份，有些任务没完成，如36个典［型］断面的分析，争取8月上旬完成。1953年规划，3个方案，［苏联］专家都有批评，经济、方便原则，换车只可一次。

要求：①十五年路线分路图，每路车辆配备。②应由汽电车公司做。③按比例。④工厂，总人口。文化福利调查，五年［计划］未做，画[①]在图上。路线图布置，这个月搞出来。车型［调查］，8月可完成。

煤气：干部问题。

8月31日（星期三）

施工、设计专家谈话：关于工业化建筑试点问题

阿［谢也夫］：

设计、施工，共同工作，7月间建立一个委员会，领导此工作。两周内能否搞好设计？期间开4次会，讨论设计问题，考虑到月底［完成］。

造价，有详细图纸没有计算，和其他建筑做分部每项对比。应单有一个小组，经常监督造价情况。

施［拉姆珂夫］：

建筑组织问题，应定先进的操作规程，快速工业化建筑操作规程。工业化——建筑结构是预制的，安[②]装起来的建筑。加速，［主要］看施工组织。

何谓快速方法？在同时间内有许多工程同时进行。建筑施工，分三个阶段：①一般建筑工程，包括施工，准备、土方、基础、地下室隔板、地下管道。②基本工程把建筑物建筑定了，除装修的外，如砌砖、安装，每层分3层进行施工。③装饰工程。和施工同志一起制订施工过程。

① 原稿为“划”。

② 原稿为“按”。

图 4–28　苏联专家施拉姆珂夫（左 1）正在作报告

[搜集] 红线、地下设备资料，先把地下管道搞清楚，再开始 [工作]。[先修] 工地道路（永久利用的），准备制造大型砌块。先制定头一阶段工作组织。

*　　　*　　　*

永定河引水问题

三家店水库问题。官厅 [水库] 修成后，还有洪水危险。下边搞分洪区，上边搞小的调节池，澄沙池。蓄洪区 4000 余亩耕地，7000 余人。水库的好处——发电多，4 小时 [可发电] 3 万 [千瓦]。

洪水带沙子很多时，降低引水量，含沙再大时，建议停水。永定河自来水厂受影响，工业用水如断了，用昆明湖水调节。京门渠（在固安）计划 70 万亩灌溉，现在灌溉 58000 亩，现初步决定作废。

渠首选择，在三家店。调节地 172 万吨（不如现在昆明湖大）。沙子，最高一年 64 万立方米，一般 34 万立方米，挖泥船。沉沙池四种办法：定期、连续、用洼地、条形。容量 95 万吨一年，可沉 65 万吨一年。沙大，水大，要停水。

图 4–29　苏联专家参观永定河试验放水

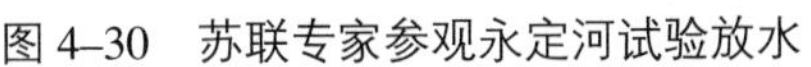

图 4–30　苏联专家参观永定河试验放水

渠道。为什么引昆明湖？调节水，供应41小时，到紫竹院。调节能力小，明渠，从头到尾都用洋灰铺就。自来水厂位置，仍在昆明湖附近。渠道：2米宽，20公里，不冻。流速：1.5—2米/秒。山洪：走渠道、不走渠道、立体交叉，[主要]看自来水厂设在何处。

问题：含沙，水土保持。水引昆明湖后如何分配，护城河水位提高，淹没下水道出口。

自来水厂，用水库6700［立方米］，不用水库48000［立方米］，相差19000［立方米］。自来水厂设在三家店，下流设计复杂——立体交叉，排洪道，方位不[确]切，可不用。

9月10日（星期六）

勃得列夫谈北京地方性工业①

城市正常发展的情况下，需要逐步建设的工厂：

1. 热电站。

2. 电压表、测量器工厂。电表、测量热量的表。

3. 电动机厂——供地下铁道无轨电车用。住宅抽水。

4. 冷藏设备和压缩机工厂（电冰箱、冷凝器、冷气设备），冷藏设备、冷却设备的工厂。

5. 自来水水表厂。

6. 自来水仪器厂。水表、水（闸）阀、消火栓。

---

① 第一版北京城市总体规划（《改建与扩建北京市规划草案》）于1953年底上报中央后，国家计委于1954年10月向中央提出审查意见的报告，对北京市工业发展问题提出不同意见。第三批苏联规划专家组来京后，北京市规划人员向苏联专家组请教北京市工业发展问题，专家组组长勃得列夫提出了可以在北京建设的一些工厂的名单，该名单后以正式的出面方式提交给北京市领导供决策参考。参见北京市都市规划委员会：《城市建设参考资料汇集》（第一辑：苏联专家建议），北京市都市规划委员会1956年编印，第5—8页。

图 4–31　苏联规划专家勃得列夫和兹米耶夫斯基正在考察北京现状（上图为郊区调研，下图为交通选线）

7. 铸管厂。铁的，自来水、气管道。上、下水道。

8. 陶瓷器厂。卫生设备、澡盆等。

9. 建筑卫生技术设备工厂。水龙头、蓬头、暖气上的螺[①] 旋头。

10. 水泵厂（水泵压缩设备工厂）。

11. 电车修造厂。

12. 无轨电车制造厂。地下铁道车辆和一般火车车辆大小不同。郊区铁路运输。电气火车。

12. 汽车修理厂。大修理，不只 1 个。在城市均衡配置。

13. 电机制动器制造厂（电车地下铁道用）。电梯制造厂，五层以上楼房用。

14. 沥青混凝土工厂，修道路用（现大型水泥块铺路法正试用，是战时修飞机场的经验）。

15. 电解工厂——制造氢气、氧气。工业研究机器，到处需用。

16. 煤气工厂（燃料气体制造厂）。

17. 煤气设备和仪器工厂。压缩，测量煤气，用煤气冷藏等方面的仪器。煤气管安装工厂（储藏煤气的设备）。

18. 石膏工厂（建筑材料厂）。[北京目前还] 没有广泛采用石膏，装饰墙用的。

19. 钢筋混凝土工厂（2—3 个）。

20. 干壁板制造厂、陶制壁板制造厂。

21. 矿碴石棉板厂。矿物质的石棉板。

22. 新建筑材料工厂。陶工做的轻质建筑材料，隔热。矽砖。

23. 钢筋混凝土制管厂。

24. 枕木、杆子，钢筋混凝土的。

25. 塔式起重机厂。

26. 玻璃厂。

27. 面砖厂，墙面线条花纹。小五金厂，电灯上用的五金。地下铁道的灯就 [需要] 有一个工厂 [生产]。

---

① 原稿为“镙”。

图 4–32　正在兴建中的北京市玻璃厂（20 世纪 50 年代）
资料来源：北京市城市规划管理局编：《北京在建设中》，北京出版社 1958 年版，第 35 页。

28. 碎石厂。
29. 水箱制造厂。
30. 医疗器械厂。
31. 光学仪器厂。
32. 制药厂。
33. 化妆[①] 品工厂，香水、肥皂等。
34. 照相器材厂，照相机。
35. 肉食品、点心、糖果、奶粉、罐头等。
36. 干冰工厂。–60℃—–80℃化成气体。CO_2 变成固体。

① 原稿为“装”。

9月12日（星期一）

各组工作汇报

傅［守谦］：

这星期研究1953年规划，不适于建筑地区图，1953年规划土地使用平衡表。

9月24日（星期六）

组长会议（工作计划）

一、总图组

1. 五十年远景规划图：万分之一［比例］。［主要表达］土地分区、干线网、主要广场、河道系统、铁路枢纽。

2. 十五年规划总图，内容同上。［增加］高压线走廊；街坊安排。

3. 天安门广场、东西长安街规划，设计图。

4. 五十年、十五年［规划图］，与现状结合图，与工作报告［衔接］，定经济指标。

二、上下水河道

1. 水账，10月15日提出。［内容包括］水厂、用水指标、引水要求、水量定额。

2. 前三门河道方案，10月15日拿出。10月7日前与水利部专家讨论。

3. 整个河道方案，10月20日拿出。

4. 三家店水厂方案，10月30日拿出来。

5. 现况图：11月初拿出。上水管线、下水、河道、道路四种，横断资料。现况说明：11月底交出来。

6. 技术原则：①用水标准。②污水［排放］方针，包括处理。③雨水问题。

④粪厂。

三、电热组

1. 现状资料整理出稿，10 月底初稿，11 月定稿。图，12 日前付印。

2. 算负荷（平衡表），热、电。[配置] 电力网，供电设备图。锅炉房效率，20 个典型，调查。

3. 建筑现状图，10 月底交出。热区图 [的] 现状、将来都有。

4. 冬季观察记录。[测算] 指标，经济根据。

四、公共交通

1. 现状资料汇编，文、图，10 月底完成。北京的居民流动强度，论证。现状货运资料，运输管理局搞。研究运输 [要求]，每人吨数。

2. [苏联专家] 去上海 [参观一事]，[需要] 事先联系好，[计划] 11 月中旬① [去]。

3. 远景规划中居民流动强度数字，第二个五年计划逐年计算，第三个 [五年计划] 以后五年计算。

4. 中心区的规划，十五年、五十年 [的不同方案]，准备。

5. [道路] 宽度、车型。各种交通工具使用价值比较。交通用电示意图。

6. 后两年逐年计划，经济定额。第二个五年计划 [期间] 宽轨、窄轨过渡办法。

五、煤气组

1. 石景山煤气的具体化，经济核算，设计，煤气到底 [有] 多少？西郊地区现在用煤的调查。[向] 上海、沈阳要资料，煤气炉子等。

2. 清洗站设在何处？汽车用煤气、试点。现状资料汇编。

3. 十五年 [规划] 方案，方字、图。五十年 [规划] 方案，文字、图。

4. 调查材料，煤，煮饭，煤的价格等资料。上海等地资料。煤气定额的确定。

5. 到上海去 [参观的] 问题。

---

① 1956 年 1—2 月，苏联城市电气交通专家斯米尔诺夫和煤气专家诺阿洛夫一同赴上海考察调研，并与上海市有关方面的同志进行了交流和座谈。

10月2日(星期日)

1. 报告包括什么,应有提纲。

2. 经济资料问题,讨论的时间。

3. 调查现状项目,工作项目多,半成品多。

4. 完成完不成? 12月完成了不。加强直接的领导。组长,陈干。

5. 工作方法,大讨论。

6. 施工专家的工作。

7. 总体规划组小组工作计划,下小组工作,补偿过去工作。

8. 机构变动,减轻总图组。对外交通的、地下,干部自己备。

工作更紧张,赶期提出总 [体] 规划 [方案]。

10月13日(星期四)

与铁道部座谈

徐秀岚①:

25个车站。封闭4站,增加负担每年250万元。即,每吨煤提高单价1元。拆除西站。固定财产,东站300万元,西站174 [万元]。

1. 丰台驼岸与旧调车场。

2. 沙丰线与京包老线。

3. 车辆段饱和,专车客车分不开。

4. 前门车站,今年客运量到减少。

5. 西站,过去为客站,现在为零担货物② 站。

6. 环城4站封闭问题。

---

① 时为铁道部第三设计院的工程师,主要负责与北京规划部门联系和对接北京铁路枢纽总布置图的规划工作。

② 即散件物品。

图 4–33　前门火车站旧貌（1957 年）
资料来源：北京市城市规划设计研究院：《北京旧城》，北京燕山出版社 2003 年版，第 25 页。

吕：

城市规划与铁路规划互等，铁路［方面］与城市规划［部门］联系，提出自己规划的意见。基本观点：已有铁路［要］充分利用，［因为］投资、人民习惯。铁路好像不许在城市中，赶到市外的观点，不对。或建立到地下。喧噪的缺点可以想办法解决。

交叉，都市中不可能没有立体交叉。从城市往外赶铁路，不对。长期，远期，从现实出发。总站的想法也不完全对，站应当按方向来设，有许多方向的车站，货运也如此。在原子时期，什么都搞是不对的。

*　　　　*　　　　*

永定门车站废除否？平面交叉，环城 63 处。是否利用前门站为总站？总站，分站？西站，零售货物之数量如何？

10 月 15 日（星期六）

施工试点，时间拖长了一个半月

施[1] [拉姆珂夫]：

7 月开始，选工地。业主是谁，不明确。批准设计。[签订] 协议表，[解决] 钱 [的问题]。机器不能很好利用。

要求：17 日前把全部图纸搞好，18 日前批准图纸，让旧业主在图纸上签字。18 日，规划管理局签字批准开工。同时送薛 [子正]，请他批准。业主拨款。签订协议书。

阿 [谢也夫]：

[施工试点拖延的] 原因之一，没有设计图纸。第一次在 8 月份看见设计图，只 [有] 立面图。设计院 [正在制定] 新进度表。土方工程已开始，位

图 4–34 阿谢也夫（左 2）等苏联专家正在建筑施工试点工程现场考察

① 原稿为“什”。

置还要变。

8 月提出 [若干建议]，对专家建议没很好执行。20 日以前：基础图、结构图做好。送薛 [子正] 前，把图给专家看看。

施[①] [拉姆珂夫]：

工业化试点有很大意义。试点工程是个学校。应很好组织这个工作。这个工作结束后，可得出很多结论（指标）。

图 4–35　苏联建筑施工专家施拉姆珂夫在建筑施工单位及工地现场指导工作

对设计部门意见：

1. 不仅二室，标准设计室也应参加，现在这两个部门脱离了。星期二开例会，他们每次都去。

2. [试点工作] 很慢，设计院同志可能认为是小事情。冬季施工条件下，没什么可怕的，比夏天要大的多，克服这些困难是必要的。好、便宜、快，采用新东西。定为全部时间 100 天。对冬天不要害怕，不会降低质量。

3. 组织专门人搞经济分析，记录每个操作过程。尽快将技术图纸搞好批准。楼板厚度，定为 29 公分。

① 原稿为“什”。

10 月 17 日(星期一)

总体规划第一次讨论会

一、原则

由分散到集中，比 1953 年紧缩一些。莫 [斯科] 1935 年 28500 公顷，北京 1945 年 17000 [公顷]。向西发展，[利用] 山区。地下水深度情况可靠否?

二、工业

工业用地问题：一个工业区不宜太大，分散布置。石景山太大问题。南部工业区，地下水位高，去掉。东北郊，北小河两边地形不平，地下水位高，不扩大。东郊工业区，东南部地下水高。新的工业区：卧龙岗、良乡北、坨[①]里。居住区内放一些工业 (它的条件)。

三、界限

西南去掉一块，东边缩回一环，西北伸一些。[总用地约] 48500 公顷，比 1953 年 [规划方案] 少 7200 公顷。工业区 4000 公顷，比 1953 年 [规划方案] 少一半。仓库用地未解决。[绘制] 十万分之一的图。

四、干线系统

原则：对称、整齐；利用现状[②]，加强西北，南北皆通；环距匀称 (2200 米，1000 米)；[加强] 对外联系。

科学院搬家，[优化] 西北放射线，什[③] 刹海北边路。

---

① 原稿为“陀”。

② 原稿为“现状利用”。

③ 原稿为“石”。

10 月 18 日（星期二）

讨论规划（第一次讨论会）

郑祖武：

南北干线，东、北环路远，西边放射线 [考虑] 不够 [完善]。天坛，内部和体育馆路连接。不放空科学院路，因有市政设施。东边空，布置大建筑物。

李嘉乐：

东南工业区旁边一小块，何用？石景山工业区南边一块，何用？是否穿过动物园？不穿。第四环西北角位于将来湖面上了。[需要规划] 工厂卫生防护带。农业展览馆，陈干说的地方不好，用农业科学研究所。农业科学研究所占地方大，农业试验所应不在城内。

中轴线，“八字胡子” [的形态] 不好。

朱友学：

用地缩小了，工业用地缩的太多。500 万人、6 万公顷的原则是否修改？道路布置：东边干道太少；环，外环距离小了；西面半环之间距离，需研究。[加强] 工业区与工人住宅区之交通联系。

做为卫星城市，清河应发展。卫星城市问题。

储传亨：

工业区太少。1950 年 4000 公顷，1953 年为 8000 公顷。有几个工厂要搬家。现在划的工业区与居住区的比例 [为] 10：1，应当如何？

潘鸿飞：

工业区问题，太少了。西南山地各工业区不具体。用大范围的图。工业区用地、干道，表现出来。先划个管架。

街坊内设工厂，[注意特殊] 条件，不可能多。

袁洋：

工业区：工业区距离小。道路：十五年内无地下铁，往东主干路通出去，西北路通出去。山里修环形道，盘道。城市人口疏散问题，北轴线作用不大，伸出去。

河湖系统：天然水源，水不太多，[利用] 东单区附[1] 近天然水。[留些] 空地，以便挖防空壕，居民区内。绿化与伪装结合问题。

钟国生：

用地根据，只根据地下水，不够。提出排水任务，以便降低地下水。挖河，拆城，大量土方，可以改变不适于建筑的地方。规划范围应包括三家店、门头沟。西南缺口利用。

道路与河的关系，南旱河应有明确道路，长河与水堆联系。放射线应离市中心近些。放射线交到东便门、西便门，[联系] 环路。

勃 [得列夫]：

昨天会后已研究了，总的很多工作方面是正确的，但只是开端，任务是使今后更改善。工作方法——由零到整：先做分区干道界限，然后其他工作。第一阶段后由点到面，第二阶段相反。

这个图比 1953 年的图切实的多，有了水文地质材料，以后还要利用地质材料。但要利用一部分，改造一部分。有些地方不很好，但可以采取措施使之变化。

总图面积：共 500 万人，60000 公顷。1953 年 58000 公顷。1955 年 48500[公顷]。这不是最后 [数字]。建议做个大图，表示全北京 [的] 小城镇。1949 年，M. [莫斯科开展] 第二个总图 [规划] 时，[研究] 如何在极小面积上容纳 500 万人，40000 公顷即够了。M. [莫斯科] 与 P. [北京] 气候条件不同，不同绿地、水位，60000 公顷并不是最理想方案。

工业区问题：或数量增加，或本身面积扩大，首先在十五年计划上表现出来。不是一个方案，而是几个方案。石景山不能使人满意。用各种方案比较。工业区与城市距离，钢铁厂会污染区域。修改干道，工业区之间防护地带。现有面积可能太大了些 (石景山)。工业区内还要考虑公共设施 (仓库等)。

---

① 原稿为“付”。

道路系统：尽量利用现有的［道路］，不要把整个区域给划断，［加强］市内市外联系。通向何处，明显表达，进入城市后有何作用（意义）。东西干线，西边折断，通过八宝山，贵，两边建筑可能否？交叉形的。平行干线，正确。货物按环路通行。

南北［中轴线］：终点，重新考虑。南终点，可以成立。东边干线，没通出去。干道很多，交叉点很多，故要沿护城河找干道。城内都只住宅区，干道多不安［排］。西北放射线，应找几个方案。西南，两线成一角，［重新］考虑。环路：旧城内环路，再研究。

郑祖武画一个大的交通草图。

图 4–36　苏联专家勃得列夫与道路组在讨论道路规划方案

对今后工作意见：

1. 和人防 [部门] 联系，[和] 铁路、水利部 [联系]。

2. 陈干小组做出许多方案（表示周围城市关系）。

3. 看万分之一现状图。除工业区外，表示机关办公及大学区。把其他组要求表现在图上。

4. 经济资料组建工作表。农业展览馆、植物园、电影厂、大动物园（第二个）、科学院、运动场、能想到的，制成表。

5. 郑祖武组，[加强] 与外部联系，[注意] 铁路、交通枢纽。

10 月 19 日（星期三）

彭真和书记处同志谈话

合作社，规划的起点，包括国防。他说准备好，也不一定。争取 12 年和平。不久 [要] 建设的地方，不搞根本性建设。郊区农业第二步，[搞] 高级社，机械化，搞国营农场。[在] 八达岭、西山 [搞] 绿化。

都市规划，留下地方，将来可以搞工厂。私人工业改造，整个搞一下，第一步，第二步。私商改造，依靠社会主义力量，同时依靠店员。公私合营后降低工资，店员不满，要使工人感到比私营好。全部定规划，和城市规划结合。

中小学分布，托儿站的规划，街道里计划托儿站的分布。公园，也搞规划。古东西，不要再往里边修了。郊区，准备搞国营农场，整个规划。

十五年 [规划] 图，以后讨论。

* * *

继续讨论初步规划

斯米尔诺夫同志：

东城道路不足，东城有重要车站，而没有道路与城市联系。中心干线，通到山海关，与铁路相交部分应用立体交叉。两条对偶的线，同时与铁路相交，不经济。工业区与工人居住区相隔较远。

科学院放在两个环形主干路之间，必须距 800 米，因科学院研究机构怕干扰（700—800 米）。东部没有文化教育机构，作为居民休息散步地方。文教区——如认为必须集中，不对。文教区与住宅区隔开，不合理。

南城主干线分布问题，主干线分布都需经过铁路，这样交叉情况，五十年后不可能。可不与铁道相交，某些地方绕过。南城有 10 个旱桥。南北干线分布不合理。东单、西单干道不应宽过主要干道。北城道路，到立水桥的道路何用？长途汽车。汽车道可以搞一外环，不与铁路相交（在战争条件下）。北边，四环向北移，科学院前倒 V 形。中心干线终点问题。

兹［米也夫斯基］：

这个图是原则性的图，只表示都市发展面积大小、干线方向。原则可取，具体修正。

1. 往西北部发展。1953 年［规划］图［是］对称的，往西北方向发展［是］

图 4–37　苏联电气交通专家斯米尔诺夫工作中（1956 年）

对的。池沼地带，建筑不好，如能用经济办法改造池沼地带，则不太往西发展好些。地震影响，尚未研究。不稳定土层，池沼地带，不要建筑。往西北发展，对，有休养区，对防空条件好。

2. 工业问题。只能原则的提问题，分布工业原则对的。把工业放在另一区域，贵，为防空。石景山工业区都扩，不太好。东北区，不能限制在小区内。有些在卫生上不防 [害] 者，分布在城市各部分，可与住宅在一起，与交通有关。无害的工业，可分布在城市里头，充实城市。工业区多少？很难说，M. [莫斯科规划] 占 16%，[北京] 1953 年 [规划] 占 17% +，可能多了些。现有 [工业用地] 占 3%，少了。工业区大小，应看经济资料。

3. 道路系统。棋盘式干路网，没有放射线的经济。棋盘式、环状，街道多，长度大。道路 [面积] 占 [总] 面积 12%—15%，M.[莫斯科]1935 年 [规划占比为]8%。从经济上考虑，把道路缩减，修路、养护路——很贵。铁路、河道，会影响道路系统。画地下铁的线，可帮助道路。

4. 境界大小。1953 年 [规划]，58000 公顷，500 万人。缩减是对的。平均五层楼，3.5—4 万公顷就够了。每人平均多少地，人口密度。

5. 防空要求。对集中、经济原则有矛盾。防空要求，体现在第一期计划。第一期考虑防空要求，西南工业区对的。第一期建筑 [范围] 太大。东直门外往南发展。[规划通往] 山区 [的] 道路，工业 [适当] 分散。

6. 技术经济。经济工作人员检查，把路的长度计算一下。境界是否大了？经济人员与建筑师一同工作，经济占第一位。

7. 往后工作。远景、第一期，平衡[①] 建筑。近郊图，农业区不应离城太远。每人 200 平方米，需 10 万公顷，北京 50000 [公顷] 即可。[考虑] 对外交通，机场，东北还可能有一个。地方建筑材料，砖、水泥、石，调查。郊区、村镇，哪些发展，哪些不要？城外休养地方，卫生设备，防风林区。

雷 [勃尼珂夫]：

地质情况进一步研究，建筑现状图内还有未建筑的，各组与总图组紧密结合。四环西北角已修下水道干管，三环现有下水道干管应 [再] 考虑。

---

① 原稿为“行”。

西单路上雨水管在房底，往哪边展宽？

兹［米也夫斯基］提出，应把公共建筑物包括：处理厂、水源地、热电厂、瓦斯场。三家店、门头沟、长辛店，没表示出来。井的现状摆的不规则，距离很长。保护水源区域。道路级数，应分出来。河的护岸，滨河路作用。东南放射线和工业区靠近。近郊农业区，土壤情况，表示出来。利用污水灌溉的地方。广安门外污水灌溉调查报告。上、下水道的防空要求。

五十年［规划］、十五年［规划］，同时进行。

诺［阿洛夫］：

分区问题，主要是工业问题，工业是个名词，具体内容不同，要决定工业的性质。居住区与工业区隔离［距离］，由人防［部门］决定。十五年内石景山的居住区，为钢铁厂工人服务问题。

干道网：莫斯科货运量很大。和中心联系，［需要］通过短的放射路。增加一些放射性道路，减少一些环路。居民疏散问题，通向能疏散居民的地方。

格［洛莫夫］：

十五年规划图上已定者外，需两个地方供热电站用。接近建筑区，半径不超过6—7公里。热电厂周围要有工业企业，以此扩大工业区。

东郊热电站离新建筑太远。供应负荷轻，难保证经济的工作，应考虑在其周围是放一些新企业，并使已有新企业更紧凑起来，东部可扩大一些工业。十五年内，东边增加居住区，使工人靠近企业。

城市军事意义。战争上的因素，工业上的因素。北京是首都，这很明确。第二个因素不比第一个明确，北京工业意义不大。工业主要放在内地，北京工业不会再上升，而是还会下降。故防空措施要搞些。

施①［拉姆珂夫］：

分区问题：面积与1953年的［规划方案相］比，缩小了。方向是正确的。面积大了，不经济。大了，发展低层建筑，密度分散，大面积要贵15%—20%。图上西部、东南部造价最贵。集中比不集中，省二倍到三倍。因此，

① 原稿为“什”。

图 4–38 苏联热电专家格洛莫夫工作中（1956 年）

缩小城市用地方向是对的。

面积到底要多大？难以提出。十五年图上集中一点就好了。中间集中建筑，工业分布四周，适合防空要求。工业区附近不宜建大批房子。石景山区到公主坟中间，绿化间隔地带。

现在还没有经济资料。道路网，道路总量，每一居民多少，各种土地比例。没经济资料做基础。道路分类，各类多少？长安街，对内干线也。门头沟，村子很小，[道路] 不 [需] 要通到 [那里]。

研究道路宽度、断面，和道路分类结合起来。M. [莫斯科] 最大环路，花园环路，80—90 米。道路不要很宽、很多。紧凑建设。

阿谢也夫：

十五年规划考虑原子 [时代的要求]，对的。环路—放射线，原则对的。机械地利用莫斯科图，不对。不要限制在 M. [莫斯科] 图上。

建设不仅限于工业和住宅，更有其他因素：车站，公园，游泳池……都影响总体规划。除工业外，哪些地方分布哪些东西？应先有初步规划任务书。现在做困难，工业资料也没有，不过可初步估计，利用 M. [莫斯科] 的

图4–39 苏联专家阿谢也夫正在实地考察建筑工程

经验，10%—15%，先分布主要的因素。各组一齐安① 排。

工业区隔离地带，运动场在何处？道路的用处？断了，道路的交点。划路——为什么划？通到何处？是否必要？如何画② 图？干线颜色表示。地区和道路配合。收集必要有的因素。

10月20日（星期四）

市委会议

彭［真］：

农业规划：合作社和农业生产的规划，没规划容易迷失方向，出偏差。郊区合作社［的］发展是健康的，中间出过偏差，解决了，以后［要］抓住，

① 原稿为“按”。

② 原稿为“划”。

巩固。因不巩固对合作社不利。市委意见，并没有右倾。毛主席报告是针对当时情况讲的。这次会上补充了他的结论。明年比质，即增产。直到这次会议，还是纠正右——富农路线，资产阶级纲领。现在，发展的问题解决了，就要比质。可否关闸、刹[①] 车？省、市、县，都有此权利。6月底，是否可说大发展了？不可以。当时生产好坏还看不出来，必须强调巩固。现在巩固有成绩。

过去观点，全面规划，合作化和生产的全面规划，没有。按阶层分析不够。特殊情况：①郊区农业规划，要和都市规划结合，菜，东、西、南、北郊都要有，以节省运费。②和国防结合起来，周围防护林带，通州以东不要发展。③和农业机械化结合起来，郊区周围首先机械化，周围环境的绿化。副食品通盘规划，晒菜，腌菜，泡菜等，品种、季节、价格、酱园（公司合营酱园，不要把规格搞的少了）。

都市规划。专家意见。工业，先定[②] 一些。生产观点，国防观点，适当的工业还要搞些。[规划建设] 地下道。有轨电车，不再修了。搞一个无轨电车厂。

商业改造。北京商业，完全不是社会主义形式。今后势必在工人住宅区，学校多的地方搞，分别地搞。商业分布的原则。通盘合理布置，哪些多，哪些少？利用旧的，盖新的，结合改造。商业关门，不完全是由于改造，过去也有关的。分布，每行要多少？商业改造，公私合营，不能建立在刺刀上，要改了以后店员有积极性。积极性不能完全靠政治，工资不能因改公私合营下降。公私合营后，货物品种少了，有怨言。多种多样是优点，不要搞掉。多搞几种样子，搞掉无政府 [状况]。做个通盘规划：几年消灭完 [私营商业]，搞多少？包括副食品的分布规划，食堂的规划。

工业。地方国营不要盲目发展，要有计划。如钢 [铁] 等，可否搞个质量高的？哪些搞，哪些没前途的不搞？私人工业哪些有前途，哪些没前途？手工业也一样。不能搞的，用商业控制工业，三友实业社的办法。也要有

---

① 原稿为“杀”。

② 原稿为“订”。

展览会，各种商店都有。要多样性。组织消费者会，征求意见。质量，一定保证。公家“节约原料”，私人“偷工减料”。

学校：要重新布置，不能哪里有空哪里修。托儿所，不要再搞北海那样的，大量搞日托。中学，再新建［一些］，匀一些。九年制后，重新布置。［搞］小阅览室，不要搞高标准。［建设］儿童体育场。

卫生：分级负责医疗制，包括分区和系统在内。

10 月 21 日（星期五）

书记处会议：工业建设汇报

贾：

成立工业建筑党组，总包分包党的管理，统一。党代表大会后发展较快了，质量较好，作业计划统一。甲乙双方工作比过去深入。

当前存在问题：管道等工程比重增加，拨款扯皮问题。甲、乙双方，总包分包中不协调地方，统一党的组织，统一施工组织设计，季、月、旬、周①作业计划，统一调度（二公司［有］16 个分包单位）。甲方工作：图纸，复制图，翻译出错。乙方、丙方：质量问题，管道漏水；电力站盖在电缆沟上。必须严格配水制度，新产品试制。

刘［仁］：

冬季施工赶紧准备，保证质量，不要乱抢。服从专家的建议，不要乱出主意，不要乱提节约的意见。根据国外设计图纸施工。冬季施工，主要是管道，［抓好］质量。安装，甲方特别注意。

准备明年第一季度工作，不要像今年那样，冬抢春闲。甲、乙、丙各方关系搞好，每方都争取主动，211 ［厂］需组织党组，大家负责解决问题。

对工人物质奖励，下去研究一下，想开一点。生产准备抓紧，老厂尽可能帮助新厂，并积极训练。不要由外边调反革命，来者必须有技术，政治上

---

① 原稿为“月、季、旬、周”。

图 4–40　苏联专家阿谢也夫正在施工现场调研

可靠。培养力量，招初中学生，专门审查。再开会研究。材料问题，指定人负责。

*　　　　*　　　　*

城内因建筑拆房：1954 年 4305 间，55972 平方米；1955 年上半年 5761 间，74891 平方米。

10 月 26 日（星期三）

和专家组长谈话

一、经济资料问题

工业规模，又向彭真同志请示过，李主任[①]答应10月间提出来，不知是否其能提出，现在还是只好等着。

农业，蔬菜、乳、肉等；商业；地方工业；学校（中、小学校准备实行九年制）；医院和其他医疗机构；文化设施——图书馆，电影院，剧院等，都要进行全面的规划。这样，实际上给我们的规划工作提供了便利条件，我们要和这些规划工作密切合作。不过，这各方面的规划工作刚提出来，可能进展要慢一些[②]。

二、无轨电车

今后在城区不发展有轨了，准备发展无轨。争取在北京设厂制造。

三、地下电车

从国防观点考虑，还准备搞。列宁格勒、基辅，是否搞地下电车？

四、有几个问题

1. 公园卖票问题。苏联的制度、办法？如不卖票，如何维持？

2. 商店的分布问题。资本主义［城市］、旧北京，有商业区。我们不应有商业区，但如何分布合宜？大商店、小商店如何配置，苏联在这方面近来有何经验？

3. 城市用地问题。500万人，60000公顷。1953［年］58000公顷，1955［年］48500［公顷］。莫斯科［1935年规划］没有用了，原因？我们应如何规定？现在4.5［平方米/人］、6［平方米/人］、9［平方米/人］，如何过渡？希望专家系统地讲一次。

4. 城市居住区的组织。街坊、区之间，还有什么单位？

5. 公路问题。上次讨论时，专家说有个问题另外解释，即公路进城市的意义（可能译的不对）。

7. 绿地定额，20平方米，还要考虑。计算方法不同，包括：全市性公园，区公园主要林荫道。不包括：街坊内绿地，街道树。

8. 人口问题。

① 指国家计委主任李富春。

② 原稿为“可能要进展慢一些”。

* * *

1. 胡风反革命集团。[①]

2. 梁思成问题。

3. 民族形式问题。

4. 节约问题。1956 年建筑计划要变。如何变?

5. 热电站问题。

6. 天安门广场,东西长安街(简单铺张)的规划。

7. 当前建设问题和根本规划(工作重点问题)。

8. 两年[②] 工作计划——达到什么程度。

9. 北京的性质,工业规模,尚未答复。

10. 专家工作中的感觉。意见。

11. 对 1953 年规划草案的意见,下周谈。

12. 电线杆,入地问题。

---

① 胡风 1954 年 7 月向中共中央政治局提出《关于几年来文艺实践情况的报告》(即“三十万言书”),系统地陈述他对党的文艺思想和文艺工作方面的意见。1955 年 1 月 20 日,中共中央宣传部向中央提出关于开展批判胡风思想的报告,认为胡风的文艺思想是彻头彻尾资产阶级唯心论的,是反党反人民的文艺思想;他的活动是宗派主义小集团的活动,其目的就是要为他的资产阶级文艺思想争取领导地位,反对和抵制党的文艺思想和党所领导的文艺运动。中央批准并转发了中宣部的报告,要求各级党委重视这一思想斗争。5 月 13 日,《人民日报》发表胡风的《我的自我批判》、舒芜的《关于胡风反党集团的一些材料》,和毛泽东为《人民日报》写的编者按,将胡风及有关一些持相同意见的人,定性为“胡风反党集团”。随后,又定性为“胡风反革命集团”。5 月 18 日,全国人大常委会批准将胡风逮捕。1965 年,胡风被判处有期徒刑 14 年。1969 年又加判为无期徒刑。1978 年底撤销对胡风的无期徒刑的判决,宣布释放。1980 年 9 月 29 日,中共中央批转公安部党组、最高人民检察院党组、最高人民法院党组关于“胡风反革命集团”案件的复查报告的通知,宣布为“胡风反革命集团”平反,指出:“胡风反革命集团”一案,是在当时的历史条件下,混淆了两类不同性质的矛盾的一件错案。1988 年 6 月,中共中央办公厅又发出《关于为胡风同志进一步平反的补充通知》,指出:关于胡风同志的文艺思想,应“由文艺界和广大读者通过科学的正常的文艺批评和讨论,求得正确解决,不必在中央文件中作出决断。这个问题也从《通知》中撤销”。资料来源:中共中央党史和文献研究院编:《毛泽东年谱》第五卷,中央文献出版社 2023 年版,第 371 页。

② 第三批苏联城市总体规划专家组计划在华援助时间为 2 年。

13. 到官厅水库（各部专家）。参观牛街建筑。

14. 专家休假，参考资料（总顾问说，听大意）。

* * *

资金很大浪费，工业资金很不够，资金都用在非生产事业上了。增产节约20亿元。国防27项，石油，铁路，原子能。非生产性建设太多，[巩固]工农联盟。高层建筑，社会主义标准。

办法：

1. 基本建设。延长标准（杨家岩、王家平）。过渡时期的标准。建筑能用15年、20年就行，不要做长远打算，百年大计。北方用土坯，南方用竹子。大城市修两三层楼房，用砖石结构，新城市一律修平房。除东、西长安街修一些大方楼，其他一律不修。经国务院批准。

2. 工厂、农场的福利设施逐步开始，不能一开始就搞成社会主义标准。礼堂，绿化不搞，卫生设备还要。

3. 新建工厂标准工作。筹建处，出国的人太多，实习生太多。出国人员的待遇 [太高]（实习生都是部长 [待遇]）。

4. 城市建设。旧城市，新工厂，利用现有基础。新工业城市不搞高层建筑。原有井水喝井水。绿化现在不搞。把旧城市拆掉改建新城的想法 [不对]。高楼大厦，已动工者只好盖，没动工者一律停止，等新标准出来再盖。

5. 降低成本。停止招收工人，停止把临时工改为固定工。目前建筑队伍过剩，不要搞机械化。中学要适当分散，不要搞大的，不要集中。今天新修的很多学校，标准比苏联高。

* * *

什么都想学，和专家接触，向何处发展，培养成什么专家？大非所望（目前的工作枯燥）。不团结。互相帮助，互相学习，懂的人帮助不懂的人。

下星期一，总结5、6月份工作。综合报告。

10 月 31 日(星期一)

讨论人口问题

服务人口,1953 年 [占比] 29.6%,1954 年 [占比] 23.3%。为什么变化这么大? 1949 年自然增长率,0.5 [%],对不对?

现代工业,1953 年 9.3 万人,1954 年 9.2 [万人],为什么减少 1 千人?

专家:

这样开始工作,是好的。不一定要全部材料 [收齐] 才能工作。解放前材料,是不是真实的? 刚解放时,数字也不确切①,那时机械增长数字很大。1949—1953 年,那一段机械增长率,不能适用。算出个平均自然增长率 3%,

图 4–41 苏联专家勃得列夫 (左 2) 和兹米耶夫斯基 (右 1) 在总图组指导工作

① 原稿为“切确”。

根据是 1950 年、1951 年、1952 年，2.8%。机械增长，1949—1950 年每年 [增长] 8.6 万人，[增长率为] 3.5%（平均），此部分比较大，中央机关增加人很多之故。今后正常情况下，增长率应稍减低。以后应不高于 2%，两者相加 [为] 5%。

请考虑此数字是否正确。照此算，1962 年人口 393 万，1967 年 500 多万。如不采取疏[①] 散措施，即是这样。限制数字，近期 350 万，远期 500 万。限制机械增长和自然增长，即会减少。第一五年计划末和第二 [五年计划] 初，疏散 100 万人，即与规定数字差不多了。疏散很困难。

[绘制] 劳动结构平衡表，计算城市总人口。计算人口方法有好多种，苏联多年根据此方法计算。三组人口分类中，最主要的是第一类[②]，要正确估算。由消费城市变为生产城市，是基本原则。工业一定要发展的。服务人口，现代的少，落后的多，百分比少了，内容则增加。

11 月 3 日（星期四）

介绍运河情况

冯开智：

[京杭运河自] 公元前 495 年即开辟，即春秋时代，由北京到杭州，长 1722 公里，是贯通南北之惟一河流，故穿过的河流很多，共 700 多条。[沿途的湖泊有] 微山湖、独山湖、昭[③] 阳湖、邵伯湖、界[④] 首湖、高邮湖、太湖。

运河——运粮河。1855 年，因黄河改道，黄河下游泥沙淤积，[导致] 运河阻塞，河道不通。目前，只在每个互相分割的河段通航，20—140 吨的木船和机动船。现通木船里程 1363 公里，小轮船里程 1120 公里。

分段情况：①天津到北京，165 公里，河道淤塞，已断航。②天津到黄

---

① 原稿为“输”。

② 即基本人口。

③ 原稿为“召”。

④ 原稿为“介”。

河北岸588[公里]，天津到临清通航1472公里，枯水期水量30个[立方米]，水深1.2—3米，最浅0.7米，水面宽度25—45米，弯曲很多，有木船1625艘，拖轮10余艘，货运量1953年为100万吨。临清往西南，漳卫河，可由新乡通到天津。临清到黄河北岸有一小段，可通小木船，在有水时。③黄河南岸到长江北岸，625公里。④黄河南岸到微山湖，通航困难，因地势高，水量不足，230公里，航道淤塞。一般通航，宽80米，深0.3—0.6［米］，走小木船，货运量1953年为20余万吨。⑤韩庄以南到长江北岸，水流好，通航情况好。水宽45—140米，深1.2—2米。现有木船4475只[①]，拖轮45只[②]，货运量1953年为130万吨。有5个水闸。⑥长江南岸到杭州，329公里，深2—5米，靠太湖之水，宽10—100米，一般100米左右，河道上边公路桥道多，不能通大船。

北京到杭州［沿线的］经济情况：人口7000万，经济作物，技术作物。天津北京一段：水量缺乏，雨量集中于7、8月，雨量大时泥沙多，土质含沙性大。运河上淤，即潮白河、温榆河，洪水时水量1500立方米/秒，枯水时流量很小，甚至干了，河道淤积很厉[③]害。

京津路线问题：

1. 永定河到天津，沿凉水河，新开。

2. 走龙凤河，与排污交叉。

3. 通惠河，故道。由通县县城到乾沟。青龙河，康儿港河，可以排洪，使不与运河干搅。凉水河、龙凤河在西边，排洪。

4. 直达塘沽。塘沽北边碱化地区，可以清洗。

拖轮长44米，宽13.3[米]，1.4载重吃水。驳船长70[米]，宽14[米]，1.4载重吃水。1000吨，每年运输能力600—700万吨。底宽45米，［上］边宽一倍。水深2米，净空不低于10米。

京津落差40米，需建6个船闸，用水量7公方/秒。

---

① 原稿为“支”。

② 原稿为“支”。

③ 原稿为“利”。

11 月 10 日(星期四)下午

市委会议

1. 市委办公制度，常委分工，请示报告等文件。

2. 干部任免，武 ×× 处分。

3. 农业宣传计划。

4.1956 年建筑用地计划。1954 年拆 5000 余间，1955 年 [拆]5000 余间。

刘 [仁]：

长安街改建，报中央。机关不修平房。大学在城内修。[修建] 10 万人的体育场。学校、医院，不能找空地修，按需要 [合理布局]。军委，在后门、旃坛寺修，允许，给以方便。

尽可能不占农田，除工厂外。

*　　　*　　　*

和专家谈 1956 年用地计划

勃 [得列夫]：

一般没意见。关于平房分布问题，应建在已有平房区域，如没有，即不建。办公大楼，[注意] 颜色。[在道路] 两边 [建]，不要只 [在] 一边 [建]。大楼不要建在胡同里。天坛附近，连起来。北蜂窝可建市场。

施[①] [拉姆珂夫]：

尽可能具体设计 1956 年、1957 年建筑方案。1957 年计划能否定？以便集中建造，成为一个一个区，并在主要干道上建筑。

按可划原则建造。30% 在主要干道上，丁字街还有 120 万平方米地方可供建筑。城西、宣武可建满，可建 30%。东北区（朝阳门大街一带）靠近

---

① 原稿为“什”。

图 4–42　十月革命节，北京规划工作者与第三批苏联规划专家在西郊友谊宾馆联欢时的留影（1955 年 11 月 7 日）

热电站，应进行建设，20%。行政办公大楼建在城内主要干道［两侧］。东西干线上尽可能早建。应考虑经济问题。旧刑部街不经济，拆 22%旧房。东边没什么房子要拆，可建面积 500 平方米。东单到王府井拆 7%。体育馆附近建房，延长，集中起来。

重新研究过去拨地的情况，拨了不用的。过去分散，今后要集中。按一个机关，把在一个时期内建筑的价格列个表，住宅多少，办公多少。

勃［得列夫］：

已买、未买土地，埋标志。原则上保留古建筑物[①]。1956 年建筑项目一览表，表上应有工程设施情况。大学、一层住宅等，都写表上。

兹［米也夫斯基］：

烟筒，房主联合使用。锅炉建在房内。

---

① 原稿为“保留古建筑物，原则上”。

11 月 11 日（星期五）

讨论煤气问题

周冠五[①]。5 次测量。一焦炉：发热式，发 10660 立方米 / 小时，没蓄热设备，煤气都自己耗用了。二焦炉：解放后扩建的，有蓄热室，每小时发 8800 立方米 / 小时，自耗用 4500 立方米 / 小时，去年为炼得铁，把焦炉煤气烧两个小高炉，每小时 3100 [立方米] 左右。小高炉煤气，24000 立方米 / 小时，放走。大高炉煤气，除烧热风炉外，还烧锅炉。

两个方案：①把小高炉用的焦炉煤气，换成本身的高炉煤气。这样，需增加设备，加大蓄热器，每个 1200 平方米 / 小时热风炉，已有炉堂，只差砌砖。4 个储存器（锰铁煤气还没有利用过）。增加两个吸气机，每小时 50000 立方米，鞍山不用的可调来。洗气塔（2 个），10 万立方米 / 小时。气风机 2 个。②把一焦炉增加蓄热室。专家认为，寿命不定，需先稳定炉之寿命。如增加蓄热室，可剩 1/4—1/3。用高 [炉] 换焦 [炉] 比较现实，投资 52 万元，每小时 3200 立方米 / 小时。高炉煤气共 18.5 万立方米 / 小时。

石景山的发展问题。

傅：

供应范围——西长安街。煤气网路，是否搞成环形网路？

吴淳[②]：

远景供应热水，热水是什么范围？供应小工业，热电厂 50000 千瓦，需 44000 立方米 / 小时，264000000 立方米 / 全年。近期的，1967 年煤气化范围？近期，定额热水总量。西郊搞热电站，互相代替。

张其琨：

钢厂工人，厂房、住宅 [是] 分开的，有条件煤气化。

---

① 时任石景山钢铁厂厂长。

② 原稿为“纯”。

市委机关宿舍，几个典型，2个都参加工作，不在家里吃饭：①某户2人，全年46元，不包括取暖。每年用煤气13元。节约33元。占工资从2.6%减少至1.7%。②6人，家有4人吃饭，全年46元，用煤气26元，节约20元。占工资从2.25%减少至1.25%。③6人吃饭，52元，用煤气39元，节约13元。

家属人少，节约多；人多，节约少。把供应对象进一步分析。定额包括哪些，再研究。投资包括的范围，用户安[①]装费用也要由国家投资？

崔：

路线。现厂位置——放下放不下？

李：

脱硫场、加压站，卫生防护［属于］哪一级，要不要防护？

钟［国生］：

地方煤气化，用多少煤？用河水。用地下水困难。路线上面是否要路？

储［传亨］：

用户设备投资多少？成本回收。服务人口增长。近期用煤气定额［的］根据。

林：

对来源的建议：气化。厂址问题：永久的，暂时的？和西山煤气化结合起来，这样是否合适？局限在小三角地带，有无发展余地？厂址与钢厂近是否安全？

格洛莫夫：

很大程度上改善劳动人民生活，需各有关部门支持。煤气小组，第一个提出［规划］方案，给其他小组提供榜样。基本上是对的。反映了苏联同志对煤气［供］应的经验。

煤气化平衡表——远景供应大型工业，热水供应，用煤气网好，还是热力网好？需再研究。夏季剩余煤气，供给热电厂最好。

煤气管网4种压力，最好3种压力。三环外，还可有两个直线。最大限度地减低第一期造价。主干线减小直径，再放煤气罐。用铸铁管，苏联

① 原稿为“按”。

图 4–43　苏联专家格洛莫夫正在讲课中

用铸铁管的教训。要求高质量的安[1] 装工作，底子做好。

斯米而诺夫：

对远景只一个方案，不够。注意调压站的数量，影响造价。用户本身需要做的工作，列出来。避免煤气管道的损失，弯曲。

阿［谢也夫］：

煤气供应，还有文化意义。住宅设计，应与煤气小组联系。注意煤气的技术要求。

勃［得列夫］：

同志们给煤气小组评价[2]。社会主义改造，北京城市有许多好处，改善卫生条件及劳动人民福利、文化。［可以］多做几个方案，建议吸取其他国家的经验，读一些其他国家有关书籍，注意新的发现。［制订］十五年的方

① 原稿为“按”。

② 原稿为“评了价”。

案，五十年或第二个五年计划的方案。

厂址、大小、发展对钢厂扩建有无影响？把煤气供给交通运输问题如比用汽油便宜，第一期应考虑。煤气用具问题，薄壁的，和其他工业的关系，表、管、炉。报告，[应] 系统化。

诺阿洛夫：

要求在一焦炉上加蓄热器。25%的煤气，带来许多好处，补充 3500 立方米 / 小时。管网，金属标量，投资比较。气源，高压管网，不是离城很近的，还要供应小城镇及避暑地方。三级制的，因在城市本身只有三级。

厂址，只准备进行混气，调整压力，不放煤气厂，气化煤要放到产地。要有几个气源，从防空考虑。

今后工作：进行几个方案的比较，需其他小组和机关帮助。

* * *

下午：介绍海河流域规划

江国栋同志：

海河流域 [面积] 228655 平方公里，徒骇 [河]、马颊河流域 [面积] 34000 [平方公里]。规划面积 26 万平方公里，其中山区 15 万平方公里，平原 11 万平方公里。

5 河年平均总流量 119 亿立方米，其中潮白河 18 亿 [立方米]，永定 [河] 15 [亿立方米]、大清 [河] 40 [亿立方米]、子牙 [河] 23 [亿立方米]、漳卫河 21 [亿立方米]。枯水年又连续十年之久，水灾，同时有旱灾，由明朝到现在，旱灾年年有。这个地区粮食不足，1953 年国家支援 128 万吨。北部是工业发展地区，电能供应也不够。

规划的任务：①解决供水内涝灾害。②结合黄河、滦河，发展灌溉。③发展电力。④满足工农业生产需要，发展航运。⑤制止水土流失，发展山区工农业生产。结合其他可能利用水源，解决首都和其他城市水源。

正进行大规模勘察工作：①平原地区土壤调查 13 万公平方公里 (20

万分之一）。②水文地质调查工作。③山区地质勘察[①]工作。

规划工作，要求1956年前完成。包括：①黄河下游灌溉规划。②山区水土保持规划。③山谷开发规划。④航运规划。

由黄河到滦河土地面积1.26亿亩，需460亿立方米水灌溉，现在水量307亿立方米。其中，黄河266亿［立方米］。因此，灌溉、航运、都市用水，应很好安[②]排。

要求：

1. 给用水量曲线图。其中，现在到1967年用水要求，1967年以后的要求。

2. 共同研究地表利用问题。

3. 地下水利用问题。

4. 各项用水划分开，定出合理保证率。

5. 潮白河、滦河引水路线，共同研究进水路线。

6. 航运问题。要求交通部和北京市对路线做决定，市区、市郊关系最大。

7. 郊区灌溉问题。

8、污水处理问题。

11月16日（星期三）下午

书记处会议：市政、文教、卫生基本建设情况

教育局、卫生局，10.6万［平方米］，24［个］项目，［其中］1954年跨来11项，3.8万平方米；1955年13项，6.2万平方米，723万元。完成613万元，［占比］67%，转入下年度32%，400余万元。

工业［部门］投资1756万元（原来［计划］2170万元），到10月底花了937万元，［占比］53%，年底预计完成74%，［剩］454万元花不完。石灰场

① 原稿为“查”。

② 原稿为“按”。

投资 417 万元，今年有 258 万元花不出去。铁路 [部门投资] 230 万元，中南分局设计，第四工程局施工，11 月 20 日才能完成设计，11 月 20 日开工，明年 5 月完工，有 17 个涵洞，10.6 公里长。燕京长网机投资 150 万元，今年 74 万元，平面设计肯定不了。其余为国外和国内订货，到不了。

市政：[投资] 4651 万元，[其中] 基建 3567 万元。道路 [投资] 959 [万元]，完成 800 万元。上下水 [投资]1520 万元，完成 1178 万元。公用局 [投资] 445 万元，完成 343 万元。园林局 [投资] 167 万元，完成 130 万元。共计完成 2451 万元。

11 月 22 日（星期二）下午

大组讨论总规划

陈干：

新 [的规划方案]：460 万人，48000 公顷，每人 104 平方米。1953 年 [规划]：480 万人，55000 [公顷]，[每人] 116 平方米。[变化] 原因：工业用地少了，居住用地指标减低，人口减少。和其他国家比：伦敦 1938 年 [每人] 78 平方米。

问题：马家堡地方，还用。工业区加小工业区，5800 公顷，比 1953 [年规划] 8370 公顷少，占 12%。西直门外的热电厂。煤气场位置。

居住区每人 71 平方米，包括居住绿地，道路，广场，公共建筑。做成土地平衡表，[参考] 莫斯科土地平衡表。其中，居住街坊每人 20 平方米（1953 年 [规划每人] 24.4 [平方米]），公共建筑 [每人] 14 平方米（1953 年 [规划每人] 16.4 平方米；建委定额 [每人] 10 平方米）。公共绿地、道路广场、对外交通用地、仓库用地，没解决。

主要的中心 4 个，西郊中心不明 [确]。放射路，主要的 11 条，次要的 11 条，均匀布置。主要放射线通到其他大城市，次要放射线通到郊区。

傅守谦：

原则：有计划的分散。350 万人，22970 公顷。其中，已建地区 10000

公顷，空地 12100 公顷，不适于建筑 820 公顷。圈子外边，已建了的 1880 公顷。

350 万人，每人 71 平方米。现状 38 平方米 / 人，绿地 8 平方米 / 人。增加较多。

郑祖武：

公路网，10 条放射线，两个环。道路网［规划］用 50 万分之一［比例的图纸］。公路内环，有不同意见，第二、三方案与第一方案并无矛盾。大环西边不圆，370 公里。公路、铁路、河道、绿化，各环关系。过河无桥而用摆渡。

铁路：东便门外的客车站，两个方案。五路居站河东、河西［布置］。西便门外的铁路，存废问题。编组站，搞 3 个，东边三家店、丰台。跨线桥 8 米高，800 米长。南苑支线，与中轴线冲突。

李嘉乐：

居住区公共绿地包括：文化休息公园、大公园；区域性公园；小型公园；卫生防护带和水源防护带；农业用地。［绿地规划原则］原则：尽量利用现有的基础，尽量利用特殊地形——河边湖边小山洼地，从四郊伸到城市中心，均匀分布，联成一个系统。

把工业区和居住区隔离开，石景山工业区隔离地带太少。钢铁厂防护带 1000 米，图上只有 700 米。铁路两侧的防护带每边 100 米。农业保留地——农学科学院、农大两块，划上北边的那块。公墓：八宝山，其他搞在城外。

公共绿地：大公园 4900 公顷，小公园 2900［公顷］，林荫道 800［公顷］，包括街心花园，小游园 800［公顷］（图上没有）。运动场在公共绿地内，400 公顷。以上共计 8900 公顷，每人平均 19.5 平方米。

防护带 3800 公顷。农业园地 3 × 40 公顷。专用绿地、防护带不包括在内。街道树也不包括。水面不算。

第一期重点：玉渊潭、水堆（农展馆）、龙潭（体育场）、圆明园、某些防护带，共 2800 公顷，8［平方米］/ 人。第一个五年［计划期间］增长 318 公顷（不算原有的）。第二个五年［计划期间］，计划 570 公顷。希望［达到］900 公顷。

图 4–44 建在龙潭湖畔的跳伞塔（20 世纪 50 年代）

资料来源：北京市城市规划管理局编：《北京在建设中》，北京出版社 1958 年版，第 90 页。

钟国生：

可能的水源：永定河 17.5 [立方米 / 秒]，潮白河 35 [立方米 / 秒]，滦河流量 129 [立方米 / 秒]，可引 40 [立方米 / 秒]。共 67.5 [立方米 / 秒]。地下水源，10 个（估计数）。

用水 [量]。近期：居民、工业，250 公升 / 人，10 立方米 / 秒。远景：400[公升 / 人]，25 [立方米 / 秒]。第一步引潮 [白河]，25 [立方米 / 秒]；第二步引滦 [河]，30 [立方米 / 秒]。

主要河道问题，旧河存废问题。南旱河，沉沙池到西便门 24 公里，穿公安学院。长河方案，38 公里。莲花河方案。护城河盖盖问题。

东护城河，4.5 米直径的下水道，两根。西护城河 4.8[米]，东南 4.0[米]，西南 4.2 [米]。河道护岸，700 元 / 米（两岸）。

东护城河下水道，河：683 万元（修护岸），308 万元（不修护岸）。东南 [护城河] 下水道，河：482 万元（修护岸），245 万元（不修护岸）。

图4-45　正阳门西护城河旧貌（1956年）
资料来源：北京市城市规划设计研究院：《北京旧城》，北京燕山出版社2003年版，第24页。

11月24日（星期四）

讨论规划草案

陈干：

用地问题：①马家堡的利用问题，地下水能否降低，看一下。②丰台西仓库用地，高低不平。搞污水处理场？或填平搞仓库。③东南工业区，突出，放污水处理场。④东北放射线沿线水源井，取消？保留？已用了十余年。可用二三十年。

道路问题：①南中轴线上的八字路不要了。②朝阳门、建国门马路，以新建为主？③田村山，马路上山。④前三门护城河上，路过多，桥多，不经济？⑤天坛南的运动场，交通不便。⑥农业展览馆主要入口，半环不接通。⑦铁路：西便门站、五路居站、东便门站的位置。

绿地：动物园往北发展？不能。河道：把南旱河线往南移，置石景山旁边。护城河加盖问题，不盖。

要求：①表示自然状况，处理厂等。②干沟如何处理？

储［传亨］：

河道，加盖理由：①水不够。②交通不便。③防空？

不加盖理由：①应给足够水源。②潮白河饮水通过东护城河。③管道太大。④滨河居住好。⑤经济。⑥消防用水。

结论：不加盖，要保留就通航。

河道环要不要？要［的］理由有三：运输、灌溉、把清河之水流回来。不要：运输不需要环行，立水桥不小，清河水不多。结论：好处不大，中心区水多，不畅。

干道问题：①京通公路，改为次要干线。②平安里干线，不需要。③石景山前处理。④南北应有贯通公路。⑤滨河快速道。⑥西直门交通复杂。⑦沿主要河道设滨河路。

铁路问题：①没有新线路。②都是尽头站，根据［何在］？③ 7 个旅客站，不够。④前门站。保留、迁走，各种理由。⑤广安门线，不切断。

绿地问题：①工厂防护林带从烟筒算起。②农业用地防护林带，不要。③铁路防护带，每边 100 米大了，两边 60—120 米。④第二动物园位置。⑤公园水面应算绿地，算不算？⑤城市中心区［绿地］太少。

傅［守谦］：

地下铁。筒子河。利用护城河加盖［解决］防空［功能］，不可能。

潘［泰民］：

道路：①南北不畅。②放射线引到第二环上，不入中心区，不现实。③京通公路改道。④第一公路环对近郊关系没说明白，和郊区古宅、名胜联起来。

中心区：西边的中心区不现实，行政中心区不明确。

工厂布置：钢厂布置。热电站位置（西直门）。

十五年方案：①山区规划。②结合现实不够。③没和各组商议。④土地使用面积太大。

绿地：①北坞、稻地，应保留。②中心区绿地太少。③华北农业科学院农业用地太大，保留现有的即可。④运动场，交通不便。⑤绿地计算方法，水面包括不包括？根据材料进行分析。

张其琨：

对城区改建缺乏分析。运动场位置不当。环城铁路，各站货运量到达量 531 万吨，[其中]32%是煤，25%是建筑材料（砖瓦灰沙石），14%是粮食，12%木材。近期需要，远期不需要。铁路走河床。

河道东环，多少水，灌溉用多少？公路网的经济意义如何？河北运进北京来的东西，占北京货运 42%，[从] 山西 [运来的] 占 8.5%。

11 月 25 日（星期五）

讨 论

斯 [米尔诺夫]：

很科学，很严肃的讨论会。

铁路，直径问题：直径线应为郊区服务，地上车站每隔 1 公里半或 2 公里。地下隧道，应与将来地下铁路相结合，这一般隧洞要成为地下铁道第一环的一部分。地下铁道有通西北的直径站接合起来。广安门外车站，与河关系 [密切]。

车站：5 个尽头站，中间应有一个通过站，使南北交通畅通。东边放车站困难，因靠近建筑群，东边建筑群重新考虑。两边两个站，如铁道不增加，就没必要。

跨线桥，惠通河上 4 个桥。在街坊内不需要，临着滨河路走。仓库的布置，用均衡分布，分散。

方案已有进步。从几个主要组成部分出发，做规划。主要组成部分，四个中心区和主要干线结合。

公园、运动场，首先考虑交通量。高尔基公园，假日 10 万人同时进去，同时出来。玉渊潭 [公园]，交通问题。小了，割断，不好。运动场，组成体

图 4–46　苏联电气交通专家斯米尔诺夫座谈交通问题

育中心。动物园、运动场，放在一起，对。应解决交通，加些干线。农业展览馆，处理进路、出路，现在这样处理，别扭。河，莲花河方案，生硬。

东西长安街，往西与钢厂关系。可不通到钢厂。公主坟西搞建筑群。次要道路通工厂。规划区外，[道路] 通到名胜古迹。

雷 [勃尼珂夫]：

10 月 17 日、18 日讨论时，希望把现状表示在总图上。可惜，十五年规划上也没有表示现状。十五年 [规划] 图。好像别的地方不建了，看现状图就不同了。门头沟矿区、水厂，都没考虑。

城外干线，农林局规划，沿村修公路，有许多碎石路，应请他们做规划。绿化：城南足够；北边没有，需防护带；只搞规划区内，应考虑规划区外；农林局西边山地规划，这里没有。河道：多数主张南旱河方案，还需做许多工作才能决定。通航：水电厂要考虑；往哪里走，船大小。前三门不走大船、货船，可走水上电车 (4.5 [米] 净空)。

护城河是否盖盖？计算。资料还不够。

15年内，可以建截流管，绕河道铺管。考虑一部分盖盖。东北自来水厂未划。旱沟如何处理？干沟绿化。

格［洛莫夫］：

居民分布问题。［即便］没有煤气，热力网、电力网也需改造。工程网问题很重要，更紧凑，工程网造价会便宜。如使北京能有更经济的工程网，需尽量缩小用地。十五年更重要。如热力网，十五年有两个热电厂。现小型锅炉房，投资［很浪费］，将来可不要。

电力网：高压网路传送，城周需高压环网，尽可能靠近公路，易于保养。城内需把高压线引伸进来，高压线架空，需考虑其走廊。

西北热电厂。主要河道不决定于热电厂供水，但也应考虑。

诺［阿洛夫］：

八宝山、八大处煤，找到方案，或不管他或考虑他，要求煤炭工业部决定后给我们资料。供给热电站煤气源，需大量煤气，每年需5亿立方米。如以人造煤气供应，很难确定是否经济。假如有无烟煤。问题需考虑用煤，还是［用］煤气。

图4–47　苏联热电专家格洛莫夫正在考察变电站

热电厂放在何处？煤气供给锅炉房，热电厂容易收集烟灰。农业研究所试验地方，放在城内不合理，在城郊找地，臭。运动场，容量，10 万 [人]，小了，10 万到 12 万人，需交通好，[规划] 交通广场。为城市服务的建筑物，够不够，如仓库等。

施[①] [拉姆珂夫]：

缺少建筑造价，这是缺点。十五年人口增长 30—40 万，增长不大，但规划用地增长的很大，人口密度很稀，不经济的。莫斯科经验，新的用地，公共设施投资占 20%—25%。

规划面积可以缩小，在紧凑的面积上进行改建，造价占 10%—11%。投资少，很快改变面目。造价，经济指标，分项计算十五年民用建筑和工厂建筑用地。

11 月 29 日（星期二）

天安门规划

张镈：

6 月 23 日开始工作。天安门为 [城市] 中心的政治意义，[这是] 天安门广场规划的出发点。

思想内容：建筑艺术，11 [个] 方 [案]，摸索。庄严、明朗，以表达中国人民的特性。[注意] 工程技术，运用先进的科学成就。

布局：广场、交通。建筑边沿 33 米；通行广场 15—19.21 米；交通广场 66—70 米排队。改建后，120 米排队。通行、休息、交通三个广场。公园范围，拆房 11.5 [万] 平方米，新建 3000 余平方米。保存现有火车站，将来改为地下铁路车站。西边为公共汽车站。

广场上放什么建筑？建筑群的内容：博物馆 24 米，纪念碑 37 米。台高 1.2 米，与纪念碑第一层高一样。广场建筑 6 层。正阳门和两旁建筑之

---

① 原稿为“什”。

图4–48　张镈（左1）等正在讨论天安门广场规划方案（1955年底）

间［距离］35米，高65米。周围建筑物46.8［万］平方米，包括博物馆，投资150/平方米，共7000［万］元。博物馆9000平方米，拆合11万平方米。

分期建设，分四期：第一期，通行广场，拆5.6万平方米，建21万平方米。第二期，交通广场。第三期，公园。第四期，河，河对岸。

分期建设经济资料：第一期，新建21.5万平方米，造价3200［万］元，150［元］/平方米。拆56000平方米，［拆迁费］168万元，30［元］/平方米。第二期，新建53000平方米，造价802万元。拆除11900平方米，［拆迁费］36万元。第三期，新建91200平方米，造价1300万元。拆除14200平方米，［拆迁费］426万元。第四期，新建107000［平方米］，造价1600万元。拆70000平方米，［拆迁费］210万元。共计新建46.8万平方米，投资7000万元；拆房28万平方米，［拆迁费］840万元。工程设施费在外。

陈干：

博物馆130［米］长，50［米］宽，狭长感觉。留下走道，展览不了东西。公园代价高。正阳门不要，影壁可不要，华表取消。平台不要。司法部街后退。御河加盖，只留五桥不好。文化宫和中山公园的门，可不对马路。

钟［国生］：

河：地面42.9［米］，水面39［米］。桥要高2米，没引桥困难。玉带河盖着，不好。

潘：

广场照明。建筑艺术形式。

李［嘉乐］：

绿地中不宜有亭、茶馆。两组小建筑和博物馆没联系。台子，不要。公共汽车站，可放在另外。

*　　　　*　　　　*

［天安门广场］中心区大范围76.7公顷。广场33.2公顷，花园12.3公顷，交通广场5.18公顷。

11月30日（星期三）

讨论郊区规划

李嘉乐：

林带，环与环间联[①]系。哪一环最重要？外边两坏，沿河、沿路可不规划。意见主观：公路25米，铁路50米，还可增加；石景山钢铁厂附近应有林带；西山规划进一步具体化。

树种：林带，主要用果树。因果树低、疏。林带也绿一行、两行。方格子里也做果园，距离40—100米，100—200米。林带中有垂直林带，较宽，林带中间，种植果树。快长树、慢长树（永久树）结合。尽人皆知之事，森林可以生长木材，美观。

蔬菜，1952年产14.6亿斤，370万人，每人每日1斤以上。红十字医院专家说每人每天1—1.5斤。增长1倍是否现实？八宝山种果树，园林局要种树。十三陵不发展果树。

① 原稿为“连”。

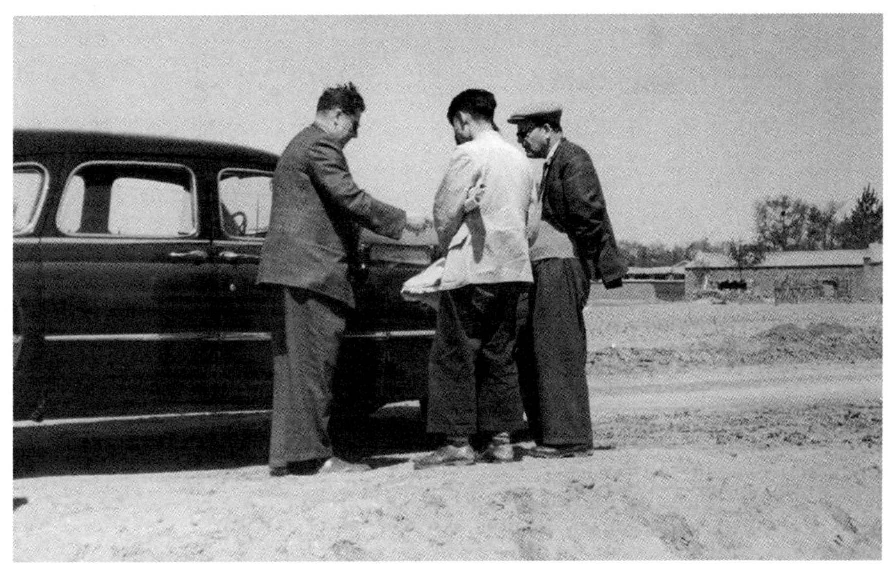

图 4-49　苏联专家勃得列夫和兹米耶夫斯基正在北京郊区现场考察
注：左为勃得列夫，右为兹米耶夫斯基。

钟［国生］：

1 个水[①] 灌溉 1 万亩。永定河，4 万亩地，用 6 个水，张各庄，1 万亩地用 1.1 个水。温榆河灌溉，1 万亩用 5 个水。永定河引水，按 17.5［立方米 / 秒］，除水厂用水外，可供灌溉用水就不多了。

定额不一，因浇水时间长短不一。1 元 10 小时，1 个水 9000 亩，24 小时［灌溉］，提高水的利用率。每亩 1 年用水 521 吨，灌溉时放水，不灌溉存水，则灌溉面积更大。［需要研究］灌（用）水定额。永定河，包括污水，1 年（最旱年）可排水 12 个水。上次说浇地 14 万亩，可以扩大 1 倍。［研究］用水定额，用水曲线。

郑祖武：

公路环、绿化环的关系。绿化第一环，小了一点。大环东边南边小些。公路、铁路两边，25 米、50 米［防护绿带］，合适。放射线绿化，京保路。郊区公路规划与城市道路规划有些矛盾。

---

① 指流量为 1 米 3/ 秒。

雷［勃尼珂夫］专家：

十年、十五年，修河道时，不要砍树。潮白引水，尚未定线。十三陵搞水库，与种树矛盾。永定河沿岸种树，三家店修水厂、水库，需保护带，种树与此结合。蔬菜，土豆粉，晒干，准备这些生产。

灌溉：用水标准应实际调查，不应用其他地区的标准。［注意］季节变化，官厅水库雨季前需留出容积蓄洪，没洪水威胁时存水，没雨时可给之水比 17.5［立方米 / 秒］多。对灌溉用水需有曲线：哪几个月灌溉？ 4 月、7 月。8 月、9 月还要一些。4 月、7 月可由官厅［水库］多得一些水量。需共同商定用水计划。

公路：有些道路与规划路一致，合作修改。农业道路，纵断［面］、基础都可能不同，需考虑对城市、对农民都合适的断面和基础。

陈明绍①：

灌溉面积，可以扩大。城市排水日益增加。季节性矛盾，［利用］官厅［水库］调解，用水曲线结合。山［地］峡［谷地区］水土保持，过去已同农［业］、水［利］部［门］共同制订水区水土保持计划，可一并研究。

吴淳：

农业电气化，种一公顷土地，电气拖拉机节省 20 公斤燃料。4 万公顷，一年节省 800 吨油。［发展］电动拖拉机，拖拉机站用电，田间作业用电。畜牧业：供水、切饲料、剪羊毛、挤牛奶用电。农村用电灯，文化福利设施公共建筑，有线广播，电影等，用电［工］程。

12 月 1 日（星期四）

讨论天安门广场改建规划

马义成：

交通广场小了，扩大之。小建筑，限制司机视线。转弯半径小。

---

① 原稿为“韶”。

图4–50　苏联专家正在与中国规划人员研究北京天安门广场改建规划方案

图4–51　苏联规划专家正在讨论北京天安门广场改建规划方案

注：最远处站立讲话者为苏联规划专家兹米耶夫斯基。

图 4–52　苏联规划专家正在讨论北京天安门广场改建规划方案
注：最右侧站立讲话者为苏联建筑专家阿谢也夫。

图 4–53　苏联专家组组长勃得列夫（站立者）正在就天安门广场改建规划方案发表意见
注：左 2 为苏联专家巴拉金。

朱友学：

绿地广场大了，影响交通广场小了。绿地往后缩。西车站往后缩。

储［传亨］：

绿化广场，拆房多。

斯［米尔诺夫］专家：

设计要反映中国人民特性，建筑上简单美丽。博物馆把广场隔开。面积 76.7［万平方米］，大了。

建筑物形式，很多。喷泉，形式简单。平台，人工提高，浪费。并画[①]成两个广场。交通：旅馆和前门之间，放大。公共汽车站搬掉。塔楼不防害交通。

施[②]［拉姆珂夫］专家：

7 月 23 日、8 月 19 日研究过。广场大小、形式：设计为 3 个广场，是正确的，每个广场各有其用途；广场大小、形式争论，尚未解决。游行广场，布置检阅队伍，通过游行队伍，应有 15—20 公顷。其形式应［为］专门形式，合乎中国历史形成的形式。口袋，可以不需要，因没有直对南长街之通道。休息广场，没什么争论的，可缩小一些，以便少拆房子。

高层建筑不拆掉，组成建筑群。交通广场，非常重要。引[③]桥，其大小应与交通组研究。

广场建筑物的性质，层数：五层到六层，无疑问，应同意。［如果］再高了，就会防碍它们。广场 15 到 20 公顷，与天安门、纪念碑相配合的。用途：按两个博物馆，两边应布置国务院和常务委员会，不是公安部、司法部。两个建筑物，不要放在纪念碑一个线上，以免压住纪念碑。

高建筑，比一般建筑贵 7 到 9 倍，结构面积占 30%，不经济，受到抵制。不符合 10 月 27 日指示。必须：大方、严肃、美丽、经济、使用方便。这里与民族形式不协调。建筑的顺序：公园部分放在第二期，高建筑可暂时保留。

阿［谢也夫］：

在苏联是根据规划任务书进行的，任务书是规定大小、高度等。现在

---

① 原稿为“划”。

② 原稿为“什”。

③ 原稿为“阴”。

没有拟定尺寸、高低，领导上还困难。现在根据建筑师的观点进行。其次，还没有经验。再次，任务艰巨。不管困难，工作仔细。

今天还不是规划草案。主要是要得到原则性的指示，以便进一步做初步设计：①尺寸大小。②建筑物内容。③纪念碑南，做何用（建起来，还是做为公园）。④交通广场处理。⑤总的建筑平面布置。⑥经济问题——要多少钱。

建筑艺术，还不是今天主要讨论内容。讨论这个问题有两个困难：①两千分之一、一千分之一比例尺 [的设计图上]，难以体现。②很复杂。以后需专门研究。

意见：

1. 广场大小。这样大的广场，太大了。通行，16—17 公顷够了。[苏联莫斯科的] 红场拟放大一倍。红场商店为什么没拆？是想把广场放在苏维埃宫。减小广场办法，可把博物馆放前边来些。

2. 建筑物用途。放博物馆。政治文化经济中心。放其他建筑物不能代替的。反映中国的面貌，永垂不朽，这个工作方向对不对？公园：牵涉拆除很多房子。

3. 交通广场，5 顷。把火车站、汽车站、码头结合在一起，方向是对的，交通需再研究。

4. 建筑平面布置。尽可能保持现有建筑物，遇到一系列困难：纪念碑，这么高，放两个建筑物，正面加强纪念碑。交通广场建筑布置，[一种方案是] 高楼，[另一种方案是] 不搞高楼，交通直接过去。

会后工作：①对各位专家的发言进行总结[①]，在 12 月 [的工作] 中消灭不好的东西。②改正后，提交高级领导同志看。③在 12 月底，给所有 [苏联] 专家看一下。④还需最少做两个方案：经济的 [方案]、丰富的 [方案]。

① 原稿为“总结发言”。

12 月 5 日（星期一）

组长会议，讨论第二组的工作

傅守谦：

分析现状，没有做。报告说明，没有动手。

1. 贯彻领导指示。十五年总图落在后边，分析现状。

2. 执行 [苏联] 专家建议。中心小环问题。南北放射线，南郊轴线不丰富。东西区中心，十五年，割断西北与城区 [联系]。向同志们传达 [苏联] 专家建议。专家建议尚未落实的部分[①]：不卫生地区现状图，从大范围考虑。

3. 计划。没有具体化。布置进度，对质量要求不重视。

4. 如何发挥大家力量，没形成集体领导。拿出 [的] 方案未经讨论，意见没有摆开。掩盖客观矛盾。[应该] 发扬王志典的力量，倾听大家意见。绿地组、道路组，分工合作。各组之间，本组之间，矛盾怎样解决？

5. 对同志的关怀。

6. 如何改进工作？每月总结报告工作，小组长会议、业务会议讨论关键性问题，组长分工。傅 [守谦主要负责]：十五年 [规划]，[与苏联] 专家 [的联系]。陈 [干主要负责]：业务，公共建筑，仓库，业务讨论，五十年 [规划]。

钱铭：

忙，没抓住关键。布置工作简单化。[应] 发动大家。钻业务不够，自满情绪。培养干部，做好工作，[避免] 对立。工作质量要求不高，对工作中的缺点不重视。

李嘉乐：

综合 [规] 划组的东西，提了方案，修改了，未说理由。[加强] 组与组之间联系。

---

① 原稿为“没做的建议”。

郑祖武：

两组关系。不很好考虑，不很好学习。[搜集规划] 根据的资料，分期建设方案的现实性。

程敬祺：

提出方案，不严肃。组里讨论研究不够。不同意见，没有科学解决。意见没解决，跑到团队解决。报告的分析，理由不够。不知做了些什么？

齐康：

傅 [守谦]，工作不踏实，浮躁。十五年 [规划]，从感想出发。研究时间少。

宗 [育杰]：

计划，不严肃。讨论，不严肃。

依靠专家，认识问题，钻研业务，培养干部。

* * *

1. 水。

2. 农村用水。

3. 稻地和建设有些矛盾。

4. 钢铁厂的污水，永定河的水稀释了，怎么办？

5. 溶解氧气，生化需氧量。

6. 重力配水。

7. 卫生研究院石景山污水分析。

8. 污水排入河湖的原则，是否进行？

9. 花园河道，这个名称说的对不对。

10. 沼泽地上的建筑经过地震后要全部毁掉。

11. 莫斯科工厂外迁。

12. 环形道路系统比方格形的占地少。环形占城市用地 8%—10%，方格形 [占] 10%—15%。

13. 农林局东便门外引水渠，西护城河引水向南。

14. 新三厂，深水浅水。

* * *

1. 不在外边建房子。

2. 城里盖了许多，集中改建几条街道。城内拆房，搬家到郊区，[即便]不发生问题，农民还需安置、联系。

3. 高房，必须建防空设备。一旦有事，很容易惶惶不安。

4. 拆房、防空设备 [的费用]，不笼统地放在建筑造价内。

5. 一般房子，浪费克服了，有些不切当，如防空、坚固，漏雨。高大建筑，现在节约，将来补修，浪费更大。[应] 实事求是处理。

12月7日（星期三）

钟国生汇报河道工作情况

1. 计算加盖 [费用]，水量，灌溉用水曲线。

2. 主要河道 [规划方案]。

3. 疏浚昆明湖。

4. 补充地质资料。

5. 航运的经济资料。

6. 挖中南海前三门方案（图 5–54）。

12月13日（星期二）

建筑问题

完成计划情况：开工面积 220 万平方米，比 1954 年（170 万平方米）[增] 加 29%。完成 134 万平方米（1954 年 109 万平方米）。冬季施工 71 万平方米（去年 45 万平方米），装修比重大了。

工作量：1.63 亿，计划 1.54 亿。1954 年 2 亿，[减少]19%。订合同情况：开工的、订合同的 87.6%，协议 5%，没有的 6%。返工损失 18 万元，次数共 6000 余次。劳动工资：预计 24000 人。计划 23000 人，1954 年 32000 人。

图 4–54 苏联上下水道专家雷勃尼珂夫在给排水组研究前三门河道路线
左起：钟国生、赵世五、雷勃尼珂夫、胡树本、张敬淦、冯文炯。

比去年平均减 8500 人。最高峰 31350 人，去年 45000 人。均衡差 30.45%，[去年] 36.4%。

产值：今年 6675 元，去年 5789 元，增加 15.2%。原计划 6624 元，超 0.75%。日产值：1—10 月 21.2 元，去年 19 元。完成定额，10 月统计（旧定额）110.39%。新定额，计件面 77%，完成定额者 73%。窝工数：9 万余工，比去年少。降低成本，9 月底 1127 万元，平均 [降低] 9%。劳动生产率 [提高] 15%。

管理方面：计划管理水平比去年高。对计划监督检查，强了。批评、自我批评精神好。编计划时六查。施工组织设计，普遍推行。建立审批制度。不订合同不开工。1 万米以上由局审查批准。新开工程 95%都有。均衡性高了些。赶工作量，末旬 40%的也有。

质量方面：砌砖抹灰比去年好。推行里脚手后，里外平整。平顶抹灰，政协礼堂一次。操作规程的作用，逐级技术会议，技术干部做技术工作，比

图 4–55　中国人民政治协商会议全国委员会大礼堂（1958 年）
资料来源：北京市城市规划管理局编：《北京在建设中》，北京出版社 1958 年版，第 79 页。

去年好些。装修活粗糙。钢筋混凝土工程不好。强度不够。预制发生问题多。

降低成本，[实现] 9.64%。利用旧料节省材料 60%，技术措施 30%，其他间接费 10%。六公司 [节约成本为] 14%。流动资金，处理影带材料 400 余万元，多余 700 余万元。反浪费的教育意义，群众揭发问题万余件。

问题：成本、质量，还不够。

12 月 21 日（星期三）下午

铁道规划

徐秀岚[①] 介绍规划方案：

① 原稿为“兰”。

要不要环线、直径？编组站：丰台、三家店、东郊，可能在清河。货运系统，货站：西黄村、张义村、卧佛寺、八大处、清河、环线站。龙潭，铁路穿过。客运系统：前门东站，长途；西站，短途；西便门外设站。永定门车站，此方案取消。

西直门——丰台直径，利用率不大。西便门外设站，则利用效率大了。和道路交叉 [问题] 如何解决？

郑祖武：

铁路干线，是否要增加？环，东南、西边有问题。东南环，把城市分割。直线，怎样通过？西便门站，当地建筑已相当多。东车站环城路，跨线桥 8 米高，800 米长。

崇文门，每小时放 7 次杆（每小时 [通过] 8200 人），每次 [影响交通] 2—3.5 分钟，每次 300—500 人被阻。

哈利可夫专家：

铁路枢纽，[考虑] 到达方向。主要货运是由沙丰 [线]、京山 [线]、京汉[1] 来的。客运，京山 [线]、京汉[2] [线客运量] 大。沙丰线客运量不会太大，因老京包 [线] 分开。京古 [线] 客运量不会太大。

将来会不会有新干线接到北京？北京到唐山或古冶，对枢纽作用不大。张家口到西城子，保定到天津，减轻北京枢纽负担。将来到达干线与现在情况可能差不多。北京与莫斯科、柏林、华沙不同，它不坐落在中心，而是偏北，故主要客货流由南方或西方到达北京，与莫斯科枢纽有区别。3 条干线先到丰台，由丰台形成一条到达方向，这形成枢纽布置。

做几个客站？没根据。东站，直径。哈德门，环线，很复杂。[铁路和规划部门] 两方 [面] 共同解决。东站，保留不保留？公路铁路交叉问题，共同研究。首先需解决仓库、港，货栈等问题。西部环线：两个可能，[注意] 环线的作用。

*　　　　*　　　　*

① 原稿为“汗”。

② 原稿为“汗”。

图 4–56　苏联专家到北京西郊地区现场踏勘和研究铁路路线（上图为讨论交流，下图为在山顶的留影）

注：上图左 2 和下图左 1 为苏联规划专家兹米耶夫斯基，下图左 3 为苏联规划专家勃得列夫。

北京市都市规划委员会早期人员名单

表 4–11　电力电热组（16 人，其中党员 11 人、团员 5 人）

姓名	政治面貌	性别	来源	职务 / 职称
潘鸿飞	党员	男	由电业局调来	副总工程师
徐卓	党员	男		
章庭笏	党员	男		一级技术员
季玉昆	党员	男	由电业局调来	技术员
耿世彬	党员	男	电信局派来配合工作	
曾享麟	党员	男	由电业局调来	技术员
王少亭	党员	男	由团市委北京青年社调来	
李光承	党员	女	土木建筑专科学校	实习生
栾淑英	团员	女	由设计院调来	实习生
吴淳	党员	男	由石景山发电厂调来	
王蕴士	团员	男	华中工学院	实习生
关金声	团员	男	刚从设计院调来	实习生
佟樊功	党员	男	刚从设计院调来	技术员
骆传武	团员	男	山东工学院轮配电专科毕业	
郎燕芳	党［员］	女	天津工业学校毕业（电机）	
吴玉环	团［员］	女	东北工学院毕业（暖气通风专业）	

表 4–12　煤气组（12 人，其中党员 7 人、团员 5 人）

姓名	政治面貌	职务 / 职称	来源
陈绳武	党员	市委办公厅干事	北大化学系三年级
马学亮	党员	技术员	由公用局调来，中等技术学校毕业
李聪智	党员	煤气车间主任、技术员	由石景山钢铁厂调来
孙英	团员	技术员	由公用局调来，中等技术学校毕业
李梅琴	团员		北京工业学校毕业（化工）

续表

姓名	政治面貌	职务 / 职称	来源
张润辉	团员		北京工业学校机器制造专业毕业
杨泳梅	党员		由石景山钢铁厂调来，化工系采石油
祖文汉	党员	燕京造纸厂生产科长	北京工业学校毕业
田慧玲	党员	副厂长	（清华化工四年）由北京市橡胶厂调来
凌松涛	团员	技术员	沈阳瓦斯厂调来
王卉芬	团员	实习生	天津大学化工系毕业
王照桢	党员		

表 4-13　经济资料组（6 人，其中党员 6 人）

姓名	政治面貌	职务 / 职称	来源
梁凡初	党员	西单区委组织部干事	清华数学系四年级
力达	党员	劳动人民文化宫秘书	清华地理系二年级
罗栋	党员	公安局办公室	化学系二年级
俞长风	党员	团市委青工部干事	清华电机系二年级
沙飞	党员	去参加公安局肃反学习	
张玉纯	党员		土木建筑专科学校毕业

表 4-14　公共交通组（14 人，其中党员 9 人、团员 2 人、群众 3 人）

姓名	政治面貌	来源	职务 / 职称
朱友学	党员		
潘泰民	党员	公用局计划科科长	
陈广彻	党员	公用局计划科副科长	
马义成	党员	公共汽车公司计划科科长长	
马刚	党员	电车公司调来	工程师
宣祥鎏	党员	高校党委调来	
张光至	党员	北京电机厂调来	技术员
王玉琛	党员	金属结构工厂调来	技术员
马素媛	团员	市总工会调来	助理技术员
尚淑荣	团员	公用局调来	

续表

姓名	政治面貌	来源	职务 / 职称
王振江	党员	运输管理局	
张翠英		工业学校毕业	实习生
李子玉		工业学校毕业	实习生
赵庆华		工业学校毕业	实习生
其他单位派来学习的：			
关学中	党员		

表 4–15　办公室（15 人，其中党员 10 人、团员 3 人）

姓名	政治面貌	性别	分工
刘坚	党员		
张毅	党员	女	
谢更生	团员	男	
刘巨普	团员	男	管打字
陈秀华	党员	女	打字
罗文	党员	女	收发
张汝梅		男	会计
崔荣清	团员	女	打字
陈月恒	党员	男	行政
王梦棠	党员	男	行政
贾祥	党员	男	行政
贾书香	党员		保卫
孙廷霞	党员	女	人事
王锦堃	党员	女	人事
黄昏			

表 4–16　市政规划组（22 人，其中党员 12 人、团员 9 人）

姓名	政治面貌	性别	来源	职务 / 职称
郑祖武	党员	男	规划管理局调来	工程师
钟国生	党员	男	由上下水道工程局调来	工程师
张敬淦	党员	男	由上下水道工程局调来	工程师
陈鸿章		男	由上下水道工程局调来	工程师
徐继林	党员	男	由上下水道工程局调来	工程师

续表

姓名	政治面貌	性别	来源	职务 / 职称
崔玉璇	党员	男	由道路工程局调来	一级技术员
万周	党员	男	由上下水道工程局调来	技术员
庞尔鸿	党员	男	由上下水道工程局调来	一级技术员
李馨树	党员	男	由崇文区工会调来	
谭伯仁	团员	男	原都市计划委员会干部	技术员
金葆华	团员	男	由上下水道工程局调来	技术员
韩淑珍	党员	女	由上下水道工程局调来	助理技术员
钱连和	团员	男	北京市工业学校	技术员
徐学峥	党员	男	土木建筑专科学校	技术员
李贵民	团员	男	土木建筑专科学校	实习生
文立道	党员	男	由上下水道工程局调来	三级技术员
赵莹瑚	团员	女	土木建筑专科学校	实习生
高岫培	团员	男	土木建筑专科学校	实习生
王文化	团员	男	土木建筑专科学校	实习生
许守和	党员	男	土木建筑专科学校	实习生
黄秀琼	团员	女	同济大学城市道路与公路专业	本科
王绪安	团员	男	唐山铁道学院毕业	实习生
其他单位派来学习的：				
王作锟	党员	男	由天津派来学习的	

表 4–17　翻译组（18 人，其中党员 6 人、团员 11 人）

姓名	政治面貌	性别	来源	分工
谢国华	党员	女	上海俄专调来	
唐翊平	党员	男	上海俄专调来	
卢济民	党员	男	上海俄专调来	
冯文炯	团员	男	上海俄专调来	
惠莉芳	团员	女	上海俄专调来	
张莉芬	团员	女	上海俄专调来	
章炯林	团员	男	上海俄专调来	
唐炯	团员	男	上海俄专调来	

续表

姓名	政治面貌	性别	来源	分工
马旭光	团员	女	哈尔滨外国语学校调来	
杨春生	团员	男	上海俄专调来	
赵世五		男	上下水道工程局调来	
魏庆祯	团员	男	从外交部调来	俄文打字
杨念	党员	女	北京俄专毕业	
漆志远	团员	女	北京俄专毕业	
陶祖文	党员	女	北京俄专毕业	
傅玲	团员	女	北京俄专毕业	
任联卿	团员	女	北京俄专毕业	
马淑蓉	党员	女	北京俄专毕业	

表 4–18　总体规划组（26 人，党员 9 人、团员 16 人）

姓名	政治面貌	性别	来源	职务 / 职称
李准	党员	男		工程师
傅守谦	党员	男	由北京设计院调来	工程师
孟繁铎	团员	男	原畅观楼小组干部	技术员
许翠芳	团员	女	原畅观楼小组干部	技术员
韩蔼平	团员	女	原都市计划委员会干部	技术员
徐国甫	团员	男	设计院调来	实习生
张悌	团员	女	设计院调来	实习生
张丽英	团员	女	设计院调来	实习生
窦焕发	团员	男	建筑工程局调来	实习生
陈干		男	原畅观楼小组干部	工程师
黄畸民	党员	男	由规划管理局	工程师
李嘉乐	党员	男	由园林局调来	工程师
沈永铭	党员	男	原畅观楼小组干部	技术员
钱铭	团员	男	原畅观楼小组干部	技术员
王英仙	团员	女	原畅观楼小组干部	实习生
郭日韶	候补党员	男	农林水利局	
王怡	党员	女	园林局	
王文燕	团员		土木建筑专科学校	实习生

续表

姓名	政治面貌	性别	来源	职务 / 职称
赵知敬	团员	男	土木建筑专科学校	实习生
张凤岐	团员		土木建筑专科学校	实习生
周桂荣	团员		土木建筑专科学校	实习生
周庆瑞	团员	男	南京工学院工业及民用建筑设计 [专业] 毕业	
周佩珠	党员	女	苏南工业学校建筑专科毕业	
严毓秀	团员	女	同济大学建筑系毕业	
王群	团员	男	东北工学院建筑系毕业	
潘家莹	候补党员	女	北京农业大学园艺系	
其他单位派来学习的（另有三人在他组）：				
宗育杰	党员	男	国家建设委员会	
齐康	党员	男	南京工学院	
王士忠	党员	男	天津	
柳道平	团员	男	国家建设委员会	
程敬琪	党员	女	清华大学	

1956 年度

1月6日(星期五)

河道问题

雷 [勃尼珂夫]：

宽度 35 米、30 米 [的河道] 比 50 米、70 米 [的河道] 投资小，[这是很] 复杂 [的] 问题，不仅在土方，而 [且] 在桥及滨河路。如 [果] 上游① 不给那么多水，河宽 70 [米] 就太宽了。流速：100%保证率，不得小于 0.15—0.2 米 / 秒，0.15—0.3 [米 / 秒] 可能长植物。同意 50 米方案。

水位：37.5 [米]。37.5 [米宽]，1.5 米深。为什么降低水位？御河雨水管出口 38 [米]，应使城内不积水。滨河路高程，不要和水面距离那么近。把滨河路压低，不对。滨河路可以沿着天然地形走，只在过桥时低下来。[如果要] 能通航，水深 1.5 [米] 是最小的。

陈明绍②：

宣武门 [道路] 拉直问题——铁路搬掉，即拉直。

河宽、水位。[为了] 排洪，[河道] 宽 [些] 好，但在低水时，要保持流速水深，宽了就不好。到底有多少流量通过中心河道？ [研究] 引水的分配问题。

许京骐③：

西段，红线往北移。宽度：分期实施，第一期 35 [米]，将来 70 [米]，

---

① 原稿为“上面”。

② 原稿为“韶”。

③ 原稿为“祺”。

图 5–1　宣武门旧貌（1958 年）
资料来源：北京市城市规划设计研究院：《北京旧城》，北京燕山出版社 2003 年版，第 33 页。

路 15 [米]。拆房：1956 年 300 间，1959 年 1600 [间]，1962 年 2300 [间]。

兹 [米也夫斯基] 专家：

宽度：根据什么决定河宽？决定于可能的因素，卫生方面 50—60 [米] 正好。建筑方面，现在 10 米左右太宽了。我赞成 50 米，为什么？ 50 [米] 连路 100 米左右，[在] 建筑 [布置] 上好。

施工程序，一次，两次？要一次完工。这样可省去许多非生产费用，并解决许多麻烦。50 米经济。

表 5–1　两种方案的近远期投资比较

方案	远期	初期
50 [米]	4500 万元	2000 万 [元]
70 [米]	6500 万元	3200 [万元]

取直：应取直。正阳门——崇文门红线不好。不应与河平行，干线要直。

1 月 9 日（星期一）

讨论前三门护城河

斯米尔诺夫：

河道宽度：[考虑] 河的任务、通航量、所有船只大小。如只是市内通航，运河，行走水上电车，则这样的宽度够了，50—60 [米] 够了。如以后通行重型船只，则需与水利部联系。

滨河路纵断面问题：高速道，无论河南河北，都没必要，这里只是滨河道。滨河道的设计：滨河路作为环路一部分是正确的，要求环路速度每小

图 5-2　苏联专家正在讨论前三门护城河规划方案

注：左 1 为苏联建筑专家阿谢也夫，左 2 为苏联上下水道专家雷勃尼珂夫。

图 5–3 苏联专家正在讨论前三门护城河规划方案

注：前排左 1 为苏联经济专家尤尼娜，左 2 为煤气供应专家诺阿洛夫，左 3 为苏联建筑专家阿谢也夫，左 4 为苏联上下水道专家雷勃尼珂夫。

时 60 公里，从这个要求出发，决定路宽及应用断面情况。

崇文 [门]、宣武 [门]，必须立体交叉，临时与永久相结合。[目前的规划方案] 没有考虑以后道路应有宽度，宣武门临时桥位置不对。城门楼将防害交通，经济计算没考虑拆城楼 [的因素]。为什么临时桥做两个？建桥，现在应建永久性桥，临时木桥应通过重型交通工具。

正阳门的断面：为保证交通，需建两个桥。但建两座桥，恐不能成功。因前门大街 120 米，桥 90 [米]，两桥之间 40 米，距离不够，交通也不方便。可否拆掉箭楼，如箭楼不能拆，则另找方案：把箭楼移近前门，箭楼下开洞，造 1 个桥的费用足够这样做了。

桥的净空，应让无轨 [电车] 通过，4.2 米。净空再小，没根据。[同时考虑] 箭楼、通行、车站的安全。[研究] 河道走铁路问题。怎样组织沿城的交通？［如果］东站不拆，则留那里，城墙也不拆。

勃［得列夫］：

城门楼、城墙的问题，现在不须仓促地把它拆掉，但其命运是由中国同志自己决定。

1. 护城河的方向，现在选择的对。每个地段的具体布置，应再具体研究：应拆除什么，保留什么，在何处与铁路、公路相交。［规划］图应画[①] 上永定河。中心部分：利用旧河道向南或向北展宽，宣武［门］、崇文［门］取直［是］对的。通航问题：讨论中没谈到。铁路问题：取直，西站一股［铁路线］拆去否？要肯定。东站铁路是否展宽？崇文门交通设计，必须立体交叉。

2. 河道宽度：30 米、35 米、50 米、60 米、70 米，这些建议的根据只是引水，而没有研究通航问题。决定河道［宽度］，必须根据水利学和通航。河道两期施工，历史上没有一道河道先窄再展宽，建筑河道应一次建筑。分两期建筑，没有根据。莫斯科——伏尔加运河 128 公里［长］，85 米［宽］，不仅供水，而且通航，中吨位轮船及货船。排水河道 40—45 米，鸦王子河[②]20—25 米。同意宽度 50 米，建筑艺术上切当，可以通航，一次完工。35 米：土方 90 万［立方米］，拆房 5 万平方米；路［土方］112 万［立方米］，［拆房］4［万平方米］；共［土方］202 万立方米，［拆房］9 万平方米。50 米：［土方］233 万立方米，［拆房］10 万平方米。应提出 35、50［米］两个方案，并附造价。

3. 水深。水深不完全决定于水量和流速，还要考虑通航要求。［可以］采取 38［米］。

4. 跌水船闸。跌水在桥边是对的，不同意放到市中心。跌水靠近市中心，［在］建筑艺术上看，不好。西边的小岛，保留树木。游泳地方、通航，布置尚未完善，这里不够通航（转弯）。应继续工作，考虑通航、经济、道路。

5. 滨河路。街里不叫快速道，因它是一般城市道路。正阳门标高——

① 原稿为“划”。

② 莫斯科河的一条支流。

建筑时考虑少挖土，同时应考虑道路与水位同一标高。莫斯科河，水位 120 [米]，路标高 124 [米]。东便 [门]、西便 [门]，出口。西河，会提出建滨河路，要与南边的滨河路相连，与去丰台路相连，临河修路是漂亮的。把以后道路网搞出来，[下面铺设] 总管道，上边 [修] 道路。

6. 桥梁。宣武门建两个桥，可建一个。[对] 1953 年草案 [的] 老意见：到处是双桥。和平 [门]，崇文 [门] 亦如此。前门，应两个桥。水位 38[米]，桥面比现在的高。崇文门桥坡度 2%，小了，可留坡度 3%。莫斯科 3%或以上。

图 5–4　崇文门旧貌 (1956 年)
资料来源：北京市城市规划设计研究院：《北京旧城》，北京燕山出版社 2003 年版，第 29 页。

7. 南边的红线，现在可不确定，桥技术设计后才可定，红线与河道桥梁有关。

8. 每公里河道造价多少？ [参考] 苏联建造运河造价指标。河道很长，每一段长度 [的造价不同]。

1 月 10 日（星期二）

和专家开座谈会

雷 [勃尼珂夫]：

上下水道、河湖，除制定总图外，还解决当前建设中急迫问题。任务艰巨、业务复杂。因解决当前问题，就延缓了总图工作。第四季度，原定做上下水道报告，还没搞出来。工作缓慢的缺点，长期存在。现状图说明，长期写不出来。

我和组里同志谈领导工作：抓了许多，都没有完，可否抓一个做完？我说，比较了多种方案，才能做彻底。在苏联，完成工作有程序：个人责任，具体时间。[北京都市] 规划委员会没有限期，因而工作拖下去。上下水道组，对他们关心也不够。组里也没有向专家提过哪项工作何时完成。这是工作组织方面存在的问题，需加以解决。

希望把我们的经验介绍给中国同志。上下水道组组织上有缺点，需改正。在决定技术问题时，[从] 一次谈话到 [另] 一次谈话隔开时间很长，各组工作如时间拖长，即会落在建设后边。例如修建御河污水管，很早就让交，结果改变了。黑山扈下水道也延缓一个月。水源三厂，看了一次图，就再未看见。既然解决日常工作问题，就不要拖下去。最后这次看河道图，有许多标示不完全，勃 [得列夫] 提出宝贵意见。还有很多次，下水道现状图做了，不利用，做规划时不利用现状图。昨天，设计院黄主任谈，忘了滨河路干管高程，还是考虑现状不够。做截留管图时，忘了西长安街污水管高程。

图标示好之事，[与] 我也有关，因有些图我来不及看，因而不能纠正。[需要加强] 工作人员的主动性。徐继林，把用水量做了决定。庞尔鸿[①] 也做了一些决定。张敬淦也做了许多方案。但这些工作还是少的。希望：在图 [纸] 方面做好；很好地利用现状资料；在规定时间里完成工作；帮助专

① 原稿为“洪”。

图 5–5　苏联专家雷勃尼珂夫正在考察河湖系统
注：右 1 为雷勃尼珂夫。

家，给专家更多地帮助。

斯［米尔诺夫］：

已暴露的缺点，希望得到纠正。这些缺点，直接、间接与专家帮助有关。我们组的工作缺点：慢。为什么？工作人员不知道工作进行范围和次序，与工作质量直接有关的是责任心，分析资料、占有资料，知识水平有关。工作质量不高的原因，是干部不了解技术规范，给了他们［苏联的技术规范］，［但是］须根据中国情况改正的。此外，决定问题必须做几个方案，选择其中最好的，并须有技术经济指标做根据。交通组也没有很好运用现状资料，如乘客流量调查，5 月调查，尚无结论，资料印出来的太晚即会影响工作。

工作缓慢，与追求远景规划过分正确性有关，远景计算不需追求第四位数字，追求这个就会拖延工作。在用量资料时，互不统一，一个组用一个数字。人口，交通组、规划组、经济组，3 个数字。交通组与道路［组］工作，日常不联系。经济资料组应提出基本数字，没有。

学习研究问题：工作人员知识差，如不了解其他城市交通情况。工作人员提高水平的速度慢，赶不上需要。想解决这个情况，翻译原故，拖长时间。现在，马、关、潘，都尽力相助解决问题，这是好的。

阿［谢也夫］：

北京［市建筑］设计院人员很多，专家很有经验，和规划委员会不同，工作性质也不同。工作［开展］不好，［有］客观的原因、主观的问题。设计院工作进行得怎样？全面估价有困难，从组织工作开始。北京［市建筑］设计院现在的组织机构不适于担负现在的任务，设计院应调整机构，使之适应任务。已做了些工作，提出建议书后，改进了一些工作。1956 年计划，两周前已讨论过，时过 3 周尚未再谈。

设计工作、标准设计工作还在做，这是新的艰巨的工作。做的好不好？一方面看，经验还很少，主动精神不够，工作中不够大胆。已制出学校、住宅、办公楼的初步设计，拿到评选委员会去，这些设计图纸是比较好的。中心区规划，张镈是个大建筑师，满意他的工作方法，缺点是：主动精神不够，可能是由于经验不够。

［北京市建筑设计院］编制，690 人，很大［的设计院］，近 2 个月天天去设计院，和同志们接触，发现了一些很有才能的同志，而没有叫他们做标准设计或中心区规划工作。

施①［拉姆珂夫］：

在制定总体规划时，经济资料不充足，对此曾谈过几次。制定改造北京的［城市总体］规划，已接近最后阶段，但对建筑工程量、建筑造价方面还研究的很少。苏联专家已经在经济指标上提出一些提纲，在明天的会议上准备详细谈谈。这与每个组都有关系，主要是经济资料组。可否组织一个专门小组搞这个工作？这是重要的经济工作，可以给予帮助。

对建工局设计院意见：建筑局去年完成了几条计划，在降低造价方面也有成绩，改善了工作组织，但做为布尔什维克，不能满足现状。1956 年任务重大，一定要做得更好。改变组织机构，已搞了，制定专业化措施，按

① 原稿为“什”。

图 5–6 苏联建筑施工专家施拉姆珂夫在建筑施工单位及工地现场指导工作

区域分布公司，这些应赶快搞好。[应该建立] 建筑科学研究机构，研究先进技术，组织和技术措施。这些措施虽然已制定，但尚未译成俄文。

[要] 消灭 [建筑工程的] 季节性，特别注意第一季度工作，冬季施工。冬季施工 [的] 质量方面需特别注意，但对此注意不够。西南部仓库，质量不好，要拆掉，[损失] 50 万元，与设计、施工都有关系，设计不好（第一室）。去年有 5000 件事故。施工设计方面，干部还不强，要提高其业务水平。

试点工地，要建立建筑方法研究室，差不多组织起来了。设计院资料没搞到，要有 3000—4000 人在展览室学习、研究，但建工局对此方面的工作计划还未订好，1 月 15 日要开始。

格 [洛莫夫]：

缺点：对待计划的态度不正确；各组干部培养不够；翻译质量很差。

计划：定下计划，就应完成。半年来，计划一直没有完成，失去计划的意义。订计划时，应考虑周到。

干部培养：干部很年轻[①]，为掌握专业，要顽强地系统学习，和设计有联系。干部水平不应低于设计师，应在设计师里也有威信。供热小组做了不少，热工学习基本课程已结束。昨天考试，这只是第一步，计划再学。对潘：[加强] 学习，很少来听课。

翻译：应掌握文学语言，多读些文学艺术书，组织语言。不能检查俄文译成中文的质量。请一、二个胜任的翻译。

对北京设计院：区域锅炉房的设计关系甚大，此工作做的很慢。

诺 [阿洛夫]：

北京都委会工作，在[②] 我们来京时才开始。以苏联专家分组，再分专门小组，正确的。完成总图的每个单独部分工作，对的。培养干部，对的。缺点：计划。在拟定计划时，对应该完成的工作量没有明确概念，不了解工作量有多大，工作有哪些部分，这是不能完成计划的主要原因。

为什么不能准确地完成计划？在过程中会发生新的工作，量很大，新工作完成了，计划没完成。计划应该完成，不管中间发生新的工作。有时为抢速度，因而考虑不周，这也不对。对完成工作最终形态没有明确概念，不知工作程序。怕同时进行几种工作，这没什么可怕，要很好地组织。和其他小组联系不够：讨论了总图，煤气组需要，但一直说没这个图。

为什么在专家面前提问题的勇气不足？只有专家自己提问题。工作上胆小，没信心，应提出更多的问题，对我们也提出批评来。我们之间无可不说。我们对中国情况了解不够，有时不知讲得对不对。我们小组还有潜力没有利用。

第一期方案时，没人绘图，后来才了解有人会绘图，对同志了解还不足，不了解他们的能力。提高业务水平：每周有讲课。但光听讲课不够，应多看些书。翻译同志，多翻些书。

[希望] 按期完成计划，我组成员很好。煤气供应事业会引起很多问题，要成立市政工程新部门，要设计、建筑工作人员，还要制造煤气用具和设备，

---

① 原稿为“青”。

② 原稿为“于”。

应最大可能地利用现有干部，调干部。

勃［得列夫］：

新中国已进入新的一年，提高社会主义建设的速度，这个口号关系到全国，也关系到我们［都市规划］委员会。1956 年上半年工作完成的好坏，与工作的计划和组织都有关系。要顺利完成工作，就需有效地发挥专家力量。应把专家和各组工作日程订的更准确。各组工作，都有三种：①现状，图，资料。②规划。③写说明书。这三方面的工作都要发挥力量。

上边同志们已提到：了解现状做了许多，可惜工作并没有结束。主要的问题，不仅是收集资料，还要进行分析，得出结论，这项工作没有完成，应加劲结束。并把稿子给专家看，取得专家帮助。

图 5–7　苏联专家在北京考察时的留影（1956 年）

注：赵世五（左 1）、兹米耶夫斯基（左 2）、佟铮（左 5）、雷勃尼珂夫（左 6）、斯米尔诺夫（左 8）、诺阿洛夫（左 9）、勃得列夫（左 11，后排）、格洛莫夫（左 13）。

关于工业现状，希望在今年完成，能在第一季度完成更好。工业、市政工程、技术经济基础，现在还没有看到译文。经济资料组，面前工作甚多，过去做过人口，以后要做好远景，工业技术经济基础。第一组人少，年轻[1]，我们帮助还不够。苏联除规划专家外，还有经济专家，这里没有。经济技术基础的工作进行的慢，防害总图进行。第一组进行这样的工作有困难，应由国家计委、市计委多予帮助。

傅 [守谦]、陈 [干] 组[2]：应进行一些比较方案的研究，多找方案研究做的不够。方案不多，比较 [研究] 就难 [开展] 了。希望傅 [守谦] 多发挥工作创造性，多提方案。

希望头四个组在工作中紧密联系。城市总图，应该很多部门都对我们关心，不要让我们闭门造车，而与各方面共同进行。事实上，我们已采取一系列措施，[譬如] 把方案提到林业部，引水问题，将在水 [利]、交 [通] 二部参加后进行。关于总图讨论，应让卫生部同志来参加。还望有人防部门参加。在苏联，总图设计放在广泛基础上，许多部门参加。

总图工作，除图外，还要求有说明书，[规划] 原则。初步的形式，也应拿来给专家看。都没看到。希望这几个组把开始了的工作，做完，译出来，快给我们看。工作过程中，各组互不配合，应改进。规划委员会、人民委员会、市委，对做完的工作应讨论，定下来，给以适当评价。

在工作中，不要光注意与专家谈话，还要阅读书、其他城市、其他国家的规划。遗憾的是，组里没有别的城市的材料和图。也许他们那里有中文的。但 [我们] 没有看见过。希望同志们多来找我谈，要我说些什么，怎样更好地帮助同志们。研究技术不够，没有人找我问过哪里看不懂，要我讲解。

绿地组面前，摆着巨大工作。这个组经验少，希望更认真地进行一些学习和研究，与别组密切联系。应当指出：总图中一些专门问题，经常专门讨论，这是必要的。希望这些会准备的更好。最近前三门河道讨论，准备还不好。

希望更认真地制定第一季度工作计划，要包括去年未完工作，各组应在专家帮助下定出工作提纲。在工作日程里，有现状资料展览会，这种方法很好，最好看了这 [些资料] 以后，还能 [展开] 讨论。

---

① 原稿为“青”。

② 指总体规划组（又称总图组）。

1 月 13 日（星期五）

讨论总图

勃［得列夫］：

沈永铭再做新方案。其优点：充分利用现有道路。西北区的中心［问题］还没有解决。立体交叉很贵，可以考虑［其他］地点。西直门交通，主要是铁路问题。西直门交通示意图。公路网没有画① 上。［研究］主要干道中的街坊，新的布置方法。

工业区：东南工业区大了。工业区内部应有广场、街道，绿地。有的是卫生企业，隔离带不够。卫生隔离带问题，专门讨论。石景山工业区，通永定河道路取直。

1 月 17 日（星期二）

继续讨论

勃［得列夫］：

展览馆。砖窑，是否适用于做展览馆？

人口，520 万，［这是］远景人口，其中 40 万分布在郊区。如每个镇上 50000—80000 人，周围就有 5—8 个镇子。［如果］每个镇子人口不多于 5 万，即有 8 个小镇。

绿化：丰台绿地，要不要林荫道？石景山绿地带小。丰台仓库区绿地倒有 1 公里。广安门外绿地带过大，100—200—300 米即可。天坛、龙潭② 已有绿地，景王坟是否需要开辟那么大［绿地］？

---

① 原稿为“划”。

② 原稿为“龙坛”。

图 5–8　第三批苏联规划专家正在参观北京城市规划展览（1956 年）

图 5–9　第三批苏联规划专家正在参观北京城市规划展览（1956 年）
注：勃得列夫（左 3）、诺阿洛夫（左 5）、雷勃尼珂夫（左 6）、阿谢也夫（左 7）。

采取了莫斯科绿带走廊的原则。不宜机械采用。布置北京绿地，应考虑北京长年风向，须与卫生部门研究。应考虑绿带如何防止风沙。

十五年的规划［图］，［各种性质的］颜色要与五十年［规划］一致。农业地带，应表现出来。周围镇子，应画成综合性的，划出边线，不是零星发展，而是有计划集中布置。科学院用地面积，与科学院研究。体育场［应］有停车场。中心区改造范围，同意。苏联大使馆［面积］大了。地安门大街，50米，不要再宽，不统一不好看。东直门外水源井，考虑绿化。西山：把公园画[①]上。八大处道路、香山、卧佛寺，连成一块，变成个中心。西北干道，目的性。

每年建筑面积250—280万平方米是否小了？过去4年1000万［平方米］，每年250万平方米，应一年比一年多些。有害卫生的工厂，应不建在城市范围。考虑其他展览馆用地，如建筑展览馆。西北万泉［河］水系，地势有高有低，稻田表示为平坦的地形，道路利用高地。没有沿长河干道，没有明显地表示河湖。

［注意］黑山扈［地区的］道路。西山，详细表示出来。八宝山［一带］，详细点。田村一带，没绿地。道路，通过许多没建筑的地方。通惠河规划问题，斜[②]着走是否好看？

施[③]［拉姆珂夫］：

建筑工程量250—280［万平方米］，可能每年增加。1951—1954年，1000万平方米。1952年，166.2万［平方米］；1953年，287［万平方米］；1954年，320［万平方米］。将来，行政［建筑］少些，住宅可能多些。莫斯科住宅：1953年增加10%，1954年增加11%，1955年增加12%，1956年增加14%（130万平方米）居住面积，等于270万平方米建筑面积。北京，住宅建筑每年约占40%，如每人5平方米，住宅比重要增［加］到70%。

黄：

1956年［建筑工程量］比1952年增加一倍，70—130万平方米，北京可能增加。1956—1967年3000万平方米（每年建250万平方米），这个算

---

① 原稿为“划”。

② 原稿为“邪”。

③ 原稿为“什”。

图 5–10　薛子正副市长同苏联专家在黑山扈地区考察调研

图 5–11　薛子正副市长同苏联专家在黑山扈地区考察调研
注：中为薛子正。

法不正确，根据过去经验可能是 4000 万平方米。如此，十五年后，可达到莫斯科现在水平。

可以计算造价。计算造价提纲，制定综合技术经济指标提纲，全部建筑造价，分项建筑造价，要求的资源材料、劳动力。

玉渊潭前边不宜建高层建筑。西北郊：科学研究机构，十五年内不需在此发展。1956年、1957年，把已开始建筑之高等学校和科学院结束。如何进行建筑？线、片？两种建筑方法在莫斯科都有过。干线上，线形[建设]，同时考虑街坊。

1月27日（星期五）

讨论铁路方案

线路共有多少？客站如何分布？货站如何分布？编组站的位置。环路问题。直径问题，地上备用，半地下、地下。建筑的步骤。

勃得列夫：

[考虑]北京到其他大城市远景联系，国际列车的联系。车站靠近河的意义，不是缺点，因河的宽度有限，需注意车站、河不要相互干扰。莫斯科、基辅车站即靠[近]河及码头，列宁格勒有两个车站也靠近引水运河。

车站数目还不很够，还要考虑郊区交通量（指卫星镇）。丰台，很多铁路连在一起是主要缺点，和防空部门谈。编组站：丰台太集中，分散是对的；编组站的大小，丰台太大，其他太小。环路：编组站、技术作业站都要布置在现有及规划的市界外。东便门外面技术作业站应向外移。用外边的环方案。东郊货站搬到环线上或外。科学院货站，不对中轴线[为]好。

西北外环，[受]自然条件[影响]，并非不可通过。不同意[在]西山[前修铁路]环路。五路[居]、田村、西直门线不宜保留。不同意沙丰线与那边的环路重[合]。环形线要注意[遭遇]空袭下的情况。

报告中没有经济指标。造价比较，规划一开始就要注意。直径，根据什么选择？为货运用？为客运用？用几个高架桥？造价多少？放到半地下（不动下水道）造价多少？放到很深（动下水道）造价多少？放到隧道中造价多少？抬高路基办法造价多少？然后再选择。

分期：远景、近期计划。用什么车辆？近期用什么，远景用什么？

兹［米也夫斯基］：

东便门、永定门线，不好。对外联系，平时，战时。

*　　　*　　　*

请技术经济专家。[请国家] 计委、[国家] 建委的 [苏联] 专家帮助，不可能，[太] 忙。

*　　　*　　　*

津塘运河

李运昌① 同志报告：

北京至塘沽段，通航 2000 吨的近海轮船，水深 5 米，底宽 70 米，弯曲半径 1000 米。北京到门头沟、石景山：通航 1000 吨以上的拖驳船队，水深 2.5 米，底宽 45 米，弯曲半径最小为 150 米。南北大运河，要求水深 2.5 米，底宽 45 米，弯曲半径最小为 300 米。

*　　　*　　　*

[苏联] 专家对前三门河的意见：

1. 一次完成，50 米 [宽]，水位 38 米（37.5 [米]）。

2. 船闸跌水，苑家胡同，新华门。

3. 游泳场，使河道太窄。

4. "快速道"，不叫此名。标高应与河水位的标高距离一致，不要挖得很深。

5. 滨河路，西边的、东边的也要修。

6. 桥梁，修一个桥。前门修两个桥。

7. 桥面坡度：3%。

8. 要提出每公里造价比较，提出河道长度和分段长度。

9. 流速，不小于 0.15—0.2 米。

---

① 李运昌，时任交通部常务副部长。

图 5–12 彭真市长与苏联规划专家组和地铁专家组的留影（1957 年 3 月）

注：照片中部分人员系苏联专家的家属。

前排：彭真（左 5，中共北京市委书记、市长）、勃得列夫（左 3，苏联规划专家组组长）、巴雷什尼科夫（左 4，苏联地铁专家组组长）、斯米尔诺夫（左 6，苏联城市交通专家）、米里聂尔（左 7，苏联地铁地质专家）、谢苗诺夫（左 8，苏联地铁线路专家）、阿谢也夫（左 9，苏联建筑专家）；

第 2 排：滕代远（左 7，铁道部部长）、张友渔（左 3，北京市常务副市长）、薛子正（左 10，北京市副市长）、梁思成（左 2，北京市都市规划委员会副主任）、谢国华（女，左 1，翻译组副组长）、兹米耶夫斯基（左 4，苏联规划专家）、尤尼娜（女，左 5，苏联经济专家）、张洁清（女，左 6，彭真夫人）、雷勃尼可夫（左 8，苏联给排水专家）、范瑾（女，左 9，北京日报社社长）、朱友学（左 11，北京市都市规划委员会办公室主任）、储传亨（左 12，北京市都市规划委员会经济组组长、郑天翔同志秘书）；

第 3 排：郑天翔（左 8，中共北京市委书记处书记、北京市都市规划委员会主任）、陈鹏（左 5，中共北京市委书记处书记）、程宏毅（左 4，中共北京市委常委、北京市副市长）、沈勃（左 1，北京市设计院副院长）、张其锟（左 2，郑天翔同志秘书）、徐骏（左 3，北京市地下铁道筹备处副主任）、陈明绍（左 6，北京市都市规划委副主任）、贾庭三（左 7，中共北京市委工业部部长）、王镇武（左 9，北京市公用局局长）、贾书香（左 10，北京市都市规划委员会保卫干部）、刘德义（左 11，北京市地下铁道筹备处主任）、杨念（女，左 12，翻译）、岂文彬（左 13，翻译）、孙方山（左 14，中共北京市市委办公厅副主任）。

图 5–13　什刹海游泳场（20 世纪 50 年代）
资料来源：北京市城市规划管理局编：《北京在建设中》，北京出版社 1958 年版，第 91 页。

10. 水深，第一期 1.5 米。

11. 桥的形式，三孔桥。

*　　　　*　　　　*

运河问题：

1. 只考虑 1967 年，不考虑以后远景。滦河不做结论。

2. 近期数字，我们提上游灌溉 10 个［立方米 / 秒］水。我们要 30 个［立方米 / 秒］水，他给 20［立方米 / 秒］个。温榆河，能有 4 个［立方米 / 秒］水，想扣去。

3. 修建程序，三个方案：①白河打洞，通到永定河，10 个［立方米 / 秒］。永定河水多了，可达 20 个［立方米 / 秒］。共 30 个［立方米 / 秒］水，近期就够了。②不打洞，密云水库，搞潮白河引水。水库 40 亿。③先打洞，后修潮白河（多花钱）。白河引入永定河，永定河引水设计怎么办？

2 月 7 日（星期二）

水利部开会

蒋国栋同志：

海河流域规划面积太大，北京市面积小，粗细不一，两个文件。已考虑北京用水问题：1967 年 58 ［立方米 / 秒］，1982 年 78.5 ［立方米 / 秒］，远景 88 [立方米 / 秒]。我们考虑到 1967 年 58 个 [立方米 / 秒] 水，[其中] 灌溉用 12 个 [立方米 / 秒]，都市 [用] 46 个 [立方米 / 秒]。

打算：①永定河 20[立方米 / 秒]；②地下水 10[立方米 / 秒]；③潮白河、白河、妫河，8—10 [立方米 / 秒]；④温榆河、怀河，6 [立方米 / 秒]。潮白河引水路线复杂，30 [立方米 / 秒]，3 个坝，工程大；⑤滦河、张石湾，20 [立方米 / 秒]。

李运昌同志：

发电站，水电，离城远点。港口、车站位置，市里召集会。计算，切实些，节省 [资金]。滦河考虑通航（研究）。

图 5–14　苏联上下水道专家雷勃尼珂夫（左 3）和水利部傅作义部长（右 6）及李葆华副部长（左 2）调研水利发电站站址（1956 年）

2 月 10 日（星期五）

讨论总图

到丰台的路如何处理？工业，东郊放不下，开辟衙门口。仓库面积，

图 5–15　苏联规划专家组正在集体讨论北京城市总体规划方案

1830 公顷。陆军医院打通，行不行？

诺［阿洛夫］：

图的表现，［把］已建、将建［项目］表示出来。工程线延长。道路规划与区域规划相连接。排水问题。

格［洛莫夫］：

没有表示高压线架空线走廊、高压变电所。供热，新建房屋要离热电站［的距离在］作用半径内，节省一倍。现小型锅炉房管理不好，费用贵。离热电站远的区域，安① 装区域锅炉房。为区域锅炉房经济，建筑尽可能集中些，应避免分散的建筑。

十五年内，工业就在东郊，利用热电站，用热多的工业放到热电站近处。远景工业区，应把热电站划上。

衙门口，不要搞耗热大的工业。用 718 ［厂］的热电站暂时解决当地供

① 原稿为“按”。

图 5–16　苏联规划专家组正在研究讨论北京城市总体规划方案

热。石景山工业区的热由石景山解决，不另建锅炉房。文教区，建大型锅炉房。现在不生产大型锅炉的设备，而生产蒸汽锅炉，贵，应专门组织生产。现有钢板锅炉比铸铁锅炉贵两倍，如专门生产，不会这样贵。

斯 [米尔诺夫]：

休息区分布，东、南部过多。动物园移到东北部。东北部 [规划设计] 休息地方。道路：[与] 大运动场 [配合]。

2 月 17 日（星期五）

讨 论 总 图

兹 [米也夫斯基]：

总图上，道路、绿地、工业区分布等，基本上确定，但工作仍需进一步做下去。总图中每一要素，各要素之间的关系等仍需研究，但这个总图是确定了的。

1. 工业分布，环绕市区不太好。城市需要一定的工业，但像这样不好，应分开一些。防空要求分散，交通要求集中。从卫生观点看，环形的不好。衙门口工业区、东南工业区，是否需要？石景山钢铁厂是否要那样大？城市中不少小工业，按其性质分成组，确定其位置。新的服务于城市的工业，如何配置？

2. 小区问题。小区面积 400 公顷，大一些经济，其边界决定于干道及交通网。同时，在旧城基础上进行改建，在中心区［可］小些，在城外［可］大些。故应根据既有交通网决定小区面积。规定统一的小区面积是不必要、不可能的。

3. 公共绿地、街坊绿地。街坊内部绿地，面积计在街坊内。建筑密度 28%，太密。扩大街坊内绿地比扩大公共绿地合算。

图 5–17　北京城市总体规划方案讨论现场的留影

图 5–18　北京城市总体规划方案讨论现场的留影

4. 交通。环路、放射路问题。道路网，从交通观点看是否对？干道交叉是否合适？道路交叉口建筑艺术处理，按交通需要，哪里需要立交？工业区的扩大 [应] 从交通观点提出意见。往两边的放射线，是否够了？城市居民增长率、交通量增长率之间的关系到底怎样？过境交通应如何处理？煤气组、热组的工作是附属于总图的，交通组是主要的组，其工作影响总图。

5. 总体规划。包括人口、分区，各要素互有关系。现状资料没有确定，影响 [到规划] 工作。

勃 [得列夫]：

远景总图。人防专家认为远景没考虑防原子武器。我同意总图照现在的样子来画①。另外，可做一个补充的方案 [来] 比较。从原则上讲，按这样

① 原稿为“划”。

原则布置是对的。另一个画[①]1：25000 比例 [的方案]。

工业：石景山大小，还可研究，其余没有疑问。衙门口，离钢厂和丰台都近，要考虑，这里放汽车厂值得研究。莫斯科斯大林汽车厂是在城内，但是在原有基础上建设的。莫洛托夫汽车厂则在高尔基城外独立发展，其间距离很大，在河边，利用河把汽车运出走。

仓库分布问题，不光在城里，在郊外也应有一些。易燃性的仓库，如汽油库，摆在边上，[等城市] 发展了，又包进来，还得搬。港口也画[②]在图上，货运港口摆在马驴桥一带好些，客运港口接近城市，分开考虑好些。

绿地系统：龙潭南边那块不宜大了。永定门车站，画[③] 了好多绿地，好不好？沿德清路绿地，看不见城市，大了些。天坛，绿化了好，从经济上考虑是否合算？还可考虑。永定河在丰台附近绿化，表现方法太不精确（永定河被淹地区）。动物园，多选几个地方。植物园 [未来] 发展情况，问科学院。

干道：西南干道系统有些争论。对外道路，[要区分] 主要的、辅助的，卢沟桥 [以] 哪个为主？西北区放射线不够满意，再研究。去天津的路，通进去。

龙潭陆地上的建筑，不做为展览馆。农业展览馆交通问题，打通。运动场 [周边] 交通问题，广场也不够，在运动场用地范围内应有 25%—30% 做为广场（专家画[④] 了个图）。要有 50%用地做为公共交通用地，电车运输、水上运输。10%观众乘汽车，30%自行车（4 万人）。个别部分，再研究，从交通观点考虑一下。

建筑艺术：公主坟、钓鱼台，东、西便门。

雷 [勃尼珂夫]：

交通问题，要人口分布、工业分布的材料，排水、引水负荷，望各组材

① 原稿为“划”。
② 原稿为“划”。
③ 原稿为“划”。
④ 原稿为“划”。

料统一。河道 [规划] 对总图有影响，[如] 引水，水怎样出去？由哪里出去，沿河怎样组织建筑物？港口布置。除海运码头外，修旅客车站。地下设施对总图也有影响，[如] 雨水管的布置，下水道选择很低的地方，即可节约，对河道有影响。西北区干线，考虑污水干管。

小区问题。小区的主要建筑物，更明显的表现出来。其色中：平房、楼房要分明，分出将保留的建筑物，可以看出哪个小区已经建成。如此，即可容易看出如何进行建筑。

防空布置：某些地方，很难保证设备。如西山底下，龙潭里边。西单北大街展宽问题，[如果] 展宽，即应把临街房子建起来。某些枢纽地带，应综合在一起解决，如三家店。

2 月 23 日 (星期四)

万里同志谈城市建设[①]

新城市，旧城市。旧城市要不要规划？

——应该规划，如贫民区的改造问题。

上海，180 万人口 [的] 居住条件很坏，[特别是] 苏州河 [地区]。

——规划一下。

人口 [问题]：

——控制不住。

北京人口规模，到底该多大？

① 本次会议是毛泽东主席于 1956 年 2 月 21 日下午听取国家城市建设总局和第二机械工业部汇报后，国家城建总局局长万里向郑天翔等传达毛主席的指示精神。《毛泽东年谱》中记载，1956 年“2 月 21 日下午，听取城市建设总局和第二机械工业部汇报。毛泽东提出，城市要全面规划。万里问：北京远景规划是否摆大工业？人口发展到多少？毛泽东说：现在北京不摆大工业，不是永远不摆，按自然发展规律，按经济发展规律，北京会发展到一千万人，上海也一千万人。将来世界不打仗，和平了，会把天津、保定、北京连起来。北京是个好地方，将来会摆许多工厂的。”资料来源：《毛泽东年谱》第五卷，中央文献出版社 2023 年版，第 535 页。

图 5–19　与彭真和万里等接见战友文工团《长征组歌》全体演员（1959 年 10 月）
前排：彭真（左 8）、郑天翔（左 9）、万里（左 5）、王纯（左 1）、赵凡（左 2）。

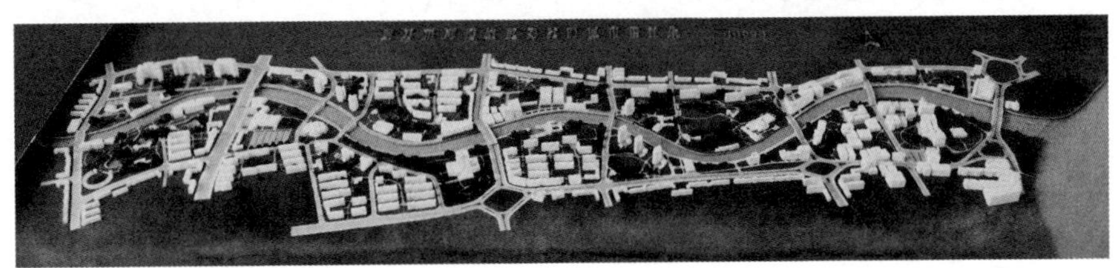

图 5–20　“把［上海］苏州河改建成为我们城市的花朵”——在全国工业交通展览会上展出的规划模型（1959 年 10 月）
资料来源：张友良提供。

——没 1000 万人口下得来？将来还不把长辛店联合起来？天津联起来？

——大工业，暂时不摆，将来一定摆。

煤气：

——华北是否可以多一个钢铁基地吧？（问［薄］一波）

［薄］一波说可以。

——就把石景山干他万把万吨[①] 吧。

［周］总理说：将来是否用电？

① 原稿为“顿”。

万 [里]：电贵。

王鹤寿[①]：能供的了么？

地下铁道：1 公里 [需要] 1200 万卢布。

——多深才能避免原子弹？

——修到哪里，多远 [时间完成]？

[计划修] 30 公里，第二、第三 [个五年计划期间完成]。

——太晚了吧？第一个五年计划能否修？

——催一催吧。

旧城市改造：路展宽，[有的地方] 不像话，以后建在城里好一点的房子。

——100 年都改换完了吧？

彭 [真]：不用 100 年。

[薄] 一波：现在的房子根本存不了 100 年。

防空问题：地下室要搞。

——增加造价，应该增加点。

跟经济矛盾。

[薄] 一波：造价再研究一下。

水怎么样？

彭 [真] 补充了一下。

——那就没问题了。

10 年、15 年、25 年，暂不搞太大的。

2 月 24 日（星期五）晚上

座[②] 谈砖的质量

砖的质量：

---

① 时任重工业部部长。

② 原稿为"坐"。

1. 火度不匀，有的不足。影响耐压强度，容易起碱，950 度以上就可防止冒碱，没仪器或有而不用。实际 920—930 度，低的 860 度。

2. 标号不匀——即抗压力不匀。[原] 因：火度，配土。不匀，不能标号。现：一般 100 号，窦店 200 号。太平庄，中心配土站，质量匀了。泡土——即泡泥时间要加长。青岛泡 7 天、半月。

3. 含碱多，起白霜。土里有碱，水里有碱。

4. 裂纹。损失率，最低 2%，一般 6%—7%。瓦——太厚，要黏土多。

办法：采土，分层取土；泡土，时间加长；制坯，粉碎要细；烧，火度。用煤，窦[①] 店 0.81 吨。砖，房基容易风化，大楼用石头好。

窦[②] 店砖的缺点：①颜色不一，第三季度的最差。②等级不清。③标号距离悬殊。④磕[③] 棱[④] 碰角，影响外观。⑤把 1953 年、1954 年存砖发去。

3 月 1 日（星期四）

书记处会议

城区改建拆房迁居问题：要拆 26000—28000 万间，迁人 40000[人]。已解决 14000 间，建平房 7000 间，腾旧房 392 间，尚有 14000 间无法安置。

搬出去的反映：①出去稳定些。②原住是旧房，房子好，租金低（北房 28,600 元）。③学生上学：按插，建 [学校] 很费劲。④油粮布票，没减。⑤都有店面，造价摊出去。⑥转业（农民）。

---

① 原稿为“豆”。

② 原稿为“豆”。

③ 原稿为“客”。

④ 原稿为“ ”。

3 月 5 日（星期一）

试点工地汇报

沈如桢：

生产任务 23600 平方米，造价 236.5 万元，单价不算室外 92.61 元，连室外 100.17 元。基础地下室，现制，37 万元，占 15.7%。一层以上，预制、安[①]装。砌砖 14104 块，12550 吨。构件 7872 件，10290 吨。预制装修成品 26580 平方米，约 2000 吨。安[②]装总重量 24800 吨。

地下室施工及现场准备工作，为第一施工阶段，包括室外工程及地下室装修工作。第二阶段吊装。第一阶段不完成，不进行第二 [阶段工作]。11 月 9 日刨槽。地下室 1 月 5 日结构部分 [搞] 完了，而装修则拖了。

这样：便于专业施工和管理；为吊装工作创造有利条件；现场整齐干净，可以质量管理。有些是从教训方面体会的。应先做室外，实际不是这样的，造成里外忙。形成赶进度、又误进度。地下室交付使用？现在还未做到。地下室基础部分，没很好考虑用机械。基础，地下室，比别的工程说，不算慢。混凝土规格，有些返工的地方，如打高了，又憋。

基础地下室用工：18167 工日。不包括车间，包括现场装修，比预算成本少 6%。砌块构件生产：11 月 4 日开始，现生产 7100 块，近 50%。生产方式：室内架子。室内比室[③]外效率高，规格容易控制。规格：缝子一公分，误差三公厘，一般达不到三公厘。修理。尤其室外砌的更不易控制。运到[④]现场前，均经检查整理。效率：现制 1800 块，除去加工，每人 1100 块。外边应切 1730 块，除去附加工，1250 [块]，比现制高。室内 2249 [块]，除去附加，1450 [块]，提高 30%。

---

① 原稿为“按”。

② 原稿为“按”。

③ 原稿为“外”。

④ 原稿为“动”。

图 5–21　北京市预制构件厂车间（20 世纪 50 年代）
资料来源：北京市城市规划管理局编：《北京在建设中》，北京出版社 1958 年版，第 34 页。

砌块车间规划的不好，不能充分发挥其效率。外边 120%，里边 92%，工人愿在外搞。堆存方法，乱。重新规划，4 月后再生产，可以节省一个冬季施工费用。储存、堆放：当时，没考虑吊装。第一阶段，砌块修理工 569 个（1 月）。

构件：和砌块情况差不多，平均接近两层。规格，用木模，底下用水磨石垫板，先做出一块板，上边打水磨石，将来还可用。竹子抽心，节约。规格上的问题，现基本上解决。构件型钢的规格，电焊水平不够，没有点焊机。试压。楼板、柱子等做了一点，还须做。过去连接的不好，新产品还没做。试验工作，准备不够。人力机械等，都考虑不周。记录，通过试验的研究工作不够，进度拖了，千分镶也没有，必须经过试压。试验的设备和人力。

轻隔断墙，重量 [问题] 没很好解决。吊装进度拖，[晚了] 10 天，构件供应、试压还要影响进度。

问题：

1. 缺乏工业化试点的总体规划，组织机构不适应。[应该] 成立新的生产组织机构，学习、展览的组织：①干部力量配备，到底要多少人？客观要求多，主观力量少。质量差，不及时 [处理]，来学习的人就是为了学。②预制生产和现场施工，组织的不好。③技术准备工作，落后于生产。

2. 没有充分准备时间。

3. 执行专家建议方面。[专家建议共] 232 件，[其中] 执行 151 [件]，待执行 40 [件]，未执行 41 [件]。但效果不好，不是主动地提出问题，而是专家看见了以后，专家提的建议。领会专家意图不深不透，被动。

4. 主动争取领导支持和外界支援不够。

今后：①试验研究，与有关单位通气。加强试验研究。加强总结，一步一总结。②依靠群众，技术交底。③专家建议，按阶段提问题。④调整组织机构。管理固定，生产专业。⑤制定加快进度的计划，加多班次，提高效率。

*　　　　*　　　　*

运河问题。京津：通航标准为 3000 吨海轮。船宽 16 米，长 97 [米]，吃水 5.2 米。桅杆顶到空载吃水线 30 米。

下水道：

1. 打磨厂、西河沿的旧沟，是保留还是废除？

2. 下水道流速最好用 1.0 米 / 秒，才不致发生沉淀[①]。条件不允许也没办法。在计算时：下游的流速要比上游的大。

3. 莫斯科在主要的干道上避免埋设大型干管，使工程及养护复杂化。

4. 自来水管与污水管的间距，规定 5 米，因埋深不同，实际可以小些。莫斯科最小间距 1.5 米，但须自来水用钢管，污水用铁管。

5. 各区不同的建筑性质，乘以不同的污水排除率，即可得出各流域面积内的污水量。①工业企业 75%—80%；②现有低层建筑街坊 30%—40%（1、2 层）；③现有多层建筑街坊 60%—65%（3 层及 3 层以上）；④新建筑 75%。1967 年的污水量即按此算。远景是按街坊面积与人口密度计算的，与此不同。

---

① 原稿为“殿”。

6. 画出全市各地区人口密度图。

建筑：预制构件的生产，三种形式：①预制构件工厂；②集中的公司型露天捣摆场；③现场就地生产。工厂跟不上需要，任何情况下，都需后两种形式补充第一种形式。1967 年，需要预制构件 100 万立方米以上，20%—30% 由露天捣摆场生产。莫斯科预制工厂，1955 年 [生产] 1203 立方米，第 6 个五年 [计划期间生产了] 160 万立方米。

露天捣摆场，按区域设置，以距建筑群的距离最短为原则，保证 5—7 年不变，尽可能靠近铁路。年产量通常在 6000—12000 立方米，没有超过 15000 立方米的。

3 月 6 日（星期二）

欧洲 1955 年钢产量共 13888 万吨。苏 [联] 4520 [万吨]、西德 2130 [万吨]、英 [国] 2010 [万吨]、法 [国] 1260 [万吨]、比 [利时] 590 [万吨]、意大利 540 [万吨]、捷克 480 [万吨]、波兰 480 [万吨]、美 [国] 1.06 亿 [吨]、日本 1000 万吨。

3 月 12 日（星期一）

组长会议——研究第一季度工作中的问题

力达[①]：

提供资料：中国其他城市的，北京现状资料。对待数字——有的不统一。各组联系：工业调查 [时] 留下水量了；铁道部的材料，[需要] 道路组 [联系]；工作上的改变要通知到组。

让专家了解工作水平。[需要] 系统的看谈话记录，[需要明确] 看谈话记录的范围。专家陷于事务。把专家谈话内容统一安[②] 排。

① 力达，女，时任北京市都市规划委员会经济组副组长。

② 原稿为“按”。

图 5–22　陪同苏联专家游览颐和园
注：郑天翔（左 2）、斯米尔诺夫（左 3）、勃得列夫（左 4）、储传亨（左 5）。

李［准］：

兹［米也夫斯基］专家，四个组抢，被动的解答问题，谈的多了，专家也忘了。组与组互相联[①] 系少，1 组、2 组、3 组、4 组［应］统一订计划。

陈干：

对现状的了解，去年调查后即未补充。对各组情况不了解，各组经验、理论互相交流。问问题零碎。对工作的预见性：土地调查的目的不明，商业网也没有调查。详细规划到哪一块先做？卫星镇，哪个先做？人少，分工不能固定。

傅［守谦］：

对兹［米也夫斯基］专家车轮战。

---

① 原稿为“连”。

钟［国生］：

有些问题来回问，临时提，效果不大。谈话记录［应该］核对（整理专家建议）。各组互相关心。讨论不起来，［需要］事先讲。

潘：

每月计划与专家见面。准备充足些，专家看后发言。学习，程度不同，要分别学习，专题研究。

徐卓[1]**：**

执行计划问题：不了解专家的情况，专家不了解情况，计划执行情况［应该］报告专家。专家讲课的方式：中国同志先讲，专家后讲。［需要学习］热力网的设计和运行管理。是否分工学习？

郑［祖武］：

［道］路的问题非常复杂，［涉及］树、照明、地下［设施］等。围绕几个题目［深入研究］。联系——如何联系？［需要考虑］高程问题。

马[2]**［义成］：**

把专家说的问题，忘了，再问，再谈。对今后一年工作［应］全面规划。各组如何联系？通过大讨论、专题来联系。临时发生的重要问题（交通、经济）［临时讨论］。

*　　　　*　　　　*

办法：

1. 底——规划、计划，可能的与必要的，让专家了解情况。了解专家的表、图，各组和专家研究。分专业，如何分法？现在到了什么程度？下一步要搞什么？

2. 向专家学习的方法。谈话准备，谈话研究。书面东西严肃些，校对记录。从容，系统，有准备，先谈，系统整理专家建议。翻译力量。

3. 各组联系，如何联系。通过工作、大讨论、专题、临时发生的大问题，来联系。共同的材料，目录，数目字，各组互相学习。事先讲解，严肃，关

---

① 热电组副组长。

② 原稿为“麻”。马义成，交通组副组长。

心全局。

4. 办公室的工作。收集资料、图书，交流资料（向外地收集来的，整理，办公室或第一组保存）。统一对外，统一对内，[明确] 要资料的手续。

3 月 13 日（星期二）

讨论上下水道规划

钟 [国生]：

1. 上水定额问题。1967 年原有地区按增加 21%计算，这是个估计数字，要找根据。远景，[供水量]450L[/ 人 / 日] 的根据。医院、旅馆的数字少了些。

2. 上水与热的分工。1967 年每人每日用热水 52 升（新建区域），占居民生活用水标准量38%。如包括公共用水，则占20%。此数尚须研究。远景，电厂供热水，1.75 立方米 / 秒，[需要] 减少上水干管数量。热水是否能喝？

3. 水厂位置。三家店水厂与铁路枢纽、水坝搞在一起。热电厂对水厂发生污染。放在一起的好处是配水方便。北方水厂，两个水厂距离近些，须往东、往北搬一下，但搬困难。干管穿山，还需研究。关于浅水厂的布置，干沟浅水厂需很大的防护带，[水源] 三厂范围不宜过大，防护地以北洼村为范围（洼地）。[水源] 四厂防护地，进行绿化，其水供热电厂使用。

4. 上、下水道干线布置的原则。管网沿着主要干道布置，太挤了。

5. 污水。合流制、分流制的经济比较。化粪池的造价，每平方米建筑面积因化粪池而增加之费用 5—9 元，其作用是在没污水管前，不让粪便直接进入雨水管。每年 400 万平方米，化粪池造价有 200 万元，其 3 年的投资可修污水干管 20 公里。早修污水管有经济意义。降低化粪池的造价。污水处理厂位置，靠近公路、铁路，有人认为不好。清河处理厂离植物园近。看防护带、处理标准。高度处理，文化设施，没有影响。临时处理厂——总图组反对。

雷 [勃尼珂夫] 专家：

下一步，把经济资料确定，如新建筑中住多少人？工业用水，也搞清楚。

图 5–23　苏联上下水道专家雷勃尼珂夫（中）与北京市卫生工程局副局长陈明绍（左）等一起研究北京市给排水工作

注：右为赵世五（翻译）。

没有资料，不能找到用水标准，做出方案。

专家组的问题：①水源三厂、四厂。以水文地质条件和管线长度进行比较，要求多大的防护带？防护带的界限，应具体研究，在带水流方向的图上画，水源上游[①] 防护。修完三厂、四厂后，地下水水厂是否还要发展？②是否给人防部门看过？③ [供水量] 450L [/ 人 / 日] 之正确性。根据莫斯科 1960 年标准。和其他国家首都的用水标准进行过比较没有？④工业用的自来水厂，考虑没有？

专家组的意见：

1. 生活用水标准。跟其他国家首都、城市，与北京气候差不多者，比较。考虑 [区分] 公共用水、其他用水。

2. 水厂，北方水厂可否往东？潮白河修水库、水厂，由东边入城。二次

① 原稿为“流”。

配水井和一次配水井可以分开。和清河处理厂一并考虑。

3. 光考虑到城市内 [用水]，未考虑村镇 [用水]？

4. 上水水源，找好质量的。航行应绕过水库。

5. 输水管道。修在永定河山洞内？另修山洞？把水厂移到水电站上游？干管通过工业区对不对？不对。

6. 保证水头。在市中心区，30—35 米水头。要不要补压厂，根据计算决定。

7. 净化水。细菌消毒，用紫外线。

对上水方面的希望：①建筑程序，第一期尽量利用地下水厂，三家店水厂建成前修三厂，专家同意。②和卫生部接触。六组[①] 与八组[②] 一块搞个方案，有热水供应，自来水管子可能变小的方案。③在干线上埋管线的问题，成立一个小组，专门研究管道综合布置。各种地下管线在同一道路上如何布置？要有个综合的图，才能决定线路如何走和建设程序如何。各组在一起综合考虑。

3 月 16 日（星期五）

沈勃同志谈设计工作

接受任务：146.9 [万] 平方米，已来资料 129.2 [万平方米]，未来资料 17.7 [万平方米]。前天又来 21.5 [万平方米]（城建局来的，不在内）。全年计划：160 万 [平方米]，[其中] 一季度 50 万 [平方米]，二季度 45 [万平方米]，三季度 35 [万平方米]，四季度 35 [万平方米]。结构比例：R.C. [钢筋混凝土结构占比] 23.5%，混合 [结构占比] 74%，石材 [占比] 2.5%。

第一季度情况：到 2 月底完成 42.1 万平方米，原订交建工局 30 万 [平方米]，实交 40 万 [平方米]。其中，新设计 17.1 万平方米，[占]40%，标准图，

① 热电组。

② 煤气组。

旧图 25 万平方米，占 59.3%。作计划，3 月底可完成 55 万平方米。标准设计，4 层，[带] 眷属，搞出来。再搞 5 层的。

规划工作：2 月份① 开了会。一室，技术干部、中国专家开了会，街坊考虑少，从使用上考虑少，呆板，转角处理行动不便，立体交叉考虑不够，3 月底可拿出来。二室，复兴门外、阜成门，3 月底拿出草案讨论。三室：大学区，龙潭，大学区如何规划？四室：右安门、范家胡同，猪市大街。五室：月坛使馆区，体育场。

图 5–24　猪市大街（东四西大街）旧貌（1956 年）

资料来源：北京市城市规划设计研究院：《北京旧城》，北京燕山出版社 2003 年版，第 116 页。

研究工作。四个试验室：电力、构件、物理、化学。参加研究者 80 人，全年给 150—250 小时，即 1 个月的工作时间，27 个题目。办法：订国外东西，和各方联系，买书已有 20000 册。步骤：今年看主笔。农村组今年 10 篇论文。总工程师分工领导。

另有 40 余大学毕业的，转俄文，2 年后再参加研究。5 年内大学毕业

① 原稿为“分”。

者均学会俄文。初中毕业，7 年达到专科。专科，5 年达到大学。已组织了 18 个班，600 余人入学。老干部也正式学，[上] 基础课，数学。

建筑规格化：五种进深，五种层高，五种开间。规范，已有一个。

总的来看：基本上执行了计划，质量不好。设计考虑不全面，没考虑发展余地。利用旧房不够，推光头。细节不周，如衣帽间、防火、存车、通风。

第二季度工作：搞质量。办法：①加强检查工作，工地检查人员，图不出室前检查，定出等级，比等级。②责任制度，结合仓库事件。③减少浪费时间，第一季度 2000 小时病假。标准设计：办公楼、学生单身宿舍、电影院、新的住宅。

设计院的发展：1956 年 160 [人]，1957 年 300 [人]。现在 5 室，每室 66 人。标准室 61 人，研究室 28 人。1956 年，搞 6[个] 室，每室 80 人；[增设] 工业设计室，标准室扩大到 80 人。需增加 280 人。来源：房管局 20 余 [人]，地方工业局 20 [人]，中央设计院 80 [人]，以上 130 [人]。中等技术，[北京] 土建 [学校毕业的] 170 人中要 100 [人]，大学毕业生 50 [人]。招练习生。

3 月 19 日（星期一）

组长会议：交通组检查工作情况

马[①] [义成]：

和莫斯科硬比，影剧院、学校等，没分析，即引用定额作为乘客流量根据。现状资料利用，对上海资料没研究。讨论，凭感想，不凭分析论证。对专家谈话，了解不深。质量不高，迟迟不前。

先定[②] 数字，再找根据。车型，根据苏联的算车行速度。有路即铺无轨或有轨，但未深入研究。缺乏刻苦精神，宽轨环，不研究就画。

① 原稿为“麻”。

② 原稿为“订”。

组内各组之间，联系不够。组内工作缺乏全面规划。加班加点，进度不快。老开会，不知开些什么会（指组长们）。有些问题，意见不一致。马①［义成］、潘［泰民］意见不［一］致。团结问题。对年轻②同志交代不明白。

货运问题，运输管理局有一摊人，不知如何工作。

3 月 22 日（星期四）

和专家组长谈的问题

下一步工作的做法：①现在工作的估价。②下一步应当怎样做，做什么？

第一季度：着重总图中一些重要问题的研究。第二季度：经济问题（定额），上下水、热、煤气、交通。总图，如何往下进行？

这些，请专家安③排。彭真同志近来很忙，谈话不成。

到外地参观：施④拉姆珂夫、阿谢也夫。现在工作正紧，整个工作等一段后再去。

天安门规划，兹［米也夫斯基］专家方案，可否一并制成模型？

3 月 26 日（星期一）

组长会议

检查煤气组的工作（13 人）：

1. 骄⑤傲自满情绪，没什么可做的。专业化的思想。

---

① 原稿为“麻”。

② 原稿为“青”。

③ 原稿为“安”。

④ 原稿为“什”。

⑤ 原稿为“矫”。

图 5–25　苏联建筑施工专家施拉姆珂夫在建筑施工单位（上）及工地（下）现场指导工作

2. 集体领导。领导不做具体工作？争论——收场。批评、自我批评没展开。认识不统一，又没有把它统一，不争论。各自为政，碰头会开不下去，团结问题。

3、煤气之必要性。来源、规划、设计、用具（定额、管道）。

4. 下一步工作。学习——学成什么？今后工作，首先是搞规划（设计、施工、管理），分期、分区规划。管理施工问题，专家给讲。

3 月 31 日（星期六）

书 记 处 会 议

北京，十五年人口 [规模]，[除了] 长辛店、门头沟等在外，按 400 万计算。

4 月 6 日（星期五）

研究 1000 万人口

1000 万包括什么？城市人口、农业人口。

表 5–2　北京各类人口发展预测（万人）

年份	1954 [年]	1955 [年]	1967 [年]	远景
总人口	335	338	500*	1000
流动人口	15	8	15	50
常住	320	320	485	950
农业	53	53	65（100）	150
城市	267	277	420	800
市区	255		400	500—600
市镇	12		20	200—250

* 昌平、通州现 30 万人，如包括则为 540 万人。

表 5-3　北京郊区各乡镇人口发展预计（万人）

市镇	人口规模	主要性质
南口	150000	工业
小儿营	150000	工业
怀柔	150000	工业
通县	200000	工业
门头沟	100000	工业
大台	50000	工业
城子	50000	工业
长辛店	100000	工业
房山	50000	工业
周口店	50000	工业
良乡	100000	工业
琉璃河	100000	工业
顺义	100000	工业
采育镇	100000	工业
沙河	100000	
双桥港	100000	

疗养地：20000—30000 [人]，大的 50000 [人]。十三陵 50000 [人]。汤山 50000 [人]。北安河 50000 [人]。羊坊、温泉、团河、潭拓寺、戒台寺。公路环：立水桥、木公河、定阜、西红门、南港洼。公路第二环：昌平、高丽营、孙家楼、燕家楼、张家湾、青云店。公路三环。

15 万 [人口市镇]，4[个]；10 万 [人口市镇]，11[个]；休① 养 [区市镇] 10 [个]；其他 [市镇] 26 [个]。共计 51 个市镇。250 万人。

兹 [米也夫斯基] 专家：

1000 万，作为政府规定的数字，从自然增长、机械增长率来看，这是可能的。机械增长 2%，自然增长 3%，达到这个数字是可能的。算：年龄结构，劳动结构。

人口分布：多找几个方案，无前例可援。[这是] 区域规划，决定各镇之

① 原稿为“修”。

性质，彼此联系。工业人口多少，怎样分布，在何处工作？关于工业发展之科学假定，是必要的。[需要] 15 年的工业发展（资料）。

*　　　　*　　　　*

1. 市区大小？ 500 万少，700 万多了，500—600 万 [比较合适]。用地 [为] 现在的范围，[建筑] 层数需重新考虑。交通问题：过境交通如何解决？各点如何联系？

2. 人口分布的内容。[包括] 农业村镇，农业工人，远景劳动结构有些改变。常住的与流动的人口分开，其比例。机械增长率，可以少些。

3. 远景，1000 万，定了。

4. 这些地方的现有人口的情况。

5. 供水问题。

6. 郊区农业规划，今年核对。

7. 发展这些镇子的次序，1962 年、1967 年、远景、近期怎样？

8. 农业镇（不会很大）。近期的先搞出来。

勃 [得列夫]：

图 5–26　苏联专家勃得列夫和兹米耶夫斯基在南苑区（团河）考察调研（1956 年）

注：左 2 为兹米耶夫斯基，左 4 为勃得列夫。

[这是] 北京地区的规划了，和国民经济发展有关。十个工业地区的区域规划[①]，专家认为应增加北京地区的规划。如此，则国家计委就会更注意了。希望和 [国家] 计委同志谈谈。

[分析] 这个地区现有的人口，大体确定一个范围。远景农业人口，可以算城市人口。

市区人口，500—550 万数合适。最高限度 550 万。中心区——要一个区域一个区域的 [建设]，不是全盖满。这些地方的现状 [要] 研究。潮白河往东布置市镇，没根据。东边的市镇，靠河边 [建设]。层数，不要再提高了。

兹 [米也夫斯基]：

层数比例：沿干道有高层建筑。人口密度，不可提高。交通问题：[研究] 汽车的定额。[规划] 直升飞机停留站。

* * *

王纯找计委：[人口计算] 范围；沿铁路、沿河；农业人口算入城市人口。

地下铁道：巴黎：1900 年开始 [修建]，164 公里，11 条路，340 站，站距 [平均] 500 米。莫斯科：1931 年开始 [修建]，1935 年开车，1954 年 [铺设] 双轨，61.4 公里，站距 [平均] 1400 米。

4 月 13 日（星期五）

城市建设中的问题

领导不统一，管理建设的机构不统一。规划局 [需要] 和市政各部门配

① 指 1956 年 2 月 22 日至 3 月 4 日国家建委召开第一次全国基本建设会议期间所提出的在工业项目分布比较集中的 10 个地区开展的首批区域规划工作，这些地区包括“包头—呼和浩特地区，西安—宝鸡地区，兰州地区，西宁地区，张掖—玉门地区，三门峡地区，襄樊地区，湘中地区，成都地区和昆明地区”。

资料来源：国家建委：《第一次全国基本建设会议文件：中华人民共和国国务院关于加强新工业区和新工业因为建设工作几个问题的决定（草案）》（1956 年），国家建委档案，中国城市规划设计研究院图书馆，档号：AA003。

合，朝阳门大街［修］自来水、下水道，需换粗管子，建大楼后挖沟。城市建设应有统一计划。长安街电不足，电业局没计划。天桥南大街，市政工程 1957 ［年］也没有计划。规划落后于建设。

法规。1954 年［处］罚了［违章建设］，［出了］毛病。1955 年没罚一件，［实际有］200 余件。业主多，各有所求，急躁。设计单位不统一，不愿修改，［需要］协商办事。浪费土地：不建不交，白广路仓库不交。拆房，便宜房子没人拆。

4 月 28 日（星期六）

和专家组长谈话

勃［得列夫］：

［对于工作］计划，没大意见。继续加强总图工作，［加强］各组联系，和其他部门联系。4 月，绘图着色后，各组还有不同意见，故应今后密切联系。集体［协作］，才能做好事情。昨天，解决石景山问题是一个例子，应运用于今后。因总图牵涉到许多企业部门，例如北大、清华，还没有一致意见。

街上广播器很多，广播台［在］规划中取消，要与其主人研究。其他都应与有关部门联系。规划委员会，要确定城市各方面发展的命运，必须与其他方面商讨。

第二组拿到经济资料后，应正确安[1] 排工厂分布。纺织厂为无害工厂，可以分布在住宅区中间。现在总图没有考虑。纺织厂的分布问题，先请纺织部分布一下，总图再考虑。先研究分布原则，分散还是集中。工业分布，协作化，连成系统，放在一起的好处。现在 3 个厂，放在一起，各自为政，今后靠在一起，相互连系。

一组收集资料，先了解哪些？从事区域规划，大区域的规划。经济资

---

① 原稿为“按”。

图 5–27　苏联专家勃得列夫和兹米耶夫斯基在北京大学考察调研（1956 年 2 月）
左起：勃得列夫、兹米耶夫斯基、杨念、傅守谦。

料范围，应包括大区范围。第一组应有一个人与国家计委建立联系，[了解负责区域规划的] 苏联专家是谁。

二组，工作多，人不够。年青同志补充力量。修建新的时，注意保存旧的，要进行调查。三组，工作过多，做不了。四组：铁路枢纽规划与铁道部取得一致意见；电汽化客货运量，车站。

五组：[绘制] 交通示意图，[包括] 无轨线路示意图、地下铁道示意图。

意见：都市规划委员会的组织工作问题，[建议] 再设副主任，有的方面无人负责，[可] 随时和他联系。

如何批准总图？谁领导新的建筑工作？总建筑师。

图 5–28 苏联专家勃得列夫和兹米耶夫斯基在清华大学考察调研（1956 年 2 月）
上图为勃得列夫正在拍照。
下图左起：勃得列夫、兹米耶夫斯基、杨念、傅守谦。

5月7日(星期一)

市委会议

挖昆明湖问题。

万一：

国家计委不具体管，市里可以决定。钱，如分3年做，1年几十万元，国家计委也不管具体。建议，[三个方案]：①做，目的性要明确，有什么反映。②不做。③缓做。

薛[子正]：

全部疏浚，2.5—3米，320万立方米土[方]。用人工挖，4元/立方米土。

贺：

东湖125万立方米，西南湖96万立方米，西湖92万立方米。直接费265万元，间接费143万元。合计408万元。

刘[仁]：

挖中南海不是市委意见，是中央决定的，市里在这方面没有错误。以后考虑挖深，影响护岸，[再后来]又决定不修，此时已花了70万元。修中南海有意义，因技术问题复杂，不修。因为已花了70万元，考虑修什刹海，又考虑修昆明湖，但需先找计委谈。王纯说，计委[的意见是]只要不追加预算，同意修。

今天考虑，[这]不是马上要做的工程，目的性就是不明确。问题是如何下台？这样报告，国务院会不会同意？可否挖昆明南湖？一面挖，一面准备城内挖的技术问题。写个报告给国务院。

5 月 19 日（星期六）

讨论供热规划

潘［鸿飞］：

基本情况：锅炉效率 20%—30%。煤球炉的论点。小锅炉房不经济的例子，文教区。定额中的问题：产值——0.5；热水近期指标高了些；煤气和热化的分工。

远景方案：热电站布置。近期：①经济性。负担；联结，改装；用钢材。② 2. 热化范围。③锅炉房不应拆掉。④把东郊再深入研究。⑤钢铁厂的热电站。西南部问题。

专家问题：①饮用问题。②近期供水标准，有效热水设备的百分比。

格拉莫夫专家发言。

图 5–29　苏联热电专家格洛莫夫（前排最右）正在热电组指导工作

图 5–30　热电组同志正在与苏联专家格洛莫夫讨论规划问题

专家组讨论意见：工业、民用热耗量问题。不要西南热电站，因卫生条件不好，离热负荷近。石景山热电站管道太长。北郊热电站，搞确切[①]，再远点。三家店，北郊热电站与自来水厂配合，互不干扰，互相帮助。

周围城市的供热问题，指出供热原则即可。有大工业者建热电站，无大工业的，集中锅炉房。北郊热电站也可供 10 公里以内之镇子。

开式、闭式，还未解决。非常重要，应细致做完。投资差不多一样，差别在于：闭式，热电站投资少，用户投资多；开式与此相反。闭式，对电力部经济。

热力网的水喝不喝？如果管理得好，可以喝。目前苏联不喝。热力网布置系统图，要与电力、卫生、人防，研究。

锅炉房。基建投资，运行费用的计算，用现有的锅炉计算。1957 年锅

① 原稿为“切确”。

炉房建筑方案，计划1956的布置，未必能全部实现。对锅炉房本身布置，在街房中的布局研究。烟筒——减低高度，不单独造，造到房子里。

对所提意见之意见：都很重要。如何研究这些问题，初步看法：

1. 锅炉效率。26%—30%，很低，运行不好，房管局无人教育训练锅炉房的人员。[应] 改进运行方法。

2. 取暖特性。这个数值是由设计院拿来的，并进行过典型调查。应使这些设计师相信以前算的是对的。

3. 热水消耗定额。和煤气组的定额应相同。消耗的热量与煤气组不同，由热力网得热水，比由煤气得到容易。热力网用于热水供应所耗热量比煤气网多一倍到两倍。热力网用水量与自来水用水量要配合，37℃—60℃。

4. 3个热电站。供蒸气的，供热水的。工业区大，一个热电站不够，3—4公里半径，取决于工业企业布置。三家店热电站供水容易，如用开式，与自来水厂协商好，节省。石景山热电站用1个？离钢厂远了，不行。

5. 东郊热化后 [对] 居民 [有] 好处。燃料，运行费用节约。居民可节约多少钱？难说，因节约之钱，归电力部拿了。与100万大卡热费多少？这要由电力部确定，但中国尚无先例。电力部根据许多热电站计算热费，和电力部商量。

6. 热化方向。到建国门，迟一些。造价，10%，短的。使馆区，房屋不大。所需热量少。使馆区，可以跟蒸汽管连起来。

7. 排除锅炉房问题。苏联热化后，锅炉房过1年才拆掉。在北京，大型锅炉房，留下来。用东郊现有情况研究热化经济性，对。六组拟在第二季搞计划任务书，可以在计划任务书中解决。

8. 长安街锅炉房数目。设计院拿来的材料，质量等于零，经不起批评，无法比较。

勃 [得列夫]：

西边热电站问题，钢厂、热电厂可考虑供给其他附近的企业。长安街锅炉房问题，再研究。不要房子造起来，锅炉房供不上。很可能各造各的。

诺 [阿洛夫]：

热，如全部给民用，投资贵些。如全给工业，则管道短，便宜些。民用热力网，需用很多网。煤气也是如此。其发展方向，需由规划委员会提出。应做出几个分期建设的方案，以供选择。

雷［勃尼珂夫］：

人口重新计算，原始资料，很重要。［研究］建筑层数分区、人口分布方案，以便计算网路。［明确］市政企业、医院、食堂、旅馆等指标。

5月22日（星期二）

和专家谈煤气

第一方案，［供煤气人口为］36万人，采暖［煤气量为］4.2万［立方米］/小时，［采暖范围为］新［建］住宅采暖，［需要］5000吨金属。①

第二方案，［供煤气人口为］125万人，［采暖范围为］新［建］住宅，工业2000平方米，［需要］金属12000吨，平衡一些。

第三方案，［采暖范围为］新旧住宅，无工业，采暖［人口为］135万人，［需要］金属10000吨。

第四方案，［采暖范围为］新［建］住宅加部分② 采暖工业。

第五方案，［供煤气人口为］100万人，［需要］12000吨金属。

第六方案，供新［建］住宅，无采暖工业，［供煤气人口为］115万人。

第七方案，［供煤气人口为］90万人，工业，采暖，部分［住宅采暖］。

第八方案，［供煤气人口为］135万人，与热化分开。公用，工业，采暖。

造价：热，3600万元，户外。户内，3600万元。钱，更多地供给居民。

诺［阿洛夫］：

先供新住宅居民。旧房子没厨房，要造厨房，花钱多，旧住宅的人有意见。［等］新住宅成为样板，居民愿意去。

［需要铺设］552公里管子，每年100多公里，5年完成。莫斯科110—

---

① 这里的“金属”是指煤气用具，即安装采暖设施需要的金属管、散热片、阀门等金属材料。

② 原稿为“份”。

图 5–31　苏联煤气供应专家诺阿洛夫（左 2）正在研究北京煤气规划方案

120 公里 / 年。1956 年 [铺设]75 公里，热力 [管]17 公里，上水 [管]60 公里，下水 [管] 60 公里。

6 月 14 日（星期四）

讨论公共交通

斯米尔诺夫讲专家组讨论后的意见：

五组完成的工作量很大。对城市中心的交通量，放的过大，应将城市中心交通量分开。对交通规划的原则，反映很少。与地下铁道平行的无轨电车，是否主要工具？

近期客流图 [是] 用很机械的方式搞的，应考虑到人口的分布。同时应有货运图，以便看出城市道路上多少流量。每人所应有的车辆数：每千人30辆汽车。发展窄轨电车？不应发展。

地下铁道。支线过多，直径线过少。西半环 [为] 第一期线路（人们来往数量）。[建议以] 浅埋 [方式修建] 地下铁道。

有轨、无轨如何通过铁路？世界经验的总结。最新技术成就。无轨通过铁道线？可以，需要完善的讯号设备，无技术障碍。有轨与铁道相交，有技术障碍。苏联：允许无轨与次要货运线相交，禁止与干线相交。

直升飞机：应设置路线。空中电车问题，专家组反对。反对三轮汽车——莫斯科曾采用过三轮汽车，后来取消。如何使有轨电车在郊区道路上同时运客和运货？

*　　　　*　　　　*

专家对公用局和本委讨论意见：

1. 居民流动强度，究竟每人每年几次？

2. 应发展哪种交通工具？

3. 北京的地下铁道，是否与铁路相连接？世界各国有的相连，有的不相连。莫斯科正考虑相连。因第一期已建成，只能有某几条相连了。相连直径5.6米。造价昂贵。

4. 了解物质条件能保证到什么程度。对居民流动强度的意见。380次，是现实的。全年工作日变，居民流动强度就会变。每天每人2.2次，是由当地气候条件决定的。住在工厂的26%，可能变。居民流动强度，如发现错误，可以改正。

[各种交通方式中]，自行车 [占] 25%，是根据调查 [预测确定]。[目前] 干部50%、职工37%乘自行车，[今后应] 降低到25%。68 [%交通量用] 公共交通，2 [%交通量用] 三轮车，5 [%交通量用] 机关汽车。公共交通每年运量增加40%，按投资① 来看很难实现，投资计算不能完全相信。大概每年 [需要] 2000万元，解放以来 [每年] 600~700万元。

提高公共交通运输能力的措施：①提高运输速度，如长安街，交通岗位

---

① 原稿为“资资”。

多，降低速度。天安门前 150—200 米间，4 个交通岗。可以改变交通的转变方向，允许向右转，不允许向左转，提高速度；指定交通调度岗位——交通组织图。② [绘制] 客流图，是假定的，其根据是：a. 人口，b. 经济，c. 调查。制定客流图，两种方法：一种是人口，人口种类，分布好；一种是把工业区突出来，分配。工作量大，准确性差。

浅埋式地下铁道：应与有关机关商议，地下铁道应有其他职能。有轨电车驱逐出去，不正确。驱逐的理由是噪音大，速度低，新的技术措施可以降低噪音。浅埋地下铁道，不方便，贵，用此代替交通工具不行，也不能用公共汽车代替有轨电车，因它产生废气。

* * *

在规划中需要详细考虑的问题：

1. 公共汽车类型，如容量 40 [人]，今后会大。

2. 技术改革问题。1200 伏。

3. 市与市、市与郊区的联系。只是交通方向，交通站，站与站的联系。汽车站：鼓楼附近。东面，火[①] 车站附近；西面，火车站附近。直升机站，直升机与邮局联系。

4. 投资计算，应有单位造价估价。

5. 补充技术经济指标，分期完成（标在图上）。

6 月 15 日（星期五）

经 济 问 题

人口分布：1967 年商业服务业 60 [人] / 千人，城外 50 [人] / 千人。8700 公顷，近期用地范围。3600 [公顷]，近期占用地。城内，住宅应占 55%，514 万平方米，公共建筑 [占] 45%。

新建：办公、住宅、商业服务比例。

---

① 原稿为“伙”。

要解决的问题：

1. 人口分区图。

2. 建筑层数图。

3. 劳动结构（调整）。

4. 建筑比例。

5. 公共设施定额。

6. 商业新建、旧的情况。现状：座商 21/ 千人；连摊商 38.5/ 千人。列甫琴柯[①] [著作中的指标]：4.5 售货员 / 千人。

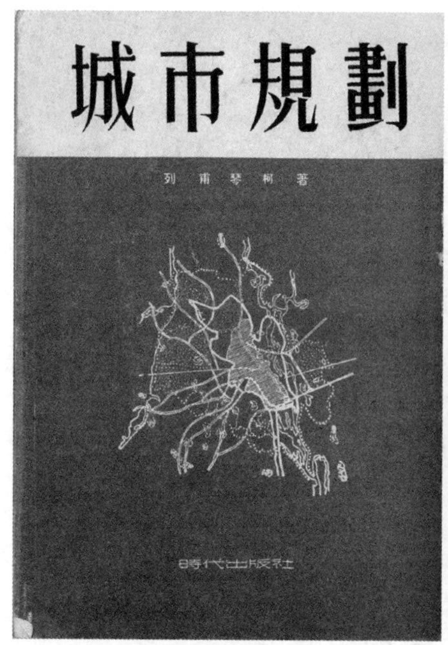

图 5–32 苏联规划名著《城市规划——技术经济指标和计算》的两个中文译本（列甫琴柯著）

注：左为刘宗唐先生翻译，依据 1947 年俄文原著翻译，时代出版社 1953 年版。右为岂文彬先生翻译，依据 1952 年俄文修订版翻译，建筑工程出版社 1954 年版。

① 原稿为“科”。雅・普・列甫琴柯（Я. П. Левченко），苏联著名城市规划专家。

6 月 22 日（星期五）下午

听汇[①]报

市委机关小组，游：

发言不普遍、热烈，因 [为不少人] 参加过 [文件的] 起草 [工作]。总的意见：结构需重新考虑。10 个问题，有些是工作任务，有些不是，平列，一般化。对成绩估计是否过高？有些工作缺点：现象罗列，主要问题不突出，[应揭示] 根源。

工业：地方工业改进质量，应限定期限。公私合营 1955 年方针，“稳步”不要，应提“积极稳步”。新建工厂工作估计，需不需要建国棉一、二厂？和天津如何分工配合？工业城市 [建设]，批判过。

农业：一般停止发展，条件成熟的可发展。

建筑：建筑的方针。哪些建，哪些不建，先建、后建？民用建筑，标准是什么？城市，分散好，集中好？

文教卫生：没提预防。思想工作：分散，乱。党内资产阶级思想，共同表现、不同表现。领导干部思想是什么？领导上主要问题是什么？思想原因是什么？下基层少，报告少。官僚主义现象普遍。党代表大会没早开。对发扬党内民主不够。

6 月 24 日（星期日）

市委会议

讨论报告修改问题。

彭 [真]：

---

① 原稿为“会”。

扩大会，[很多人] 没在会上发言，但将各组意见集中了。本应发言，[但] 时间仓促。各组提了很多好意见。一种可以吸收在报告中，一种是对的，但不一定或不应该吸收到报告中的。有些则意见不一致。对报告，有同志说不错。一种意见说不具体，不完全。一种意见，中心不突出，不集中。总任务加几句，需要。具体，有些地方补一点，如高校，提的意见很好。对高教注意，注意不够，今后不仅监督，还有领导。

我觉得报告长了，不是短了。领导中，最主要缺点是什么？最主要的是抓住问题、抓住典型，提出解决办法，把他解决，学毛主席领导方法。

说下去少、看洋片。下去少，对我批评对，但刘仁同志跑的不少，过去在农村，每天往下跑，但并未解决问题。毛主席讲，杀猪只杀一个。下去的目的，关键是抓住典型解决问题，不要以为往下跑才行，这个领导方法要肯定下来。有的不熟，有的则习惯于过去的经验，不是去描写很多现象，而抓不住根本问题。文牍主义、事务主义即是由此而生。

6 月 29 日（星期五）

讨论煤气规划方案

诺 [阿洛夫]：

苏联专家组讨论后的意见：①夏季缓冲用户。②和地质部讨论地下储气问题。③ [明确] 近期供应任务。④煤气专业安[①]装公司的组织，单独组织，和供热供水一同组织？⑤煤气只能供应一部分，要考虑改善煤气炉的问题。

答复：

1. 各种用具效率。

2. 热电厂，近期只能在夏季供给剩下的煤气。

3. 两个方案的争论？互换位置，原始资料不足。第一成为第二，第二成为第一。供应旧住宅问题，如供应平房，则有的支线将来要改造，但不

① 原稿为“按”。

图 5-33　苏联煤气供应专家诺阿洛夫（左 3）正在与大家讨论煤气规划方案

能想象[①]对高楼中间之平房不供给。石景山区，如只有平房，而铺管子去，则不大经济。管线所经过地方有平房，供应之量不能说不经济。将来会供应那些干道附近又合乎技术规范的平房。苏联，因为有煤气，对一些平房镇也供应，公共福利用户（大的企业可以不供应）。进一步，核对管网铺设地点和用量。在此两个方案以外，不必做第三方案。以第二方案为基本方案。

4. 用户投资。苏联由国家负担。现在没有具体资料来降低支管和用具的价钱。

7 月 4 日（星期三）

天安门 [地区改建] 规划 [工作自] 6 月 24 日开始。准备现状资料，本

① 原稿为“像”。

周完成。草图：天安门［地区比例为］1∶500，丁字街［比例为］1∶1000。说明、经济比较，基本上用千分之一。成品：12 月 15 日完成，一主一辅。

参加者：14 人。方式：委托书，计划任务书。设计时间长，自己动手画。保密问题。

专家的看法：正规的搞，严重的政治责任，要了解领导上的意图。

张镈［发言］：不了解和一般任务的区别，不按专家指示办，时间拖长。不了解如何体现经济、实用、美观。对古建筑态度。改建的基本原则。

其他：赵冬日、陈占祥等。

问题：①国防［要求］，防空措施，东、西长安街宽度。②“五一”“十一”指挥部研究。③领导意图。④分期建设计划。

7 月 7 日（星期六）

［待办的］工作：

1. 和专家组长谈三、四季度工作。
2. 和阿谢也夫谈天安门规划和标准设计。
3. 和热电专家谈话，招待热电专家。

图 5–34　苏联专家阿谢也夫正在讲课中

4. 和施工专家谈话。

5. 和市政各局开会，协作问题。许、陈、贺，李玉奎。

6. 布置工业调查。

7. 研究人口材料。

8.1956 年用地计划，当前建设中的问题。

9. 和设计院专门组布置天安门规划任务。

10. 两年工作要求。

11. 组织条例。

7 月 11 日（星期三）下午

雷勃尼可夫专家谈地下管道联合埋设问题

雷［勃尼可夫］：

在进行建设前，每个地下建设管理机关均有本部门年度计划，因此发

图 5–35　苏联专家雷勃尼珂夫在永定河引水工程开工典礼大会上发言

生了这样的情况[①]……这些建设机关本身并没感到妨碍[②]交通和市民生活。综合布置的必要性，是先由道路机关提出的，因 [为] M. [莫斯科的] 道路[③]均改装过了，修路以后不许地下机关再挖，故地下建筑工程在道路工程前进行。这样，在很短时间内把许多地下建筑埋筑，不方便。这种情况，建筑机关彼此之间，也不方便。在莫斯科新建区，更显著地感到不便，因新建区需建筑各种各样地下管道。[故而] 提出：一个 [机关的修建] 不能妨[④]碍另一个机关的修建，同时，一个机关挖的土不能填到别人的槽里，[这就] 产生了联合埋设方法。

莫斯科，联合埋设是由瓦斯[⑤]、自来水开始的。近年来，自来水管多用钢管，瓦斯管原即用钢管，埋的深度不深，埋设容易。

联合埋设，节约土方——两管靠近而又不要互相干扰，管理上不发生不便。莫斯科地下工程设计院，把各种管子靠近做了许多设计，经市苏 [维埃] 批准，允许比工程规范拟定的距离缩减。

哪些地下工程联合埋设？自来水、瓦斯管道；热力、瓦斯、自来水管；雨水、污水、瓦斯、自来水、电缆。由一个施工单位进行联合埋设。

据计算，节约土方，不仅带边坡的槽、直槽也节约土方，还有别的优点：节省行政管理费用和施工技术人员；在机械化施工时省得机械来往，并提高了机械生产力；降低工地临时建筑费用。

莫斯科采用联合埋设情况：1954 年 42 公里地下设计，联合埋设 19 公里。用联合埋设方法时，提出的问题：寻找路线，纵断图和平面图，还要考虑将来管理方便；两个管子的检查井彼此均要方便，[要] 详细组织施工。技术人员要能完成各种管子的埋设工作，需有远景图。莫 [斯科] [编制了] 地下埋设十年计划[⑥]。地下工程设计院一看就知道近年埋什么

---

① 指各种地下管线互不协调的情况。

② 原稿为“防害”。

③ 原稿为“道路米.”。

④ 原稿为“防”。

⑤ 瓦斯即煤气的音译。

⑥ 原稿为“十年地下埋设计划”。

管子。

使馆可以用莫斯科联合埋设方法。

郑：

自来水管，有的地方比雨水管高。自来水管距道牙，应不超过 2 米，有的地方 3 米多了。

专家：

郑重地、小心地进行施工。因初次做联合埋设，而工程正在雨季。如用此方法，可使之成为一个学校（典型），使大家都自愿地来联合埋设。采用此法，有很大意义。西长安街，用综合布置，用联合埋设法，即可省得各开各槽，但综合布置已很进步了。以后，进行哪些道路修建，应先考虑埋设哪些地下管道，并用联合埋设法。东单到建国门的路问题，阜外……[中国]科学院，应考虑地下管道联合埋设问题。

制订近年地下管道发展计划时，不要单独制定自来水或地下水道，而要综合考虑，将来进行哪些地下建筑，做出决定：可不可联合埋设①。

*　　　　*　　　　*

和专家组长谈话

1. 第三、第四季度工作计划，到年底的要求，在专家帮助下讨论若干问题，请别部门的专家做报告。专家提出对 1953 年规划的看法。

2. 经济资料，发展远景问题，和各方接洽，请中央决定。

3.1956 年建筑计划，今年变化未定，明年不知多少，预备个计划，[征求]意见。

4. 天安门规划和标准设计。请阿谢也夫帮助。

5. 规划委员会的组织条例，还需要研究一下。

6. 专家工作的目标。

---

① 原稿为“联合埋设可不可”。

图 5–36　第三批苏联专家组组长勃德列夫（左 3）正在讲话中
注：左 4 为苏联专家兹米耶夫斯基，左 5 为苏联专家斯米尔诺夫。

7 月 12 日（星期四）

常委会议

热力供应局问题：局先成立。今年抽人训练。明年开班。

建平房问题：迁居房已拨出 31 万平方米，还需拨出 10 余万平方米。已搬去者 17000 间。路：[没有] 路灯，[地面] 不平。问题：工程未定，动员去搬；没有统一拆迁；高低不平，标高 [不一致]；周转房，停了 15 万。

刘 [仁]：

总的建设问题，需有一个统一的领导机构：成立一个房屋建筑局，当总甲方。工厂建筑在外。同时修商店、学校、马路、下水道等。市政建设另做预算。道路局只修主要街道，集中修建，先试点。有统一的局考虑这个问题，这个局要迅速建立。

城市改建，主要［是］东、西长安街改建不改建？前已报告中央。过去谈过，同意有计划地修建几条街道，是否改建？还可再考虑。建在城外恐怕不好。不要普遍地拆了建，东、西长安街改建，需要。有些马路加宽，也［有］必要。改建就要拆房子。拆房子搬出去，不便。兵营式，不好，大杂院也有问题。［要配］小学、商店、道路，要修路灯。要改建，头一年就要把这些修建好。

今年，势必修点平房。职工宿舍可以看具体条件，有的可以修楼房。如钢铁厂修平房，不妥。如能解决，修三层楼。有些地方修些平房。越远，修平房矛盾越小。附近地方，适于修楼房。

7 月 13 日（星期五）

斯［米尔诺夫］：

富春同志报告发表后，工作需重新布置，与苏捷同志联系。按这样的原则拟定计划。

勃［得列夫］：

有些工作需做。建筑平房，是否走到另一个极端？［应该］盖楼房，但要经济，需进行经济分析，是否可找出办法：便宜但不是平房。降低造价采取什么办法？120 万平方米建筑还没安[①] 排，应尽可能安[②] 排。

1956 年建设用地计划应很完整，200 万平方米任务应更明确些，［包括］建筑物层数、结构、造价等问题，四、五层建筑物占多大比重，各层的比重，重要建筑物地点。另外，建设用地计划中［应］考虑到设施——道路、自来水、井等。平房、低层楼房，应分布在次要道路上，而不在主要干路上。无论怎样，建筑物不应分散，而应集中，［现在计划在］六、七个地方建筑，可否考虑减少一些？

翻译，［请］各部门安排。苏联留学生中学经济的[③]，可否调来几个？

每组均有每月工作计划，有每天的项目，各组计划都不相同。研究统

---

① 原稿为“按”。

② 原稿为“按”。

③ 原稿为“学经济的，苏联留学生中”。

图 5–37　规划工作者正在讨论规划方案
注：右 1 为苏联专家兹米耶夫斯基。

一的制订计划的形式，下月按此做计划。专家计划中，规定出做什么工作，何时完成，由谁负责。地震问题，[问] 科学院 [要] 材料。

工棚：全市 46 个施工单位统计，共有 62000 平方米，其中砖木 350000 平方米，草 等 270000 平方米。工作范围很大，不完全现实，经济资料收集不到，计划可能拖延。按旧的草案的范围，附万分之一 [比例规划] 图。其他辅助的图，区划、绿化、铁路，用过去那样大即可。

[绘制] 市中心现状图。各组 [的工作要] 具体化。何时提出总图？1934 年 M. [莫斯科] 提出总计划草案时，计划中提出每个组的说明、图表。[预计] 今年年底能够提出初步的草案。

*　　　*　　　*

开　会

向各局要求项目：

1. 污水调查，河湖调查。

2. 农业污水灌溉（广安门外）。农林局负责，组成小组，上下水配合，科学研究机关帮助。

3. 河湖现状，还有 5 条河。设计院、农林局。

4. 上、图下水现状，成本、渗井。积水、滞水情况图。

5. 绿地现状调查。

6. 农业用地现状。

7. 电，城区低压线路。

8. 丁字街规划。

9. 工业调查。

7 月 16 日（星期一）

阿谢也夫谈天安门规划，分析过去的模型

天安门广场和长安街 [规划]，16 个 [方案]。过去的意见。安德列夫、克拉夫秋[①] 克、巴拉金意见。[图纸是] 两千分之一 [的比例]，太小，有些问题看不出来。还须了解地下管道与总体规划的关系，且缺乏经济资料——将来须拆多少房子，[需要结合] 现状图 [研究]。

16[②] 个方案，有共同性质。[第] 一、二、三、四、五 [方案] 差不多。面积 23—25 [公顷]，形式 [主要为] 建筑物，现在 [广场面积] 8.5 公顷。

面积：广场附近 [有] 最大 [的] 交通量。M. [莫斯科] 红场 5 公顷，不

---

① 原稿为“丘”。

② 原稿为“15”，系笔误或苏联专家口误。

图 5–38　北京市天安门广场地区 1953 年现状模型（1954 年 6 月展出）

图 5–39　北京天安门广场地区改建规划模型——第一方案鸟瞰（1954 年 6 月展出）

能满足一般需要，检阅时感到红场小。

形式：解决游行问题，方形最好，圆形不便。北京［的城市总体］规划，

图 5-40　北京天安门广场地区改建规划模型——第二方案鸟瞰（1954 年 6 月展出）

整个是四方形式，长方形形式符合总体规划形式，用方形与整个规划系统是合适的。广场 [的] 一部分变成车行道。

房子连不起来。这些房子将来干什么用？高层建筑问题：[第] 一、二、四 [方案] 高层在中间，阻塞 [交通]，减低天安门 [的威严]。大房子没有自己的广场。[第] 五方案高楼在两旁，较好。

第六方案，形式很复杂，广场不应分为两个。第七 [方案]，太小。第八 [方案]，大，复杂，有无必要这样设计？高楼在此好不好？注意高楼，不注意天安门，压倒 [了]。

第九 [方案]，面积大，满足游行需要。第十三 [方案]，四方形广场，广场与绿化分开，同时又结合，河南处理也较好，两个高楼不一定很高。比其他房子高些，远处 [看] 显著、隆重，与 [第] 十六方案基本相同。

第十二 [方案]，五个高楼，"五星"，太人工化，不自然，与总 [体] 规划联① 系少。

① 原稿为"连"。

图 5–41　北京天安门广场地区改建规划模型——第十三方案（东南方向鸟瞰，1954 年 6 月展出）

图 5–42　北京天安门广场地区改建规划模型——第十二方案（西南方向鸟瞰，1954 年 6 月展出）

此中，有很多好的东西。[需要] 补充资料：交通、经济、现状图。

[制订天安门广场改建] 计划任务书，拟定以下各项 [内容]：政治意义；广场的作用；楼房用途；层数；现有房子不拆的；要保留的古建筑（目录）；交通方面资料；喷泉等小建筑。[同时提出] 建筑艺术规划任务书。

陈干：

对古建筑 [应采取何种] 态度？

勃 [得列夫]：

古建 [筑] 处理问题，参加工作的人对此有何看法？答复困难。首次来此，保存或拆掉，一下谈困难。初次来此，看到古建筑物 [感觉] 都很好，认为要保存。有同志说，对封建东西保留，对不对？ [是否应该] 全拆掉？苏联同志对中国有价值东西拆掉 [是] 如何看法？

步骤稳当些好。现在斗争很剧烈，[包括] 艺术战线、政治 [领域]，在此斗争中，有人支持保留古建筑，把古建东西保留下来。[有人提出] 建立新生活，上述立场站不住。应该讲：苏联也同此情况，现在斗争尚未完结。18 世纪，M. [莫斯科] 周围有城墙、沟，沙皇 [把它们] 拆掉，因军事上失掉意义，[妨碍] 发展……苏联现在专 [门] 有机关管古建筑物，要拆，如不同意，拿到部长会议 [研究]。

我们认为：文化部应有专门研究古建筑的机构，对每个建筑物给以估价。拆掉或保留，应很好研究。

高层建筑，要先考虑内容（用途），否则不要先提出高 [层] 建筑。艺术决定于其内容，即用途，决定了需要不需要。先研究莫斯科关于高层建筑的文件。高 [层] 建筑也有缺点：贵，管理复杂。[参考] 赫鲁晓夫报告①，应研究苏联在这方面的批判。

广场圆形问题：圆形建筑物不大通用，应特别注 [意] 经济和交通问题，尤其节日游行、检阅，和群众在广场的娱乐问题。在设计前提出个数字：节日有多少人去玩。

---

① 指 1954 年 11 月底至 12 月初苏联召开苏联建筑工作者大会期间，赫鲁晓夫发表的重要讲话。

图 5–43　北京天安门广场地区改建规划模型——第十一方案、第十四方案和第十五方案（由上到下顺序，西南方向鸟瞰，1954 年 6 月展出）

希望再开［会讨论］，对阿［谢也夫］所提［内容］有哪些意见。设计任务书，大家讨论，拟定，经市委讨论后，设计者开始工作，希望有不同意见［要］提出［来］。

施［拉姆珂夫］：

注意经济问题。所有方案中，没有经济计算。其中，［现状］有近10万平方米居住面积，拆掉要400万元。公安部、法院，［要］尽多数保存，设计没有和实际情况对照。改建广场，约需1亿。新华门对面要拆20%建筑物，电讯大楼要拆8.9%建筑物。应提出造价。

7月20日（星期五）

研究公共交通问题

1. 当前，电车、汽车、出租汽车如何联合作战？电车如何改造利用？2000多亿投资。东、西长安街［上的电车］能不能搬家？

2. 公共汽车线路网的部[①]署，调整。

3. 出租汽车，287辆电车，如何部[②]署。

4.1953年规划，如何修改？各种交通网的分布和配合，地上、地下，市内、市郊。道路宽窄，文化设施，道路结构，街坊规划。平日、假日。

5. 交通工具选择，投资、马路等。

6. 区与区之间的配合，公共设施布置。

7. 附属设备之设置。

8. 中心站位置之选择。

9. 公共汽车、出租小汽车、电车之分工和配合（任务，组织机构）。

10. 各种技术定额，用车数、用电数。

11. 宽轨窄轨，是否所有的都宽轨，现有窄轨车辆，如何利用？

---

① 原稿为“布”。

② 原稿为“布”。

12. 车型。

13. 电车是关键，主要问题。断轴，提出分析报告，要求解决。速度11公里/小时（连停站）。大修，折旧，成本问题。

14. 根据客流调查，调整路线车辆。

15. 道路宽度问题。

16. 汽车路线网。站，中心站。车型，看街道，流量。

17. 出租汽车。机构设置，站、保养场设置，调度方法。特殊需要（大会）。

*　　　　*　　　　*

研究建筑专家工作问题

1. 工业化典型，点、基层；结合。

2. 冬季施工准备。

3. 技术疑难问题。要半年工作总结。降低造价措施。

4. 预制件工厂。

5. 全市情况，明年安排。

6. 莫斯科总局的情况（管什么，统一的程度、方法）。

7月22日（星期日）

斯米尔诺夫同志谈话

斯［米尔诺夫］：

对工作分析，会提高效率。总体规划中有关交通方面的工作，这是基本的工作。开始工作以来，遇到很多问题，有些还未解决。如：每人每年乘车次数，其他城市这样的资料。1953年［规划］假设535次，没根据。已有资料指出73次，数字太小，不足为据。乘车长度，也没有材料（我们的资料数字高）。

刚工作即感到有些地方交通布置的不合适，如修养地乘客太多，有的

图 5–44　苏联电气交通专家斯米尔诺夫（前排左）等正在研究北京交通问题

地方车辆闲着，不均匀行驰是交通工作中缺点。至 6 月份[①] 工作中，收集资料工作艰巨，现在这些资料还未进行分析，有些还未译过来。有关资料，运行指标，计算方法，无资料，我作了报告。昨天交来成本的材料，有问题（电[车]3.2 角，汽 [车]4.3 角），一般要差一倍。研究客流过程中，车辆分配干线，还合理。结论尚未做出，正在研究。到颐 [和园] 应开放射线，起点不妥。地下管道和交通均应走直线，这样经济。

组内熟练干部少、弱，效率低。工作过程中，曾做了几个报告，[关于] 地下 [铁道]、车型、电车等，可能掌握的不好，工作中还需要解释。第三季度计划主要是规划方面，管理方面的没提，对计划 [的] 意见可提出来。分量很重，需计算、资料。现在重要问题，组内正准备，即确定车型问题，这

① 原稿为“分”。

决定电力供应、发电厂、变电站等。

交通方面用的电量，总图方面没有考虑。总图远景方面，对交通用电至 3 万千瓦，现在莫斯科电车用量即达 14 万千瓦，相差这样大，很可疑。这个数字，与将来电站等建设有关。（将来）有轨 [电车]837 辆，无轨 [电车] 405 [辆]，公共 [汽车] 1500 [辆]。现在，莫斯科有轨 [电车] 2000 辆，无 [轨电车] 900 [辆]，公共 [汽车] 1500 [辆]。这个数字正在研究。现正进行 1953 年规划车辆方面的分析。

因此，本组提出的 [某些] 问题，还不能答复，如广场电车线、道路宽度、国庆交通、速度等问题。还有没答复的问题，如水。管理方面，还没有分出时间帮助工作，只对一个变电站技术上提出改善意见。整个说，还没时间研究管理。

电气方面的工作，还负担一些。东、西长安街电气设备设计，不合适，造价很高，拿回去重新设计去了，如做好后，帮助他看。电的部分如何帮助，正在研究。斯 [米尔诺夫]、雷 [勃尼珂夫]、诺 [阿洛夫] 三位专家帮助电 [组]。

还有一个工作，把空中线网入地，基本上不让增加开支，腾出好多电杆。混凝土电杆造价贵，还需降低，需到工厂分析。好多地方一排 3 个杆子，可去 [掉] 2 个，以求节约。这都需要时间，还需检查地下设备状况。杆子，好多地方拉，浪费金属，不 [方] 便。

朱 [友学]：

各种交通工具分工。有轨电车宽轨、窄轨问题，环城铁路 [拆除问题]。市区、郊区交通网衔接问题，地上、地下配合问题，地下出口选择。水运与陆运配合问题。电车、汽车站不适合，如何调整。[希望苏联专家] 介绍莫斯科出租汽车问题的经验。电汽车计划管理问题，计划如何到小组。

斯 [米尔诺夫]：

北京人口、工业资料。如何分布交通工具问题，上次谈到一部分，看经济指标决定。客流量大的地方，公共汽车不经济，从经济观点来确定。根据 1953 年 [规划] 总图，好多地方经济没根据，对居民也不便，如火车站，地下，倒车。在城市中换车，最多不要 [超] 过一次，不要再多。

选择车型问题，可以查一下中国哪些地方能制造车辆。如何选择车型，组织车辆制造需相当长的时间，1 年到 1 年半时间。宽轨、窄轨问题，将来用宽的，过渡时期并用。窄 1 米，宽 1.434 米。窄轨，电车可逐步转给其他城市使用。宽轨，双道运输。货运，可利用铁路，电车可跑到铁路上去，战略上很重要。现代电车均为宽轨，牵引、制动、电气设备都合适。

利用原有铁路，可考虑。各种车辆接合问题，停车位置。客流问题，正在研究，牵涉到许多因素，首先使居民便利。

总体规划方面，需要了解：①现在每年乘客次数（每人）。②步行人百分比。③三轮车百分比。④自行车百分比。⑤机动车百分比。找出他们之间关系。

*　　　　*　　　　*

下午：诺阿洛夫同志谈话

设计、建筑、管理三部分。计划，两部分组成：①基本情况：煤气源，煤气供应估价，材料，设备。②制定设计任务。

到北京后，初步感到缺乏有关资料。对煤气供应建设采取办法也应像莫斯科那样，一方面为长远，一方面为初步。向中央有关部联系，让他们负责供给北京煤气。莫斯科，也非一下建成。首先用沙拉托夫，然后建筑炼焦厂，在卫国战争前建成，最近发现新的煤气来源。逐步发展、逐步找到，和工业发展有关。

现在不可再拖的任务，即找到在北京近处的煤气源，使之开始供给北京煤气。需要的煤气数量，整个的，初步的。煤气数量上月底曾计［算］一［个］数字。昨天得到远景发展中所需煤气，每年 22 亿 3700 万立方米，每小时 25 万立方米。根据 500 万人口进行计算的，将来增加一些、减少一些数量，错误不大。等总图确定后，重新制订使用煤气的平衡表。生活和小型企业用的煤气均已提及。平房是否供应煤气？

参加学习的同志水平不一，效果不大。

图 5–45　苏联煤气供应专家诺阿洛夫正在讲课

雷 [勃尼珂夫]：

901 工作计划。需要今年年底给几个钻孔材料。通县最好不钻，钻热电站地方。水源四厂，永定河引水后，减少否？奥陶纪石灰岩，水源能否增加？今年不少，看个深孔，跨永定河布置钻孔（有个技术员，态度不好）。

工作计划：过去做现况，现进入新阶段，工作方法应与过去不同，接触密切，要画 ① 图，平行流水。一周研究 3 次，上水、下水、河湖。7 月份 ② 主要 [工作是画] 现状图，很快过渡到规划，管住的是河湖系统。规划中要考虑的问题：水源选择等（7 个）。

① 原稿为“划”。

② 原稿为“分”。

7 月 23 日（星期一）

[苏联] 专家在设计院谈天安门 [改建] 规划。

7 月 28 日（星期六）

标准设计：①建工局、材料工业局、设计院合作。②设计院标准设计力量不足。应予加强。标准设计方面，也应组织起来。③办法：派建筑师、工程师，领导此工作。制定工作纲领，专家帮助。再研究组织机构，抽调力量，把工作组织起来。④现在这个科与其他部分脱节，应与计委、建工部取得联系，培养这方面干部。

8 月 16 日（星期四）

雷 [勃尼珂夫] 专家谈话

雷 [勃尼珂夫]：

市政设计院，要知道工作往哪个方向走？设计非市预算工程（计划中未划者），文件中看不到，如科学院下水道。科学院下水道搞抽水站，没看过这样做的。规划委员会看见了怎样办？讨论利用地形进行设计，他们设计 [人员] 都应有一份。他们的设计文件，要了解，尤其往上不报的工程。

河道、航运，谈过没有？现在做引水方案，有许多河道问题。北京内部引水方案，具体技术决定尚有困难，水利部设计院的人能参加我们的工作。

引水、航运，面临技术问题。希水利部参加，[协商] 决定。

8 月 20 日（星期一）

和专家组长谈话要点——工作问题

规模：人口问题，市委两次请示中央，城市建设总局谈话，拟开座谈会。

图 5–46　苏联上下水道专家雷勃尼珂夫正在讨论北京市给排水规划方案

[国家] 建委城市建设局提的意见和 [国家] 计委各局提的工业资料：工业，十五年内 8 项 (但还未定)。人口，规划区 350 万，郊区矿区 450 万。

人口中几个问题：①“劳动平衡法”，自然增长不计算 (国家政策)。②基本人口——按列甫琴科分，如何划分，是否国家有法令规定？③人口组成：基本人口 [占比] 22.6%；[服务人口] 22%；[被抚养人口] 55.4% (1954 年)。建委意见：基本人口 [占比]24%，流动人口 50000[人]。苏联如何计算？莫斯科人口组成，可否谈 [一谈]？

我们需要研究的问题：①工业、人口规模 (客观基础，国家政策)。②规划期：长远，建委指示一般城市 3—4 个五年计划。我们：长远景 50 年；远景 15 年，到 1967 年；近期计划 5 年，[到]1962 年。③规划区域。“规划区”——没根据，与行政区不合，矿区、长辛店如何办？④总布局。十五年 (过渡时期)；分散，有计划的分散，集团式的分散。30 年，按社会主义人的生活需要。点→线→面。起草一个大纲，规定这些要点。⑤规划的原则 (原来的修正)。

请专家对这些问题准备，系统地谈几次。

8 月 21 日（星期一）

常委会议

接待外宾问题。

崔：

请了 65 [个] 国 [家]，[其中] 执政的 12 个，合法的 31 个。已回电的，苏新 (等) 国家 11 个。欧洲已定的 12 个。亚洲 5 个。美洲 5 个。中 [洲]、近东 3 个。谢绝的，荷[1]兰、希腊。现已知要来的 36 个。

被参观单位适当增加。外宾 3200—3600 [人]，包括兄弟党 300 余人。被参观单位 200 余人。被访问对象，过去 50 多个。党内做准备。可能参观基层党的活动。

图 5–47　参加中共八大的外宾正在参观城市规划展览（1956 年）

① 原稿为“贺”。

接待的机构：[都市规划] 委员会，市委同志主持。市委出面问题。

8 月 24 日（星期五）

专家谈话

勃 [得列夫]：

一、规划期限

国家建委规定 15 年至 20 年，苏联 20—25 年。我们采取 20 年合适，1953—1972 [年]。[规划] 总图经今年、明年 [反复研究才能批准]。从总图批准之日起算远景期限，故应从 1958 年算起。第一期 [规划的期限为] 10 年，即第二个、第三个五年计划。

但这 20 年不成为改建完成之期限。近二三十年之间不可能 [实现] 每人 9 平方米，20 年以后可能达到 9 平方米。20 年不可能建成，尤其文化福利设施，20 年远景照此算，但要留备用土地。

莫斯科 1935 年 [城市改建] 总计划着重工业方面，在此文件第 1 章中指出，按照社会主义工业化建设，但未指出具体年限，第 2 章也没规定具体年限、范围。1935—1951 年完成第 2 章上所指的，并继续修建第 1 章上所指的。1951—1960 年 10 年计划中，有一部分是补建第一期未完成计划，这也不能完成规定任务。现开始做 20 年规划，这本文件对今后 20 年仍然起指导作用，40—50 年改建历史。1951—1960 年计划完成后，[建筑规模达] 1000 万平方米，现已超过。主要干道两旁建了新建筑物，但老建筑物还存在。即到 1960 年，莫斯科还有旧房子。故继续延长建设期限。因过去这期间尚未完成扩建计划。

国家强大富有，但物质仍有限，故改建扩建慢慢来。

二、规划定额

[人均居住面积定额，建委主张] 4.5—6 平方米。但建 1 层楼不妥，应建 2、3 层楼房。北京 4—5 层，少建 1 层平房。规划局 1956 年计划 [修建] 10—30 万 [平方米] 平房，会使建筑分散。1 层改建 3 层，并不贵。1 层 47

元 / 平方米，3—4 层 50—55 元 [/ 平方米]。在北京建平房不合适。

绿地定额：建委 [主张] 4—10 平方米。这个定额在苏联，少了，苏 [联为] 15—20 平方米。北京 15—20 年可采用 10 平方米，包括现有的，可以实现 10 平方米。按我们说，这个定额非常非常少，可能的话，可以比这个大些。

道路：1953 规划的道路非常宽，尽管 [国家] 计委批评了，这个设计还是合理的，但某些地方有些浪费。主要干道宽度，根据两边房子层数，加上防空部门要求，如 6—8 层，25 米高，[道路宽度应为]：25+25+12=62—65 米，车行道 35 米，5 排车，人行道 15—16 米。[如果两边房子为] 4—5 层，18—20 米高，[则道路宽度为] 48—50 米宽，车行道 28 米，四车 [道]，人行道 10—11 米。应有街心花园、林荫道，则宽度另行计算。

以上宽度，不适于东、西长安街。以上设计，经济。如道宽、房矮，则显空洞。房与路，应成正确比例。

三、工业与人口问题

350 万人口规模是合宜的。如以此人口：6 平方米 / 人进行建筑，则城市就会集中而不致分散，也可像卫生 [要求] 一样分布。350 万 (15 年) +100 万 =450 万 (20 年)。[基本人口为] 24%—28% (苏联 30%—33%)。

根据工业发 [展] 情况，20 年不可能发展到 28%，可采取 24%—26%。但有赖于工业发展规模，如 [果只是] 上述 8 个工业 [区]，连 24%也达不到，还有赖于军事部门、防空部门人口。同样企业在一个城市有两个，可以不在一个城市，多数情况下在一个城市。电厂可放到山里去。

人口结构，还要研究，[包括] 现在情况 (包括年龄)。人口计算方法，我们按劳动结构计算。基本人口，24%—26%，还是少的。因是首都，干部集中，基本人口，不光是工业人口，还包括高等学校学生干部，故 26%接近，不一定 30%—33% (工业过于集中)。如何计算人口？星期五谈。

* * *

[待办事项]：①建筑师代表团 [接待问题]。②八大展览。③招生。④规划和设计，和市政设计院关系。⑤煤气。⑥写文件。⑦建设用地。

图 5–48　苏联建筑师代表团游览颐和园时的留影（1956 年 8 月）

注：右图中为苏联建筑师代表团成员，右为玛娜霍娃（女，苏联建筑专家，当时受聘于中央城市设计院）。

资料来源：王大裔提供。

图 5–49　苏联建筑师代表团游览颐和园时在听鹂馆前的留影（1956 年 8 月）

注：最前排左 1 为玛娜霍娃，左 2 为梁思成。第二排左 1 为王文克。最后排左 3 为蓝田。

资料来源：王大裔提供。

8 月 25 日(星期六)

讲 话 提 纲①

一、前一阶段的工作

甲、已经多次讨论了总图及各项市政设施规划，除了供电、雨水规划尚未讨论外，近期公共交通尚需重新研究外，其他方案可以初步定下来；

乙、现状资料已印出了 11 件：①人口。②建筑。③绿地。④供热。⑤公共交通。⑥房屋流动强度。⑦公共设施。⑧土地使用。⑨用煤。⑩供电。⑪ 流量调查。其余的还没有印出来。

丙、有些规划说明书已写出初稿：①规划要点。②天安门广场规划。③上水。④下水。⑤雨水。⑥煤气。⑦供热。⑧公共交通。⑨郊区规划。⑩铁路。⑪ 公路。

丁、完成了模型，大量的制图工作。

戊、广泛地征求意见：人民代表大会代表、党代表、各大学建筑系教师、市政各局技术干部。

二、今后 4 个月的工作 (到年底)

甲、首先要 9 月底完成各项规划说明书修正稿，指定专人负责写。项目：①给中央报告修改规划草案的经过，和修改了哪些，与 1953 年规划的不同。②规划要点。③规划说明。④近期规划要点。⑤天安门广场规划要点。⑥各项市政工程设施。规划 [要点]：按技术文件写，包括现状、经济指标、规划原则和内容、造价。

乙、准备八大代表、外宾的参观。解说、翻译、增加一些资料 (特别是现状资料、规划表格)。

丙、研究 1957 年的用地，及市政工程的布置。

丁、总图组分成几个组，转入分区规划。

---

① 这是郑天翔同志为召开北京市都市规划委员会工作会议而准备的讲话提纲。

图 5–50　同宋汀与参加八大的代表在一起的合影留念（1956 年 9 月）
注：郑天翔（左 2）、宋汀（左 3）夫妇均为八大代表。左 4、左 5 为应邀出席八大的外宾代表。

戊、各组（除煤气组以外）着重研究近期的规划，由近及远，修正远景规划方案。

己、总图中一些未解决的问题：如用地，修改（商业、服务业布置，改建方法）；公共交通；水源；电源；雨水规划；郊区市镇的布置等尚需继续研究。

三、当前城市建设中的一些矛盾问题

甲、建筑材料缺乏所引起的平房、楼房的矛盾。

乙、房荒、拆房迁居民的问题。

丙、改建和福利设施的矛盾。

丁、道路与公共交通的矛盾。

四、工作中注意的问题

甲、缺乏经济资料情况下，还是要作规划，不要彼此埋怨。

乙、加强对内、对外的协作、配合，各组应进一步配合，与市政设计院、设计院、规划局应密切配合。

丙、新技术、新经验、新问题，各国的材料。

丁、调查研究。研究生活。定额。

8 月 28 日（星期二）

和专家组座谈

阿［谢也夫］：

说明表期限。10 月初［完成］天安门广场规划。设计说明谁写？利用［北京市建筑］设计院做分区规划。

诺［阿洛夫］：

煤气组第二项，不明白。王答。

尤［尼娜］：

总图，何时提请审核？随着总图，还有哪些附带材料？

勃［得列夫］：

提请审核的次序，先市［委］、市［政］府，后［报中央］政府。

经市委报，还是城市建设部报？国家建委？

兹［米也夫斯基］：

“告一段落”。［转入］细部工作，原则［已确定］。总图是否还深入地进行？

勃［得列夫］：

刘仁同志报告，要知道一下。市容方面、公共设施外部整顿，做了没有？

斯［米尔诺夫］：

上报时，交通资料如何报法？

施①［拉姆珂夫］：

国家计委关于北京第二个五年的建设计划，知道一下。［建议拍摄关于］“北京建设”的电影，有没有计划？建筑说明书，应作补充。

尤［尼娜］：

第四季度工作计划［做］分区规划，和设计院的工作如何联系？

---

① 原稿为“什”。

图 5–51 苏联专家尤尼娜（中）正在考察北京的建筑风貌

图 5–52 苏联专家尤尼娜（前左）考察北京的风景名胜

勃［得列夫］：

有关规划的建议，待研究文件后再谈，要跟各组领导人进行商谈。参观总图规划问题，考虑后提出建议，可能他们还要参观北京城市［建设］。各组会谈，各组讨论，批评与自我批评，分成新组，划分区域，［开展分区规划］。

诺 [阿洛夫]：

煤气设计力量。设计任务的范围：建筑、电气、卫生、预算工作人员，有经验的设计人员。调来设计上有经验的人材，如下水道工作人员。本组不能做的工作，委托有关各部门。如果不了解，则只能提出设计任务。

勃 [得列夫]：

委员会、规划局、设计院，关系 [理顺]。规划局拨地与委员会决定相违背，例如电视塔问题。西郊，规定建居住房屋，靠“四部一会”地方规定建广场，但现在建了无轨电车工厂，汽车修理厂，这种 [情况] 出现，不当。考虑规划与建筑集中领导的问题。制定 1957 年第二个五年计划，应注意与规划局不要 [出现] 分歧。

10 月 5 日（星期五）下午

苏联建筑师代表团

团长：

1. 城市人口增长。[北京市区现状人口] 380 万，[规划人口] 600 万。世界正减少人口，你们则增加人口，是否对？卫星城有 250 万人，本城 600 万人，卫星城市是否更远一些？城市本身应当限制发展。400 万人口城市，[人均居住面积现状为] 3.9 [平方米]，[规划为] 9 平方米，[将来] 占用地方更大，交通困难，25%时间 [在] 走路。苏联许多城市限制人口，北京不能与其他城市比，但 400 万已不小了，应限制人口。许多城市，限制发展工业。

2. 行政区中，居住情况，作为心脏，其他方面考虑不够。居民生活需要的，无区中心，而都奔 [向城市] 中心区。

3. 交通问题。道路系统，快速路线，交叉口如何考虑？

4. 休息场所（休养地）。游泳场少，[应] 在郊区设立休养所。

5. 建筑问题。建筑群布置方法，原则“穿堂式的街道”。莫斯科将出版新的建筑方法的书。北京应成为用新式方法进行建筑的试验所，应采取近

图 5–53　苏联建筑师代表团到北京市都市规划委员会开展学术交流（1956 年 10 月 5 日）

代方法 [进行] 建设。

10 月 8 日（星期一）

分区规划汇报

沈其：

摆些什么东西？控制数字、比例。[与北京市建筑] 设计院工作 [的协调]。

图 5–54　苏联建筑师代表团到北京市都市规划委员会开展学术交流（1956年10月5日）

傅[1]守谦：

调查现状，人口密度。现状保留什么？备用地必须有什么？［绘制］东北郊［分区规划的］总图。广渠门［附近］平房［问题］。永定门车站、体育场、工业区空地、东便门枢纽、商业中心［等的处理］。修正总图。

李准：

现状。［各层建筑的］比例。各单位的协作。修正总图问题，环路，［道路］宽度。

储［传亨］：

提供分区任务书。远景和近期的过渡。［研究］定额。

陈干：

了解现状。

10月9日（星期二）

汇报分区规划

1. 抓住当前问题，划成小区。
2. 拟保留现状。
3. 公共设施。
4. 主要单位（主要问题）。
5. 经济指标，人口密度、建筑密度、层数。
6. 线，红［线］、蓝［线］、绿［线］。
7. 道路宽度。
8. 问题：商业，停车，马路。
9. 分工、协作。
10. 修改总图。
11. 地方工业选厂址问题。

---

① 原稿为“付”。

*　　　　*　　　　*

[1956 年 10 月 9 日到京的苏联地铁专家组成员]：

1. 巴里舒尼可夫[①]。

2. 米尼聂尔，总地质师[②]。

3. 谢米尔诺夫，地质工程师[③]。

4. 设计院总工程师，马特尼也夫[④]。

5. 建筑工程师，郭里可夫[⑤]。

地下铁道：① 1∶25000 [比例的地形] 图。②模型说明书。③各种经济资料。④线路资料。⑤地质资料，介绍情况。⑥勘察测量，混凝土结构人口。

组织机构、工作计划，再谈（一、二天后）。视察城市。

10 月 11 日（星期四）

组长谈话

[工作] 及时。一个城市 [的规划] 总图 [应该] 在国家经济发展 [的] 基础上制订。收集各部门原始资料，放到总图上。各组都应知道自己这一部门 [的] 发展前景，技术经济基础对我们很重要。莫斯科 [有] 技术经济一览表。

在确定城市发展范围后，不要考虑过多的人口和工业。苏联，在大城市，工业少；工业 [主要分布] 在中、小城市。中小城市，分布均匀，防空

① 指巴雷什尼科夫（А. И. Барышников），莫斯科地下铁道设计局总工程师，苏联建筑科学院院士，苏联地铁专家组组长，地铁专家。

② 指米里聂尔（В. Ф. Мильнер），莫斯科地下铁道设计局总地质工程师，地质专家。

③ 指谢苗诺夫（А. И. Семёнов），莫斯科地下铁道设计局总结构师，地下铁道结构专家。

④ 指马特维也夫（А. Г. Матвеев），莫斯科地下铁道设计局主任地质工程师，地质专家。

⑤ 指果里科夫（А. М. Горьков），莫斯科地下铁道设计局总线路工程师，地下铁道线路专家。

图 5–55　苏联地铁专家果里科夫和交通专家斯米尔诺夫正在一起研究北京地铁规划（1956 年）

注：后排左 1 为张光志（站立者），前排左 1 为苏联地铁专家果里科夫，前排右 1 为苏联电气交通专家斯米尔诺夫。

观点，劳动力充足[①]。新建、改建城市，不超过 15—20 万人。在大城市，禁止增加或扩建工业，除必要的工业以外，这些工业也放在城外，即所谓卫星点。

城市交通工程设施，应考虑城市的发展前途。在大城市，不允许开设不需要的路和宽的路、扩大工业场地，不要毫无根据地拆房子。按标准设

① 原稿为“多余”。

图 5–56 苏联专家勃得列夫、阿谢也夫和尤尼娜正在视察广渠门外夕照寺附近现况
注：前左 1 为尤尼娜，右 1 为阿谢也夫。

计改建城市，大城市也采用标准设计。

过去规划设计范围小，现在要更广泛地研究和讨论。以前，现有城市中，工厂、仓库、住宅［可以］混合建筑，现在要把它分开。以前，有些东西放在城外，现在则可以放在城内：森林公园、大花园，公共绿地，花圃，农业用地，这些在城内可不使建筑密度［过］密，有空余地带。凡有河湖水面地方，均应修住宅、公园、体育设施、文化设施（俱乐部）。大城市附近的小城市，可分散［布局］，但不要过分细小。在已形成的建筑区，中间的空地应当保留，不要建满。

在计算城市用地［时］，一户一家来考虑（计算总图用地，不是现在可行)。莫斯科旧日留下一些住宅,厨房、厕所公用,这样不好。宁可房间小些,一个单元中也要有厕所、厨房。

生活居住用地,每个居住区 50000 人。每个居住区之间留有空地(绿地),也可做为其他用地(铁路,小河)。北京,[每个居住区] 可 10 万 [人] 左右。建筑层数 4—5 层,不用电梯(卫生机关研究)。分配住人:年青的住高层,年纪大的住低层。在小城市,不超过 4 层。

在大城市,新的居住区 [可以] 放在城外,但 [应] 有交通与城市联系,居住区 50000 [人] 左右。有一定百分比建在城外,20—30 公里 [距离]。这样,城市分散,交通量不集中。很多城市,私人自己造 [住宅],规定 [须] 建在边缘或城外。有人喜欢住公寓,有人喜欢房子周围有花园,故建在城外。中心区建筑密度太密,要疏散,就首先拆破旧房屋。有些城市,小街坊、大街坊。大街坊,应有学校、托儿所等,不通过交通干路。大城市医院、省医院,应在城外。

城市受空袭时 [如何应对]? 工业区:布置在单独的区域,不宜过分集中。工业区数量多点,面积小点,或中间隔离。从前,居民区中不许布置工业,现在允许卫生无害 [的工业布置在居民区],与铁路支线根据生产联系,进行分类。

候备地带,将来发展。把各种工程一同考虑,电,上、下水道。禁止把大仓库布置在城内,为城市服务的仓库可分散布置在边缘。仓库和医院一样,防空袭。国家储备物资仓库,不能放在城内。

交通:道路系统,距离短,运输时间小。外边的路不要穿过中心环,以前留下的道路,国道上、交通量大的路上,应绕城而过,立体交叉。城内道路系统与城外道路联系,外线道路,为国防服务。疏散人口,从外边支援。对城外交通:铁 [路]、水 [运]、空 [运],布置在居民区以外。铁路编组站、技术作业站,放在城外,如在城里,搬出去。

汽车本身性能—— [追求] 速度。立体交叉? 现在做没必要,选择地方则必要,尤其那些没有地下建筑物的地方。花园路,亟需立体交叉,但有地下建筑物,妨碍做立体交叉。M. [莫斯科的] 立体交叉,很早 [已] 决定,但未开始,今年搞。

在交通拥挤地带，需修隔离地带（长安街当中有树木好），这样行人在树荫凉走，把道路房屋分开。[需要]足够的停车场（运动场、展览会旁边）。汽车房布置，分散在工厂仓库区附近。

建筑问题：反对分散，应集中布置。[研究]怎样实现总图。

10月12日（星期五）

专家组长谈话

两个中国学生，M.[莫斯科]建筑学院城市建设系：金大勤①，[主要研究]住宅街坊②规划和四五层楼房设计；朱畅③中，[毕业论文题目是]苏联城市建设经验——改建中心区问题。④1956年[正在学习]中，硕士。

苏联国家建委建议内容，要求严格完成规划城市任务，严格城市建设纪律。有的部，不准确地违反⑤城市建设纪律，各城市一定要严格考虑防空要求。经济、先进技术、卫生、建筑艺术、防空，综合进行建筑。各城市建筑必须根据批准的计划进行。

---

① 原稿为“成（纲）”。

② 原稿为“房”。

③ 原稿为“昌”。

④ 金大勤，1954—1958年在莫斯科建筑学院留学，毕业论文题目为：《居住小区的生活、福利设施》。朱畅中，1952—1956年在莫斯科建筑学院留学，毕业论文题目为：《苏联大城市中心区改建的经验——以莫斯科列宁格勒、基辅、明斯科、斯大林格勒为例》。资料来源：赵冠谦先生2020年11月3日与本书整理者的谈话。

⑤ 原稿为“冒”。

图 5–57　在莫斯科建筑学院留学的中国留学生金大勤、赵冠谦和各国留学生的一张留影（1955 年）

注：后排右 1 为金大勤，右 3 为赵冠谦，左 1、左 2 为捷克的留学生，左 6 为波兰的留学生。后排左 3、左 4 以及前排（女士）均为苏联加盟共和国的留学生。

资料来源：赵冠谦提供。

10 月 17 日（星期三）

地下铁道专家谈话

1. 工作步骤。

2. 莫 [斯科] 筹备机构。

3. 学习材料，讲课、报告。

4. 我们现在成立个什么机构？

5. 介绍交通材料。

图 5-58　中国赴苏联留学生朱畅中等在莫斯科红场上的一张合影（1956 年）
左起：赵冠谦、李德耀（女）、刘鸿滨（赴苏联进修两年时间）、李景德（女）、朱畅中。
资料来源：赵冠谦提供。

6. 布置钻探计划。

7. 了解建筑材料。

先提上面问题。

*　　　　*　　　　*

1. 旧平房算不算进去？小区以下福利设施和住宅算在一起。手工业分不出来，算在居住建筑内。

2. 保留地，如何平衡？

3. 工厂，是否按其规模？新、旧分开，平衡。

4. 城区，迁出去，如何平衡？

图 5–59　苏联地铁专家和规划专家正在一起研究北京地铁规划（1956 年）
注：左 1 为苏联交通专家斯米尔诺夫，左 2 为苏联地铁专家果里科夫，左 3 为苏联建筑专家阿谢也夫。

10 月 22 日（星期一）

组长会议

1. 交通问题。道路系统，高速低速；道路上山；广场；车库，停车场；火车站的交通；码头，(表示) 仓库；主要交通集中点的交通。

2. 用地。用地要有定额、建筑层数。用地够不够？区中心。

3. 生活福利设施：分布、项目、文教区的要求。商业 [设施] 没有解决。公共厕所，运动场。

4. 绿地。[包括] 果树。[绿地面积] 大了，水源防护带能用不能用？大片、小片。绿地四周摆什么建筑？

5. 西山搞休养区别墅。

6. 国防问题。

7. 古建筑保留什么？

问题：①经济问题，保留旧建筑经济不经济？②工业，大小多少？③布局，通州、昌平。④临街建筑。

工作计划：第二个五年计划，使馆区、砖窑、公共建筑、建筑用地。重点，资料。

10月24日（星期三）

国家建委开会，关于地下铁道的问题

王［世泰］[①]：

两个办法，哪个好？调干归市。包任务。赞成分别担负任务。

铁［道部］、地［质部］，指定人负责。北京市主持。地质工作——地质部包，结构、线路——铁道部包。

筹备处：刘德义、张更生、徐骏。

分工：钻探、化验、设备，等地质部包。线路，结构——铁道部包。

党的关系。供给问题。水文地质局。房子，汽车、牵引车、摩托车。永久办公地点。经费，新增加的。

11月13日（星期二）

周骏鸣：北京不一定搞很多大工业。有的认为：不要搞钢铁、化学工业。

---

① 王世泰，时任国家建设委员会副主任、党组副书记。该日，王世泰召集铁道部、地质部和北京市有关领导共同商谈地下铁道的筹备工作，会议决定“由铁道部、地质部、北京市分头抽调干部，组成‘北京地下铁道筹建处’”，“采取分工包任务的办法：地质勘探方面由地质部负责，线路、结构方面由铁道部负责，同北京城市总体规划有关的工作和日常领导工作由北京市负责”。资料来源：中共北京市委：《中共北京市委关于北京地下铁道筹备工作情况和问题的报告》（1956年11月30日），北京市档案馆编：《北京档案史料》（2003.1），新华出版社2003年版，第67—69页。

图 5–60　彭真市长与苏联地铁专家米里聂尔亲切交谈中（1957 年 3 月）

总 [体] 规划中的问题[①]：

一、规模、布局

周骏鸣（300 万），500 万，600 万。舒同、徐老、邓、刘。城市不要密集，中间留下空子。

二、生活服务设施，沿街建筑

分布集中分散：多中心，少中心？周边，不周边？“住宅，办公楼，学校、教室，不要沿街建筑。”沿街不要都布置成房子。“房子太密了”（周骏鸣）。党中央各部盖在临街，盖的好不好？剧院、旅馆等应临街，好些。

三、艺术形式

关心的问题：“民族风格，不许乱用”。“要讲究形式和颜色”。“灰的太多了”。“大屋顶不见得不经济”。“赞成民族风格”。

四、天安门广场

[第] 八、九、十 [方案评价比较好]。[第] 一 [方案]，[高楼] 不能比天

① 这里记录的是 1956 年首都北京举办多次城市规划展览期间有关领导和公众对北京城市总体规划和天安门广场改建规划等的意见和建议。

图 5-61 城市规划展览及向群众征求意见（1956 年）

安门高。博物馆的性质。箭楼。大、小？“50 公顷左右就够大了。”“开阔的好。”“大些，中间不要布置建筑。”

五、铁路、公共交通

环城铁路 [问题]。有轨无车，许多人要 [求] 拆除。城墙 [存废问题]。停车场，地下、楼上？车站要分建几处，多些、少些？东便门外太乱。火车站：少，小。从天津到北京，不再绕弯子。

六、河湖

[城市居民远期每日用水量] 600L，大了。不消毒的用水，搞专线供给。文教区引一条河。沿山多修小水库。开通海运河。

七、电热、煤气

搞煤气厂，地下制造煤气。热电站集中搞大的，分散 [搞] 小的？做[①]饭用煤气，取暖、热水用热，两套设备。究竟是煤气还是电气？西南部热电站对城市可能污染。取暖期只 3 个月，热电站经济否？研究其他煤气来源。

① 原稿为“作”。

图 5–62　公众正在观看天安门广场规划方案模型（1956 年）

图 5–63　天安门广场改建规划第八、九、十方案（1956 年）
资料来源：董光器：《古都北京五十年演变录》，东南大学出版社2006年版，第163—165页。

取暖期不长，用锅炉比用热电站好。原子燃料，电代煤气。

八、其他

分区规划，做成模型。先改建天安门广场。天坛里机关搬出来，不要再盖。不用灯泡的照明器，路灯。用地太大，要有定额。陶然亭附近的制

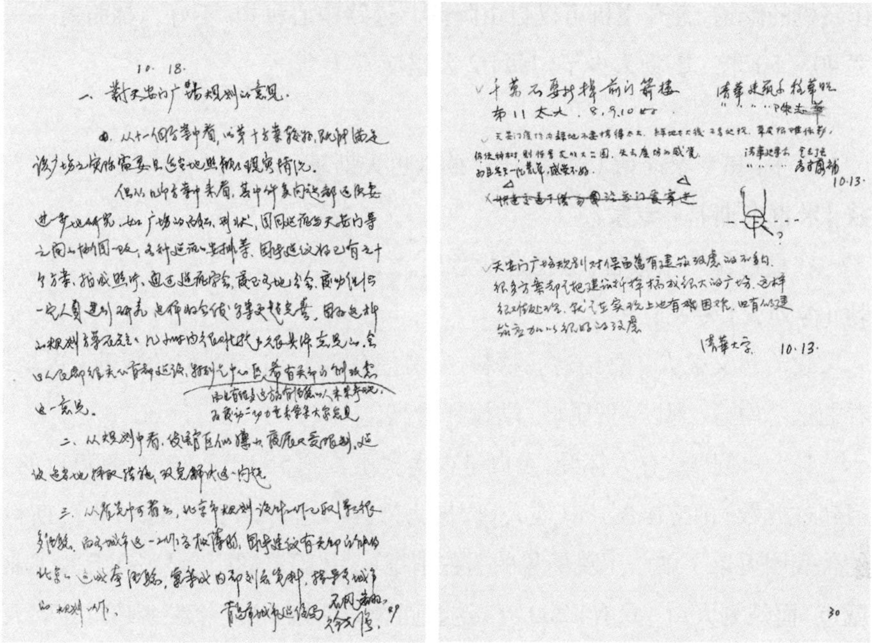

图 5–64　北京城市规划展览期间搜集到的关于天安门广场规划的意见和建议（1956 年）

注：公众留言中有支持第八、九、十方案的意见。

资料来源：北京市城市规划管理局：《规划展览观众书面意见》（1956 年），北京市城市规划管理局档案。

药厂 [应搬家]。二层的小菜场，老虎灶。建房子考虑服务业，水、修理等。邮政、银行单独搞，浪费。故宫开放，开一条马路。解放前的北京模型。电杆、烟筒太多。

九、层数

高些。朱 [德]：城里，五到八层。邓 [小平]：三、四、五层。

十、绿地

“城内绿地太少”。“[人均]18.4[平方米绿地]”太多了。绿地是否太多？把老树换掉。八宝山修成公园。东单广场全部种树，不盖房子。

十一、道路

应该宽一点，普遍宽一点，考虑走喷气式汽车。断面：自行车道分开好。停车场要考虑大型住宅区。放射线应是方形的，不应斜。多开些路到山里。

作飞机的跑道，直升飞机可以自由降落。道路中心种树，不好。林荫道——宽 40—50 米。广场太少了，[每] 2 公里应有 1 个。

*　　　　*　　　　*

下午：和专家谈话（勃得列夫、兹米也夫斯基）

兹 [米也夫斯基] 专家：

在最近作一个报告，分析这些意见。

勃 [得列夫] 专家：

政治意义很大。总结这些材料，应考虑各部 [门] 对我们的帮助。远景，看的远。中心、郊区、卫星城、学校评价高。

1. 人口问题。有人怀疑，人口是否太多了？到 550 万人口时，是可以的。但超过此数，即应限制。其他人口，做为郊区。这个数字不可怕（去莫斯科的代表团可以了解一下莫斯科的居住情况）。沈阳总图，已是 180 万的工业城市，而规划人口 [只有] 200 万，这有问题。北京 1967 年必会超过 400 万人，因 [为] 每年就 [出] 生 10 万人。

2. 规划结构和系统。没有不同的意见，当然停滞下来是不行的，在建筑艺术上还要改善。“中心，只有一个”，实则，小中心是有的，但表示的不明显。街道街坊，交通工程设施，各方面都做了深入的分析，这是好的。对好的意见，应吸收到总图中去。有些不太正确或不大适用的意见，可以分析，并解释。有些意见，则不够严肃。技术方向，要看国家计委的意见。所提意见，应正式讨论。

3. 中心区 [规划] 矛盾最多。

4. 建筑艺术，分歧最多。建筑师的意见怎样？ [进行] 设计竞赛。有些意见，需在说明书中加以说明。写些文章，在刊物上登。

兹 [米也夫斯基]：

建筑艺术问题。

图 5–65　规划工作者正在研究北京城市总体规划方案（1956 年）
注：左 3（最远者）为北京电视塔设计负责人苏联建筑专家切丘林。

11 月 21 日（星期三）

和专家谈话：勃［得列夫］，兹［米也夫斯基］

兹［米也夫斯基］：

从技术观点看，这个地方不恰当，主要是从技术方面看。工厂本身不是有害的，但发展起来会影响整个城市建设。

从技术方面看，不同意把工厂放在这里，如果必须布置工厂的话，可以帮助布置。什么企业［可以］放在北京？国防上看，同类工业要在别的地方建，精密仪器工厂布置在北京合适。任何工厂不是独立的，必有联系。

勃［得列夫］：

图 5–66　北京电视塔设计负责人切丘林同与第三批苏联规划专家们一起研究电视塔的位置时的留影（1956 年）

注：勃得列夫（左 1）、兹米耶夫斯基（左 3）、切丘林（左 4）、尤尼娜（左 5）、雷勃尼珂夫（左 6）、阿谢也夫（左 7）。

发展工业不要超过应有的限度[①]，[应] 像苏联的城市那样。莫斯科，第一个五年 [计划期间] 工业发展过多了。对北京来说，情况是相反的。

建议：①现在已经有了一个工业目录，考虑其位置安[②] 排好，再与有关部商量。②工业远景发展，市委有看法，组织一个临时的委员会，研究整个工业分布问题。③北京还缺少许多供应居民的工业。轻、重工业 [协调] 问题。

① 原稿为“不要发展工业超过应有的发展”。

② 原稿为“按”。

11 月 27 日（星期二）

上午，全会大会讨论

王效斌：

京保复线，今年通。保石复线，明年 6 月通。支援西北，原来计划主要靠陇海 [铁路]，现在加速 [修建] 包兰 [铁] 路。乘客正常平均增长 15%/年。"三反"时，"镇反"时，人少。今年寒假估计上、下车 10 万人。

董文兴：

建工局 [建筑工程共计] 430 万平方米，到 10 月底。去年接 [近] 300 万平方米，原计划完成 250 万平方米。冒[①] 不冒[②] 进？可完成 200 万 [平方米]，交付使用 164 万 [平方米]。[其余] 30 万平方米的问题：交给建工局 20 万平方米，能住的只有 3 万平方米。

工作中的问题：专业化问题。建筑任务的安[③] 排，材料 1200 种，200 万平方米，要 400—500 万吨，业主分散，任务安[④] 排无人负责。

力争统一投资、统一建设。市里负责。建筑承包计划列入国家计划，根据材料定任务。加强材料供应机构——物资供应局都管起来。流动资金，适当储备。自有运输车辆，各公司有些好。职工福利，临时工人固定问题。

邢相生：

人口问题：进城时 [1949 年] 196 万，1950 年底 204 万（丰台、长辛店并入），1956 年 10 月 389.9 万，军事 [人口] 18.5 万（[另一统计口径为] 20 万）。总人口 389.9+20=410 万，到年底 420 万。

中央机关 8.1 万，市区机关 2.9 万，职工、手工业 56.3 万。学生（大、中、小 [学]）74.89 万，[其中] 大学 8.1 万、中学 18.5 万、小学 41.4 万、幼儿园 6.8

① 原稿为"贸"。

② 原稿为"贸"。

③ 原稿为"按"。

④ 原稿为"按"。

万。农业人口83万。共计225.3万。其余164.5万，合计390万。

历年增长：1950年204万。1951年221.9万，[较上年增加]18万。1953年287万，[增加]26万。1954年325.8万，[增加]38万。1955年328万，[增加]2万。1956年389万，[增加]61万（加入昌平、通州）。

原因：①地区扩大。1952年宛平、良乡、房山[并入北京市]，[人口共计]13万。1956年昌平、通州[并入北京市]，[人口共计]29.01万。②[人口]自然增长，[出]生69万，死[亡]20万，实[际]增[长]48万，卫生局[统计]多2万[人]，加卫生局总计为51万。③迁入多于迁出，51.8万。④暂住人口20万。⑤[有]没报户口的[人员]，“十一”前查出保姆[①]8000余人。

办法：①无业人员已不多，如崇文区724人，已有546人有固定职业，83人有临时职业，只有95人无业，其中22人有劳动力、有吃的。②迁入控制，报不上户口也常住本市。③临时工、预约工，用本市的代替也不行。④外地地主分子，不好动了。以上都不行。

[可以采取]以下办法：

1. 防止农民流入。

2. 精简。加强下层（放区）。

3. 机关，迁一些。

4. 专业会议，不在北京开。

5. 就地解决劳动力。

11月29日（星期四）

市委全体会议

刘仁同志总结：

[1957年]预算，比今年实际（2.7亿）少的多，顶多2亿。钱、材料只有这么多，根据这个布置工作，保证重点，可缓的缓。群众要求办，钱和材

---

① 原稿为“母”。

料允许的，可以办。否则，如非特殊的，不办，向人民交代。代表大会的提案，向代表大会交代。

市政建设费用不多，有困难，只能重点使用，照顾关系群众面广、花钱不多、收效大的。道路，只能建几条主要干道。普遍加一层，不能办，会造成严重后果。下水道，配合热电站，时间可以缓一些，总应以此为重点。城内拆房要最少限度，必要的还要展宽一些，如东单到建国门，明年少拆些。公共交通紧张，乃一系列问题，不只是车辆少的问题。比较容易的办法：把现有各部门车辆统一使用，休息日错开，上、下班错开，这是没办法时的办法，由市人民委员会处理。

[建筑工程量为] 320—360 万平方米，首先保证工厂、学校，一部分科学研究机关，还有大使馆。工厂，有的单位职工宿舍已经不少，要首先解决严重缺乏的。工厂建筑主要解决生产厂房和相应的设施，其余 [资金] 主要

图 5–67　陪同苏联驻华大使尤金（左 5）参观城市规划展览（1956 年）
注：左 4 为郑天翔，左 7 为岂文彬，左 8 为勃得列夫。

修住宅。办公用房，还要修点。已拆了房子的地方，还要修。

明年建筑，由市统管，市 [政] 府当总甲方。安[①] 排任务，申请材料。高等学校，和高教部谈，交给市，市里申请材料。未交市的，不负责材料。未列入国家计划的，未申请材料，包工不包料。

[如果] 不控制，1957 年可能达到 450 万。建议中央把精简下来的人派到农村，加强农村工作，限制农村人口盲目流入城市。劳动力，由劳动部门统筹安[②] 排，不要自由进来。家在农村的职工干部，轮流回家，不可能都把眷属接来。小礼拜制，建筑、手工业。由冯基平同志负责，拟定方案。

12 月 1 日 (星期六)

向专家介绍 1957 年市政工程计划

1. 长辛店污水管是不是修？昆明湖挖不挖？通惠河干管只用 200 万元。白云路的干管需要不需要？

2. 迁居区的办法到底经济不经济？多少迁居区，多大面积，占多少人？人口密度？要多少市政投资？已花了多少？还需要花多少？公共设施用多少钱？

3. 公共交通，先搞环？先搞安定门到北河沿，到东单？东四、交道口设变电站。有轨 [电车]，体育馆一段，必要否？

4. 建国门外大路到热电站延伸 1 公里。人民印刷厂、农机厂等要求西大望[③] 路管网布置宽一些，以免多挖。

5. 交道口大街、安定门大街，加高到 40—50 厘米，行不行？东直门大街展宽方案，几块板？

6. 居住区的道路，有 16 个居住区，[其中] 有 8 个区修路不合规划。

专家提：

---

① 原稿为“按”。

② 原稿为“按”。

③ 原稿为“旺”。

图 5–68　东直门内大街旧貌（1961 年，从北新桥路口向东拍摄）
资料来源：北京市城市规划设计研究院：《北京旧城》，北京燕山出版社 2003 年版，第 124 页。

1. 新建道路是否同时修地下管网，以免将来挖路？
2. 各机关对于自来水下水道，有无投资？
3. 西长安街、朝阳门大街，新建，下水道怎么办？
4. 桥梁，立体交叉，考虑没有？ 绿化计划。东单到建国门一段修不修？
5. 人民英雄纪念碑配合。
6. 东北自来水干管选线根据？

12 月 4 日（星期二）

和专家组讨论 1957 年用地计划

勃 [得列夫]：

今后做两三年的计划，提前制订第二年建设计划，考虑到 3—5 年。年底讨论，晚了些。苏联，[第二年的] 建筑申请不能迟过 10 月 1 日，规划局书面或用报纸通知。设计，只能 1957 年初开始。工程设施与建筑不能完

图 5–69　苏联专家勃得列夫和尤尼娜与北京规划工作者庆祝十月社会主义革命四十周年留影（1957 年 11 月 7 日）

注：岂文彬（左 2）、勃得列夫（左 6）、郑天翔（左 7）、冯佩之（左 9）、尤尼娜（左 10）、梁思成（左 17）、佟铮（左 20）。

前排 3 个小朋友依次为：郑洪（郑天翔之女）、萨沙（勃得列夫之子）、郑易生（郑天翔之子）。

全配合，因市政投资有限。[要] 紧凑发展，成片的建筑。

只此一图，还有危险性，在这些地方可能建平房，把层数表示出来。工程设施，画[①] 的重一些。天桥南大街，先设计，先建一面。中央级建筑和市级建筑分开。红的地方，办公、住宅颜色分开。工业和居住房屋隔开些。学校分布，图上表示出来，其他设施也表 [示] 上。对 1740 万平方米进行分布。口头答应的用地，表示。城内选择学校用地。关于对现状的分析工作再深入下去。

自建公助，离城远点。拆建比例，苏联占 8%。上下水：与规划没有矛

① 原稿为"划"。

图 5–70　天桥旧貌（1960 年）
资料来源：北京市城市规划设计研究院：《北京旧城》，北京燕山出版社 2003 年版，第 6 页。

盾。要能保证建筑区的上下水道，把 1 亿元画[①] 在图上，把能办的画[②] 上，以便下年度列入计划。自来水东边线是否经济？把建化粪池的钱用来建下水道。由上而下的建，改为由下而上的建。先建东城，后建南城。

施［拉姆珂夫］专家：

到建国门［的道路］，稍加整理，找单行线（把突出的地方修一下）。城外沿城墙开路（东边），低级路面，运货。景[③] 王坟［道路］接三环。铺装路面：无车走的地方用石头修，不用柏油（东直门）。不考虑永久性道路，等改建时建。有些路，明年铺石头，过 1 年再铺油。安定门到宽街，可以不修。德胜门到新街口路口，公共交通。安定门到东单无轨线，不到东单，而到前门？无轨到西单，更增加了西单的交通量。鼓楼到平安里铺双轨。天安门广场一段有轨拆掉。注意大修工作，以提高速度。

阿谢也夫：

1956 年建筑与计划出入过大。平房，10—80 万平方米。用同样的钱，可否提高层数？建平房［要慎重］决定位置，以免偶然形成平房区。西长安街、朝阳门大街，缺少上、下水道。

*　　　　*　　　　*

---

① 原稿为“划”。
② 原稿为“划”。
③ 原稿为“九”。

1. 苏联国家建委：城市建设和规划章程。

2. 第二个五年计划的建筑分布规划，明年第一季度工作。今年总图改完。1∶2000 的平面图，图上表明建筑的详细情况。

3. 勃得列夫讲课稿。

4. 分区规划内容：①第二个五年建设资料。②建筑分布规划（建筑分布图），6 项。③选择分区规划的地区，提出任务（共 8 条）。④区域调查（6 项）。⑤分区规划技术经济根据。⑥成品图：红线平面图，建筑草图，竖向规划示意图，街道横断面设计图，工程网道分布图，定线图。⑦分区设计说明书（内容）。⑧基本情况（内容）。

5. 划区。行政区，居住区，居住小区（街坊）。

12 月 6 日（星期四）

常委会议

1957 年用地计划。

刘［仁］：

如果修 360 万平方米，尽可能在城内少拆房。以市政设施看，在城内修较方便。［如果在］城外修，就需市政设施。今年已拆房子的，中央不反对的，明年有优先权修，如不修，给别人修。都修了还不够，再考虑拆房子。大体上按原来设计。

在城内修，看材料。如果连木头也没有，势必在城外修平房。如果还有一些钢筋，城内原则上修 4、5 层，不能低于 3 层，上边做集体宿舍。已拆了的首先建起来，你不建，他建。除此以外，就考虑在城内还是城外？如果在城里经济，就在城内。

在城外修，已有市政设施者，没问题。如无有市政设施：①中央另给钱，不行时。②修房子拿钱（按一个区算）。③不要下水道等。或者根本不修。实在不行，修渗井、下雨沟，向中央报告清楚。④房子要高层，不能低层（即不能低于 3 层）。城里拆了房子修 2、3 层，不行。修平房，应放在规划区外边。

如果钢筋、洋灰没有，则修平房。准备拆，不能有下水道等。

公馆，提一笔。请中央国务院批。城内拨地皮紧一些。修厕所等，委托 [各] 区管。布局，[大致] 就是这样。

12 月 25 日（星期二）

同专家组一同工作——关于修改总图问题

一、城市用地

1. 公共建设定额，需增加 1851 公顷。

2. 道路用地。干道展宽，400 [公顷]。区界路，40 米 [宽]，500 [公顷]。

3. 停车场、车库用地。[停车场] 1125 公顷，车库 235 [公顷]。

4. 市政设施用地，公共交通保养场 200 [公顷]。

5. 因计算错误，欠 600 [公顷]。

以上共 [约] 4900 [公顷]。

二、图面改动

东北郊工业区，有窑。丰台、石景山。

三、黄河引水的可能性

四、铁路

西便门外车站。西直门站后退。永定门站位置。

1957 年度

1 月 5 日（星期六）

讨论总图修改问题

勃［得列夫］：

［北京市区用地面积］，上次 57000 ［公顷］，今天 70000 ［公顷］，［主要变化如下］：

1. 增加了一些工业用地，在居住区还应布置一些为居民服务的工业，以便于土地平衡。将来，有些工厂，可以盖楼房。

图 6–1　北京市领导张友渔和郑天翔等与第三批苏联规划专家和第四批苏联地铁专家出席 1957 年元旦团拜会留影（1957 年 1 月 1 日）

前排：阿谢也夫（左 2）、诺阿洛夫（左 3）、斯米尔诺夫（左 4）、勃得列夫（左 5）、张友渔（左 6）、巴雷什尼科夫（左 7）、郑天翔（左 8）、果里科夫（左 9）、谢苗诺夫（左 10）、米里聂尔（左 11）、雷勃尼珂夫（左 12）、格洛莫夫（左 13）、佟铮（左 14）。

后排：黄昏（左 1）、施拉姆珂夫（左 6）、沈勃（左 7）、冯佩之（左 8）、岂文彬（左 9）、兹米耶夫斯基（左 21）、朱友学（左 23）、杨念（左 24）、尤尼娜（左 26）、傅守谦（左 27）、储传亨（左 28）、赵世五（左 30）。

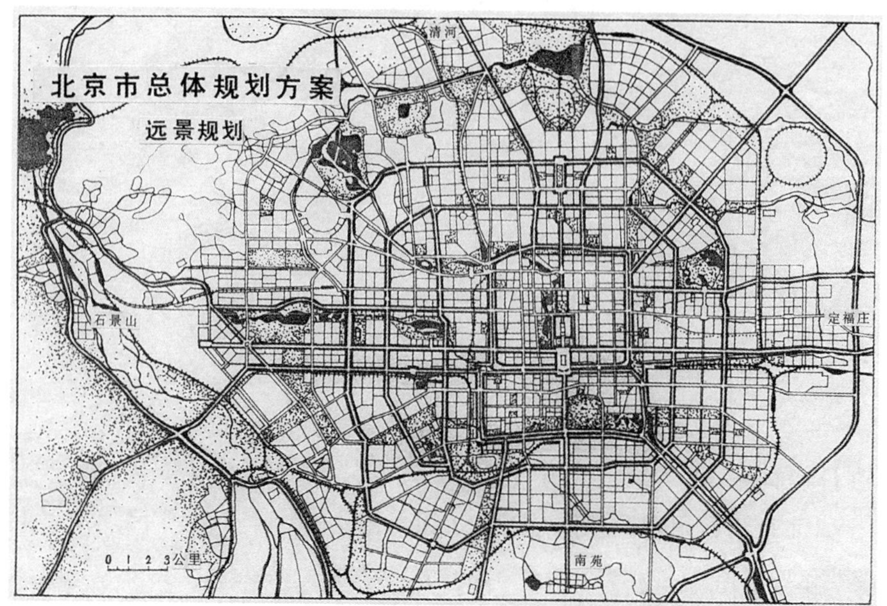

图 6–2　北京市总体规划方案——远景规划图（1957 年）

资料来源：董光器：《古都北京五十年演变录》，东南大学出版社 2006 年版，第 30 页。

2. 层数，仍为四、五层，合理的。已经建了一些平房，将来对平房地区如何处理？这些平房可能不要了，改建为高层房屋。在计算用地时，应当考虑此点。

3. 绿地问题，仍保留原标准，对。有的同志说，不要大的，只要小的。应当有大有小。

4. 街道问题：1000 [万] 人 100 [万] 辆汽车时，则某些街道要加宽，并要准备停车场。不同意某些道路加宽（从 30 [米] 到 40 米），是指居住区内的道路，建筑时房子可以往后退。

5. 增加用地。沿河增加好。农展馆，需保留一块用地。往通县发展，只 [是] 初步意见。

6. 三家店，增加居住用地。

7. 界限。有的地方多余，北边、西山、南苑。

8. 水系。黄河引水，通过运动场方案，好。[设置] 码头。

9. 铁路。包围丰台的环，不好。

10. 墓地、垃圾堆，要计算一下。

雷［勃尼珂夫］：

1. 用地，1956 年［规划方案］56000 公顷，修正方案只增加 1000［公顷］，对工程设施影响不大。增加了一些工业点。防护林不要划在市区内。为居民服务的工业和仓库，没考虑。处理厂、水厂，没表示。

图 6–3　北京城市总体规划讨论会现场留影（1957 年春）

左起：雷勃尼珂夫、杨念、储传亨。

2. 三家店。编组站影响水厂。居住用地，要多大？编组站对水源有很大影响[①]。如何防护？

3. 凉水河处理厂，尚未定。此处设货站，货站搬一下。

4. 铁路。莲花河，铁路，道路，高压线。

5. 黄河引水，对体育场［的］影响[②]。

尤［尼娜］：

① 原稿为"影响水源很大"。

② 原稿为"关系"。

图 6–4　苏联专家游颐和园时的留影（1957 年 3 月）
注：尤尼娜（左 1）、尤尼娜女儿（左 4）、杨念（左 5）、宋汀（左 6）。

1. 人数。“人口限制不住。”考虑人口增加，不能按目前增长速度。莫斯科 1939 年 1 月 410 万 [人]，1956 年 480 [万人]。政府又规定：限制发展工业。1956 年决定，46 个城市不发展工业。社会主义制度，可以调整人口，制止人口 [过度] 增长。人口如果超过了规划数字有什么危险？北京，有卫星城市，可以解决人口的增加。550 万人，肯定下来，可以。[如果按]600[万人]，还要重新计算。

2. 土地平衡。增加 5000 公顷是合适的，过去错算 600 公顷。平房，永久性的，总图考虑。道路宽度，道路分类还不够明确。住宅街道，30—40 [米]，是否走公共交通？如通过公共交通，即需考虑。不能凡居住区街道都叫住宅街道。情况转变，高度提高，汽车增加。

3. 界限。57000 公顷，一组。70000 [公顷]，二组。做分区规划后才能肯定。大运动场是否合适？按功能分区量出用地。

4. 增加用地的地方，[主要考虑] 将来发展方向。

兹 [米也夫斯基]：

土地使用平衡表，要经济。不只增加了用地，而且改变了一些因素。由预计平衡表，转入量图测定。绿线——绿地增加，比 19.4 [平方米 / 人] 更多了。界限，无 [法] 定。550 万 [人口规模]，肯定。

后备地方是卫星镇，早一点开始建设卫星镇。工业防护带不一定都是绿地，可以是仓库、车库等。街道，是城市很贵的部分，尤其 [是] 车行道，占街道建设费用 70%。交通方面重要的是路口。对街道修改意见，值得考虑。

1 月 8 日（星期二）

北京市建筑设计院，讨论标准住宅设计

建委指标：每户居住面积 18 平方米，建筑面积 34 [平方米]，净高不低于 2.8 米，造价不许超过 61 元。

阿谢也夫：

按新定额每户 35 平方米，[造价] 61 元 / 平方米，每户 2000 元。1957 年建两种住宅：①煤气、供热的可能性。②减轻砖拱楼板重量。③建筑物宽度，苏联 6 米、5.6 米、5.2 米、5 米，设计图共 8.36 米。④外形，要简单、严肃。

兹 [米也夫斯基]：

宽度，要一致。单元尺寸不统一。高度，欧洲有的 2.4 米；意大利顶小，3 米。一层、二层，3.3 米、2.7 米；多层的，要 3 米。减低净高，要考虑通风。没考虑通风，北京 [天气] 热、潮湿，需穿堂风。

方向：朝西不可以，朝西南不合适。不能完全按经线，也要按纬线分布一些。不可能都是一排一排，要有东西方向的。走廊，凹窗。现利用率少。

一楼梯几户？一个楼梯 2 户，一南一北。建筑艺术：两个方案，立面都

一样。面积：一户有效面积为29平方米，居住面积18.6平方米，厨房4.5平方米。

罗金：

事先给资料，考虑今天[情况]，还要考虑明天[发展]。8—9平方米不合理，没考虑施工经济，8—9平方米房间能不能住人？穿过一间到另一间，不合理。规格统一化。实用。

雅可夫列夫：

造价，每一家的造价如何？考虑街坊规划，福利设施与街房福利设施配合。应考虑穿堂风。单元处理一般化，没结合规划条件处理。淋浴室是必要的。否则，街坊集体澡堂。3层房子要垃圾道。U形方案，墙的面积很大，[要]避免墙多。

勃[得列夫]：

宽度：宽度与街坊用地有关。红砖、灰砖配合起来用。入口，色彩。也可以采用穿堂式方法，穿堂在外边形成走廊。墙壁都用砖，可否改一下？房间尺寸太复杂了，结构要统一，房间可以有不同布局。在厕所安[①]淋浴蓬头。

考虑每立方米房屋的重量，建委的指标。用大个砖做拱，空心，以减轻重量。烟道和通风道轮番。听取使用者的意见。听家庭主妇的意见。

1月20日（星期日）

地下铁道

2月底、3月初完成。经费，尚未批准，财[政]部[正在]请示中央。材料，[国家]经委通知地质部申请。地质工作，设备、地质工作，地质部解决。

901队任务明确，进度慢。第一季度，[钻探了]42孔，3000米只[完成

① 原稿为“按”。

图 6–5　铁道部部长滕代远和梁思成与苏联地铁专家交谈中（1957 年 3 月 30 日）
注：左起：谢苗诺夫（苏联地铁线路专家）、翻译、米里聂尔（苏联地铁地质专家）、梁思成、滕代远。

了] 160 米。

到苏联参观，学习。造价：洞，100%；60%设备。[苏联] 专家参观外地。

2 月 11 日（星期一）

关于人口问题：

1. 宿舍。租金？救济、补助。

2. 流入的是哪些？老人来京，社里地多了，五保户少了。

3. 预约工。农村没口粮，城里没户口。现在已派人到河北去堵。

4. 城里管。来了直系亲属，报不报？

5. 基本建设。全国流动。

6. 移民。小规模的，无业的。

7. 技工学校，中等技术学校，出去人。工业容纳人。

8. 往外调剂，只靠限制来不行。

9. 中央机关：暑期训练班；有些总局；使馆人员家属，都要到北京来；学校，商业学院，全总干校。

10. 精简以后，出路。

11. 八小时工作制，小礼拜（要接家属来）。通用八小时，也要区别。

12. 按高峰准备人，服务业。

13. 建筑自营（经常窝工）是否经济？自营单位有多少？建筑队伍地区化。

14. 户口条例，宪法 [规定] 居住自由。

* * *

以后人口发展：

1. 自然增长 30‰，机械增长 20‰。1962 年：市区人口 350 万，总人口 490 万。1967 年：市区人口 400 万，总人口 560 万。总人口：1956 年 412 万，1962 年 490 万，1967 年 560 万。城市人口：1956 年 309 万，1962 年 370 万，1967 年 426 万。

2. 如 [果] 以后按 15‰ [增长]（1955 年 [增长] 14.6‰，很紧），420 万出去 80 万（迁入多于迁出 4 万余，动员回去），[则城市人口为] 405 万，[总人口为] 500 万。

3. 如 [果] 以后按 10‰ [增长]，出去 56 万，则 [城市人口为] 390 万，[总人口为] 476 万。

2 月 21 日（星期四）

货　　运

1. 运输[①] 客运集中在几条干道上。

2.1954—1956 年，200 万吨；1955—1965 年，300 [万吨]；1957—1967 年，

---

① 原稿为“运运”。

257 [万吨]。公共货运量增长速度。

3. 马车。5200 辆专营马车，6000 辆副业马车。造价比汽车低 20%左右。饲料，每头 2500 斤。

4. 汽车，每年增加 270—280 辆。

5. 投资，850 万元。1956 年、1957 年共 1400 万元。

3 月 13 日（星期三）

常委会议

1. 地下铁道问题。[孔] 已钻好 13 个，正在钻 13 [个]。旧孔 26 [个]。

2. 规划问题。

3 月 20 日（星期三）

和专家谈话

专家们对文件提的意见：

1. 对过去各个方案进行分析和批评。

2. 社会结构。

3. 工业规模，400 万分类，由市提。

4. [市区人口规模]：400—500 万，[或] 400 万。

5. 建设规模。

6. 居住形式的方向——1 间，小面积住宅。

7. 居住定额，绿地标准，汽车数量，艺术形式，研究。

8. 铁路拆除期限。

9. 公共汽车站。汽车定额，货运定额。

10. 船的吨位。

11. 路线长度，各种车辆运量比重。

图 6–6 彭真市长与苏联规划专家组和地铁专家组专家正在谈话（1957 年 3 月 30 日）

注：苏联地铁专家组结束技术援助协议返回苏联前。照片中间区域的 3 人左起依次为彭真、巴雷什尼科夫（苏联地铁专家组组长）和勃得列夫（苏联规划专家组组长）；左侧区域中，前排左 1 为苏联建筑专家阿谢也夫、左 2 为苏联交通专家斯米尔诺夫、左 3（靠近彭真者）为岂文彬（翻译），后排左 1 为张其锟、左 2 为储传亨；右侧区域中，左 1 为苏联专家勃得列夫的夫人、左 3 为雷勃尼可夫（给排水专家）、左 4 为苏联经济专家尤尼娜、左 5 为苏联规划专家兹米耶夫斯基。

12. 标准线网，广播网，电话网。

13. 造价。

勃［得列夫］：

莫斯科过去对工业人口没规定，以后无法限制。工人 100［万人］。农业 1800［万人］。列莫斯科的数字。科学研究机构，人员。

尤［尼娜］：

工人问题。职工人数占百分比。将来发展变化。列表：现状（1956 年），1967 年，远景。人口数字。

图 6–7　在欢送苏联专家回国的宴会上（1957 年 3 月）
注：勃得列夫（左 1）、郑天翔（左 2）、施拉姆珂夫（左 4）。

3 月 25 日（星期一）

常 委 会 议

规划问题。挖莲花河。

刘［仁］：

规模，这样提，估计可能超过，看能不能控制得住。［人口］尽可能控制在 400 万左右。但不能完全按主观愿望。

性质：工业要发展一些。作为工业城市没问题。［只是］时间问题。

道路，绿化。由眼前看，道路不窄，马路不少。由长远看，不一定宽了、多了，很可能马路窄了。主要干线上尽可能往后一些，停车、绿化。绿化，今天看不少，将来可能嫌少，街坊中布置，考虑到将来舒服。人们希望有院

图 6–8　欢送苏联专家勃得列夫和尤尼娜的合影留念（1957 年 12 月 19 日）

前排：刘仁（左 7，时任中共北京市委第二书记）、郑天翔（左 1）、张友渔（左 5，时任北京市常务副市长）、宋汀（女，左 2，郑天翔夫人）、萨沙（左 3，苏联专家勃得列夫之子）、苏联专家勃得列夫夫人（女，左 4）、勃得列夫（左 6，苏联规划专家组组长）、尤尼娜（女，左 8，苏联经济专家）；

后排：陈干（左 2）、沈勃（左 3）、冯佩之（左 4）、佟铮（左 6）、朱友学（左 8）、黄昏（左 9）、岂文彬（左 11）。

子、有树，住宅中要有绿地。北海，往东发展。公园绿地，不是一定很宽。现在考虑，最近实现，不行。

建筑层数。由现在经济力量看，有些要修平房，[将来] 拆了再建。[如果] 一定 [要] 修 [平房]，[可以在] 靠铁路方便地方修，上下班用铁路，与周围集镇结合。城中心 [地区] 修高层合适。现在，找些地方修平房。远些，用火车交通。此次规划，考虑问题较多。

城楼保留几个？周转的方案，留多了。马路，不能都修三块板。水，潮白河争一下。人口如果增加，总水量即可能不够，解决水、电等不能按 400 万人。地面水，根据这个资料。[供水量] 如果是 6 个 [立方米 / 秒] 水，对地下水就需要有所限制。总的 [要求]：服从规划。眼前，种菜要照顾。[有] 可能双方照顾的，照顾。真正开渠，搞在下游，在上游挖渠困难。丰台、南苑，目前没大影响。东边总要发展。北边，海淀[①]一带，开一块地。防空，就那样提。

管理 [方面]，政府机构是否还 [会增] 多？设计要经过一个地方批准。建委所属机构，并一下，研究一下。统，主要是中央把建筑任务交北京。解决不了 [的问题]，报中央、国务院。争取 1958 年搞好。

4 月 8 日（星期一）

分区组：建筑草图的讨论、马路标高问题

6 张图没有完成。红线：4 个部门定[②]。竖向规划，标高不统一。道路横断面，地下管网。建筑草图。规划组——设计关系。大范围的分区规划。

4 月 10 日（星期三）

分 区 座 谈

运动场与中学运动场，一起？分开？儿童游戏场。家务杂院。排列方式，日照，阳光，距离。小区商业布置，分散，集中？层数。绿地：集中，分散？

5 月 10 日（星期四）

建筑界座谈会

张开济：

建筑上有方向性的错误。原因：政治同技术没安[③]排切当，造成设计水

① 原稿为“甸”。

② 原稿为“订”。

③ 原稿为“按”。

图 6–9　苏联专家阿谢也夫与北京市设计院的专家张开济等在一起的留影（1957 年）
注：陈占祥（左 1）、张镈（左 2）、华揽洪（左 4）、阿谢也夫（左 5）、张开济（左 6）、朱兆雪（左 9）。
资料来源：华新民提供。

准低落；一面倒；结构主义、世界主义、计量观点。

大屋顶问题，技术、政治混在一谈，不敢力争。技术脱离政治，质量不高而造价高、标准高，脱离经济条件。

领导同志对建筑的评价，不全面。纯技术观点：标准设计走了弯路，政治、技术安[①] 排不当。

华揽洪：

对技术人员看不起：我们确定的政策，专家们执行好了。拟订方针时不找我们。对“实用、经济、可能条件下美观”方针，不同意。

我主动找你。1953 年，提出建设方针问题：①规划未定；②国家投资；③设计质量。对临时性建筑不注意。标准问题，建筑物的标准要适合。没

① 原稿为“按”。

答复。1954 年又提，1956 年又提。不信任。你不懂。

对长期打算有意见，不合实际。居住面积比例低。设计力量摆在个别设计上边，剩下不多的力量搞居住建筑和城市规划。不让我搞重要的。幸福村，设计试验，支持不够。

对规划工作意见：①技术审查——技术委员会。②外国专家来京重视，亲自接见、听意见不够。实际上政治解决一切、指导一切、代替一切。

张镈：

设计，规划，施工。设计，党领导多了，[还是] 少了？少了，没有对问题全面分析。事务所作风。作为个有机体，设计院不能做。应当先设计，设计好，过几年返工也好。政治干部，做政治工作不够。

规划：广安门里边小区规划，居住用地比例 46%—47%，实际做到 58%。

施工：①预制厂，造价需 1000 余万，为了节约，把养护池缩小。占地 15 公顷，年产 3 万立方米。②西郊四公司，占地 1.5 公顷，投资 20 余万，年产 2 万立方米。③合作社工地，15000 万元。④机器挖土 22 万元，用人工挖 10.4 万元，工期能提早一个月。施工的方针，究竟怎样？

经济：经济不经济，从理论分析不够。科学的分析，需要领导参加，领导管的太少了。

陆仓贤：

国家建委教条主义，定额、规范，定的很死。

争鸣问题：从设计方面争鸣。领导方面给的条件不够，让大家争鸣的气氛不够。几个问题必须争鸣：①标准设计要不要？占什么地位？②层数问题。③设计奖励，光从图纸看，错不错？

杨锡缪：

定额、规范、来源。运动场规范，400 平方米。电影院。

朱兆雪：

[政府] 管的太多，管的太少？管我们的机关太多。不解决问题，推 [事]。行政干部多，副部长也多。局多的数不清，副局长这样多到底好不好？

北京市，机构 [应该] 少些，解决问题快些。交流经验——全国性的会议，派能解决事情的人。增产节约问题，由科学上研究。工程公司省下的钱，分（提取），提取50%奖励。

杨锡缪：

材料困难，为什么？计划了那么多年，忽然没有了，哪里大了也不说明一下。粮不够了，谁的错误？无缘故，没见到检讨。什么东西缺乏，都是生产赶不上，浪费。

朱［兆雪］：

预制厂。材料。

华［揽洪］：

工业化问题。装配只定一个方向，不是唯一的方向。

黄世伦：

定线标高。莫斯科几十年没定，北京也不能定，想不通。道路，根据什么［规划］这样宽？规划，不能随便变，如西长安街道路。定了线，过几天还要改，事先考虑不够。

市政设计院，不守规划。东直门路，高程［问题］。阜成[①]门到北海，本来两边就洼。路再高，丁字街口最高，还要加高。规划是否起一定作用？绿地比例。保护树问题，首都剧场前边的树。东直门电车搁在路中间。建设程序同规划设计程序不一致，设计无法实现。

① 原稿为“城”。

1958 年度

1 月 30 日（星期四）

彭真同志谈话

主席最高国务会议［讲话］：

北京改造成现代化城市。

除“四害”，两本账，报上先别吹。现已有 1383 个单位“四无”，报上登。继续打扫战场，即便消灭了，还提继续打扫战场。“四无”依靠不断斗争。情况：1 月底，老鼠 87.4 万只，郊区占 70%，麻雀 76.8 ［万只］。差的：清华、石油、医学院，工业系统。

彭［真］：

郊区若干乡，干［部］劲头不如别的地方。划来河北几个县[①]，要向那里看齐。

市政建设：［发展］煤气、沼气；［发展］无轨电车，限制自行车；调换房子；大车搞出去，有些带着大车牲畜参加合作社去。

通过卫生运动，把居民委员会组织起来，整风、扫盲、搞生产，都用这个组织。万人大会要开，经常开小型的会。

---

① 1949 年解放初期北平（京）市域面积较小，后来进行过多次行政区划调整，特别是 1958 年的两次调整使市域面积得以显著扩大：“1958 年 3 月，第四次扩大市界，将原河北省通县、顺义、大兴、房山、良乡五县划入北京市，净增土地面积 4040 平方公里，市域总面积为 8860 平方公里”“1958 年 10 月，第五次扩大市界，将原河北省的平谷、密云、怀柔、延庆四县划入北京市，净增土地面积 7948 平方公里，市域面积为 16808 平方公里。”资料来源：北京市地方志编纂委员会：《北京志 · 城乡规划卷 · 规划志》，北京出版社 2007 年版，第 30 页。

古建筑上的麻雀，研究一下。把［捕］麻雀能手放到古建筑［方面］，也［实行］包干。1年［实现］“四无”，内部掌握，不登报。

山上绿化，动员部队包山，从张家口到通州，通通绿化，机关部队、学校包了山，找种子，密植。组织指挥部：冯、赵、罗子方。水利部、林业部。

3月6日（星期四）

彭 真 谈

地下道问题，决定马上设计。铁道部包下来，设计、施工全包。先修东南西北线，主要靠山。铁道部设计，首先请示军委。东西交通少，搞畅达。［发展］煤气［事业］，把大烟筒拆掉①。

4月29日（星期二）

首都建设中的问题

大和小的矛盾（工业问题）；新和旧的矛盾（古建筑）；城里和城外的矛盾；高和低的矛盾；现在和将来的矛盾；集中和分散的矛盾。

* * *

政治挂帅，发动群众。一长挂帅，依靠职能。轰轰烈烈，劳技结合。冷冷清清，劳技脱节。

天安门方案。十三陵水库问题。学习《论共产党员修养》。

* * *

① 原稿为“掉掉”，应为笔误。

图 7-1　毛主席在十三陵水库工地参加劳动（1958 年）

中央书记处会：北京改建

谭［震林］：

相当美观，不要洋大盒子。办公楼下层，应有服务性质。

黄［克诚］：

调整房子。军区房子不能统一调整。长安街，准备［修建］5 栋大房子，［包括］：博物馆、图书馆、体育馆、俱乐部。

刘［澜涛］：

我主张拆房子。

［李］先念：

北京特殊点，全党讲清楚。［修建］常委大厦。首都建设与地方应有区别。道口，［搞］立体道口。

刘［澜涛］：

首都规划搞好。

彭［真］：

统一管理，调整，加统一建筑。组个小组，选定地点，办公宿舍就近，定点，宣布减十分之一。

［修建］人大礼堂，8000—10000 人。北海附近搞个俱乐部。

要不要勤俭建国？标准，两头，高些、低些？道口，［搞］立体交叉，铁道搬出去。拆房子，每年盖几个？机关宿舍分［布］得［太］散。盖些弄堂房子。

规划，送总理看一下。送中央。城墙，拆？［还］没做决定。围墙，故宫［作为］公园。

钱：

文化，重外轻中、厚古薄今［的不良习惯］。［应该］古、今、中、外，教条主义、修正主义，综合利用。上层建筑，龙尾龙头，但思想走在前面。

多快好省，对文艺，第一［要求］是质［量］（彭［真］），首先思想大跃进。

图 7–2　刚建成时的人民大会堂（1959 年）

资料来源：中华人民共和国建筑工程部、中国建筑学会：《建筑设计十年（1949—1959）》，1959 年编印，第 174 页。

[建设]“五网”。政治挂帅，群众路线，百花齐放，百家争鸣。听党的话（依靠地方）。重中重今。今后 15 年，文化普及。

下放北京 41 个单位。剧团，国营、民营问题。

彭 [真]：

北京多大？有什么？ [在] 课本里加几课。

文化：①九个指头，一个指头。②抓政治，思想斗争并未完全解决。③普及和提高，普及是基础、根本，在此基础上提高。④体制。⑤活人、中国人。社会主义内容，民族形式（民族化、地方化）。

5 月 3 日（星期六）

彭 真 谈

用煤气、电代替烟筒，2、3 年内。首都电气化、煤气化。城里盖一些公共建筑，主要盖宿舍。上海、天津弄堂，苏联大宿舍。里边有点院子，可以照着太阳。

隔离设备，搞个工厂，压低价钱。报上不要吹十三陵是经验。烟筒、煤球炉子去掉，要多少钱？无轨电车，专门搞汽车的、搞煤气的、搞无轨 [电车] 的，组成几个小组。南苑有没有富余设备，搞汽车壳子。煤气，今年试验。

化肥，接住翻。现在已经定了的，多少产值？地方工业多少？中央工业，请中央计委通盘安排。跟天津翻，怎样翻法？首都工业化，如何化法？定一个项目，赶紧搞一个。缺脊椎骨、头脑。广州：一年 4 次，虚实并举，以虚带实。

困难会有：千年一遇洪水；阵营内部不巩固；战前；灾荒。西游记。

5 月 28 日（星期三）

中国的革命已进入一个新的历史时期，这就是以技术革命和文化革命为中心的社会主义建设的新时期。规模广大的革命，一步登天的想法不对，看作遥远未来的事，也不对。农具改革运动和技术革新运动，就是技术革命伟大的开端，技术革命必须是一个群众运动。反对“右倾”保守，反对脱离实际，好高骛远。技术是劳动实践的总结，技术的创造者是劳动人民。政治不挂帅，技术的发展就会迷失方向。同时，要加强“兴无［产阶级］、减资［产阶级］”的自我教育运动。

6月6日（星期五）

工业建设问题

现在，主要关键是建筑力量和任务不能适应。工地上到处工力不足，进展慢，到第三、四季度会更严重。化工区，1万人施工，衙门口，1万人施工。当前急需大量加人。十三陵水库，商业部门［队］伍、修路的队伍上来。

在全面安[①] 排下，要有重点。北京，要有156项［工程］，保证重点。对重点工程，必须齐头并进。零星建筑，查一下，压缩。城外各县，用自己力量大量发展。可以。

建筑业发展方向，机械化。地方工业，生产一些，争取进口一些。预制构件厂。雨季施工，冬季施工，日夜三班。对冬季施工费用如何看？去年有一股小风。［发展］安[②] 装队伍，明年要齐头并进地安[③] 装。［如果］要不来，只好自己早做准备（冶金部筑炉队调走，安[④] 装五处下放甘肃）。

潮白河引水工程，争取今年开工。否则水不够用。十三陵的班子不要散了。

---

① 原稿为“按”。

② 原稿为“按”。

③ 原稿为“按”。

④ 原稿为“按”。

图 7-3　十三陵水库建设场景（1959 年）

6月23日(星期一)

常委会议

城市规划。工业规划。

审查:

1. 工农业大跃进。粮食增1000亿斤,工业增加50%,基建230—240亿。

2. 苦战三年,改变面貌:40条,三年实现。

3. 劳动力需要大大增加。

4. 原材料、电、铁路,集中解决,以重点带动一般。全局出发,抓住重点,促进其他。

5. 迫切要求技术革命。3年后,向机械化、自动化、化学化发展。

6. 第二个五年[计划],提前实现纲要,建成完整工业体系,五年超英,十年赶美,十年内赶上世界最先进科学水平。

指标:①1962年工农6250亿元,1957年1330亿元,每年[增长]35%。工业每年[增长]45%,工业比重[增长]75%,生产资料[增长]65%。②钢:[以]6000万吨为基础平衡,能力8000万吨。以钢铁机械为纲,1967年[产量]一亿[吨]以上。③农业:[以]粮、棉为纲,加快油料、畜牧。

项目:限额以上5000[个]以上,重大项目800[个]。电125[个]、化肥50[个]、煤69[个]、机械250[个]、钢90[个]、油70[个]、铜23[个]。

财政:5年3000亿投资。工[业]占65%,其中电占60%。1959年基本建设投资450亿。

部[①]署:三个并举,重点、一般[相]结合。各大区建立工业体系。缩小城乡差别,促进城乡结合。分散布置,综合利用的工业集中。

800个重大项目分布:华北149[个]、东北102[个]、西北118[个]、

---

① 原稿为“布”。

华东 163 [个]、华中 104 [个]、西南 111 [个]、华南 53 [个]。技术力量：大学生 120 万 [人]。劳动力 2000 万 [人]，工业 1200 万 [人]。

*　　　　*　　　　*

薄一波：1959 年安排

1958 年：粮 4700 亿斤，棉 4400—5000 万担，工业产值 1100 万元，钢 1000 万吨，机床 7.7 万台，基建投资 265 亿元。

1959 年：粮 6000 [亿斤]，棉 6000 [万担]，猪 3.5 亿 [头]，工业 [产值] 1670—1780 亿元，煤 3—3.2 亿元，电 420—450 亿度，铁 3200 万吨，钢 2500 万吨，石油 600—800 万吨，基建投资 450 亿元。3528 [个] 项目。

6 月 27 日（星期五）

彭真开会：街道改造

彭 [真]：

经济，[要] 社会主义的。生活形式，小家庭的束缚妇女，生活方式（分散的，小的）与生产方式（大规模的，集体的）不相适应。经济上不利，劳动力找不到。政治上、思想上不利，消费者空气。分散的生活方式影响意识。

上万妇女到乡下义务劳动，证明有共产主义要求。城市比乡村落后，乡村地主都参加了劳动，城市则许多人不参加劳动。为解放劳动力，改善生活，同时根本改造社会。

根本措施：①农村，[办] 公共食堂、托儿所。每个区先搞一、二个乡，从生产到生活全面 [搞] 社会主义，理发、洗澡、做衣、服务、商业，工农商学兵。每乡都有。并村、盖房。②工业区，一切俱全。石景山摆纱厂，用煤烟搞化工厂。③城里，塞一些工厂。分好多小区，食堂、商店、学校、洗衣、洗澡，托儿所、中、小、大学，文化娱乐。烧饭也变成集体大经济，家务劳动变成社会劳动。

解放妇女，彻底解放。办法：家务劳动集体化，集体化道路，由群众自己办。把家务劳动变成集体大经济，才能彻底解放妇女。320 万人口中，110 万就业。劳动力加半劳动力有多少？有了劳动力，生活改善了，可以实行低工资制。社会风气，思想政治变了——共产主义空气，资本主义残余易于肃清。

内城，东西南北角，贫民多，靠马路，计划几个居民区或叫公社。外城，一个区搞二个。家庭劳动，工厂中许多工作拿到家里做。夕照寺建的情况，右安门一带。先 [将] 就现有房子，同时准备盖房子。群众办，不要国家办，群众的集体事业。

6 月 28 日（星期六）

刘少奇同志谈

劳动保险，要搞社会保险。动员小贩参加生产，你有自由不参加生产，我有自由不发执照。

做一个规划，教育规划。大单位下有许多小单位，把所有学龄儿童都上小学，小学毕业的上中学，初中毕业的上高中及中技，高中毕业的上大学，达到普及中技及大学的规划，[需] 多少年？要什么条件？国家办，群众办，半工半读、半农半读。一不靠国家，二不靠家庭，靠自己养活自己，爱上大学上大学，爱上中学上中学。做这样一个规划。

解放妇女。解放妇女 [的问题] 要解决。3 岁以下 10.97%，7 岁以下 11.27%，15 岁以上半工半读。亦工亦学，亦农亦学。从生到死都有人管。早办比迟办好。一生下就有托儿所、幼儿园。对整个社会讲，是节省。走群众路线，靠自己吃饭。国家给教员（训练），工资他们出。

7月3日(星期四)

中央书记处会议

刘[澜涛]：

华北今年上马的[项目]40余项。钢,1.2—1.5亿[吨],1962年。东北5000万[吨]。一机部要的钱,全部满足,今年上马,年底不砍。明年450亿基建投资。关键:冶金设备、电(华北300万千瓦)。钢、铝,能不能中小型制铝?油,多搞。铁路,全国1—1.5万[公里],新线。华北的钢,2000万吨,少了。

建设中,项目如何统一分配?要打个统一仗。[如果]不统一,收效不大,主要是今明年。什么东西放到前边?下步快,摆不好不快。今明两年,主要搞关键性设备,冶金电机上不去,是否搞化肥、拖拉机、汽车?分别轻重缓急。棉纺,不可多增。石油,小型的多搞。钢、铝,集中力量解决。

前提:要有统一安[①]排,中央,中央与地方,保证重点。不关重要的,摆一下。冶金、机电,突上去。拖拉机想替换点劳动力。

北京方针怎样定?工业布局,适当分散些。房子,修漂亮些。小平同志不赞成7、8层,4、5层好。石景山,搞成个城市。城市分散些,多搞些城市,主要是中小城市,搞子母城。地下电车,明年"五一"开工,由东往西,东边体育场,穿山。城市搞美丽的,房屋修漂亮的。

外贸,集中力量抢大型设备,搞关键性设备。把党群系统先来减工资,使领导干部接近劳动群众水平。战略布置:青海、新疆、西藏,5年内去100余万人。胡耀邦动员,王震领导。

北京劳动力,自己解决。学校门口贴条子招工,停止。粮食:华北基本上不搞水稻。麦子,种点杂粮。

1959年华北投资80—100亿。明年收入全国600—1000亿。财政体

---

① 原稿为"按"。

制，研究。大学，机器电机制造学院，快搞。工业生产，布置1959年任务。厂房盖起来，没设备的早做打算。农业：找陈鹏谈一下。要3000台，今年给1000台，明年给多少，提要求。给多少粮食。抓一下。商业：研究新的情况下办居民委员会的经验。想许多办法，节省劳动力。机关：半工半读。国营农场，不要过多地扩大。机械化文章做在苦战三年、集体化，农民自力更生。

7月7日（星期一）

常委会议

张旭①：

少奇同志到宣武区［调研］。家庭妇女当售货员——几个人顶一个人？三个人顶一个人也行，两个人顶一个也行。家庭妇女参加生产：到食堂跑堂，有的人跑回来了——不愿干，是否可以回来？小学、门诊部、幼儿园，交到街道办事处。小学下放什么，不下放什么？小学经费，也可以下放。只准办好，不准办坏，只准办多，不准办少。经费下放有好处。石［景山］钢［铁厂的］例子。［如果］办少、办差，还要收回来。

街道托儿所，救济费——社会救济费交给你们，不往上交，人也包给你们，对救济对象作为救济基金。这样，你们就有了钱了。街道办事处也要有点钱，工会的钱也可多一点。要搞社会保险，保生老病死，将来一切人都由公社保起来，不必再搞其他劳动保险。区里打算办“老年互助之家”——原则上可以。在家多用人照顾。很多人参加了生产，照顾不来，集中起来好，养老院最好离的不要远。

托儿所，3岁以下的不好办——看小孩是群众的事，也是国家的事，［如果］不搞3岁以下的，妇女永无脱身之日。过去由国家办，群众有意见。只要群众办，花钱少，办得好，最好全托。小学生将来也要住在学校。这样办，

① 张旭，时任中共北京市宣武区委书记。

并不贵。一个先搞工厂，一个搞托儿所。托儿所是社会主义事业，全党事业。办托儿所要有规格，集中起来，[如果] 不会管，很危险，要有近代标准。医生要检查，有些沙眼，肺病……师 [范] 大学 [学] 前教育系下去帮助，训练办托儿所的 [老师]。可不可以从现在幼儿园中挑一批好的下放？少年之家，儿童乐园——将来每个孩子住在学校，每个学校都是乐园，这不是方向。少年之家办起来，将来干什么用？

组织起家庭妇女，不给钱——长期没钱不行，学习一些时候再给钱，可以。代销也给些手续费。老店员，工资福利不能减少。

“组织生产，群众自办”——有几种类型：为本街道服务的，群众自办；给别人加工生产，没原料，[这是] 市场问题；另一种往外卖的，就有了统筹安[①] 排问题，由政府平衡。将来街道办事处都要有一两个中型工厂。[如果] 没中型的，[就] 搞小型的。盖工厂，就盖在办事处。有的地方已经有了工厂，就少盖一点。由国家投资，下放到办事处，由你们代管。建设工厂，搞义务劳动，一个办成两个。

“人人锻炼”——年纪太大的、残疾的，活动点，人人都锻炼，就没有自愿了。一定搞社会主义，没有活动余地。这方面顽固点可以。不反社会主义、不反革命，[但] 思想上不赞成，允许。除政治思想外，自由可以多些，不要非如此不可。广播操，不是一切人都搞。

“生活革命，妇女解放”——生活要革命，如何革法？革谁的命？提家务劳动集体化，也不是所有生活都集体化。妇女从家务中脱离，有些人脱离，有一部分人（至少 1/3 或 1/2），还得搞家务。妇女，不是脱离家务，而是搞得更好。家务劳动变成社会劳动。家务劳动组织起来，就可以专业化。

妇女，已经解放，只是没有从自己的家务劳动中解放出来。组织起来，活少——没事做，可否组织起来学习？组织生产，组织学习。没生产 [任务的时候] 就学习。

生产、学习要多面性。没有学够的那一天。学习为了将来参加更高级的生产。业余学校，时间不够，也有有时间的。节约时间是个大问题，可否

① 原稿为“按”。

6 小时工作，2 小时学习？半工半读，不但不花钱，而且还可以赚钱。工厂和学校，可以完全合而为一。新办的工厂，可以招 4 小时工作、4 小时学习的工人。

*　　　*　　　*

晚　上

彭 [真]：

少奇同志 [说]，总的印象，情况有很大改变。去年到各地去过，工人对领导不满。今年完全是新的情绪，情绪饱满，干劲足。[有] 意见，不是埋[①] 怨，而是说不够。

试点——到几个社，山，[包] 给他们。搞两个点。感到那里工厂有点集中，也有原因，不要把城市联成一块。工业不要摆得过密。工间操不适合于农村。工厂是否搞工间操？也不可能。

工农业结合。城乡差别如何消灭？工业普及，教育普及，逐步消灭城乡差别。城里怎样办？不放工业，表示个方针，分在各区、各县。公社——工农兵学商。每社发饷，每人每年打几十发子弹，全民皆兵。宣武区，托儿所人员要好好训 [练] 一下。几个 [方面权力] 下放：小学、工会，会费、救济费。

典型试验，登报注意。口号是：参加生产，参加学习。

几个问题：

1. 农业社转国营农场。我鼓了劲，我又动摇。工资如何订？全国如何过渡？万把户一个社，分配制度，记分，都要有所改进的。实际即全民所有。并大社，国营农场扩大，需要做两种试验。国营农场是用合作社的经验改进其工作的，在一定条件下全民所有制不如集体所有制进步。200 万亩太大了，90 万亩也大了，原来提的考虑不用。搞大社，但也不是一天早上都搞大社。

---

① 原稿为“瞒”。

2. 手工业社转厂问题。工资如何定？把转了的搞些典型经验，必要、可能条件，有些什么问题。还没有“肃反”的，肃了再转。

3. 工资制度。计件工资害多利少，在现代工业中一般否定。有些搬运动，手工的，还要保存。把北京机器厂、毛织厂经验写一下。工资制度，大体有四种：①工资：中央国营平均 63 元 / 月，地方国营 57 ［元 / 月］，合营 55 ［元 / 月］，手工业 50 ［元 / 月］。②福利：国营 12.6 元，地方国营 11.8 ［元］，公私合营 8 ［元］（?），手工业 6 ［元］。③新搞工厂，建立一种新的制度。搞几个典型。倾向是低工资。

4. 每个区搞几个典型。发展的道路如何？城里有人同意，有人反对。从生产搞起（生产就有问路问题）。生产即有了收入，有了收入家人即满意。劳动后即搞食堂。不愿意者不要参加。先搞生产后搞食堂，再搞托儿所。

5. 农业问题。市委不能把中心［工作］放在农业［上］，但要抓紧农业，因为农业不解决，没粮食吃，没衣服穿。苏联速度慢，即因农业发展慢。第二，即钢。旱稻、麦，630 亿斤。钢，今年翻[①] 一番[②]，明年 3000 多万吨，1962 年 1.4—1.5 亿［吨］。第三，机器。现在抓这三环。郊区农业，原来基础差，今年抓得不紧。教育抓得不紧，具体措施不够。现在抓田间管理：追水，昼夜突击打井。追肥，补苗。市区，一周查 1 次。

6. 北京的历史、地理。限 1 个月编出《历史》，一个月编出《地理》。宣传部编。

7. ［办］理论刊物。

7 月 21 日（星期一）

工业，分散布置。搞地下铁道，专家要请，主要靠自己。山里搞点工业，防御措施。工业分布，搞几个卫星城，搞成独立系统。

拆房子。拆城墙，拖的太久。把西城［墙］一直拆到前门，拆了以后栽树。

钢怎样用？粮食怎样用？基本能销，不要依靠外调。郊区，山地种果树。

---

① 原稿为“反”。

② 原稿为“反”。

白薯，准备自销。

天安门广场［改建］，动手。搞建筑工厂，机械化。搞洋灰厂。

首都，全国人民的首都。按全国要求办事。经常了解全国情况，听多方意见。8 年来，我一直感到保守势力之压力。

8 月 31 日（星期日）

基本建设会议

［刘］秀峰：

任务与力量不相称，力量不平衡。大型机械设备，希望生产和必要的国外订货。力量生产问题：明年每人要平均产值 8000—10000 元，现在 4000—5000 元。疏通任务：1—7［月，完成］33%，8 月完成 40%，9 月完成 60%。

有些新增项目，没有报材料。现在，可以分配一点。明年建筑部门生产水泥 200 万 T［吨］，今年［生产］30 万吨。水泥，增加 50 万吨，完成后再分成，土法高标号。

城市建设，保障工业的供水、排水、道路，必要的要安排。

［李］雪峰①：

生产、基建两个指挥部，必须迅速组织起［来］。工交小组，3 个委员会。委与厅局的关系，厅局多好不好？不要从大厂过多调干部上来。

党的工业部，存废？三个方案：①现有基础上前进，四条任务加两条，变成工业方面的组织宣传部，成为工厂工作部，共产主义怎样搞？②撤销，把政治工作等拨给两个委员会，即工业部与委［员会］合一。③更进一步，党政合一，干部管理、党的组织工作，分给部。

［薄］一波：

今年基础，要求切实排队。有材料又有设备的，首先建。有材料没设备，可以先建，等设备。一刀砍的作法取掉了。

---

① 时任党的八届中央委员、中央书记处书记。

陈云：

1. 明年，项目会不会大变？大变不会有，个别地方调整可能有。回去后可以准备。会不会加一点，可能有。大体不变。

2. 基本建设排队，势在必行。上马，不要一下都上。明年的钢，还是上半年少，下半年多。明年只能轧材料1900—2000万吨。排队，包括工业、民用、水利，各方面。今年25亿，空账，有钞票，没材料。排队，先搞什么，后搞什么，根据中央方针，自行安[①]排。

3. 施工力量与任务：500亿，加地方共约600亿。还有今年结转的，可能30亿。共可能有650亿。材料不够。施工力量、技术力量，研究。招收工人——按进度陆续加人。

4. [包括] 生产基建在内，检查一次材料。来一次清仓。检查后按需要安[②]排。

5.9月会议怎样开？9月20—25日。华北可否在15日开？以协作区为单位。

9月5日（星期五）

北京城市总体规划汇报提纲[③]

一、原来规划

①城市，乡村。②大城市中心，集中的城市。③卫星镇。

二、现在修改

①工业更加分散。②卫星镇，数量增加，容量减小，山里多搞。③城区分割，田园化。④市区人口减少，[由原来的] 500—600万，[减少为] 450万左右。⑤绿地：60%—70%。

① 原稿为“按”。

② 原稿为“按”。

③ 1958年9月5日召开的中央书记处会议，郑天翔是参会者，并作了关于北京城市总体规划工作的汇报，这是他当时准备的规划工作汇报的几个要点。

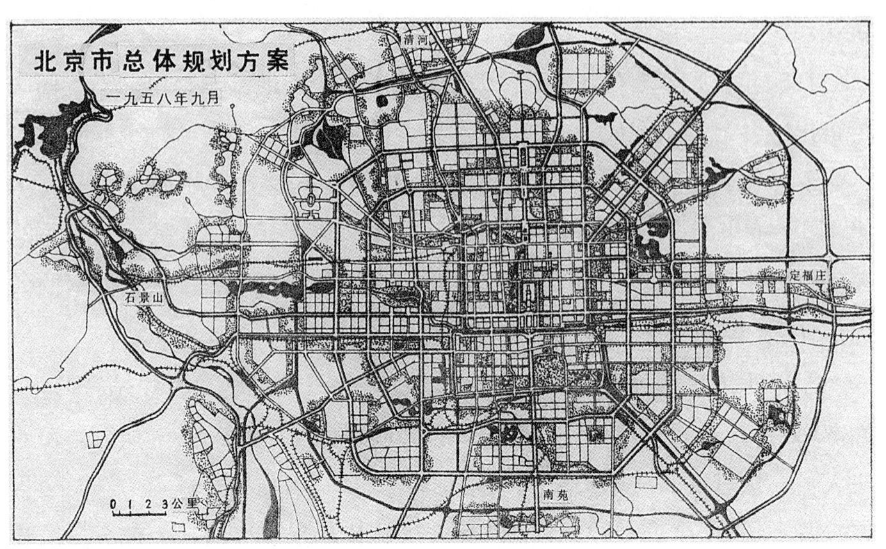

图 7–4　北京市总体规划方案（1958 年 9 月）
资料来源：董光器：《北京规划战略思考》，中国建筑工业出版社 1998 年版，第 338 页。

三、马路

更宽一些。

四、问题

①大车站。②水源。③铁路西线，山前［还是］山后？④大运动场。

主要参考文献

中共中央文献研究室编:《建国以来毛泽东文稿》,中央文献出版社 1987 年版。

中共中央文献研究室编:《毛泽东年谱》,中央文献出版社 2023 年版。

中共中央文献研究室编:《建国以来重要文献选编》第一至十一册,中央文献出版社 1994 年版。

中共中央文献研究室编:《邓小平年谱》,中央文献出版社 2020 年版。

中共中央文献研究室、中央档案馆编:《建国以来刘少奇文稿》,中央文献出版社 2005 年版。

《彭真传》编写组:《彭真传》,中央文献出版社 2012 年版。

《彭真传》编写组:《彭真年谱》,中央文献出版社 2012 年版。

《郑天翔纪念文集》编写组:《郑天翔纪念文集》,人民法院出版社 2014 年版。

《住房和城乡建设部历史沿革及大事记》编委会:《住房和城乡建设部历史沿革及大事记》,中国城市出版社 2012 年版。

薄一波著:《若干重大决策与事件的回顾》,中共党史出版社 2008 年版。

北京建设史书编辑委员会编辑部:《建国以来的北京城市建设资料》第一卷(内部资料),北京朝阳区大北印刷厂 1987 年。

北京卷编辑部:《北京·当代中国城市发展丛书》,当代中国出版社 2010 年版。

北京市城市规划管理局、北京市城市规划设计研究院党史征集办公室编:《规划春秋——规划局规划院老同志回忆录(1949—1992)》,内部资料,北京市测绘设计研究院制图印刷厂 1995 年版。

北京市城市规划管理局、北京市城市规划设计研究院党史征集办公室编:《组织史资料(1949—1992)》,内部资料,北京市测绘设计研究院制图印刷厂 1995 年版。

北京市城市规划管理局编:《北京在建设中》,北京出版社 1958 年版。

北京市城市规划设计研究院编:《北京旧城》,北京燕山出版社 2003 年版。

北京市城市建设档案馆、北京城市建设规划篇征集编辑办公室编:《北京城市建设规划篇》第一卷“规划建设大事记”(上册),内部资料,北京印刷一厂 1998 年版。

北京市城市建设档案馆、北京城市建设规划篇征集编辑办公室编:《北京城市建设规划篇》第二卷“城市规划”(上册),内部资料,北京印刷一厂 1998 年版。

北京市城市建设档案馆编:《郑天翔与首都城市规划》,内部资料,北京市城市建设档案馆 2014 年版。

北京市档案馆、中共北京市委党史研究室编:《北京市重要文献选编》1952 年,中国档案出版社 2002 版。

北京市档案馆、中共北京市委党史研究室编:《北京市重要文献选编》1953 年,中国档案出版社 2002 版。

北京市档案馆、中共北京市委党史研究室编:《北京市重要文献选编》1954 年,中国档案出版社 2002 版。

北京市档案馆、中共北京市委党史研究室编:《北京市重要文献选编》1955 年,中国档案出版社 2003 版。

北京市档案馆、中共北京市委党史研究室编:《北京市重要文献选编》1956 年,中国档案出版社 2003 版。

北京市档案馆、中共北京市委党史研究室编:《北京市重要文献选编》1957 年,中国档案出版社 2003 版。

北京市档案馆、中共北京市委党史研究室编:《北京市重要文献选编》1958 年,中国档案出版社 2003 版。

北京市规划委员会、北京城市规划学会编:《岁月回响——首都城市规划事业 60 年纪事》,内部资料,2009 年编印。

董光器:《北京规划战略思考》,中国建筑工业出版社 1998 年版。

董光器:《古都北京五十年演变录》,东南大学出版社 2006 年版。

董志凯、吴江:《新中国工业的奠基石——156 项建设研究》,广东经济出版社 2004 年版。

谷安林主编:《中国共产党组织机构辞典》,中共党史出版社、党建读物出版社 2019 年版。

胡世德:《历史回顾》,内部资料,2008 年编印。

建筑工程部建筑科学研究院:《建筑十年——中华人民共和国建国十周年纪

念 (1949—1959)》，1959 年编印。

李浩、李百浩：《北京长安街红线宽度确定过程的历史考察——兼谈苏联专家援华时期的中国规划决策》，《建筑师》2021 年第 6 期。

李浩：《"梁陈方案" 未获采纳之原因的历史考察——试谈规划决策影响要素的分层现象》，《建筑师》2021 年第 2 期。

李浩：《北京规划 70 年的历史回顾——赵知敬先生访谈 (上)》，《北京规划建设》2020 年第 3 期。

李浩：《北京规划 70 年的历史回顾——赵知敬先生访谈 (下)》，《北京规划建设》2020 年第 4 期。

李浩：《畅观楼小组及第一版北京总规诞生记——张其锟先生访谈 (上)》，《北京规划建设》2019 年第 5 期。

李浩：《畅观楼小组及第一版北京总规诞生记——张其锟先生访谈 (下)》，《北京规划建设》2019 年第 6 期。

李浩：《还原 "梁陈方案" 的历史本色——以梁思成、林徽因和陈占祥合著的一篇评论为中心》，《城市规划学刊》2019 年第 5 期。

李浩：《日记对规划史研究的独特价值——试以 "张友良日记" 为例》，《城市发展研究》2019 年第 2 期。

李浩：《首都北京第一版城市总体规划的历史考察——1953 年〈改建与扩建北京市规划草案〉评述》，《城市规划学刊》2021 年第 4 期。

李浩：《苏联专家穆欣对中国城市规划的技术援助及影响》，《城市规划学刊》2020 年第 1 期。

李浩：《再论 "城市规划" 术语的定名———兼谈国土空间规划体系改革》，《城市发展研究》2022 年第 2 期。

李浩：《郑天翔：共和国首都规划的奠基人》，《北京规划建设》2021 年第 5 期。

李浩访问整理：《城・事・人——新中国第一代城市规划工作者访谈录》第一辑，中国建筑工业出版社 2017 年版。

李浩访问整理：《城・事・人——新中国第一代城市规划工作者访谈录》第二辑，中国建筑工业出版社 2017 年版。

李浩访问整理：《城・事・人——新中国第一代城市规划工作者访谈录》第三辑，中国建筑工业出版社 2017 年版。

李浩访问整理：《城・事・人——城市规划前辈访谈录》第四辑，中国建筑工业出版社 2017 年版。

李浩访问整理：《城・事・人——城市规划前辈访谈录》第五辑，中国建筑工业出版社 2017 年版。

李浩等访问整理:《城・事・人——城市规划前辈访谈录》第六辑,中国建筑工业出版社 2021 年版。

李浩访问整理:《城・事・人——城市规划前辈访谈录》第七辑,中国建筑工业出版社 2021 年版。

李浩、傅舒兰访问整理:《城・事・人——城市规划前辈访谈录》第八辑,中国建筑工业出版社 2021 年版。

李浩访问整理:《城・事・人——城市规划前辈访谈录》第九辑(北京专辑),中国建筑工业出版社 2022 年版。

李浩整理:《张友良日记选编——1956 年城市规划工作实录》,中国建筑工业出版社 2019 年版。

李浩:《八大重点城市规划——新中国成立初期的城市规划历史研究》,中国建筑工业出版社 2019 年第二版。

李浩:《北京城市规划(1949—1960 年)》,中国建筑工业出版社 2022 年版。

李浩:《规划北京:"梁陈方案"新考》,社会科学文献出版社 2023 年版。

李浩:《中国规划机构 70 年演变——兼论国家空间规划体系》,中国建筑工业出版社 2019 年版。

刘国光主编:《中国十个五年计划研究报告》,人民出版社 2006 年版。

全国人大财政经济委员会办公室编:《建国以来国民经济和社会发展五年计划重要文件汇编》,中国民主法制出版社 2007 年版。

苏尚尧主编:《中华人民共和国中央政府机构(1949—1990 年)》,经济科学出版社 1993 年版。

王健英:《中国共产党组织史资料汇编——领导机构沿革和成员名录》,红旗出版社 1983 年版。

王亚男:《1900—1949 年北京的城市规划与建设研究》,东南大学出版社 2008 年版。

张汉夫主编:《中华人民共和国政府机构沿革及其领导人员名录》,中国人事出版社 1992 年版。

郑天翔:《回忆北京十七年——用客观上可能达到的最高标准要求我们的工作》,北京出版社 1989 年版。

郑天翔:《行程纪略》,北京出版社 1994 年版。

中共包头市委党史办公室编:《郑天翔日志(1949—1952)》,中共党史出版社 2014 年版。

中共北京市委政策研究室编:《中国共产党北京市委员会重要文件汇编(一九五一年·一九五二年)》,内部资料,1955 年版。

中共北京市委政策研究室编:《中国共产党北京市委员会重要文件汇编(一九五三年)》,内部资料,1954 年版。

中共北京市委政策研究室编:《中国共产党北京市委员会重要文件汇编(一九五四年上半年)》,内部资料,1954 年版。

中共北京市委政策研究室编:《中国共产党北京市委员会重要文件汇编(一九五四年下半年)》,内部资料,1955 年版。

中共北京市委政策研究室编:《中国共产党北京市委员会重要文件汇编(一九五五年)》,内部资料,1956 年版。

中共北京市委政策研究室编:《中国共产党北京市委员会重要文件汇编(一九五六年)》,内部资料,1960 年版。

中共北京市委政策研究室编:《中国共产党北京市委员会重要文件汇编(一九五七年)》,内部资料,1959 年版。

中共北京市委政策研究室编:《中国共产党北京市委员会重要文件汇编(一九五八年)》,内部资料,1959 年版。

中共北京市委组织部等编:《中国共产党北京市组织史资料》,人民出版社 1992 年版。

中国社会科学院、中央档案馆:《1949—1952 中华人民共和国经济档案资料选编》基本建设投资和建筑业卷,中国城市经济社会出版社 1989 年版。

中国社会科学院、中央档案馆:《1953—1957 中华人民共和国经济档案资料选编》固定资产投资和建筑业卷,中国物价出版社 1998 年版。

索 引

D

E

F

G

H

J

K

L

M

N

P

Q

R

S

T

W

X

Y

Z

后　记

在即将迎来中国共产党成立 103 周年和中华人民共和国成立 75 周年之际，这本郑天翔先生的日记终于要付梓出版了。作为整理者，回首近几年的工作经历，不禁感慨万千，内心更有说不出的喜悦。

继《张友良日记选编——1956 年城市规划工作实录》之后，这本郑天翔日记应当是我国建筑和城市规划界公开出版的第二本日记体著作。如果说张友良先生的日记是从城市规划专业技术人员的大众视角对早年城市规划活动的记录，那么这本郑天翔先生的日记则更突出地表现为从城市规划工作的领导者和决策者的高层视角对城市规划活动的另一种记载，向广大读者提供出观察城市规划活动的另一种更加稀有和更为神秘的历史图景。因为本书的主体内容是中共北京市委会议上有关城市规划建设方面内容讨论的记录，在现实生活中，能够有机会参与和接触到这一层面规划活动的人士可谓少之又少，并且北京是首都，其历史记录更具唯一性。今天的我们之所以能够收获此种特殊的阅读体验，要特别感念郑天翔先生，感念他早年曾有不厌其烦地记日记的习惯，否则便不可能有这本珍贵的历史文献。

作为规划史研究者，笔者在对郑天翔日记的重要学术价值有深刻体悟的同时，也不时感到些许遗憾之处。特别是，本书内容主要是由郑天翔先生记录的其他一些人员关于首都规划建设的意见和看法等，而郑天翔先生本人正是首都规划建设工作重要的组织者、领导者和决策者之一，笔者多么希望看到郑天翔先生在不同时期、不同场合关于首都规划工作的一系列重要讲话啊！尽管这本书中也有一些郑先生草拟的讲话提纲或汇报提纲，但其篇幅和数量都十分有限，对于研究郑先生的学术思想及其对北京城市规划建设的影响而言还远远不够。笔者也曾想到，在北京城市规划界，是否也有规划前辈曾像张友良先生那样，对郑天翔先生领导首都规划建设的重要讲话和重要指示等进行过详细的记录?!但愿这并非笔者痴心妄想，期盼奇迹能够出现。

日记的整理、编辑和出版是一项相当繁琐的工作，本书由于其主题内容的特殊性而更显艰巨，迄今之所以能够付梓出版，完全仰仗众多前辈、师长和朋友们的大力支持与热心帮助。整理工作的启动，首先得益于赵知敬先生的介绍和推荐，得益于郑天翔家属的大力支持，并在郑京生先生的热情帮助下进行；初稿完成后，曾专门呈送赵知敬先生、张其锟先生（曾任郑天翔同志秘书、北京市城市规划设计研究院原副院长）和张斌先生（北京市城市建设档案馆馆长）等审阅指导，马国馨院士为本书特别撰写了精彩的序言，对晚辈是莫大的鼓励，谨向各位前辈致以衷心感谢！本书能够由人民出版社出版，对笔者而言是莫大荣幸，在此要特别感谢人民出版社有关领导的大力支持，感谢夏青老师的精心编辑和顾杰珍老师的精心设计，感谢曾在人民出版社工作过的王亚男老师（现为中国城市科学研究会研究员、《城市发展研究》杂志副主编）帮助引介。在本书报备审查阶段，中共中央党史和文献研究院等单位的专家学者提出过许多宝贵意见和建议，特致感谢。还要感谢马良伟、乔克、李鸽、李婧、王大鬲和荆锋等专家给予的各种支持和帮助。广大读者在阅读本书时如有任何疑问、意见或建议，敬请告知①，以便作进一步研究并择机修订。

城市规划的历史与理论研究需要不断探索新路径，尝试新方法，注入新动力。笔者投入大量精力整理规划前辈们的日记，正是基于此一目的。应当说，我国的规划史研究者还是相当小众的一个群体，规划历史与理论学科建设还相当薄弱，甚至因种种原因而被看作“冷门绝学”或视为畏途，在规划行业和规划教育步入低谷的形势下更举步维艰。笔者愿将本书特别献给规划史研究的同道，以作共勉，并再次向前辈和朋友们的援手道谢。

让我们继续携手前行！

李　浩

2024年6月22日

① 敬请发邮件至：jianzu50@163.com。

责任编辑：夏　青
封面设计：王欢欢
版式设计：顾杰珍

图书在版编目（CIP）数据

新中国成立初期首都规划建设实录 ：郑天翔日志选编 ：1952—1958年 / 李浩整理．-- 北京 ：人民出版社，2024．8．-- ISBN 978－7－01－026707－4

Ⅰ．TU984．21

中国国家版本馆CIP数据核字第20244M6J33号

新中国成立初期首都规划建设实录
XINZHONGGUO CHENGLI CHUQI SHOUDU GUIHUA JIANSHE SHILU
——郑天翔日志选编（1952—1958年）

李　浩　整理

人民出版社 出版发行
（100706　北京市东城区隆福寺街99号）

中煤（北京）印务有限公司印刷　新华书店经销

2024年8月第1版　2024年8月北京第1次印刷
开本：710毫米×1000毫米 1/16　印张：39　插页：6
字数：600千字

ISBN 978－7－01－026707－4　定价：180.00元

邮购地址 100706　北京市东城区隆福寺街99号
人民东方图书销售中心　电话（010）65250042　65289539